FORTSCHRITTE DER CHEMIE ORGANISCHER NATURSTOFFE

PROGRESS IN THE CHEMISTRY OF ORGANIC NATURAL PRODUCTS

PROGRÈS DANS LA CHIMIE DES SUBSTANCES ORGANIQUES NATURELLES

HERAUSGEGEBEN VON   EDITED BY   RÉDIGÉ PAR

L. ZECHMEISTER

CALIFORNIA INSTITUTE OF TECHNOLOGY, PASADENA

ZWEIUNDZWANZIGSTER BAND
TWENTY-SECOND VOLUME   VINGT-DEUXIÈME VOLUME

VERFASSER   AUTHORS   AUTEURS

R. T. APLIN · G. BILLEK · J. F. GROVE · T. G. HALSALL · W. KELLER-SCHIERLEIN · V. PRELOG · K. SCHAFFNER · P. J. SCHEUER · H. ZAHNER

MIT 8 ABBILDUNGEN   WITH 8 FIGURES   AVEC 8 ILLUSTRATIONS

1964

WIEN · SPRINGER-VERLAG · NEW YORK

ISBN-13: 978-3-7091-7146-2   e-ISBN-13: 978-3-7091-7145-5
DOI: 10.1007/978-3-7091-7145-5

Titel Nr. 8229

Inhaltsverzeichnis.
Contents. — Table des matières.

The Chemistry of Toxins Isolated from Some Marine Organisms.

Siderochrome. (Natürliche Eisen(III)-trihydroxamat-Komplexe.) Von W. KELLER-SCHIERLEIN, V. PRELOG und H. ZÄHNER, Laboratorium für organische Chemie, Eidgenössische Technische Hochschule, Zürich 279

Photochemische Umwandlungen ausgewählter Naturstoffe.

Von **Kurt Schaffner**, Zürich.

Inhaltsübersicht.

Zur Beachtung. In Anbetracht der außergewöhnlich großen Anzahl von Formelbildern wurden dieselben in jedem Kapitel von (I) an beziffert.

I. Einleitung.

Die generellen Entwicklungsmöglichkeiten der organischen Photochemie und ihre weittragende Bedeutung waren schon in ihrer ersten Blütezeit um die Jahrhundertwende erkannt und besonders von einem der Pioniere dieses vielversprechenden Neulandes, Ciamician, enthusiastisch propagiert worden (vgl. *88*). Die beträchtlichen Abweichungen der licht-induzierten Reaktionsabläufe vom rein thermischen Verhalten der jeweiligen Stoffklasse sowie experimentelle Unzulänglichkeiten standen jedoch lange einer vertieften Erschließung dieses Reaktionsbereiches entgegen. Immerhin hielten allgemein wichtige photochemische Prozesse — es sei hier nur an die Photographie, die durch Chlorophyll vermittelte Photosynthese, den Problemkreis der Vitamin-D-Bildung und die mit dem Sehvorgang gekoppelten chemischen Veränderungen im Auge erinnert — auch das Interesse der organischen Chemiker wach. Zusammen mit den Fortschritten in der Entwicklung der apparativen Technik und adäquater Auftrennungs- und Analysenmethoden verliehen sie schließlich der organischen Photochemie einen Grad der Attraktion, der besonders in den letzten Jahren Anlaß zu einer gewaltigen Intensivierung der experimentellen Erforschung gab. Dieser gesteigerten Aufmerksamkeit, mit Recht als „photochemische Renaissance" angesprochen (*214*), ist es zu verdanken, daß auch die photochemischen Reaktionen heute in die systematisch erfaßbare organische Chemie eingereiht werden können. Sie verhalf vor allem zu einer Erweiterung und Vertiefung der Kenntnisse der Umsetzungen in kondensierter Phase, für die sich speziell die Klasse der Naturstoffe mittleren Molekulargewichts als reichhaltiges Experimentierfeld anbot.

Die vorliegende Übersicht ist auf eine Auswahl der photochemischen Umsetzungen von Verbindungen dieser Gruppe und nahe verwandter Körper beschränkt, soweit sie auf Grund ihres chromophoren Systems vorwiegend direkt auf die Bestrahlung mit ultraviolettem Licht reagieren. In diesem an sich sehr flexiblen Rahmen wurden, unter Verzicht auf den Anspruch allgemeiner Vollständigkeit, verschiedene Kapitel ausgewählt, die entweder eine gewisse vorläufige Abrundung erfahren oder neuerdings an Aktualität gewonnen haben, mit dem Ziel, den gegenwärtigen Stand der Kenntnisse und Anwendungsmöglichkeiten einiger charakteristischer photochemischer Umsetzungen aus diesem Naturstoffsektor zu illustrieren. Licht-induzierte Oxydations- und Reduktionsvorgänge, Anlagerungen an Doppelbindungen, soweit sie nicht Dimerisierungen betreffen, ebenso wie das wichtige und faszinierende Thema der unter Vermittlung von Sensibilisatoren ausgelösten Photoreaktionen mußten dabei im allgemeinen unberücksichtigt bleiben.

Für Zusammenfassungen jüngeren Datums von Themen der organischen Photochemie vgl. MASSON, NOYES und BOEKELHEIDE (*212*), SCHÖNBERG (*278*), DE MAYO (*214*), DE MAYO und REID (*215*), NOYES, HAMMOND und PITTS (*238a*) sowie HAMMOND und TURRO (*380*).

II. Zum Mechanismus photochemischer Reaktionen.

Beim Studium licht-induzierter Reaktionen müssen prinzipiell zwei Stadien unterschieden werden: einmal dasjenige der Primärprozesse, als welche die unmittelbaren Auswirkungen der Lichtabsorption im betreffenden Molekül zu verstehen sind, und schließlich thermische Sekundärreaktionen von im Primärprozeß erzeugten reaktiven Molekülen, Radikalen usw.

Die im Verlauf der letzten 15 Jahre erzielten Fortschritte im Verständnis der molekularen Elektronenspektren sowie die Auswertung der Norrish-Porterschen Blitz-Absorptionsspektroskopie gestatten heute eine zum Teil weitgehende Präzisierung der Vorstellungen über die Natur der mit der elektronischen Anregung chromophorer Systeme verknüpften, komplexen physikalischen Vorgänge. Sie und ihre Zusammenhänge mit der chemischen Reaktivität von angeregten Molekülen sind in Übersichtsreferaten jüngeren Datums behandelt worden [vgl. z. B. SIDMAN (*286*), REID (*256*), SIMONS (*287*), KASHA (*189*), ZIMMERMAN (*361*)]. Für eine gedrängte Erläuterung und Definition der gebräuchlichsten Terminologie in der Photochemie sei auf eine erst kürzlich erschienene Zusammenfassung von PITTS, WILKINSON und HAMMOND (in *238a*) verwiesen.

Die in den nachfolgenden Kapiteln besprochenen Reaktionen werden fast ausschließlich durch Licht des ultravioletten Spektralbereiches oberhalb von 2000 Å ausgelöst. An ihnen dürften vorwiegend die tiefstliegenden Singlett- (S_1) und Triplett-Anregungszustände (T_1) von Elektronen teilnehmen, die von einem („lone pair") n-Orbital ($n \rightarrow \pi^*$-Anregung) oder einem π-Orbital ($\pi \rightarrow \pi^*$-Anregung) in ein („antibonding") π^*-Orbital befördert wurden.

In mehratomigen Molekülen kann oft vorgängig der Desaktivierung des bei der Lichtabsorption resultierenden primären Singlett- oder —

meist sekundären — Triplett-Anregungszustandes eine sehr rasche Folge strahlungsloser physikalischer Vorgänge einsetzen. Sie bestehen vor allem aus isoenergetischen Übergängen von höheren Anregungszuständen in obere Vibrationsniveaus tieferer Anregungszustände. Solche Energieumwandlungen werden als „internal conversions" bezeichnet, wenn sie sich zwischen Anregungszuständen gleicher Spin-Multiplizität, also zwischen Singlett- (z. B. $S_2 \rightarrow S_1$) oder Triplettzuständen (z. B. $T_2 \rightarrow T_1$), abspielen. Analoge, „intersystem crossings" genannte Übergänge können sich ferner zwischen Zuständen unterschiedlicher Multiplizität (z. B. $S_1 \rightarrow T_1$) einstellen. Dadurch wird die Besetzung tiefliegender Anregungszustände unter Freisetzung von kinetischer oder Strahlungsenergie ermöglicht.

Der Desaktivierung eines elektronisch angeregten Moleküls, das energetisch über den thermodynamischen Gleichgewichtszustand seiner Umgebung gehoben ist, stehen verschiedene Wege offen: Abbau der elektronischen Anregungsenergie durch Fluoreszenz, Phosphoreszenz, Wärmestrahlung, Kollisionen und Energieübertragungen durch Photosensibilisierung von selbst nicht absorbierenden Molekülen resultieren in der Rückkehr in den Grundzustand des unveränderten Ausgangsmaterials. Photochemische Reaktionen hingegen sind an eine Umformung dieser Energie durch Spaltung bestehender oder Ausbildung neuer Bindungen, molekulare Umlagerungen u. a. m. gebunden. Diese photochemischen Primärprozesse, die auch bimolekulare Reaktionen der angeregten Spezies mit weiteren, nicht angeregten Molekülen einschließen können, führen entweder zu bereits stabilen Produkten oder zu reaktiven Zwischenstufen (Moleküle, Radikale, Ionen), die in thermischen Sekundärreaktionen weiter reagieren.

III. Fragmentierung von Carbonylverbindungen.

Die Reaktionsmöglichkeiten von photochemisch angeregten, nicht-konjugierten Carbonylgruppen beschränken sich zur Hauptsache auf drei Haupttypen: 1. Spaltung einer α,β-ständigen C—C-Bindung, 2. Spaltung einer zur Carbonylgruppe benachbarten Bindung, 3. inter- oder intramolekulare Wasserstoffabstraktionen (vgl. dazu Kap. VI, S. 40). Die beiden ersten Kategorien sind Fragmentierungsprozesse, die bei Naturstoffen und verwandten Verbindungen schon in zahlreichen Fällen sowohl in gasförmiger und flüssiger Phase wie auch in Lösung angetroffen worden sind.

1. Spaltung von α,β-ständigen C—C-Bindungen.

Die erste Fragmentierungsvariante ist verschiedentlich an einfachen aliphatischen und monocyclischen Carbonylverbindungen mit γ-ständigem Wasserstoffatom untersucht worden. Sie führt zur Ausbildung von Keton- bzw. Aldehyd- und Olefin-Bruchstücken. Das monocyclische Monoterpen Menthon (I) wurde so in der Gasphase in 3-Methylcyclohexanon und Propen (IV) zerlegt (*18*). Auf analoge Fragmentierungen, die in der Folge bei der Photolyse von 20-Oxo-pregnanen in Lösung beobachtet worden sind, soll später zurückgekommen werden (s. S. 49). Eingehende Untersuchungen in der Gasphase zeigen, daß dieser Spaltung eine intramolekulare Wasserstoffverschiebung zugrunde liegt (vgl. *15*), die entweder auf einer direkten Übertragung vom γ- zum α-ständigen Kohlenstoffatom beruht (*252*) oder, wohl wahrscheinlicher, über einen sechsgliedrigen cyclischen Übergangszustand I → II → III abläuft (*119*). Die letztere Formulierung setzt eine Wasserstoffabstraktion von der γ-Stellung durch den Carbonylsauerstoff als reaktionsauslösendes Moment voraus und reiht diese Fragmentierung somit in die dritte Kategorie ein, die gesondert in Kap. VI besprochen wird (S. 40).

(I.) (—)-Menthon.   (II.)   (III.)   (IV.) 3-Methylcyclohexanon und Propen.

2. Spaltung zu Acyl-Alkyl-Radikalpaaren.

Die Mehrzahl der in der Naturstoffchemie anzutreffenden Photoreaktionen nicht-konjugierter Ketone läßt sich auf die zweite Fragmentierungsvariante als chemischer Primärprozeß zurückführen.

In neueren Untersuchungen über die Photolyse von Cyclopentanon (*291*) und Cyclohexanon (*292*) in der Gasphase fand SRINIVASAN stichhaltige Hinweise dafür, daß diese Verbindungen im elektronisch angeregten Zustand bei hohem Vibrationsniveau in Acyl-Alkyl-Radikalpaare gespalten werden, die anschließend Kohlenmonoxyd eliminieren (z. B. *4*). Bei tieferem Vibrationsniveau hingegen werden sie bevorzugt in 4-Pentenal bzw. 5-Hexenal umgewandelt. Die für den letzteren Zerfallsmodus notwendige Wasserstoffverschiebung vom β-Kohlenstoffatom an das Carbonyl-Kohlenstoffatom muß dabei . intramolekular verlaufen, und zwar bevor die Geometrie des Kohlenstoffrings aufgehoben wird. Es bleibt hier natürlich die Frage offen, wie weit diese für den gasförmigen Zustand gültigen Verhältnisse auch auf analoge Reaktionen in Lösung zutreffen. Immerhin steht für diesen Fragmentierungstypus auch in kondensierter Phase die primäre Spaltung zu einem Acyl-Alkyl-Radikalpaar fest (*264, 18, 45, 52, 255*). Damit in Übereinstimmung wird jeweils bevorzugt diejenige Bindung gespalten, die zum meist substituierten Alkylradikal führt. Als Folgereaktionen stehen dem Radikalpaar prinzipiell die folgenden Dunkelprozesse zur Verfügung: Rekombination (1), intramolekulare Disproportionierung zu gesättigten Ketenen (2) und ungesättigten Aldehyden (3), Elimination von Kohlenmonoxyd und Cyclisation (4). Die Auswahl dieser Reaktionswege wird von der Struktur des Substrats und den Eigenschaften des Reaktionsmediums maßgebend bestimmt.

Rekombination des Radikalpaares.

Die Rekombination des Radikalpaares (1) als einfachste Variante wurde erstmals von Butenandt (*74, 72*) anläßlich der UV.-Bestrahlung von 17-Oxo-steroiden in Dioxan bei Zimmertemperatur angetroffen, die zur Ausbildung von 13α-Isomeren („Lumisteroiden") führt (XXVI → XXVII, *Formelübersicht 1*, S. 9) (vgl. auch *51, 26, 58*). Der ursprünglich als irreversibel (*68, 71*) betrachtete Übergang (XXVI → XXVII) ist nur über ein Acyl-Alkyl-Radikalpaar denkbar. Eine Überprüfung dieser Isomerisierung durch Nachbestrahlung von 13α-Verbindungen (vgl. XXVII) ergab später, daß der Vorgang erwartungsgemäß umkehrbar ist, und daß das Gleichgewicht, welches bei Zimmertemperatur stark auf der Seite der *C/D-cis* verknüpften 13α-Isomeren liegt, bei höherer Temperatur zugunsten der 13β-Isomeren verschoben wird (*337*).

Die licht-induzierte Spaltung der zur Carbonylgruppe benachbarten C—C-Bindung bleibt aber nicht nur auf unkonjugierte Ketone und Aldehyde beschränkt. Sie ist vielmehr in noch vermehrtem Maß speziell bei linear konjugierten Cyclohexadienonen anzutreffen. So kann optisch aktive Usninsäure (V) sowohl thermisch (*302*) als auch mittels UV.-Licht in Dioxanlösung (*41*) racemisiert werden. Die Formulierung der thermischen Reaktion über ein intermediäres bicyclisches Diradikal (VI) (*302*) dürfte auch auf den licht-induzierten Vorgang zutreffen. Tatsächlich gelang Barton und Quinkert (*40, 41*) an Hand zahlreicher monocyclischer Modellverbindungen der Nachweis, daß linear konjugierte Cyclohexa-

dienone photochemisch allgemein zu zweifach konjugierten Dien-Ketenen,
einer mesomeren Form des Diradikal-Typus (VI), geöffnet werden. Dieser

(V.) Usninsäure.　　　　　　　　　　　　　(VI.)

(VII.)　　　　　　　　　　　　　　　　　(VIII.)

(IX.) Dehydrogriseofulvin.　　　　　　　　　(X.)

Vorgang läßt sich formell auch in das Reaktionsschema ($21\,a \rightleftharpoons b$,
$X = CO$, S. 65) einreihen. Wird die Reaktion in nukleophilen Lösungsmitteln (z. B. Wasser, Aminen) ausgeführt, resultieren dabei die entsprechenden $\beta,\gamma;\delta,\varepsilon$-Diensäuren bzw. deren Derivate (Amide). Die UV.-
Bestrahlung der Verbindung (VII), eines Derivats des Sesquiterpens
ψ-Santonin, in feuchtem Äther führte demnach in analoger Weise zum
Säure-lacton (VIII) (*115*). Ebenfalls zu dieser Gruppe zählt die Ausbildung von Photosantonsäure aus dem linear konjugierten Cyclohexa-
dienon-Vorläufer (LXXV → LXXVI, S. 32).

Durch eine reversible Öffnung dieser Art läßt sich auch die photochemisch induzierte Racemisierung von optisch aktivem Dehydrogriseofulvin (IX) erklären (*306*). Auch hier wird die Äquilibrierung via
einen Übergangszustand (X) mit resonanz-stabilisierten Radikalstellen
formuliert.

Bei (+)-Griseofulvin (XI) hingegen konnte keine photolytische Spaltung des
Dihydrofuranon-Ringes erzwungen werden. Während die Verbindung in Acetonitril lichtstabil ist, stellt sich bei der Verwendung von Methanol oder Äthanol
als Lösungsmittel ein Gleichgewicht ein zwischen Ausgangsmaterial und (+)-Iso-
griseofulvin (XII) bzw. zwischen den entsprechenden Äthyläther-Homologen (*306*).

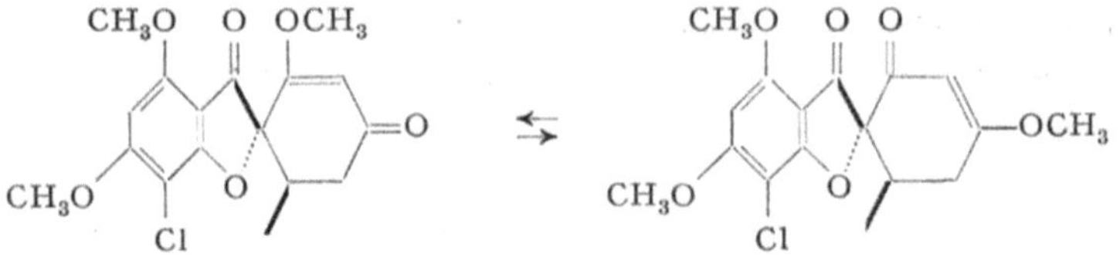

(XI.) (+)-Griseofulvin.   (XII.) (+)-Isogriseofulvin.

Intramolekulare Disproportionierung des Radikalpaares.

CIAMICIAN hatte schon früh im Rahmen seiner umfangreichen Versuche über das photochemische Verhalten von Ketonen unter diversen Bestrahlungsbedingungen gefunden, daß sowohl aliphatische (*89*) wie cyclische Ketone (*91*, *90*) in wasserhaltigen Lösungsmitteln zu Alken- und Aldehydfragmenten bzw. Alkan- und Carbonsäurefragmenten (vgl. Schema 2 und 3, S. 5) gespalten werden können.

Als eines der ersten Beispiele der Photolyse cyclischer Ketone beschrieb er die Spaltung von Menthon (I) in wäßrigem Alkohol in Menthocitronellal (XIII) und die gesättigte Carbonsäure (XIV) bei der Bestrahlung mit Sonnenlicht (*90*, *93*). Ähnliche Resultate erzielte er mit Dihydro-carvon (*92*). Aus Campher (XV) hingegen konnte er unter denselben Reaktionsbedingungen keine gesättigte Säure, wohl aber zwei ungesättigte Carbonylverbindungen isolieren: Camphenolenaldehyd (XX) und ein isomeres ungesättigtes Keton, das sich zu einer β-Acetyltrimethylglutar-säure aufoxydieren ließ (*94*). Erst viel später leitete SRINIVASAN (*293*) auf Grund zusätzlicher Daten (positiver Jodoform-Test, UV.-, IR.- und Massenspektren) für dieses zweite Photoprodukt die allerdings noch nicht näher belegte Struktur (XVIII) ab. Zudem fand er, daß wohl das Verhältnis, in dem die Produkte (XVIII) und (XX) aus Campher anfallen, nicht aber die Quantenausbeuten ihrer Bildung von der Wahl des ver-

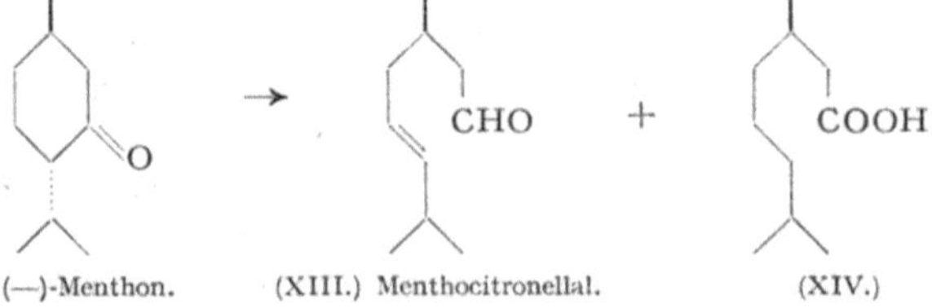

(I.) (—)-Menthon.   (XIII.) Menthocitronellal.   (XIV.)

wendeten Lösungsmittels (z. B. gesättigte Kohlenwasserstoffe, Äther, Alkohole, unter Sauerstoff-Ausschluß) abhängen. In der wohlbegründeten Annahme, daß die Struktur des Camphers (XV) eine Fragmentierung über einen cyclischen Übergangszustand (vgl. II) nicht gestattet, wurde dieser Befund durch eine Lösungsmittelbeteiligung (XV → XVI → → XVII → XVIII; *R*H = Lösungsmittel) gedeutet.

Literaturverzeichnis: SS. 95—114.

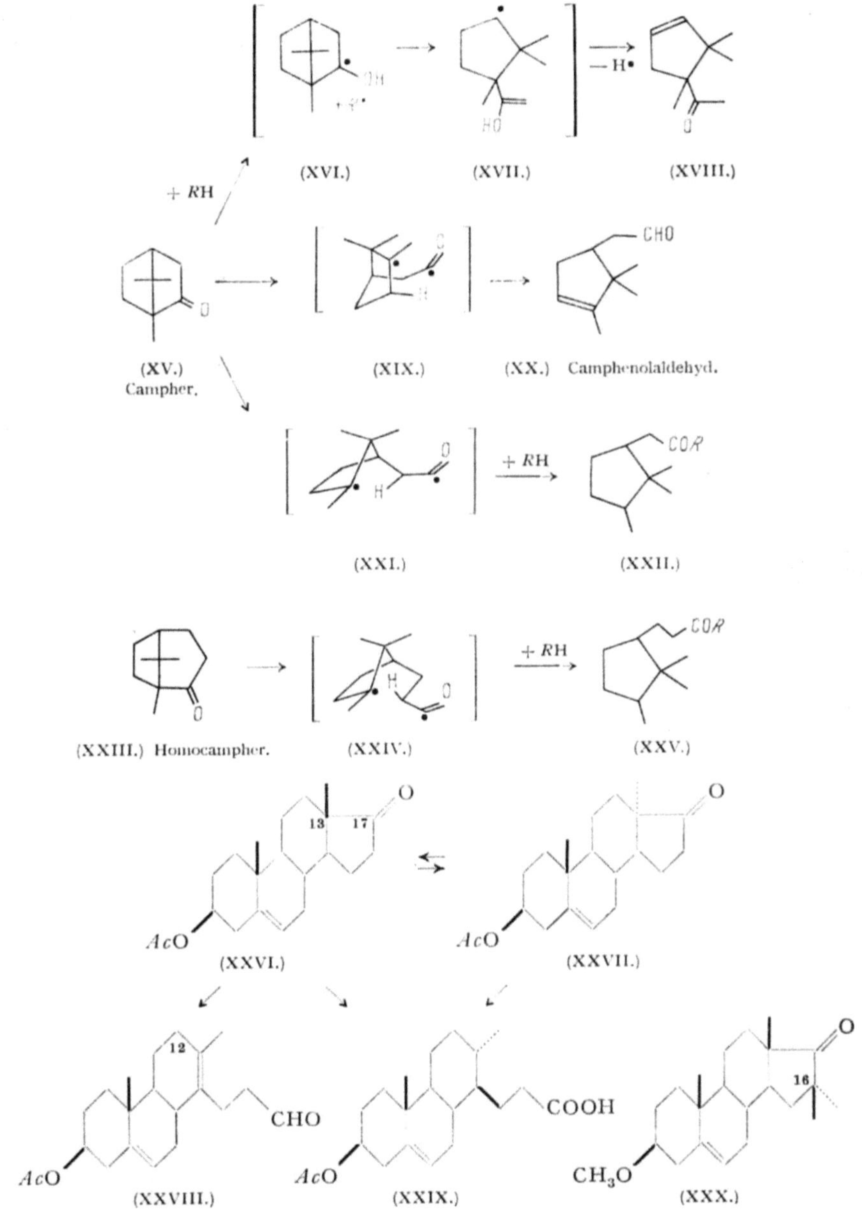

Formelübersicht _1_. α-Spaltung nicht-konjugierter alicyclischer Ketone I.

Für die Reaktionsvariante (2, S. 5), die cyclische Ketone in gesättigte Carbonsäurederivate überführt, erbrachte QUINKERT (_255_) überzeugende Indizien für die intramolekulare Disproportionierung eines intermediär entstehenden Acyl-Alkyl-Radikalpaares. Die dabei entstehenden Keten-Zwischenprodukte addieren spontan nukleophile Lösungsmittel unter Ausbildung der entsprechenden Säurederivate.

So entsteht aus dem 16,16-Dimethyl-keton (XXX) keine *seco*-Säure unter Bestrahlungsbedingungen, welche die beiden an $C_{(13)}$ epimeren 17-Oxo-steroide (XXVI) und (XXVII) in die gleiche Carbonsäure (XXIX) umwandeln. Das Ausbleiben der Säurebildung bei (XXX) läßt sich durch das Fehlen eines Wasserstoffatoms in Stellung 16 dieses Ketons erklären, das bei dem aus (XXVI) und (XXVII) gebildeten Acyl-Alkyl-Radikalpaar homolytisch an die Alkyl-Radikalstelle $C_{(13)}$ übertragen wird. Es ist dabei bedeutsam, daß diese Wasserstoffverschiebung stets spezifisch und unabhängig von der Konfiguration von $C_{(13)}$ in den Ausgangsketonen zu einem einzigen Produkt mit äquatorialer Methylgruppe 18 führt. Sie muß hier also erst nach erfolgter Ringspaltung eintreten.

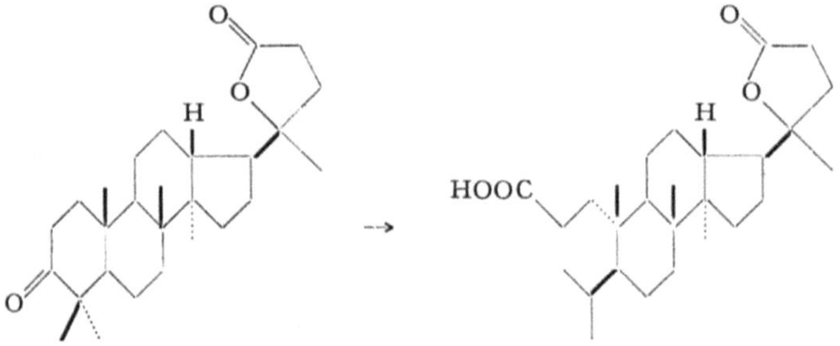

(XXXI.)   (XXXII.)

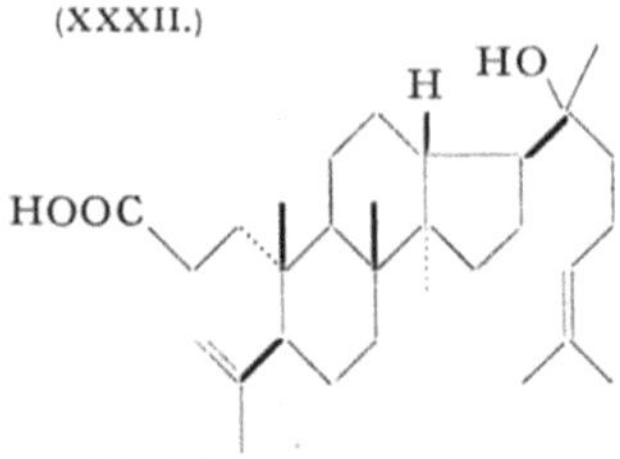

(XXXIII.) Dammarenolsäure.

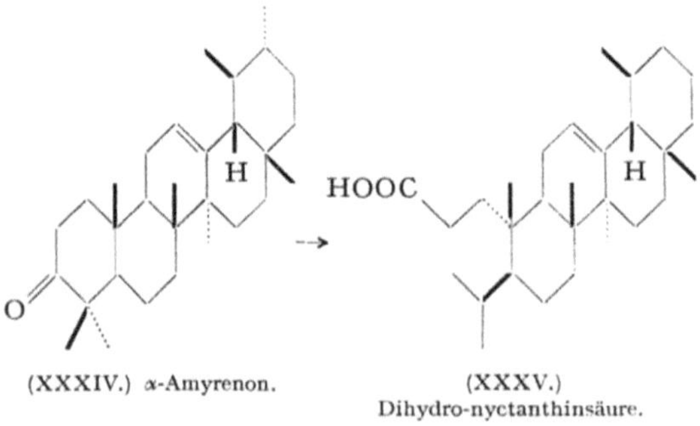

(XXXIV.) α-Amyrenon.   (XXXV.)
Dihydro-nyctanthinsäure.

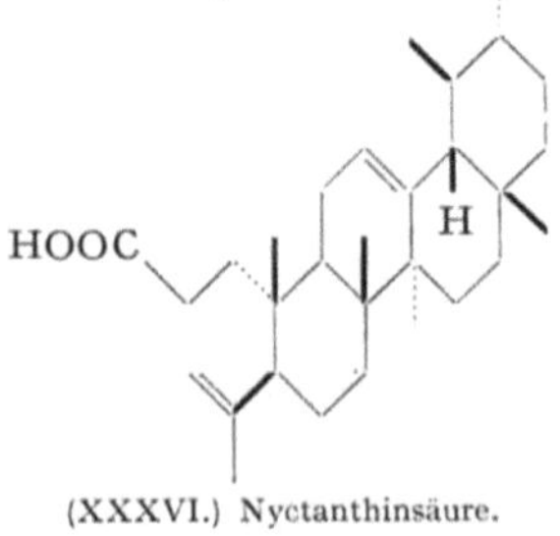

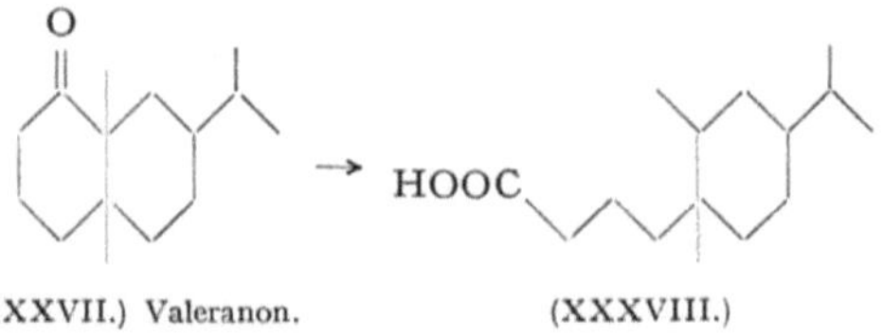

(XXXVII.) Valeranon.   (XXXVIII.)   (XXXVI.) Nyctanthinsäure.

Literaturverzeichnis: SS. 95—114.

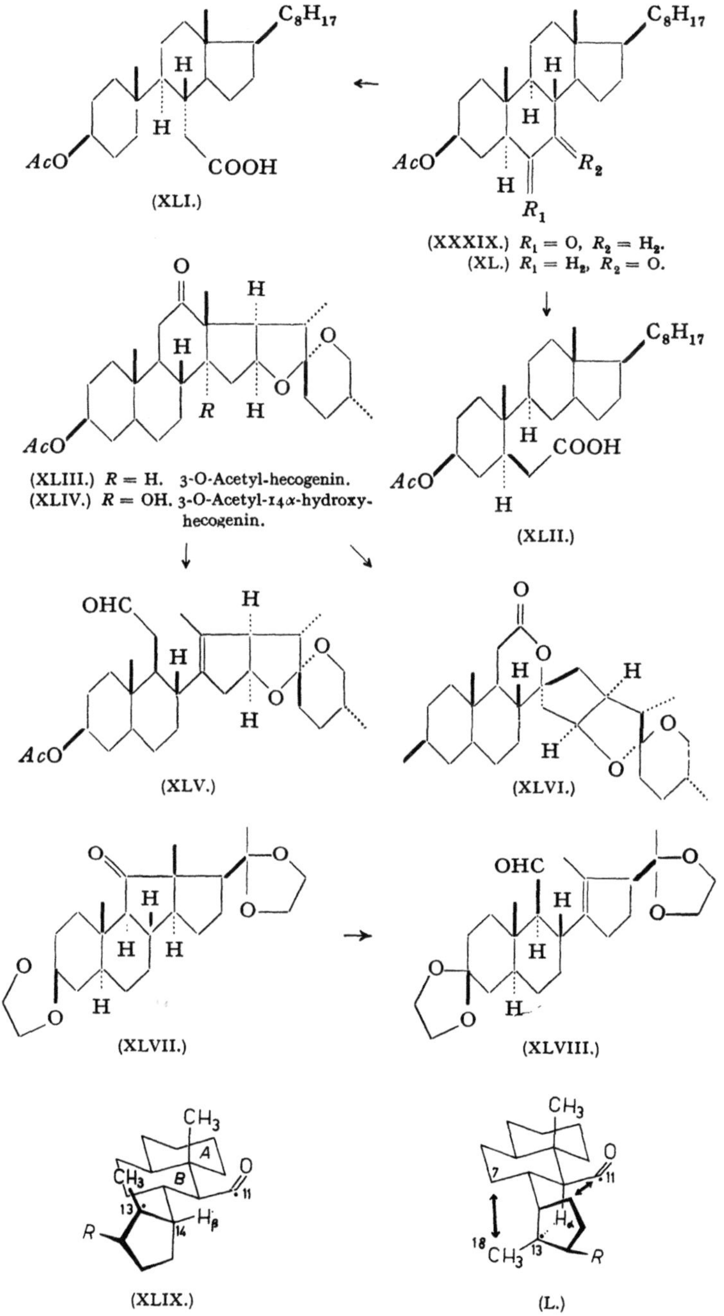

(XLI.)

(XXXIX.) $R_1 = O$, $R_2 = H_2$.
(XL.) $R_1 = H_2$, $R_2 = O$.

(XLIII.) $R = H$. 3-O-Acetyl-hecogenin.
(XLIV.) $R = OH$. 3-O-Acetyl-14α-hydroxy-hecogenin.

(XLII.)

(XLV.)

(XLVI.)

(XLVII.)

(XLVIII.)

(XLIX.)

(L.)

Formelübersicht 2. α-Spaltung nicht-konjugierter alicyclischer Ketone II.

Die sterische Lage der Methylgruppe 18 in (XXIX) erklärt sich aus dem cyclischen Zwischenzustand der Wasserstoffübertragung (vgl. 2, S. 5), der hier fünfgliedrig ist und daher zusammen mit Ring C bevorzugt die spannungsfreiere *cis*-Hydrindan-Geometrie einnimmt. Den direkten Nachweis für das Auftreten eines Ketens als eigentliches Photoprodukt lieferte die IR.-Spektroskopie von benzolischen Lösungen nach der UV.-Bestrahlung, welche die für Ketengruppen charakteristische Absorptionsbande bei 2150 cm^{-1} zeigten. Für die intramolekulare Natur der Wasserstoffverschiebung spricht auch das unterschiedliche Verhalten von Campher (XV) und Homocampher (XXIII), die unter gleichen Bedingungen der Photolyse in Anwesenheit von Cyclohexylamin die entsprechenden Säureamide (XXII) und (XXV) in einer Ausbeute von höchstens 1,5% bzw. über 15% lieferten (*255*). Für die in der Reihenfolge (XXIII) > (XV) abfallende Tendenz zu dieser Fragmentierung werden die unterschiedlich hohen Energiebarrieren verantwortlich gemacht, die zur Ausbildung der notwendigen Übergangszustände für die Wasserstoffverschiebung überwunden werden müssen [(XV): Bicyclo[2,2,1]heptan- (XXI); (XXIII): Bicyclo[3,2,1]octan-Geometrie (XXIV)].

Unter diesem Gesichtspunkt ist auch die bevorzugte Isomerisierung von Campher (XV) zu Camphenolenaldehyd (XX) einleuchtend, da unter Annahme einer ebenfalls internen Wasserstoffübertragung dem dazu erforderlichen Übergangszustand (XIX) keine großen Spannungen entgegenwirken dürften. Für den unimolekularen Ablauf des Fragmentierungsschemas (3, S. 5) spricht schließlich die Entstehung des Δ^{13}-ungesättigten Aldehyds (XXVIII) bei der UV.-Bestrahlung von (XXVI) in Benzol (*253*). Aus dem Verlauf der oxydativen Spaltung von 17-Hydroxy-Steroiden mit Blei(IV)-acetat ist nämlich bekannt (*6*), daß $C_{(13)}$-Radikale, entstanden durch Homolyse der Bindung zwischen $C_{(13)}$ und $C_{(17)}$, praktisch ausschließlich durch Ausbildung der Δ^{12}-Doppelbindung stabilisiert werden.

Die photochemischen Fragmentierungen nicht-konjugierter cyclischer Ketone fanden nicht nur für die Spaltung zahlreicher weiterer 17-Oxosteroide, sondern auch allgemein in der alicyclischen Naturstoffchemie noch weitere Aufmerksamkeit (*Formelübersicht 2*, S. 10—11).

Nachdem Bestrahlungsversuche mit 3-Oxolanostan in wässeriger Essigsäure gezeigt hatten, daß dabei das 3,4-*seco*-3-Carbonsäure-Derivat in 35% Ausbeute anfällt, wurde diese einfache Ringspaltung zur Strukturaufklärung der Triterpene Dammarenolsäure (XXXIII) und Nyctanthinsäure (XXXVI) herangezogen. Die Photolyse des bekannten Hydroxydammarenon-II-Derivates (XXXI) lieferte das Carbonsäure-lacton (XXXII), das seinerseits leicht mit Dammarenolsäure (XXXIII) zu verknüpfen war. Die UV.-Bestrahlung der α- (XXXIV) und β-Amyrenone zeitigte analoge Resultate, wobei sich die aus dem α-Isomeren (XXXIV) erhaltene Säure (XXXV) mit Dihydro-nyctanthinsäure identisch erwies (*12*). Der gleiche Reaktionsverlauf wurde bei der Bestrahlung des Sesquiterpens Valeranon (XXXVII → XXXVIII) (*196*) sowie der Oxocholestane (XXXIX → XLI) und (XL → XLII) (*255*) in wasserhaltigen Lösungsmitteln beobachtet, während 3-O-Acetyl-hecogenin (XLIII) in Dioxanlösung bevorzugt in den ungesättigten *seco*-Aldehyd (XLV) umgewandelt wird.

Trotz der Verwendung desselben Lösungsmittels entstand aus 3-O-Acetyl-14α-hydroxy-hecogenin (XLIV) hingegen das gesättigte δ-Lactonderivat (XLVI). Hier dürfte die 14α-Hydroxylgruppe die Wahl des Reaktionsweges bestimmt haben, indem sie die Ausbildung eines ungesättigten Aldehyds (vgl. XLV) blockierte und gleichzeitig als internes nukleophiles Reagens die als Alternativlösung gebildete Ketengruppe unter Lactonisierung abfing (*54*).

Eine weitere Ringspaltung wurde bei der Bestrahlung des C-Nor-11-oxo-Steroids (XLVII) in Äthanol erzielt. Bemerkenswerterweise konnte dabei kein gesättigter Äthylester, sondern nur der ungesättigte Aldehyd (XLVIII) in über 90%iger Ausbeute gefaßt werden (*185*)*. Die Bevorzugung der zu ungesättigten Aldehyden führenden Reaktionsvariante ist hier möglicherweise wieder auf sterische Faktoren zurückzuführen, die den Übergangszustand (L) (α-H → Alkylradikal) infolge räumlicher Wechselwirkungen zwischen CH_2-7 und CH_3-18 sowie CO-11 und CH_2-15 gegenüber der zum Produkt (XLVIII) führenden Alternative (XLIX) (β-H → Acylradikal) benachteiligen.

Nachtrag: (*391*).

Decarbonylierungen.

Die licht-induzierte Homolyse einfacher aliphatischer und monocyclischer Ketone in der Gasphase zu Acyl-Alkyl-Diradikalen führt im allgemeinen zur Elimination von Kohlenmonoxyd und zu Folgereaktionen der resultierenden Alkyl(di)radikale (vgl. 4, S. 5). Die umfangreichen Untersuchungen auf diesem Gebiet wurden kürzlich auch auf bicyclische Ketone ausgedehnt, indem z. B. Campher (XV) und Norcampher (LIII) sowohl der direkten Photolyse (*294*) wie auch der mit Quecksilber photosensibilisierten Zersetzung (*295*) unterworfen wurden. Mit beiden Methoden wurde (XV) zu 1,5,5-Trimethylbicyclo[2,1,1]hexan [(LI); (+)-Form aus (+)-Campher] und 5,6-Dimethyl-heptadien-1,5 (LII) und (LIII) zu Bicyclo[2,1,1]hexan (LV) und 1,5-Hexadien (LVI) decarbony-

---

* Ebensowenig ließ sich hier eine 11β,19-Cyclobutanolbildung nachweisen, die in 11-Oxosteroiden mit sechsgliedrigem Ring *C* unter diesen Reaktionsbedingungen die — allerdings bedeutend langsamer ablaufende — Hauptreaktion darstellt (S. 50).

liert. Bei der Quecksilber-sensibilisierten Photolyse von Norcampher (LIII) wurden außerdem noch Allylcyclopropan (LVII), Bicyclo[2,2,0]hexan (LVIII) und Nortricyclen (LIV) isoliert. Während die C_6-Kohlenwasser-

(XV.) Campher.   (LI.) 1,5,5-Trimethylbicyclo[2,1,1]hexan.   (LII.) 5,6-Dimethyl-heptadien-1,5.

(LIII.) Norcampher.   (LIV.) Nortricyclen.   (LV.) Bicyclo[2,1,1]hexan.   (LVI.) 1,5-Hexadien.

(LVII.) Allylcyclopropan.   (LVIII.) Bicyclo[2,2,0]hexan.

stoffe (LVII) und (LVIII) durch Decarbonylierung und nachfolgende Gerüstumlagerungen entstanden sein müssen, entspricht die Zusammensetzung der C_7-Verbindung (LIV) lediglich dem Verlust des Sauerstoffatoms im Ausgangsmaterial. Unter Annahme einer Quecksilber-sensibilisierten direkten Abspaltung des Ketonsauerstoffs verläuft die Stabilisierung des resultierenden bivalenten Kohlenstoffs analog zu der auch anderweitig beobachteten Isomerisierung derartiger Zwischenprodukte (vgl. S. 46).

In diesem Zusammenhang verdient auch die Photolyse des Dehydronorcamphers (LIX) erwähnt zu werden, dessen Carbonylgruppe in Wechselwirkung mit dem π-System der β,γ-ständigen Doppelbindung steht. Bei der Bestrahlung mit langwelligem Licht (> 2800 Å) in Lösungsmitteln, wie Cyclohexan und Alkoholen, zerfällt (LIX) quantitativ in Cyclopentadien und Keten (*273*). Der Fragmentierung geht, mindestens teilweise und in Äther- und Cyclohexanlösung, eine Umlagerung zum β,γ-ungesättigten Vierringketon (LXI) voraus, die als alternative Rekombination des primär entstehenden Acyl-Allyl-Radikals (LX) aufgefaßt werden kann (vgl. dazu den Übergang XLVI ⇌ XLVII auf S. 72, sowie die nachfolgend besprochenen Acylwanderungen). Der anschließende Zerfall von (LXI) kommt dem Umkehrvorgang einer Cycloaddition gleich (*281*).

(LIX.) Dehydronorcampher.   (LX.)   (LXI.)

Die UV.-Bestrahlung des beidseitig homoallylisch konjugierten Cyclohepta-3,5-dienons-(1) resultierte in einer glatten Kohlenmonoxyd-Elimination und Ausbildung eines Isomerengemisches von 1,3,5-Hexatrienen (*81*, vgl. auch *254*).

Literaturverzeichnis: SS. 95—114.

Eine auch in mechanistischer Hinsicht noch augenfälligere Differenzierung der photolytischen Decarbonylierung einer gesättigten und einer homoallylisch konjugierten Carbonylverbindung gestattete das Aldehydpaar (LXII) und (LXVI) (*184, 168*). Die Bestrahlung des homoallylisch konjugierten Aldehyds (LXII) [$\lambda_{max} = 226, 310\ m\mu\ (\varepsilon = 1255, 113)$] in Äthanol (oder Hexan) mit langwelligem UV.-Licht (> 2800 Å) hatte eine rasche Decarbonylierung zur Folge und lieferte in über 90%iger Ausbeute die Δ^5-Östrenverbindung (LXIV). Ein kleiner Anteil des decarbonylierten Materials bestand ferner aus dem $\Delta^{5,10}$-Doppelbindungs-isomeren. Der gesättigte 5β-Aldehyd (LXVI) hingegen wurde in alkoholischer Lösung unter Stickstoff bedeutend langsamer zum Östranderivat (LXVIII) abgebaut. Dafür gewannen hier Konkurrenzreaktionen erheblich an Bedeutung. So ließ sich u. a. die Ausbildung von zwei epimeren sekundären Cyclobutanol-Produkten (vgl. S. 45) nachweisen. Sauerstoff beeinflußte die Bildung von (LXIV) nicht, unterband aber diejenige von (LXVIII) völlig. Bei Parallelversuchen mit den deuterierten Aldehyden (LXIII) und (LXVII) in Äthanol verlief die Decarbonylierung in der ungesättigten Reihe unter quantitativem Einbau des Deuteriums in die 10β-Stelle ($\rightarrow$ LXV), während im gesättigten Fall zu über 90% das undeuterierte Produkt (LXVIII) anfiel.

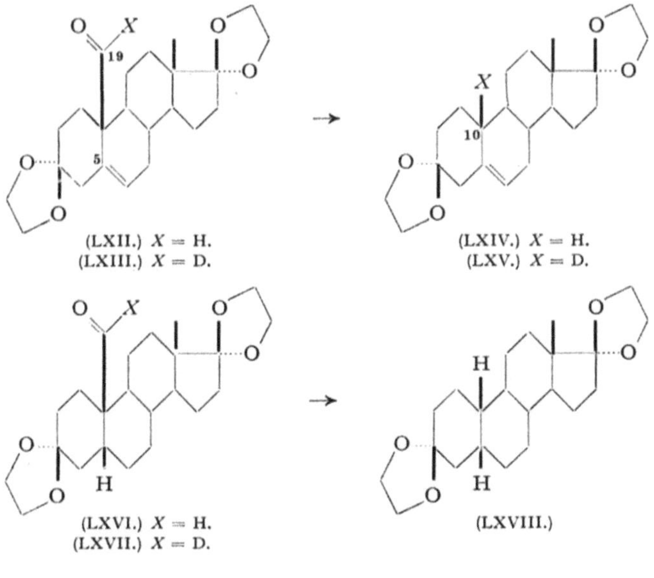

(LXII.) $X =$ H.
(LXIII.) $X =$ D.

(LXIV.) $X =$ H.
(LXV.) $X =$ D.

(LXVI.) $X =$ H.
(LXVII.) $X =$ D.

(LXVIII.)

Die Resultate der Versuche in Sauerstoffatmosphäre und mit deuterierten Verbindungen beweisen, daß für die Decarbonylierung der beiden Steroidaldehyde (LXII) und (LXVI) zwei verschiedene Mechanismen verantwortlich sind. Bei der Decarbonylierung des gesättigten Aldehyds

(LXVI) tritt eine Dissoziation in Formyl- und Alkylradikal (an $C_{(10)}$) ein (vgl. Schema 5), gefolgt von einer Wasserstoffentnahme aus dem Lösungsmittel. Bei der Kohlenmonoxyd-Elimination aus dem homoallylisch konjugierten Aldehyd (LXII) hingegen dominiert ein anderer Vorgang, der die intramolekulare Übernahme des Aldehyd-Wasserstoffatoms durch den Alkylrest ($C_{(10)}$) erlaubt (vgl. 6).

$$R\text{—}CH_2CHO + h\nu \rightarrow R\text{—}CH_2\cdot + \cdot CHO \tag{5}$$

$$\rightarrow R\text{—}CH_3 + CO \tag{6}$$

Die Spaltprozesse (5) und (6) sind bekanntlich auch bei der photolytischen Decarbonylierung von einfachen aliphatischen Aldehyden in der Gasphase anzutreffen (vgl. *252*). Die Dissoziation (5) dominiert in der Gasphase bei der Einstrahlung von langwelligem UV.-Licht (90% bei 3130 Å). Mit kürzeren Wellenlängen gewinnt der Spaltprozeß (6) mehr an Bedeutung. Er ist bei 2537 Å bereits für mehr als 50% der Decarbonylierungen in der Gasphase verantwortlich. Die photochemische Decarbonylierung der ungesättigten Verbindung (LXII) in Lösung zeigt insofern eine wesentliche Abweichung von diesen Befunden, als der Spaltprozeß (6) auch im Wellenlängenbereich über 2800 Å praktisch ausschließlich auftritt. Diese Beobachtung sowie die deutlich erhöhte Reaktionsgeschwindigkeit sind offensichtliche Indizien für eine maßgebliche Beteiligung der Δ^5-Doppelbindung an der Decarbonylierung von (LXII).

Die von Eastman (*125*) beschriebene Photolyse des bicyclischen Monoterpenketons (—)-Thujon (LXIX) stellt eine interessante Ergänzung dieser Decarbonylierungen dar. Die Bestrahlung dieses Öls wurde sowohl in Substanz als auch in Lösung (z. B. Cyclohexen) ausgeführt und verlief in allen Fällen praktisch vollständig unter Ausbildung von 2-Isopropyl-1,4-hexadien (LXXI). Parallelversuche mit (LXIX), (+)-Isothujon, Cyclopentanon und Cyclohexanon zeigten, daß die Photolysengeschwindigkeit der Bicyclo[3,1,0]hexanon-Derivate diejenige der monocyclischen Ketone um das Fünfzehn- bis Dreißigfache übertrifft. Dieser Unterschied demonstriert deutlich die Beschleunigung der Decarbonylierungsreaktion durch den Dreiring, der sich in beidseitig homoallylischer Stellung zur Carbonylgruppe befindet (*125*).

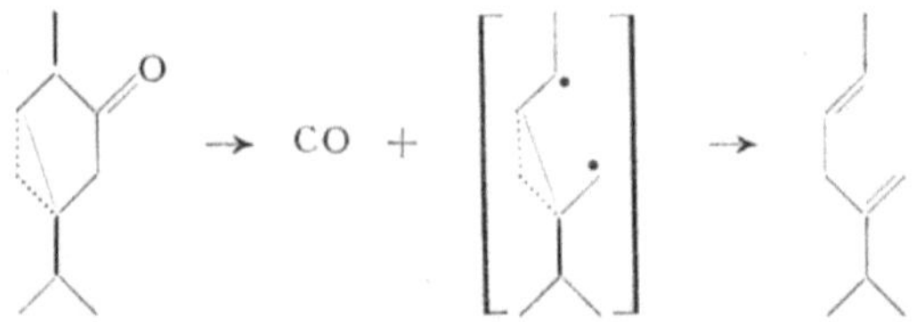

$$\rightarrow CO +$$

(LXIX.) (—)-Thujon.   (LXX.)   (LXXI.) 2-Isopropyl-1,4-hexadien.

Nachtrag: (*207, 382, 408, 409*).

Literaturverzeichnis: SS. 95—114.

3. Acylwanderungen.

Die photolytische Acylradikal-Bildung tritt auch bei Phenol- bzw. Enolestern auf. So läßt sich die durch Lewis-Säuren katalysierte Fries-Umlagerung von Phenolestern zu o- und p-Acylphenolen auch in neutraler Lösung mittels UV.-Lichts erzielen. Diese photochemisch induzierte Reaktion wurde von ANDERSON und REESE (7) an Brenzcatechol-mono-acetat und Phenylacetat gefunden und von anderen Arbeitsgruppen auf Phenol- (193) und Vinylbenzoate (133, 129) übertragen. Da unter gleichbleibenden Reaktionsbedingungen weder die Umlagerung von Phenolacetat durch Zugabe von Brenzcatechol beeinflußt wird, noch in Gegenwart von Äthylacetat eine Acylübertragung auf Phenol eintritt, dürfte die Acylwanderung intramolekular (7) nach dem Schema (7) (193) verlaufen:

$$\underset{/}{\overset{\backslash}{C}}=\overset{|}{C}\!-\!O\!-\!CO\!-\!R \;\rightleftarrows\; \left[\underset{/}{\overset{\backslash}{C}}=\overset{|}{C}\!-\!O\!\cdot \quad \cdot CO\!-\!R\right]$$

$$\tag{7}$$

$$R\!-\!CO\!-\!\overset{|}{\underset{|}{C}}\!-\!\overset{|}{C}\!=\!O \;\leftarrow\; \left[\cdot\overset{|}{\underset{|}{C}}\!-\!\overset{|}{C}\!=\!O \quad \cdot CO\!-\!R\right]$$

In einer Stufe der Synthese von Griseofulvin fand die photochemische Phenolbenzoat-Umlagerung eine präparative Anwendung (LXXII → → LXXIII, in Äthanol) (199, 306). Ebenso gestattete das analoge Verhalten von Enolbenzoaten (133, 129) in der Steroidreihe, aus den Enolestern von 3-Oxo-cholestan (LXXIV) und 3β-Acetoxy-17-oxo-5α-androstan durch Bestrahlung mit Licht von 2537 Å in Cyclohexan die entsprechenden 2- (LXXV) bzw. 16-Benzoylketone herzustellen (129)*.

(LXXII.)   (LXXIII.)

* Acylxanthate zerfallen photochemisch ebenfalls in Radikalpaare. BARTON (27) verwendete diese Methode, um z. B. aus Glutarbisxanthat 1,2-Cyclopentandion (vgl. 8a) zu gewinnen und Steroid-Acylxanthate in die entsprechenden Nor-alkyl-xanthate (8b) umzuwandeln (für eine weitere Verwendung zur Elimination einer Acylgruppe in der Triterpenreihe vgl. 29).

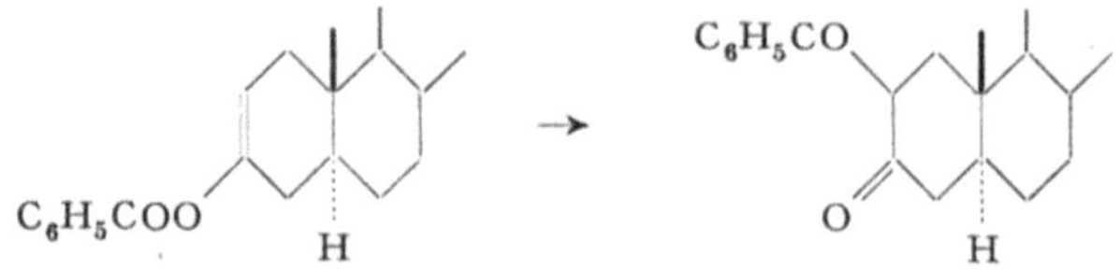

(LXXIV.)   (LXXV.)

Anläßlich synthetischer Arbeiten, die dem Aufbau des Corringerüstes gewidmet waren, wurde von ESCHENMOSER (*128*, vgl. *271*) auch eine intramolekular verlaufende 1,3-Acylwanderung in einem N-Acyl-enamid beobachtet. Die Bestrahlung von (LXXVI) mit Licht von 2537 Å lieferte das C-Acyl-enamid (LXXVII) als Hauptprodukt und das Isomere (LXXVIII) als Nebenprodukt. Für die unterschiedliche Labilität der beiden C—N-Bindungen im Edukt (LXXVI) werden Unterschiede in der Delokalisation des p-Elektronenpaares des Stickstoffs über die beiden Acylreste verantwortlich gemacht, welche durch eine, infolge sterischer Gründe aus der Ringebene abgedrehte Lage des exocyclischen Acylrestes hervorgerufen werden (vgl. auch *377*).

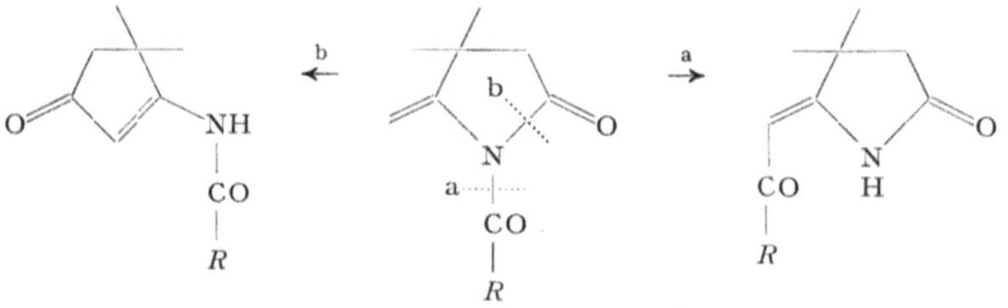

(LXXVIII.)   (LXXVI.)   (LXXVII.)

IV. Gerüstumlagerungen alicyclischer Ketone.

Vereinzelte licht-induzierte Umlagerungen des Kohlenstoffgerüstes sind auch in anderen Abschnitten aufgeführt (SS. 14, 54, 72, 76, 77). Im folgenden soll auf drei Kategorien von Chromophoren speziell eingetreten werden, die bei der UV.-Bestrahlung besonders leicht zu Umlagerungen Anlaß geben können: α,β-Epoxyketone, α,β-ungesättigte Sechsringketone und gekreuzt konjugierte Sechsring-Dienone. Die Bildung der Photoprodukte dieser drei Stoffgruppen läßt sich fast ausnahmslos durch eine oder mehrere aufeinanderfolgende 1,2-Umlagerungen deuten. Diese auch in den folgenden Ausführungen vielfach verwendete formelle Ableitung der Photoprodukte aus den Ausgangsverbindungen ist nur ein Hilfsmittel, das der Diskussion der konstitutionellen und stereochemischen Zusammenhänge der beobachteten Umwandlungen dient. Es gibt im allgemeinen die einfachsten, zum bekannten Ziel führenden Schrittfolgen wieder, muß aber nicht unbedingt dem in der photochemischen Reaktion tatsächlich eingeschlagenen Weg entsprechen. Zumindest in den beiden letztgenannten Kategorien ist nun aber die Tatsache kaum zufällig, daß die Strukturen der Photoprodukte meistens solche molekularen Umformungen verlangen, die sich nach den allgemein für analoge ionische Reaktionen gültigen Kriterien richten. Sie mag vielmehr dadurch zu erklären sein, daß es sich in beiden Fällen um Umlagerungen mit ähnlichen Ladungsverteilungen handelt, welche den gleichen stereochemischen Gesetzmäßigkeiten unterworfen sind. Sie allein genügt aber nicht, um für die photochemischen Vorgänge eine Präzisierung der elektronischen Natur der angeregten Zustände zu gewährleisten.

1. α,β-Epoxy-ketone.

BODFORSS (55) hatte schon 1918 die Photoisomerisierung der Epoxyde von verschiedenen Benzalacetophenon-Derivaten zu den entsprechenden β-Diketonen beschrieben. Diese Umwandlung (vgl. 9) kann in eine Spaltung der zur Carbonylgruppe α-ständigen C—O-Bindung und eine 1,2-Wanderung eines β-Substituenten (hier H) in die α-Stellung zerlegt werden.

$$\tag{9}$$

$$(R = \text{H oder Alkylrest.})$$

Die Ausdehnung der Untersuchungen über das photochemische Verhalten von α,β-Epoxy-ketonen auf gesättigte und ungesättigte cyclische Verbindungen zeigte, daß der Epoxydöffnung zu β-Dicarbonylderivaten nach (9) eine allgemeine Lichtreaktion solcher Gruppierungen zugrunde liegt (*Formelübersicht 3*, S. 20) (*205, 206*). An der dabei erforderlichen 1,2-Wanderung eines β-Substituenten können nicht nur Wasserstoffatome, sondern auch Alkylgruppen teilnehmen. Es resultieren daher oft Umlagerungen des Kohlenstoffgerüstes, deren Verlauf leicht vorauszusehen ist. Die spezifische Reaktionsweise und die oft hohen Ausbeuten machen diese Reaktion zu einer präparativ interessanten Methode sowohl zur Herstellung von β-Dicarbonylverbindungen als auch zu gezielten Gerüstumlagerungen. So werden z. B. die diastereomeren 3-Oxo-4,5-oxidosteroide (I) und (II) (beide mit und ohne Δ^1-Doppelbindung)*, ungeachtet der relativen Konfiguration des Oxidrings, glatt zu 10(5 → 4)-*abeo*-Derivaten vom Typus (III)** isomerisiert. Die analoge Umwandlung ließ sich auch in der 10α-Androstanreihe (IV → V) erzielen. *B*-Nortestosteron-epoxid (VI) kann auf diese Weise in ein *A*-Nor-Steroidgerüst (VII) umgelagert werden.

Die folgenden drei Beispiele zeigen, daß das Ausmaß der Gerüstumlagerung maßgeblich durch die Ringspannung des auszubildenden

---

* Es sei in diesem Zusammenhang darauf hingewiesen, daß kürzlich gesättigte Epoxy-ketone vom Typus (I) und (II) ebenfalls photochemisch durch stereospezifische Oxygenierung der entsprechenden Allylalkohole in der Cholesterinreihe hergestellt worden sind (*238*).

** Die hier aufgeführten β-Dicarbonylverbindungen sind in den meisten Fällen weitgehend enolisiert. Der Einfachheit halber werden sie in den Formeln jedoch nur in der nicht enolisierten Form dargestellt.

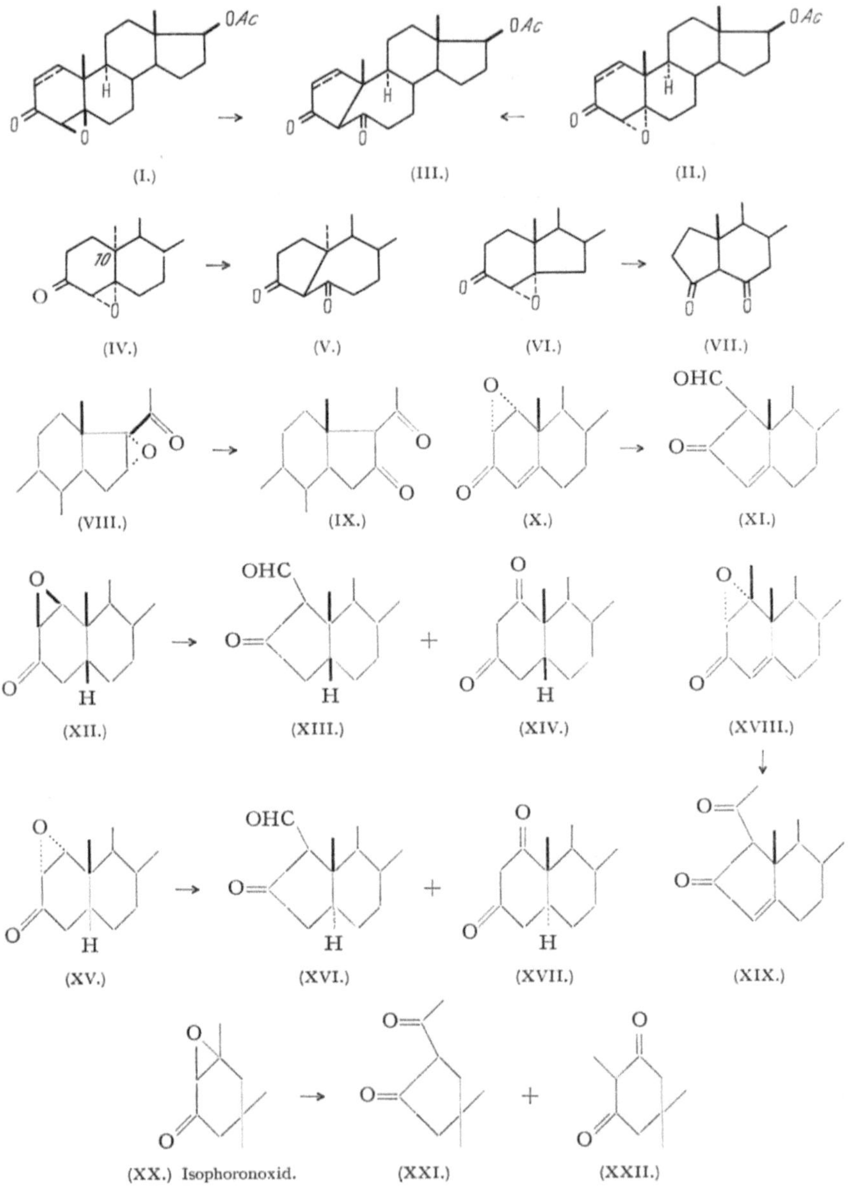

(I.)   (III.)   (II.)

(IV.)   (V.)   (VI.)   (VII.)

(VIII.)   (IX.)   (X.)   (XI.)

(XII.)   (XIII.)   (XIV.)   (XVIII.)

(XV.)   (XVI.)   (XVII.)   (XIX.)

(XX.) Isophoronoxid.   (XXI.)   (XXII.)

Formelübersicht 3. Isomerisierung von α,β-Epoxy-ketonen.

Systems limitiert werden kann. So wurde die Ringkontraktion bei
3β-Acetoxy-16α,17-oxido-20-oxo-Δ^5-pregnen (vgl. VIII) völlig zugunsten
der alternativen Wasserstoffverschiebung zum 16,20-Diketon (IX) unter-

Literaturverzeichnis: SS. 95—114.

drückt. Bei den 1,2-Oxido-3-oxo-steroiden (XII) und (XV) verläuft die Isomerisierung nach beiden Varianten, doch überwiegt die Ringkontraktion deutlich beim *A/B-cis* verknüpften Ringsystem (XIII : XIV $\sim$ $\sim$ 4 : 1), während beim *trans*-Dekalinsystem die Wasserstoffverschiebung vermehrt zur Geltung kommt (XV : XVI $\sim$ 1 : 1). Offensichtlich wird hier die Auswahl der Reaktionswege von den Ringspannungen der beteiligten alicyclischen Systeme mitbestimmt. Die UV.-Bestrahlung der Epoxy-ketone (X) und (XVIII) lieferte mehrheitlich die Verbindungen (XI) bzw. (XIX) (*206*), diejenige von Isophoronoxid (XX) ein 9 : 1-Gemisch von (XXI) und (XXII) (*259*). Die Resultate der beiden letzten Versuche sowie der 3-Oxo-4,5-oxido-Beispiele weisen auf eine deutliche Bevorzugung der höher substituierten Alkylgruppen für die 1,2-Umlagerung (tertiär > sekundär > primär).

Eine Ausweitung des Anwendungsbereiches dieser Umlagerungsreaktion zeichnet sich bei den Resultaten der UV.-Bestrahlung des α,β-ungesättigten γ,δ-Epoxy-ketons (XXIII) und der Keto-lactone (XXV) ab *(Formelübersicht 4)*. Das aus (XXIII) resultierende 17-O-Acetyl-

(XXIII.)   (XXIV.) 17-O-Acetyl-*B*-nor-testosteron.

(XXVI.)   (XXV.)   (XXVII.)

Formelübersicht 4. Umwandlungen von α,β-ungesättigten γ,β-Epoxy-ketonen und von Keto-lactonen.

B-nor-testosteron (XXIV) ist ganz offensichtlich auf eine nach Schema (9) (S. 19) ablaufende Ringkontraktion zurückzuführen, die von einer Decarbonylierung der vinylogen β-Aldehydo-keton-Zwischenstufe gefolgt wird. Die Rolle des Epoxid-Sauerstoffs können unter Umständen auch andere Sauerstoff-Funktionen in α-Stellung zur Ketogruppe übernehmen. Dies wird durch die photolytische Isomerisierung des gesättigten Oleanolsäure-Abkömmlings (XXV) demonstriert, die im IR.-Spektrum mit einer Verschiebung der Lacton-Carbonylfrequenz von 1778 nach 1725 cm^{-1} verbunden ist. Diese Veränderung könnte mit einem Übergang der γ-Lacton- in eine δ-Lactongruppierung hinreichend erklärt werden, der von einem — experimentell noch nachzuweisenden — Austausch der Haftstellen der angulären Methylgruppe an $C_{(14)}$ und des Sauerstoffatoms an $C_{(13)}$ begleitet ist (→ XXVI, ~ 20%). Im $\Delta^{9,11}$-ungesättigten Analogon (XXV) hingegen wird unter denselben Reaktionsbedingungen (in Dioxan-Äthanol) der Lactonring reduktiv gespalten unter Ausbildung der bekannten Säure (XXVII) (*206*).

Die photochemische Epoxydöffnung steht somit im Gegensatz zu den thermischen sowie säure- und basenkatalysierten Isomerisierungen von α,β-Epoxyketonen, bei denen im allgemeinen die C_β—O-Bindung gelöst wird. Der erste Teilschritt der photochemischen Reaktion scheint durchaus mit ähnlichen Spaltprozessen vergleichbar zu sein, die u. a. auch im Bereich der Naturstoffchemie verschiedentlich zur lichtkatalysierten Abtrennung von elektronegativen Substituenten an der α- bzw. vinylogen α-Stellung zu Ketogruppen führten (vgl. *Formelübersicht 5*). Dazu zählen z. B. 6- und 20-Oxopregnane, die in alkoholischer Lösung unter der Einwirkung von UV.-Licht rasch und quantitativ α-ständige Halogen- gegen Wasserstoffatome (an $C_{(5)}$ bzw. $C_{(21)}$) austauschen (*161*). Auch bei der Bestrahlung des 10β-Acetoxyöstradienons (XXVIII) mit Licht von 2537 Å wurden selbst in Dioxanlösung die sonst für solche Chromophore typischen Umlagerungen (S. 27) zugunsten der schnelleren reduktiven Abspaltung der Acetoxygruppe unterdrückt [→ XXIX (38%)] (*328*). In etwas kleinerem Ausmaß gilt dies auch für das 10β-Hydroxy-Analogon (LXII) [→ XXIX, (8%)] (*144*). Die Photolyse des 11a-Bromo-6-deoxytetracyclins (XXX) in Methanol oder Essigsäure lieferte sodann hauptsächlich das 7-Bromderivat (XXXI) (*169*). In Gegenwart von

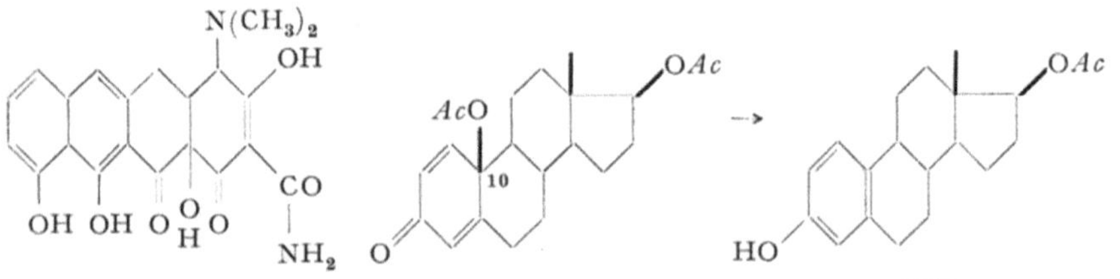

(XXXIII.) (XXVIII.) 10β-Acetoxy-östradienon. (XXIX.)

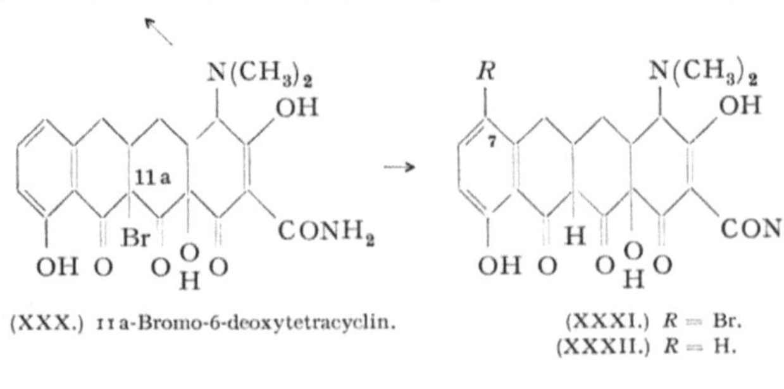

(XXX.) 11a-Bromo-6-deoxytetracyclin. (XXXI.) R = Br.
(XXXII.) R = H.

Formelübersicht 5. Abspaltung von elektronegativen Substituenten in α- und vinyloger α-Stellung zur Carbonylgruppe.

Literaturverzeichnis: SS. 95—114.

α-Naphthol hingegen trat die Ausbildung von (XXXI) stark zurück, und als Hauptprodukt wurde die bromfreie Verbindung (XXXII) isoliert. Die Bromierung in Stellung 7 muß demzufolge über einen intermolekularen Weg ablaufen, möglicherweise durch Hypobromitbildung mit dem als Lösungsmittel dienenden Alkohol. Bei der Verwendung von Acetonitril als Lösungsmittel wurde (XXX) fast ausschließlich dehydrobromiert unter Ausbildung von (XXXIII).

Nachtrag: (*383, 384, 405, 410*).

2. Konjugierte Cyclohexenone.

Anhaltspunkte über photochemisch induzierte Umlagerungen von α,β-ungesättigten Sechsringketonen sind zur Zeit noch auf zwei Reaktionstypen der Steroidreihe (*Formelübersichten 6* und *7*, S. 25) sowie auf

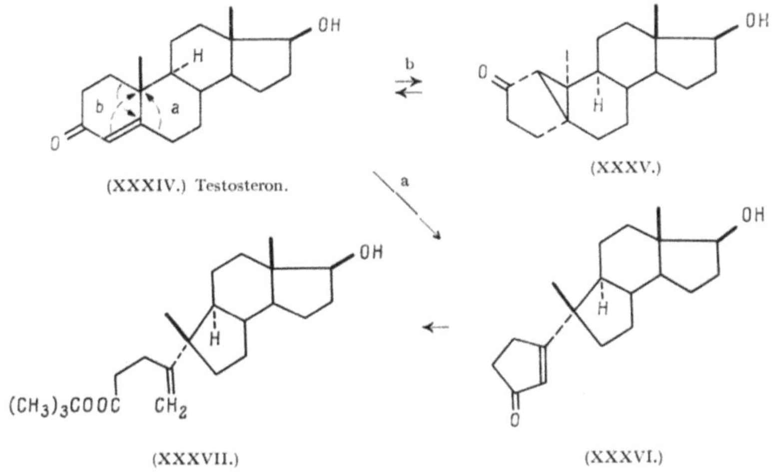

(XXXIV.) Testosteron.

(XXXV.)

(XXXVII.)

(XXXVI.)

Formelübersicht 6. Isomerisierung von Testosteron.

das Monoterpenketon Verbenon (*Formelübersicht 8*, S. 26) beschränkt. GARDNER (*200*) fand bei der UV.-Bestrahlung von 3-Oxo-Δ^4-cholesten, daß in stark verdünnter *t*-Butanollösung die weiter unten besprochenen Dimerisierungen (S. 86) zugunsten der Isomerisierung zu einer Verbindung des Strukturtypus (XXXV) zurückgedrängt werden. Eine eingehende Analyse des photochemischen Verhaltens von Testosteron (XXXIV) durch JEGER (*236, 379*)* zeigte, daß dieses unter vergleichbaren Reaktionsbedingungen reversibel zum Isomeren (XXXV) umgelagert wird. Als irreversible Konkurrenzreaktion entsteht jedoch auch das Isomere (XXXVI), das seinerseits den *t*-Butylester (XXXVII) liefert. Die Entstehung von (XXXVII) läßt sich mit einer neuartigen Spaltung

---

* Analoge Umlagerungen von monocyclischen Cyclohexenon-Modellverbindungen sind unterdessen auch von CHAPMAN (*78a*) beschrieben worden.

des Cyclopentenons (XXXVI) und Addition eines Lösungsmittelmoleküls erklären, die dann auch durch separate Bestrahlung von (XXXVI) in bis 20%iger Ausbeute erzwungen werden konnte. Die Isomerisierung des Testosterons (XXXIV) zu (XXXV) und (XXXVI) kann natürlich summarisch durch die in der Formel (XXXIV) angedeuteten Varianten der stereospezifischen Reorganisation der Bindungen erläutert werden. Sie erinnert stark an ein ähnliches Verhalten der im folgenden Abschnitt besprochenen, gekreuzt konjugierten Cyclohexadienone und läßt sich formell ebenso zwanglos wie diese nach einem Konzept von diradikalischen (ev. zwitterionischen) Zwischenstufen ableiten.

Eine Diskussion des detaillierten Mechanismus dieser Isomerisierung sowie derjenigen des nachfolgend aufgeführten Dienons (XLI) bedarf aber noch weiterer experimenteller Unterlagen. Im speziellen sei darauf hingewiesen, daß nach vorläufigen Versuchen beide Umsetzungen sich nur mittels $n \to \pi^*$-Anregung (langwelliges Licht > 2800 Å) erzielen lassen.

In diesem Zusammenhang sei der interessante Befund erwähnt, daß bei 3β-Acetoxy-7-oxo-Δ^5-cholesten (XXXVIII) hingegen ein anderer photochemischer Prozeß eintritt, wenn die Verbindung unter denselben Reaktionsbedingungen wie die 3-Oxo-Δ^4-Steroide bestrahlt wird (148). So lieferte die Umsetzung von (XXXVIII) das 5β-Acetoxyderivat (XXXIX) [zur Gegenüberstellung vgl. die Reaktion (LX → LXI)], das seinerseits ein photostationäres Gleichgewicht mit dem Isomeren (XL) bildet. Die Stereospezifität des Überganges (XXXVIII → XXXIX) erinnert an eine intramolekulare 1,2-Acetatumlagerung, die über einen dipolaren Zwischenzustand formuliert worden ist (20). Unter der Annahme eines völlig intramolekularen Reaktionsverlaufs setzt der vorliegende Fall aber zusätzlich noch eine 1,3-Wasserstoffverschiebung von $C_{(4)}$ nach $C_{(6)}$ voraus, wie sie z. B. bei der Photoisomerisierung des 10α-Testosterons (S. 78) ebenfalls zu erwägen ist. Für die Auslösung der reversiblen Allylacetatumlagerung (XXXIX $\rightleftarrows$ XL) ist die in beiden Verbindungen vorhandene Homokonjugation der Ketogruppe mit der Doppelbindung in Betracht gezogen worden, welche nach der $n \to \pi^*$-Anregung der Ketogruppe für die notwendige Aktivierung der Allylacetat-Gruppierung (z. B. durch Polarisation der Doppelbindung) verantwortlich ist (148).

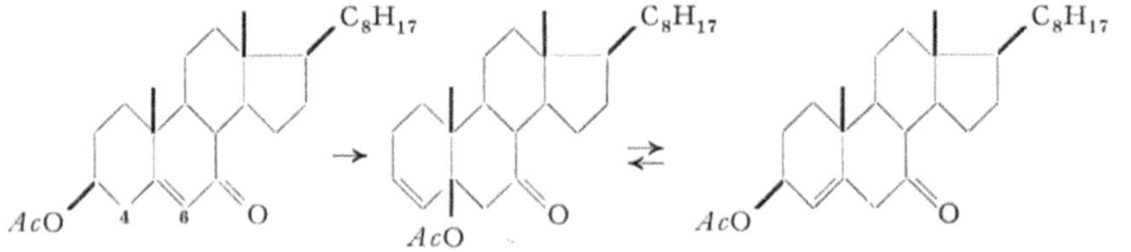

(XXXVIII.)
3β-Acetoxy-7-oxo-Δ^5-cholesten.

(XXXIX.)

(XL.)

3-Oxo-17β-acetoxy-$\Delta^{1;5}$-androstadien (XLI) wurde ferner in äthanolischer Lösung in die vier Stereoisomeren (XLII), (XLIII), (XLIV) und (XLV) umgelagert (236, 379). Ein zur Formulierung in (XXXIV) formell ähnlicher Bindungsabtausch ermöglicht die stereochemisch korrekte Ableitung des Photoproduktes (XLII) (vgl. XLVI). Die Tatsache, daß bei der Bestrahlung noch drei weitere, mit (XLII) diastereomere Photo-

(XLI.)   (XLII.)

(XLIV.)   (XLIII.)

(XLV.)   (XLVI.)   (XLII.)

Formelübersicht 7. Isomerisierung von 3-Oxo-17β-acetoxy-$\Delta^{1;5}$-androstadien.

produkte (XLIII–XLV) entstehen, zeigt aber, daß hier noch zusätzlich Spaltungen und Rekombinationen von Einfachbindungen in Betracht gezogen werden müssen, die Epimerisierungen zur Folge haben. Eine erst teilweise Erklärung für diese Ergebnisse liegt im experimentellen Befund, daß nach der in der Formel (XLVI) wiedergegebenen Reorganisation der Bindungen eine photochemisch induzierte reversible Epimerisierung der spirocyclischen Verknüpfungsstelle eintritt (XLII ⇄ XLIII; XLIV ⇄ XLV).

Die von HURST und WHITHAM (*176*) untersuchte Photochemie der Monoterpenketone (+)-Verbenon (XLVII) und (+)-Chrysanthenon (XLIX) stellt eine interessante Illustration des Zusammenspiels verschiedener Photo- und Dunkelreaktionen dar. Das α,β-ungesättigte Cyclohexenon (XLVII) wird in Cyclohexan oder Äther photolytisch in das Strukturisomere (XLIX) übergeführt. Diese stereospezifische Umlagerung ist von einer allmählichen licht-katalysierten Racemisierung des entstehenden, nicht-konjugierten Photoketons (XLIX) gefolgt. Wird Verbenon (XLVII) in wasserhaltigen Lösungsmitteln bestrahlt, fällt

Formelübersicht 8. Umwandlung von Verbenon und Chrysanthenon.

zusätzlich 3,7-Dimethyl-octa-3,6-diensäure, ein nicht-konjugiertes Isomeres der Geranylsäure, an. Dieselbe Säure entsteht auch in allerdings kleinerer Ausbeute aus Chrysanthenon (XLIX) sowohl bei der Photolyse als auch bei der thermischen Behandlung im Dunkeln.

Diesen Resultaten kann durch die in Formelübersicht 8 wiedergegebenen Formulierungen Rechnung getragen werden: Die licht-induzierte Racemisierung des Chrysanthenons (XLIX) und dessen Umwandlung in eine zweifach ungesättigte Säure erklärt sich zwanglos unter der Annahme einer reversiblen Spaltung des Vierrings (XLIX: c) und intermediären Ausbildung des Ketens (L). In Abweichung zu den übrigen bekannten Gerüstumlagerungen ungesättigter Ringketone erfordert der Übergang (XLVII → XLIX) eine 1,3-Verschiebung des quaternären Kohlenstoffatoms 6. Diese, sowie gleichzeitig die erhöhte Tendenz zur Säurebildung aus Verbenon (XLVII) können mit Hilfe eines Übergangszustandes interpretiert werden, welcher durch Spaltung der zum α,β-ungesättigten Carbonylsystem allylischen 1,6-Bindung entsteht. Ein anschauliches Bild vermittelt dabei die Formulierung einer dipolaren Spezies (XLVIII) (vgl. *78a*) (oder des diradikalischen Analogons), die sich durch einen intramolekularen Alkylierungsschritt ($\overset{a}{\to}$ XLIX) oder durch eine zweite Ringöffnung ($\overset{b}{\to}$ L) stabilisieren kann.

Nachtrag: (*369, 382*).

3. Gekreuzt konjugierte Cyclohexadienone.

Die photochemische Labilität gekreuzt konjugierter Cyclohexadienone hatte erstaunlicherweise während sehr langer Zeit kaum Beachtung gefunden, obwohl seit der Jahrhundertwende durch die italienische Schule zahlreiche Versuche mit Santonin (LV) — einem leicht zugänglichen Sesquiterpen mit solchem chromophoren System — bekannt waren [vgl. (*288*) für eine Übersicht über diese ältere Literatur]. Tatsächlich waren zu jener Zeit, mit Ausnahme des Lumisantonins (LVII)

Literaturverzeichnis: SS. 95—114.

und des linearen Dienons (LXXV, S. 32), bereits alle wichtigen Photoprodukte des Santonins beschrieben worden, deren Struktur erst im Verlauf der letzten sieben Jahre aufgeklärt worden ist. Die hauptsächlich in den Laboratorien von BARTON, BÜCHI, COCKER, JEGER und VAN TAMELEN wieder aufgenommenen Arbeiten auf diesem Gebiet bildeten den Auftakt zu einer äußerst regen, noch immer anhaltenden Entwicklung eines neuen Arbeitsfeldes. Bei der Ausweitung der Untersuchungen auf zahlreiche Ring-*A*-Dienone der Steroidreihe zeichneten sich gleichzeitig Abgrenzung und Ergänzungen des komplexen Reaktionsbildes ab, welches stark von den Reaktionsbedingungen (speziell von der Natur des verwendeten Lösungsmittels) beeinflußt wird. So können diese Dienone Umlagerungen eingehen, die mit der Addition nukleophiler Lösungsmittelmoleküle kombiniert sind. Beim Ausbleiben einer Lösungsmittelteilnahme entstehen hingegen ketonische Isomeren mit Umbellulon-artigem Chromophor (vgl. CII, S. 36), die selbst photo-instabil sind und — oft über andere ketonische Zwischenprodukte — zu stabileren phenolischen Isomeren umlagern.

Primäre Umwandlungen der gekreuzt konjugierten Dienone.

Eine generelle Beurteilung des nachfolgend zu besprechenden reichhaltigen Tatsachenmaterials wird durch den Umstand erschwert, daß in einzelnen Versuchsreihen noch wesentliche Lücken bestehen mögen, da weder in allen Umsetzungen eine befriedigende Gewichtsbilanz zwischen eingesetztem Ausgangsmaterial und isolierten Photoprodukten hergestellt noch durchwegs vergleichbare Reaktionsbedingungen (Wellenlänge des Lichts, Temperatur, Konzentration usw.) angewandt worden sind.

Von dieser Einschränkung ist jedoch u. a. 17-O-Acetyl-1-dehydro-testosteron (LI) ausgenommen, dessen Umwandlungen sehr eingehend untersucht worden sind. Sie sollen hier als Basis zur Diskussion des photochemischen Verhaltens der Dienone benützt werden. Bei der Bestrahlung mit UV.-Licht wird dieses Dienon (LI) in neutralen Lösungsmitteln, wie Dioxan, ausschließlich (*340*) zu einem einzigen Umbellulon-artigen Primär-

(LI.) 17-O-Acetyl-1-dehydro-testosteron.

(LII.)   (LIII.)   (LIV.)

Formelübersicht 9. Umwandlungen von O-Acetyl-1-dehydro-testosteron.

produkt (LII) isomerisiert (vgl. *122, 123*). Bei der Umsetzung in wässeriger Essigsäure entstehen noch zusätzlich zwei weitere Photoprodukte, (LIII) und (LIV), die durch Anlagerung des nukleophilen Lösungsmittels entstanden sind (*143, 197, 198*). Gleichzeitig wurden auch phenolische Isomeren (CVII und CIX, S. 36) isoliert (*143, 198*), die jedoch auf Grund von Modellversuchen als photochemische Folgeprodukte des — bei diesen Bestrahlungen meist nicht gefaßten — Isomeren (LII) zu betrachten sind (*198*) (*Formelübersicht 9*, S. 27).

Die Umlagerungsrichtung (LI → LII) ließ sich auch bei den meisten anderen Dienonen in neutralen Lösungsmitteln nachweisen. So wird Santonin (LV) in Lumisantonin (LVII) umgewandelt (*32, 35, 13,* vgl. auch *96*). Ebenso lassen sich die in den Stellungen 1, 2 und 4 alkylierten Homologen von (LI) [1-Methyl- (*340*), 2-Methyl- (*142*), 4-Methyl-, 2,4-Dimethyl- (*339*), 4-Äthyl- (*262*) und 4-Isopropyl-Derivate (*57*)] durchwegs zu Ketonen des gleichen Strukturtypus (LII) isomerisieren. Dasselbe gilt auch für analoge Versuche in der 10α-Androstanreihe (*340*) (vgl. LXXXV → LXXXVI, *Formelübersicht 11*, S. 34) sowie für das gekreuzt konjugierte Ring-*B*-Dienon 3β-Acetoxy-7-oxo-$\Delta^{5;8}$-lanostadien (vgl. LX → LXI) (*37*).

Übergänge vom Typus (LI → LIV) sind erstmals bei der Bestrahlung von Santonin (vgl. LV → LVI) (*34*) und schließlich bei den 4-Methyl- (*339*) und 4-Isopropyl-Homologen (*57*) von (LI) und 21-O-Acetyl-prednison (vgl. LVIII → LIX) (*42, 43*) in wässeriger Essigsäure bekanntgeworden. Die Umwandlung zum Perhydroazulen-Gerüst (vgl. LVI) konnte auch mit den an $C_{(6)}$ und/oder $C_{(11)}$ diastereomeren Santonin-Abkömmlingen sowie den 8-O-Acetylderivaten von Artemisin ($\equiv 8\alpha$-Hydroxy-santonin) und dessen 8- und 6,8-Diastereomeren erzielt werden (*31*). Damit war ein synthetischer Zugang zu einer Klasse von Verbindungstypen erschlossen worden, der zahlreiche Sesquiterpen-lactone angehören. Der spirocyclische Strukturtypus von (LIII) ist schließlich auch für ein weiteres Photoprodukt von 1-Dehydro-4-methyl-testosteron nachgewiesen worden (*141*, vgl. *339, 143*). Offensichtlich beruht der in Dioxanlösung beobachtete Übergang (LXII → LXIII) ebenfalls auf diesem Umlagerungsmodus (*144*).

Die beiden Umlagerungsrichtungen (LI → LII) und (LI → LIV + LIII) dürften demnach für das photochemische Verhalten des gekreuzt konjugierten Cyclohexadienon-Systems allgemein charakteristisch sein*. Für eine formelle Rationalisierung dieses Reaktionsbildes sind zwei wesentliche Punkte zu beachten:

a) Die Photoprodukte mit bewiesener Stereochemie, z. B. (LII) (*123*), (LIII) (*143*), (LVI) (*14*), (LVII) (*28, 123*), (LXI) (*37*), (LXIII) (*144*), und (LXXXVI) (*340*), lassen sich unter Beobachtung der Regeln für stereospezifische 1,2-Umlagerungen korrekt aus den jeweiligen Ausgangsdienonen herleiten**.

---

* Diese Aussage wird dadurch weiter belegt, daß auch bei Modellverbindungen, wie 4,4-Diphenyl-cyclohexadienon (*362, 363*) und 2-Oxo-4aβ,8α-dimethyl-2,4a,5,6,7,8-hexahydrophthalin (*197, 198*), weitgehend quantitative Umlagerungen der ersten bzw. beider Varianten beobachtet worden sind.

** Dies gilt auch für den sterischen Aufbau der Photoprodukte (LIV) (*198*) und (LIX) (*20*). Ihre Stereochemie wurde lediglich aus Analogie zur bewiesenen Stereochemie des Isophotosantonsäure-lactons (LVI) angenommen.

Literaturverzeichnis: SS. 95—114.

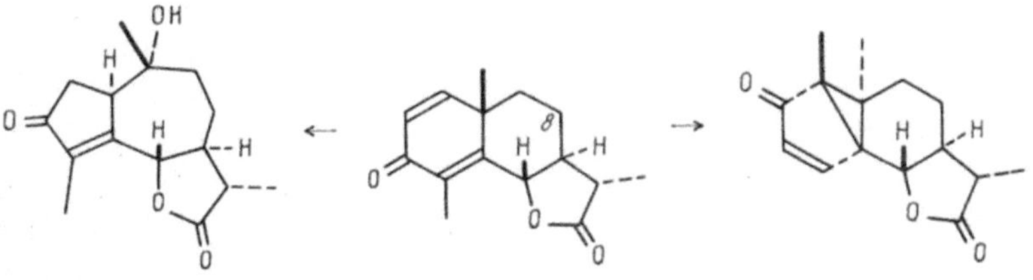

(LVI.) Isophotosantonsäure-lacton.   (LV.) Santonin.   (LVII.) Lumisantonin.

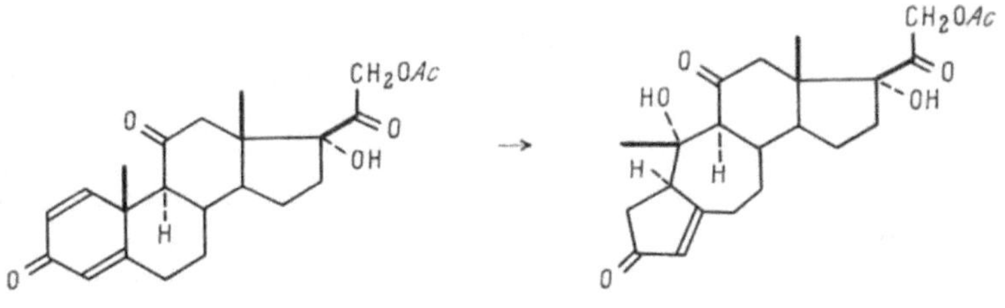

(LVIII.) 21-O-Acetyl-prednison.   (LIX.)

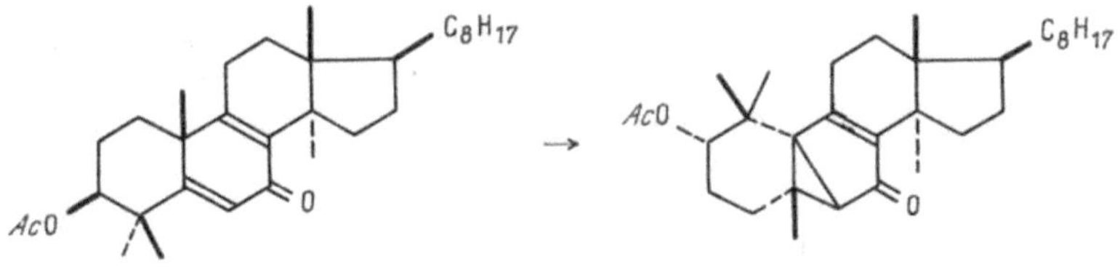

(LX.)   (LXI.)

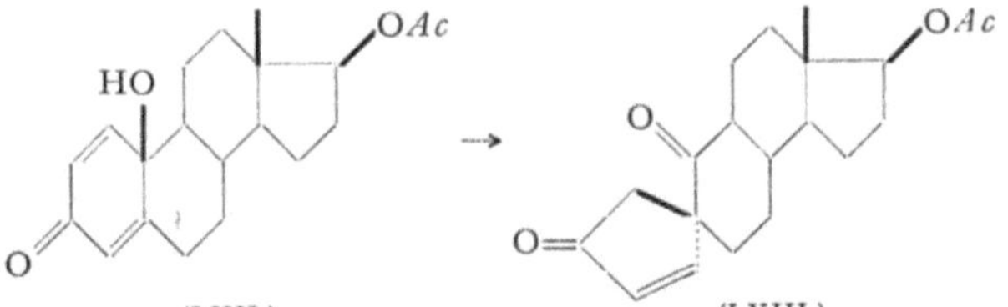

(LXII.)   (LXIII.)

b) Die isomeren Primärprodukte aus den Dienonen stellen keine Zwischenprodukte der licht-katalysierten Umwandlungen in wässeriger Essigsäure dar (*35, 339,* vgl. auch *198*), obwohl z. B. die Photoisomeren (LVII), (LII) und die 4-Alkylderivate von (LII) in säurekatalysierten Dunkelreaktionen in die Verbindungen (LVI), (LIII) bzw. die 4-substituierten Homologen von (LIV) umgewandelt werden können, die ihrerseits auch als Produkt der Dienon-Bestrahlung in Säure anfallen (*13, 35, 143, 339, 57,* vgl. auch *198*).

Das Gesamtbild aller Befunde läßt nun ein solches Konzept der besprochenen Dienonumlagerungen als besonders attraktiv erscheinen, welche die Entstehung von mehreren Photoprodukten aus demselben Ausgangsdienon nicht in separate Prozesse auftrennt, sondern sie über eine gemeinsame Zwischenstufe formuliert. Die ausschlaggebende Rolle des Lösungsmittels wird dadurch je nach dessen Eigenschaften — wenigstens formell — auf eine Beteiligung bzw. Nichtbeteiligung an den sekundären Umformungen der photochemisch erzeugten Zwischenstufen festgelegt. Diesem Postulat wird die neuerdings vorgeschlagene Annahme von ionischen Zwischenstufen (Zwitterionen) wohl am besten gerecht, die gleichzeitig auch die experimentell dokumentierte Stereospezifität der Umlagerungen gewährleistet.

Diese Auffassung wird durch wichtige, erst kürzlich bekanntgewordene Ergebnisse noch besser fundiert. Sie zeigen, daß die am Übergang Santonin (LV) → Lumisantonin (LVII) [ebenso wie an der anschließenden Umlagerung von (LVII) in das Dienon (LXXV)] beteiligte Spezies Triplettcharakter aufweist, dem auch in ähnlichen Fällen eine erhöhte Tendenz zur Polarisierung (negativer Charakter des Carbonylsauerstoffs, Elektronenmanko im konjugierten System des Kohlenstoffgerüstes) zugeschrieben wird (134).

Zur Illustration wird in der *Formelübersicht 10* eine detaillierte Schrittfolge wiedergegeben, welche die Umlagerungen eines „unsubstituierten" Cyclohexadienons (z. B. 1-Dehydro-testosteron) über eine allen drei bekannten Photoprodukten (LXXI—LXXIII) gemeinsame dipolare Vorstufe (LXIX) formuliert. Zimmerman (361—363) postulierte, daß anschließend an die allgemein angenommene $n \rightarrow \pi^*$-(Singlett-)Anregung* der Carbonylgruppe (LXIV → LXV ↔ LXVI) (vgl. aber 134), und vorgängig der Rückkehr in den elektronischen Grundzustand, eine neue kovalente Bindung (LXVI → LXVII) gebildet wird. Der durch einen Elektronentransfer im Diradikal (LXVII; $C_{(2)} \rightarrow O$) anfallende zwitterionische Übergangszustand (LXIX) wird ebenfalls in der von anderen Autoren (143, 144) gewählten Schreibweise [vgl. auch (41, 86, 79)] nach einer direkten Elektronenlokalisierung auf dem Sauerstoff und erst dann eintretenden Überbrückung (LXVIII → LXIX) erreicht. Für die Ableitung der Photoprodukte vom Typus (LXXI) aus (LXVIII) kann auf Grund dieser Formulierung die Zwischenstufe (LXIXa) natürlich auch ausgelassen werden und das Zwitterion (LXX) als Zwischenstufe in die Übergänge (LXVIII → LXIXb, c) eingeschoben werden (vgl. 198). Die zur Verfügung stehenden experimentellen Grundlagen gestatten vorläufig

---

* Die Dienonumlagerungen können im allgemeinen durch ausschließlich langwelliges UV.-Licht (> 3000 Å) ausgelöst werden. Die weiter unten (S. 33) besprochenen Umlagerungsfolgen von Dienonen des 1-Dehydro-testosteron-Typus (vgl. LI) bei der Bestrahlung mit Licht von 2537 Å setzt eine $\pi \rightarrow \pi^*$-Anregung voraus, von der allerdings angenommen werden kann, daß sie relativ leicht in den $n \rightarrow \pi^*$-Anregungszustand umgewandelt werden kann (vgl. 361).

Literaturverzeichnis: SS. 95—114.

noch keine eindeutigen Rückschlüsse auf diese zum Teil in Formelübersicht 10 illustrierten Fragestellungen bezüglich des tatsächlichen Reaktionsablaufs.

(LXIV.) (LXV.) (LXVI.) (LXVII.)

(LXVIII.) (LXIXa.) (LXIXb.) (LXIXc.)

(LXXI.) (LXX.) (LXXII.) (LXXIII.)

Formelübersicht 10. Hypothetische Zwischenstufen der Umwandlungen gekreuzt konjugierter Dienone.

Die Formulierung der strukturell gleichwertigen, als konjugate Säuren von (LXIXb und c) aufzufassenden Zwischenstufen für die Ausbildung der in Essigsäure entstehenden Strukturtypen (LXXII) und (LXXIII) hat aber den Vorzug, daß sich gewisse quantitative Unterschiede in der Produktenzusammensetzung leichter erklären lassen, die bei der Bestrahlung unterschiedlich substituierter Dienone auftreten. So ist es z. B. denkbar, daß Alkylsubstituenten an $C_{(4)}$ die positive Ladung in dieser Stellung stabilisieren und daher die Umwandlung (LXIXc $\rightarrow$ $\rightarrow$ LXXIII) gegenüber der Alternative (LXIXb $\rightarrow$ LXXII) begünstigen. Ebenso bietet dieses Konzept allgemein eine Handhabe zur Diskussion von unterschiedlichen Umlagerungsrichtungen auf der Grundlage der unterschiedlichen Reaktivität der dabei beteiligten Zwitterionen bzw. Kationen.

Umwandlungen der ketonischen Photoisomeren.

Die aus den gekreuzt konjugierten Cyclohexadienonen zugänglichen, Umbellulon-artigen Primärprodukte (vgl. CII, S. 36) werden durch UV.-Licht leicht weiterisomerisiert. So liefern z. B. das Dienon (LI, S. 27) und dessen 1-, 2- und 4-Methyl-Homologen in Dioxanlösung nebst Verbindungen vom Typus (LII) auch mehrheitlich deren photochemische Folgeprodukte (*122, 123, 142, 340, 141*). Die Weiterisomerisierung der

Verbindungen vom Typus (LII) steht in mechanistischer Hinsicht zweifellos der Dienonumlagerung nahe. In der licht-induzierten Umwandlung von Santonin (LV) in Photosantonsäure (LXXVI) (*304*, *33*, *36*) waren schon früher als Zwischenprodukte Lumisantonin (LVII) nachgewiesen (*13*) und das Dienon (LXXV) postuliert worden (*339*).

Chapman (*79*) und Richards (*134*) fanden nun kürzlich die experimentelle Bestätigung dieser Reihenfolge. Bei der Bestrahlung von Lumisantonin (LVII) in neutralen Lösungsmitteln wurde, wiederum über Zwischenstufen mit Triplettcharakter (*134*), zuerst das linear konjugierte, homoannulare Dienon (LXXV) gebildet, das erst nach Zugabe von Wasser unter einer für solche Chromophore charakteristischen Spaltung (s. S. 7) Photosantonsäure (LXXVI) erzeugt. Die Formulierung des Zwitterions (LXXIV) (*79*), das funktionsmäßig der für die Dienonumlagerung postulierten Zwischenstufe (LXIX) entspricht, findet eine indirekte experimentelle Stütze im Resultat der photochemischen Umwandlung der Verbindung (LXXVII) (*363*, *361*). Diese liefert in

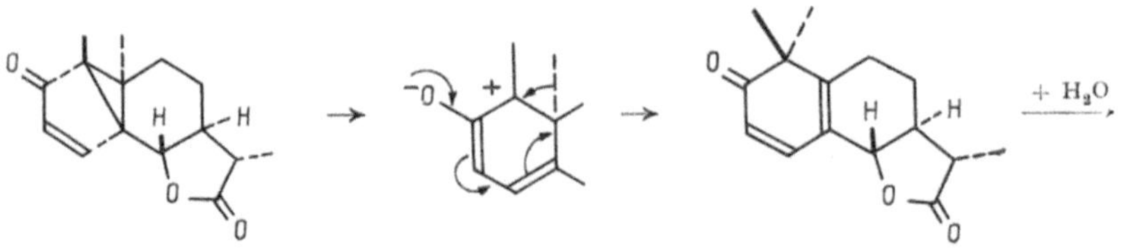

(LVII.) Lumisantonin. (LXXIV.) (LXXV.)

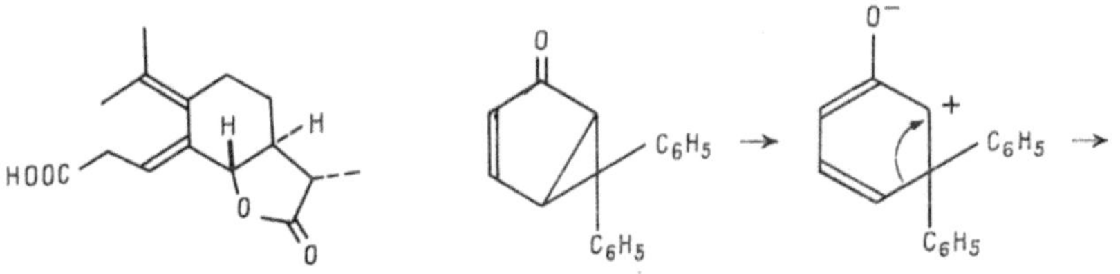

(LXXVI.) Photosantonsäure. (LXXVII.) (LXXVIII.)

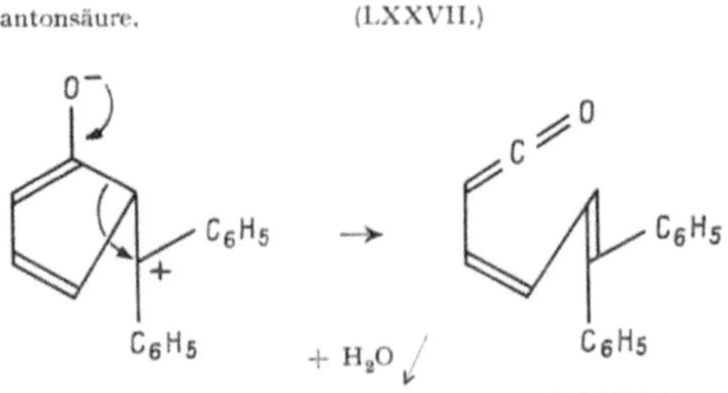

(LXXIX.)

$$HOOC-CH_2-CH=CH-CH=C(C_6H_5)_2$$

(LXXX.) 6,6-Diphenyl-3,5-hexadien-1-säure.

Literaturverzeichnis: SS. 95—114.

wässerigem Dioxan u. a. 6,6-Diphenyl-3,5-hexadien-1-säure (LXXX), deren Entstehung sich zwanglos über die Stufen (LXXVIII) und (LXXIX) erklären läßt.

Bei der UV.-Bestrahlung von alkalischen Santoninlösungen entsteht Photosantoninsäure (*268, 358, 279*), die ursprünglich ebenfalls für ein Photoprodukt des Sesquiterpen-lactons gehalten wurde. Später jedoch wurde die Verbindung als das Resultat eines basenkatalysierten Dimerisierungsvorganges des Lumisantonins (LVII) erkannt (*13, 96*).

Aus den Produktengemischen, die bei längerer UV.-Bestrahlung von 17-O-Acetyl-1-dehydro-testosteron (LI, S. 27) und dessen $C_{(10)}$-Diastereomeren (LXXXV) anfallen, konnten bisher fünf (LII, LXXXI—LXXXIV) (*122, 123, 340*) bzw. vier ketonische Isomeren (LXXXVI—LXXXIX) (*340*) isoliert und ihre Konstitution bewiesen werden. Auf Grund von separaten Bestrahlungen von Dioxanlösungen der Ausgangsdienone (LI) und (LXXXV) sowie der Photoisomeren (LII, LXXXI und LXXXII) und (LXXXVI—LXXXVIII) mit Licht von 2537 Å ließen sich die photochemischen Beziehungen zwischen diesen Verbindungen als zwei parallele Reihenfolgen von praktisch quantitativ ablaufenden Umlagerungsschritten nachweisen (*340*). Sie sind, wie auch die anschließend besprochenen Reaktionen, in *Formelübersicht 11* (S. 34) summarisch durch Pfeile dargestellt. Diese herkömmliche Darstellungsweise (vgl. *20, 123*) hat den Vorzug, unter Verzicht auf eine Postulierung hypothetischer Anregungsmechanismen und Übergangszustände, der Diskussion sowohl des Umlagerungstypus als auch der stereochemischen Probleme zu genügen.

Die Kenntnis der Stereochemie der Produktenpaare (LII/LXXXVI) und (LXXXI/LXXXVII) gestattet, den photochemischen Übergang der ersten in die zweite Gruppe als Alternativlösung der Umlagerung des Lumisantonins (vgl. LVII → LXXV) aufzufassen. An Stelle einer Wanderung der angulären Methylgruppe (vgl. LXXIV) erfolgt hier eine Ring-*B*-Kontraktion unter stereospezifischer 1,2-Verschiebung des Kohlenstoffatoms 9. Derselbe Vorgang kann auch bei der UV.-Bestrahlung der 1- und 4-Methyl- und des 4-Isopropylhomologen von (LII) beobachtet werden, wobei die entsprechenden Derivate von (LXXXI) entstehen (*57, 141*). Der nächste Schritt (LXXXI → LXXXII bzw. LXXXVII → LXXXVIII) entspricht der für gekreuzt konjugierte Cyclohexadienone zu erwartenden Reorganisation der Bindungen im Ring *A* (vgl. a in LI). Die nachfolgende Isomerisierung der dabei entstehenden Verbindungen (vgl. LXXXII → LXXXIII, LXXXVIII → → LXXXIX*) weicht hingegen vom bereits besprochenen Schema

---

* Die in den Formelpaaren (LXXXII/LXXXVIII) und (LXXXIII/LXXXIX) wiedergegebene Konfiguration ist nicht bewiesen. Die Zuordnung für das spirocyclische Kohlenstoffatom 5 beruht lediglich auf der naheliegenden Annahme,

Formelübersicht 11. Ketonische Photoisomeren von O-Acetyl-1-dehydro-testosteron, O-Acetyl-1-dehydro-10α-testosteron und O-Acetyl-1-dehydro-2-methyl-testosteron.

(vgl. LXXIV, LII) für Umbellulon-artige Chromophore ab. Diese scheint aber beim Methylhomologen (XCII) der 1-Dehydro-2-methyl-testosteron-Reihe wieder zur Geltung zu kommen (vgl. XCII $\xrightarrow{a}$ XCIII, $\xrightarrow{b}$ XCIV). Struktur und Herkunft des in sehr kleiner Ausbeute anfallenden ketonischen Photoisomeren (LXXXIV) (123, 340) des 17-O-Acetyl-1-dehydro-testosterons (LI) deuten darauf hin, daß hier das Produkt

daß die zu diesen Ketonen führenden stereospezifischen, intramolekularen Alkylierungsschritte ebenso wie die beiden ersten dieser Umlagerungsfolgen unter Umkehrung der Konfiguration des Reaktionszentrums ablaufen. Die Konfiguration von $C_{(1)}$ und $C_{(2)}$ in (LXXXII) (und damit auch in LXXXVIII) wurde auf Grund von zirkulardichroitischen Messungen zugeteilt (398).

Literaturverzeichnis: SS. 95—114.

einer Isomerisationsvariante von (LIIb) vorliegt, die unter 1,2-Wanderung der angulären Methylgruppe abläuft.

Es ist hier allerdings zu betonen, daß die Untersuchungen der licht-induzierten Umsetzungen des Methylhomologen (XC) in Dioxanlösung noch unvollständig sind. Von den vier bisher isolierten ketonischen Isomeren konnten die vollständigen Strukturen der drei Komponenten (XCI), (XCIII) und (XCIV) bewiesen werden, während der sterische Aufbau von (XCII) nicht bekannt ist (*141, 142*). Die vorläufige Konfigurationszuordnung für $C_{(1)}$, $C_{(2)}$ und $C_{(t)}$ von (XCII) gründet sich auch hier nur auf die aus Analogiegründen getroffene Annahme, daß die vier Photoprodukte nach dem dargestellten Schema entstehen. Ein der Verbindung (LXXXI) analoges Zwischenprodukt des Überganges (XCI → XCII) müßte sich dabei bis anhin der Isolierung entzogen haben.

Modifikationen des Isomerisierungsverlaufs gekreuzt konjugierter Dienone.

21-O-Acetyl-prednison (LVIII) und 3,11,17-Trioxo-$\varDelta^{1;4}$-androstadien führten bei der UV.-Bestrahlung in Äthanol- oder Dioxanlösung zu modifizierten Isomerisierungsvorgängen. So wird z. B. (LVIII) schrittweise in die 21-O-Acetylderivate von Lumiprednison (XCV) und Neoprednison (XCVI) umgewandelt (*44, 43*). Diese auffallende Beeinflussung des Verlaufs der licht-induzierten Dienon-Umwandlung durch die Anwesenheit einer Ketogruppe in Stellung 11 der Steroide bewirkt — in Abweichung vom Schema (LI $\overset{a}{\rightarrow}$ LII) — die Verschiebung einer Ring-*B*-Bindung (vgl. LVIII). Der anschließende Übergang (XCV $\overset{b}{\rightarrow}$ → XCVI) entspricht wieder dem allgemeinen Reaktionsschema solcher Chromophore (vgl. LXXIV und LII) und stellt gleichzeitig eine Alternative zur — nicht nachgewiesenen — rückläufigen Umwandlung (XCV $\overset{a}{\rightarrow}$ LVIII) dar (*20*). Der gleiche reaktionsbestimmende Einfluß kommt auch der $\varDelta^{9,11}$-Doppelbindung des Trienons (XCVII) zu, das bei der Bestrahlung mit Licht von 2537 Å Anlaß zu einer praktisch einheitlich ablaufenden Umlagerungsfolge (XCVII → XCVIII → XCIX) gibt (*209*).

(LVIII.) 21-O-Acetyl-prednison.

(XCV.) 21-O-Acetyl-lumiprednison.

(XCVI.) 21-O-Acetyl-neoprednison.

(XCVII.)

(XCVIII.)

(XCIX.)

Auch Änderungen in der Größe des Ringes *B* können einen beachtenswerten Einfluß ausüben. So wird 17-O-Acetyl-*B*-nor-testosteron (C) nach noch nicht abgeschlossenen Versuchen in Dioxanlösung glatt zu einem linear konjugierten Dienon der wahrscheinlichen Struktur (CI) isomerisiert (*59*). Es setzt hier also eine Umlagerung vom Typus des Überganges (LI → LIV) ein.

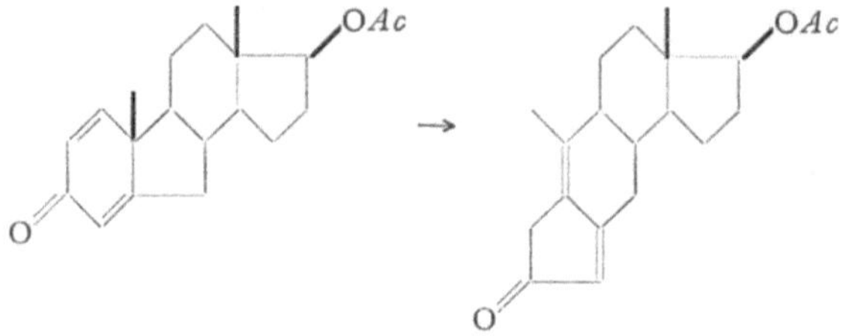

(C.) 17-O-Acetyl-*B*-nor-testosteron.   (CI.)

Umwandlungen in phenolische Photoisomeren.

Die vielfältige Problematik der Photochemie der gekreuzt konjugierten Cyclohexadienone und ihrer Photoisomeren wird noch durch die eingangs erwähnte Tatsache bereichert, daß bei längerer Bestrahlungsdauer schließlich phenolische Isomere entstehen [vgl. (*298*) für eine erstmals beschriebene Dienon-Phenol-Umlagerung unter Lichteinwirkung]. Mehr noch als die oben diskutierten Übergänge bedarf der detaillierte Verlauf der Phenolbildung einer eingehenden experimentellen Aufklärung. Immerhin dürfte mit großer Wahrscheinlichkeit feststehen, daß der Aromatisierung fast immer eine Umlagerung in die ketonischen Isomeren vorangeht. Dank ihrer größeren Stabilität gegenüber UV.-Licht

(CII.) Umbellulon.   (CIII.) Thymol.

können diese Phenole daher als eigentliche Endprodukte der photochemischen Dienon-Phenol-Umlagerung betrachtet werden. Damit in Übereinstimmung wird z. B. auch Umbellulon (CII) leicht zu Thymol (CIII) isomerisiert (*342*). Die insgesamt vier Phenole, die in Dioxanlösung aus 17-O-Acetyl-1-dehydro-testosteron (LI) entstehen, konnten unter denselben Reaktionsbedingungen auch selektiv aus den ketonischen Photoisomeren dieses Ausgangsdienons erhalten werden (vgl. LII → CVII; LXXXI → CVII + CIX + CXIII; LXXXII → CIX + CIV; *Formelübersicht 12*) (*123, 340*). Ein weiteres Phenol wurde aus dem

Literaturverzeichnis: SS. 95—114.

Bestrahlungsgemisch der 10α-Testosteronreihe in Dioxan isoliert (vgl. LXXXV → CXV) (*141*). Die 4-Isopropylhomologen (CV) und (CVI) wurden im gleichen Lösungsmittel in dasselbe Phenol (CXI) umgewandelt (*57*). Der Reaktionsverlauf kann beachtenswerterweise auch — mindestens bei Verbindungen des Typus (LII) in verdünnter Essigsäure — durch Temperatureinflüsse entscheidend kontrolliert werden. So finden die Übergänge (LII → CIX) (*198*) und (CIV → CX) (*339*) vorwiegend

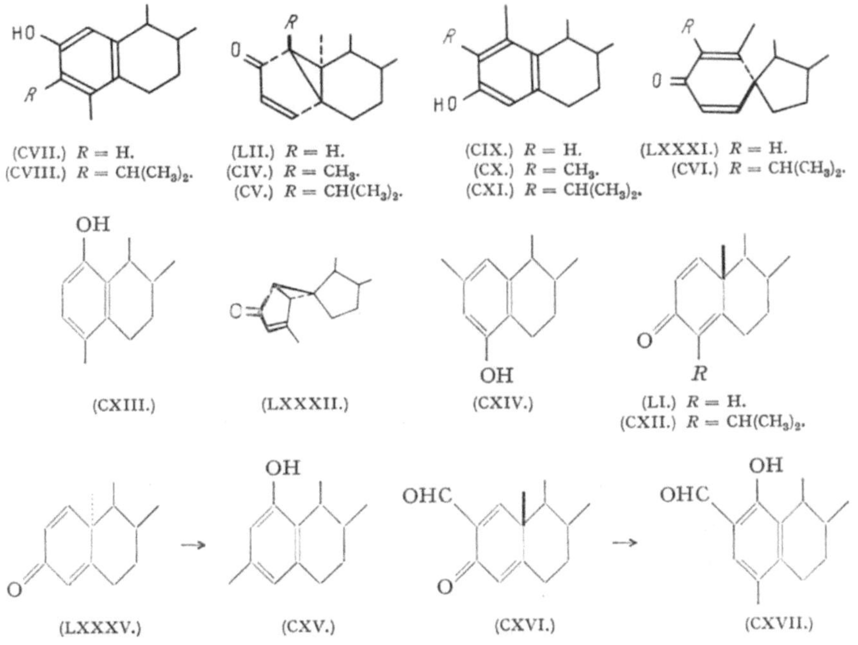

(CVII.) $R =$ H.
(CVIII.) $R =$ CH(CH$_3$)$_2$.

(LII.) $R =$ H.
(CIV.) $R =$ CH$_3$.
(CV.) $R =$ CH(CH$_3$)$_2$.

(CIX.) $R =$ H.
(CX.) $R =$ CH$_3$.
(CXI.) $R =$ CH(CH$_3$)$_2$.

(LXXXI.) $R =$ H.
(CVI.) $R =$ CH(CH$_3$)$_2$.

(CXIII.)

(LXXXII.)

(CXIV.)

(LI.) $R =$ H.
(CXII.) $R =$ CH(CH$_3$)$_2$.

(LXXXV.)

(CXV.)

(CXVI.)

(CXVII.)

Formelübersicht 12. Bildung phenolischer Photoisomeren aus Keton-Vorläufern.

bei tiefer Temperatur, und die Übergänge (LII → CVII) (*143*) und (CV → CVIII) (*57*) mehrheitlich in der Siedehitze statt. Schließlich sind noch Bestrahlungsversuche in Methanol zu erwähnen, die aus 17-O-Acetyl-1-dehydro-testosteron (LI) quantitativ die Phenole (CIX) und (CXIV) (*143*) und aus dem 4-Isopropylhomologen (CXII) das Phenol (CXI) (*57*) lieferten. Ferner wurde auch bei fortgesetzter Bestrahlung von 21-O-Acetylprednison (LVIII) Aromatisierung zu einem noch unbekannten Phenol erzielt (*43*). 1-Dehydro-2-formyl-17β-acetoxy-testosteron (CXVI) wird in Dioxan zu einem Salicylaldehyd-Derivat (CXVII) umgewandelt (*5*).

Es muß hier aber ausdrücklich darauf aufmerksam gemacht werden, daß die Beziehungen zwischen den ketonischen Photoisomeren der Dienone und den

Phenolen noch nicht ohne weiteres als direkte Übergänge angesehen werden dürfen. Schon aus diesem Grund erscheinen Interpretationsversuche dieser zum Teil noch recht undurchsichtigen Vorgänge als verfrüht.

Nachtrag: (387, 411).

V. Ringkontraktionen cyclischer Diazoketone.

Schon 1923 war die licht-induzierte Zersetzung von Diazocampher (I, S. 39) unter Stickstoffentwicklung erwähnt, aber nicht näher untersucht worden (60). HORNER und SPIETSCHKA (173) fanden etwa 30 Jahre später, daß der Verlauf dieser Reaktion der photochemisch ausgelösten Wolffschen Umlagerung von o-Chinondiaziden (vgl. 174, 303, 172) entspricht. So erfährt (I) bei der UV.-Bestrahlung in wäßriger Dioxanlösung unter Ringverengung eine Umlagerung in die Bicyclo[2,1,1]hexancarbonsäure (II). Durch Variation der verwendeten Lösungsmittel (Methanol, Anilin, Dimethylanilin, Hydrazin) ließen sich aus (I) die entsprechenden Säurederivate (Methylester, Säureamide, Säurehydrazid) gewinnen in Übereinstimmung mit der Ansicht, daß auch die licht-induzierte Wolffsche Umlagerung primär ein Keten liefert, an welches das nukleophile Lösungsmittel addiert wird. Eine analoge Reaktion wurde später auch mit Diazonorcampher ausgeführt (98). Diese Um-

$$
\begin{array}{ccc}
R' & N_2 & H \\
| & \| & | \\
O{=}C{-}C{-}CR_2
\end{array}
\rightarrow
\left[
\begin{array}{ccc}
R' & & H \\
| & \overset{..}{} & | \\
O{=}C{-}\overset{..}{C}{-}CR_2
\end{array}
\right]
\begin{array}{l}
\nearrow \quad
\begin{array}{cc}
R' & H \\
| & | \\
O{=}C{-}C{=}CR_2
\end{array} \\[4pt]
\searrow \quad
\begin{array}{cc}
R' & H \\
| & | \\
O{=}C{=}C{-}CR_2
\end{array}
\end{array}
\qquad (10)
$$

lagerung wird beim photochemischen Zerfall von solchen aliphatischen Diazoketonen, deren Struktur eine einfache Hydridverschiebung gestattet, zugunsten der Ausbildung von α,β-ungesättigten Ketonen zurückgedrängt (10) (140). Sie dominiert hingegen auch in solchen alicyclischen Substraten, die a priori für die Alternative einer Hydridverschiebung geeignet erscheinen (192, 171, 76). Dieser Befund wurde in der Folge ausgenützt, um verschiedene Terpen- und Steroidverbindungen in Gerüsttypen umzuwandeln, die auf andere Weise zum Teil nur schwer herstellbar wären.

Das aus α-Pinen zugängliche $(\pm)$-3-Diazonopinon (III), welches unter den herkömmlichen Reaktionsbedingungen der Wolffschen Umlagerung mit Silberoxyd als Katalysator stabil ist, lieferte bei der UV.-Bestrahlung in wäßrigem Dioxan in 68%iger Ausbeute die Bicyclo[2,1,1]hexancarbonsäure (VI) und in Ätherlösung in Gegenwart von Diäthylamin das entsprechende Säureamid.

Literaturverzeichnis: SS. 95—114.

Die Konfiguration der Carboxylgruppe in (VI) entspricht derjenigen, die bei einer kinetisch kontrollierten Ausbildung der Säure aus dem Keten-Zwischenprodukt (IV) zu erwarten ist, wenn der Wasserstoff in α-Stellung zur Carboxylgruppe ebenfalls von der sterisch weniger gehinderten Molekülseite her (vgl. V) angelagert wird (*220*).

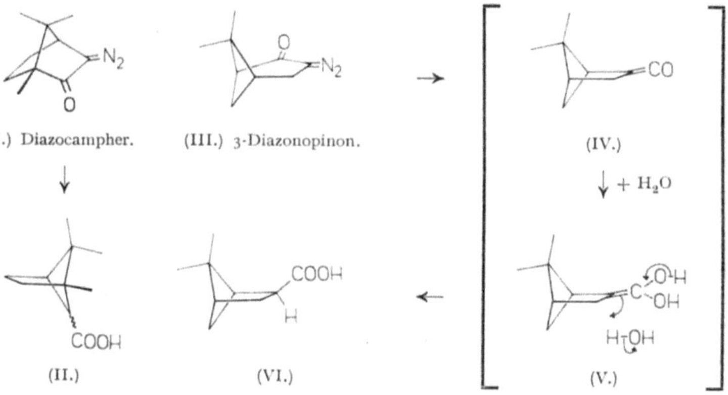

(I.) Diazocampher.   (III.) 3-Diazonopinon.   (IV.)

(II.)   (VI.)   (V.)

In der Steroidreihe gelang es gleichzeitig mehreren Arbeitsgruppen, mit Hilfe dieser Methode erstmals *D*-Norsteroide in meist hoher Ausbeute herzustellen. UV.-Bestrahlung des Diazoketons (VII) in wäßriger Tetrahydrofuranlösung lieferte die Säure (VIII) (*219, 233, 160,* vgl. auch *213, 258, 77*). In kleinerer Menge war auch die stereoisomere Säure (IX) im Reaktionsgemisch nachweisbar (*233, 160*). Der Beweis für die unverändert gebliebene *C/D-trans*-Verknüpfung in den *D*-Norsteroiden wurde durch die Beobachtung erbracht, daß bei der Bestrahlung des Diazoketons (X)

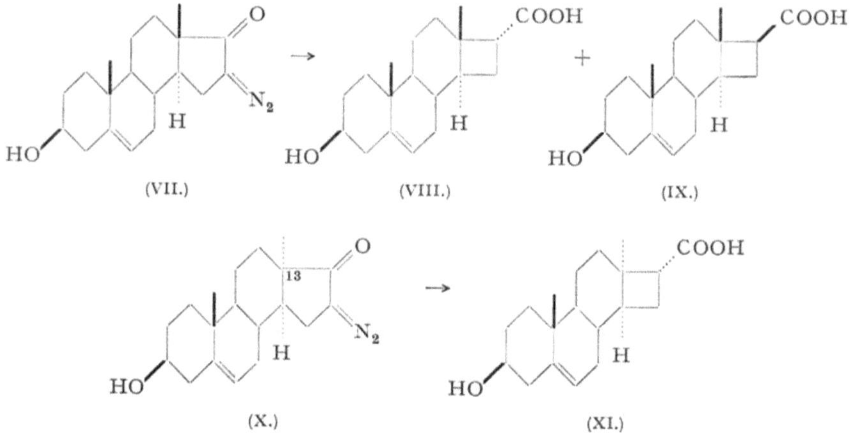

(VII.)   (VIII.)   (IX.)

(X.)   (XI.)

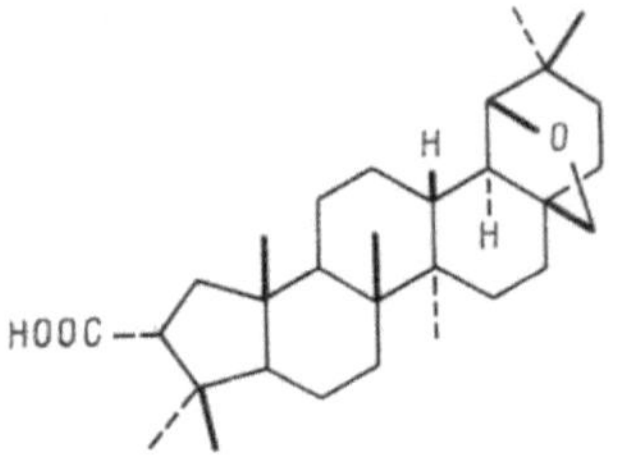

(XIV.) 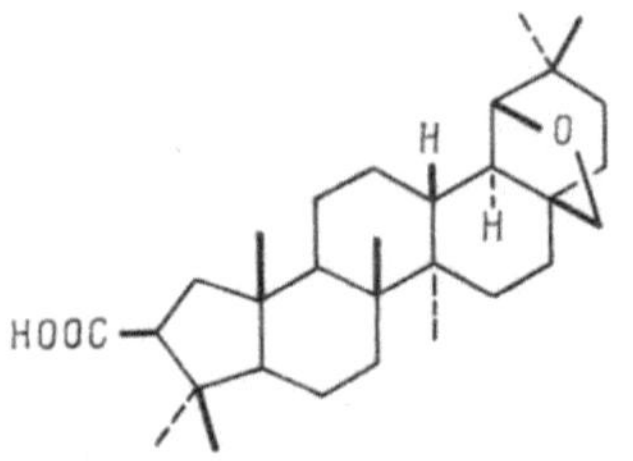 (XIII.)

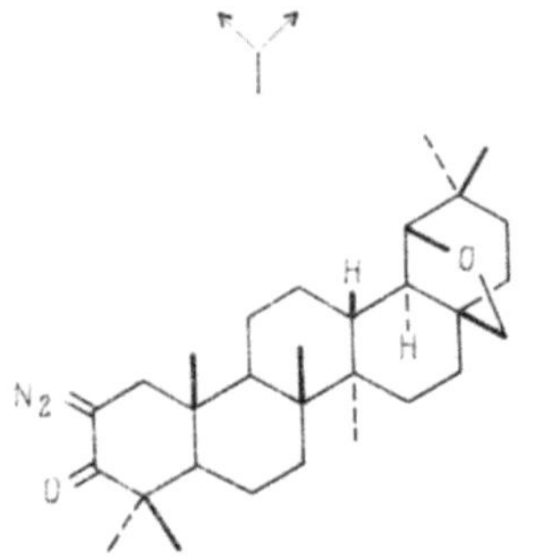

(XII.) 2-Diazo-betulon.

mit 13α-Konfiguration eine dritte Säure (XI) entstand (*233*, vgl. *77*). Die lediglich auf Grund von zirkular-dichroitischen Messungen getroffene Konfigurationszuordnung der drei Photoprodukte (VIII), (IX) und (XI) (*233*) entspricht im Falle des Hauptproduktes (VIII) dem zu erwartenden sterischen Ablauf der Hydratisierung des Ketenvorläufers.

Schließlich fand die licht-induzierte Wolffsche Umlagerung auch in der Triterpenchemie Anwendung. Diazobetulon (XII) lieferte bei der Sonnenbestrahlung in feuchtem Äther erwartungsgemäß die Säure (XIII). In Methanol und in ammoniakhaltigem Äther wurden die entsprechenden Säurederivate (Methylester, Säureamid) ausgebildet. Die β-Konfiguration der Carboxylgruppe von (XIII) wurde aus der Tatsache abgeleitet, daß sie sich unter Baseneinwirkung zu einem stabileren Isomeren — der Säure (XIV) mit vermutlich α-ständiger Carboxylgruppe — umwandeln läßt, das als Nebenprodukt auch bei der photochemischen Reaktion anfällt (*175*).

VI. Intramolekulare
Substitutionen unter Wasserstoffverschiebung.

Im Anschluß an die 1954 abgeschlossene Konstitutionsermittlung des Aldosterons (I) setzten zahlreiche Arbeiten ein mit dem Ziel einer Partialsynthese dieses wichtigen Nebennierenrindenhormons. Der strukturell wesentliche Unterschied zwischen diesem Steroid und den bis dahin bekannten Hormonen besteht darin, daß hier an der Methylgruppe 18 eine Sauerstoff-Funktion in Form einer maskierten Aldehydgruppe haftet. Da das Kohlenstoffatom 18 des Steroidgerüstes als Teil eines Neopentylsystems im üblichen Sinn nicht aktivierbar ist, stellte dieses strukturelle Merkmal einen besonderen Anreiz dar für solche partialsynthetischen Dispositionen, die eine gezielte Funktionalisierung dieser Methylgruppe unter Bewahrung des intakten Steroidgerüstes vorsahen. Diese erstmals von JEGER (*67*, vgl. auch *152*) und COREY (*100*, *101*) erfolgreich gelöste Problemstellung trug deutlich dazu bei, die Ausarbeitung schon bekannter chemischer Methoden und die Suche nach neuartigen intramolekularen Substitutionsmethoden, welche alle eine selektive C—H-Spaltung an Alkanen gestatten, zu stimulieren (vgl. *270*).

(I.) Aldosteron.

Es war naheliegend, die Untersuchung solcher Reaktionen, wenn immer möglich, an alicyclischen Naturstoffen, speziell den leicht zugänglichen Steroiden, vorzunehmen. So trägt die in starren Ringsystemen leicht realisierbare sterische Fixierung der Reaktionszentren in willkommener Weise zu einer Erhöhung des Entropiegewinnes bei, der intramolekulare Prozesse vor ihren intermolekularen Varianten allgemein auszeichnet. Die für die gestellte Aufgabe verwendbaren Reaktionen können zum Teil nur photolytisch ausgelöst werden. Bei anderen, die durch homolytische Spaltprozesse eingeleitet werden, stehen oft wahlweise photochemische und thermische Aktivierungsquellen zur Verfügung. Die so entstehenden Radikale geben im allgemeinen primär zu Wasserstoffverschiebungen Anlaß. Hinsichtlich des Modus dieser intramolekularen Wasserstoffabstraktionen können die photochemischen Varianten schematisch in die folgenden drei Hauptgruppen gegliedert werden (vgl. *39*):

$$(11)$$

$$(12)$$

$$(13)$$

Die Wasserstoffübertragung erfolgt nach diesem Schema in allen drei Gruppen bevorzugt über einen Quasi-Sechsring-Übergangszustand und führt daher meist selektiv zu einem Angriff an der δ-Stellung. Andere Stellen werden nur unter speziellen sterischen oder strukturellen Voraussetzungen bevorzugt (vgl. SS. 59, 61). Im weiteren gelten natürlich die für Wasserstoffabstraktionen allgemein zutreffenden Gesetzmäßigkeiten (vgl. *149*) auch in diesen intramolekularen Prozessen.

1. Gruppe (11): Dazu zählen die Photolysen von N-Chloriden (Hofmann-Löffler-Freytag-Reaktion: A = N, X = Cl), Nitriten (A = O, X = NO), Hypohalogeniten (A = O, X = Cl, J) und Bleitriacetoxyalkoholaten (A = O, X = Pb(OAc)$_3$). Wasserstoffabstraktionen sind bei den N-Chloriden, Hypohalogeniten und Bleialkoholaten auch durch thermische Behandlung erzielt worden. Sie dürfte in dieser und auch der 2. Gruppe (12) die Lichtanregung allgemein ersetzen können. Über die Hofmann-Löffler-Freytag-Reaktion wurde erst kürzlich von Wolff (*349*) in einem Übersichtsartikel referiert. Nach Arbeiten von Wawzonek (vgl. auch *330, 332*) und Corey läuft die licht-induzierte Reaktion in starker Säure nach einem Radikalkettenmechanismus über folgende Stufen ab:

$$(14)$$

Die Rolle des UV.-Lichtes ist in diesem Schema auf die Initiation der Radikalkette durch Chlorabspaltung aus dem in nur kleinen Mengen vorhandenen freien N-Chloramin beschränkt. Allerdings ist es auch nicht ausgeschlossen, daß die freie Base lediglich als Photosensibilisator für die Chlorabspaltung aus dem protonierten N-Chloramin wirkt, anstatt durch Lichteinwirkung selbst homolytisch gespalten zu werden. Anschließende basische Behandlung des entstandenen δ-Chloramins führt zum entsprechenden Pyrrolidin. In mindestens einem Fall (*329*) wurde eine höhere Totalausbeute an cyclischem Amin erzielt, wenn das rohe Bestrahlungsgemisch direkt mit Alkali behandelt wurde, als wenn das δ-Chlor-Zwischenprodukt erst isoliert wurde. Diese Befunde sind auf Grund des Schemas (14) nicht zu erklären. Es wurde daher ein zweiter Reaktionsmechanismus postuliert, der in Konkurrenz zur Kettenpropagation die Ausbildung eines Alkylchlorids (c) durch Umgehung der Stufe a → b vermeidet und statt dessen über das Nitren-Kation nach dem in der Gleichung (15) erläuterten Modus direkt zum protonisierten Pyrrolidinderivat führt (*191*).

$$(15)$$

Literaturverzeichnis: SS. 95—114.

Die Methoden, welche Wasserstoffabstraktionen des Typus (11) durch Sauerstoffradikale erzielen, sind in den letzten Jahren besonders intensiv und auf breiter Basis bearbeitet worden. Für eine ausführliche Diskussion dieses Gebietes sowie Literaturreferenzen kann auf die Übersichtsartikel von NUSSBAUM und ROBINSON (*240*) sowie HEUSLER und KALVODA (*167*)* verwiesen werden. Im folgenden werden daher nur die wesentlichsten Aspekte dieser intramolekularen Reaktionen berührt, soweit sie photochemisch induzierte Umsetzungen betreffen. Sauerstoffradikale sind im allgemeinen befähigt, auch Fragmentierungen (β-Spaltungen) einzugehen (16). Diese Reaktionsvariante wird erwartungsgemäß wesentlich gefördert, wenn das resultierende Alkylradikal eine Möglichkeit zur Resonanzstabilisierung besitzt. Die Nitrite und Hypochlorite werden je

$$R-\overset{\overset{\displaystyle O^\bullet}{|}}{C}-C-R' \;\rightleftarrows\; R-C{=}O + {}^\bullet C-R' \;\rightleftarrows\; R-\underset{\underset{\displaystyle O^\bullet}{|}}{C}-C-R' \qquad (16)$$

gesondert hergestellt und nachträglich photolysiert, wobei durch δ-Wasserstoffabstraktion ausschließlich Nitrosoalkohole bzw. Chlorhydrine resultieren (vgl. 11, S. 41). Die Hypojodite hingegen lassen sich nur in situ umsetzen, d. h. bei der Herstellung aus den entsprechenden Alkoholen durch Einwirkung von Schwermetallsalzen [zumeist Blei(IV)-acetat] und Jod. Diesem Umstand ist es zu verdanken, daß die nach dem Schema (11) entstehenden Jodhydrine meist leicht weiter reagieren und der Homolyse der Hypojodite somit eine große Vielfalt von Reaktionsvarianten offenstehen. Die Auswahl wird dabei entscheidend von oft subtilen sterischen Faktoren beeinflußt. So können hier je nach Struktur der untersuchten Verbindung z. B. doppelte Substitution am gleichen Kohlenstoffatom, homolytische Substitution des Alkyl-Jods durch ein Sauerstoffradikal sowie Oxydation von Kohlenstoffradikalen zu Carboniumionen beobachtet werden (vgl. *167*) (S. 44).

Die Blei(IV)-acetat-Oxydation einwertiger Alkohole, die als thermische Dunkelreaktion zur Lösung einer Vielzahl von synthetischen Problemen beigezogen worden ist, läßt sich ebenfalls mittels Lichtanregung ausführen. Die Wasserstoffabstraktion durch das Sauerstoffradikal, das beim homolytischen Zerfall der Pb—O-Bindung entsteht, wird in Abweichung vom Schema (11) nicht durch Addition einer zweiten Radikalkomponente terminiert, sondern liefert im allgemeinen direkt Tetrahydrofuranderivate. Der exakte Mechanismus dieser Ätherbildung ist noch nicht bekannt (*167*).

---

* Für die Überlassung des Manuskriptes zur Einsichtnahme vor der Drucklegung sei diesen Autoren bestens gedankt.

$$(17)$$

$$X = \text{H, J}$$

2. Gruppe (12, S. 41): Cyclisationen durch photochemisch erzeugte bivalente Kohlenstoffatome und monovalente Stickstoffatome sind mit

$$(18)$$

$$(19)$$

$$(20)$$

Optische Aktivität: 100%   16,9 ± 5%   21,0 ± 5%

Literaturverzeichnis: SS. 95—114.

Diazoketonen (A = C, Z = O), Alkylaziden (A = N, Z = H_2) und Säureaziden (A = N, Z = O) verwirklicht worden. Im Fall der Alkylazidphotolyse konnte BARTON (*39*) nachweisen, daß der Ringschluß an einem asymmetrisch substituierten Kohlenstoffatom unter Racemisierung dieses Zentrums erfolgt (vgl. 18). Damit ist eine Insertion des Stickstoffs in die C—H-Bindung ausgeschlossen. Die stufenweise Darstellung (12), welche die Wasserstoffabstraktion durch ein Nitren einschließt, wird daher diesem Vorgang und wahrscheinlich auch den restlichen Reaktionen dieser Gruppe gerecht. Es ist aber zu beachten, daß noch keine Anhaltspunkte über den Anregungszustand der ungepaarten „aktiven" Elektronen in diesen Nitren- und Carbengruppen vorliegen.

3. Gruppe (13, S. 41): Die photochemische Cyclobutanolbildung aus Aldehyden und Ketonen stellt eine intramolekulare Variante der auch intermolekular zu beobachtenden Anlagerung von Ketonen an Alkane dar (*356*). Sie wurde von YANG (*354*) u. a. an einem aliphatischen Methylketon mit δ,ε-ständiger Doppelbindung untersucht (Reaktion 19) (vgl. *16*). Das bei der UV.-Bestrahlung dieser Verbindung entstehende 1 : 4-Gemisch von Cyclohexen- und Cyclobutanprodukten weist auf einen schrittweisen Mechanismus hin, der die intermediäre Ausbildung einer mit der allylischen Doppelbindung resonanzstabilisierten Alkylradikalstelle einschließt. Versuche von JEGER (*244*) mit optisch aktiven Aldehyden und Methylketonen (vgl. 20), die in γ-Stellung zur Carbonylgruppe ein einziges asymmetrisches Zentrum aufweisen, zeigen aber, daß die Cyclisation an dieser Stelle unter relativ hoher Retention der Konfiguration erfolgt. Diese Resultate schließen zwar die Möglichkeit nicht aus, daß in einer parallel zum schrittweisen Vorgang ablaufenden Konkurrenzreaktion Wasserstoffverschiebung und Ringschluß über einen cyclischen Übergangszustand synchronisiert werden. Sie lassen sich aber mindestens ebenso plausibel durch die Annahme deuten, daß die partielle Retention der Konfiguration am γ-Kohlenstoffatom auf die gleiche Größenordnung der Geschwindigkeiten des Cyclisationsschrittes und der „Racemisierung" (hier Rotation der Alkylradikalstelle um die $C\beta$-$C\gamma$-Achse) zurückzuführen ist.

Das im licht-induzierten Primärschritt entstehende Diradikal (vgl. 13, S. 41) kann aber auch unter Spaltung der α,β-ständigen C—C-Bindung und Ausbildung der Enolform eines Ketons (bzw. des Aldehyds) und eines Olefins stabilisiert werden (vgl. Kap. III, S. 4). Diese mit der Cyclobutanolbildung konkurrierende Fragmentierungsreaktion fällt speziell bei aliphatischen Carbonylverbindungen stark ins Gewicht.

Nachtrag: (*365, 400*), sowie Anmerkung bei der Korrektur (S. 114).

1. Diazoketone.

Nach Jeger (*188*) führte die Bestrahlung des Diazoketons (II),
ähnlich wie dessen thermische Behandlung (*152*), zu einer Vielfalt von
Produkten, deren Struktur bisher in drei Fällen zuverlässig bestimmt
werden konnte. Das eine Produkt (V) ist offensichtlich durch Dimerisierung von zwei intermediär auftretenden Carbenen entstanden, während
sich ein zweites (IV) aus einer *anti*-Addition von zwei Ketenen herleiten
läßt, welche Produkte der Wolffschen Umlagerung der Carbene darstellen
(s. S. 38). Für die dritte Verbindung wurde die Struktur (III) nachgewiesen (*152*). Damit war erstmals eine direkte intramolekulare Substitution der Methylgruppe 18 im Steroidgerüst erzielt worden.

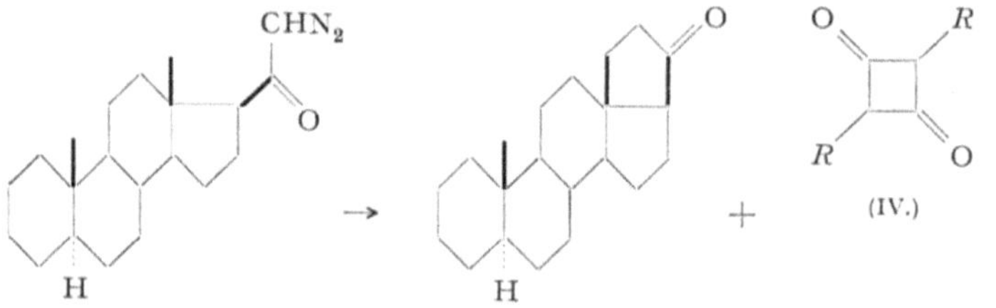

CHN_2

(II.)

(III.)

$+$

(IV.)

(VI.) Campher-*p*-toluolsulfonylhydrazon.   (VII.) Tricyclen.   (V.)

$= N\bar{N}SO_2C_7H_7 \rightarrow$

$R-C-CH=CH-C-R$

In diesem Zusammenhang verdient die Photolyse des Salzes des Campher-*p*-
toluolsulfonylhydrazons (VI) Beachtung (*117*). In aprotischem Milieu und mit
unfiltriertem UV.-Licht wird offensichtlich erst Diazocamphan gebildet, das
quantitativ in Tricyclen (VII) übergeht. Diese Dreiringbildung hat zahlreiche
Analoga in thermischen Umsetzungen (vgl. *87*). Bei der Verwendung von langwelligem Licht (> 2800 Å) und in Gegenwart von Protonen wird ein kationischer
Reaktionsablauf via Diazonium-Kation begünstigt und es entstehen aus (VI)
vermehrt Hydroxyverbindungen und Camphen. Diese Befunde stellen eine Parallele
zu den Verhältnissen der thermischen Behandlung dar.

Die räumliche Beziehung der Pregnanseitenkette zur Methylgruppe 18,
die erstmals von unserer Gruppe für einen gezielten Angriff an $C_{(18)}$
ausgenützt wurde, konnte in der Folge für die Lenkung weiterer, photochemisch induzierter Substitutionsreaktionen erfolgreich ausgenützt
werden. Die Wahl von geeigneten Haftstellen der chromophoren Gruppe
im Steroidgerüst bot ferner Ausgangspositionen zu analogen Substitutionen
an verschiedenen Stellen des Moleküls. Diese Methoden fanden bei
Synthesen aliphatischer und alicyclischer Naturstoffe breite Verwendung.
Nicht zuletzt sei auch auf die Ausarbeitung neuer und präparativ
ergiebiger Wege hingewiesen, die auf dieser Grundlage die Herstellung

Literaturverzeichnis: SS. 95—114.

wichtiger Steroidverbindungen wie der biologisch äußerst wirksamen 19-Nor-steroide ermöglichen.

Nachtrag: (381).

2. Hofmann-Löffler-Freytag-Reaktion.

WAWZONEK benützte die licht-katalysierte Variante der Hofmann-Löffler-Freytag-Reaktion zur Darstellung des N-Methylgranatonins (IX), dem Grundgerüst des Pseudopelletierins, aus N-Chlor-N-methyl-cyclo-octyl-amin (VIII) *(333)*. Außerdem ergab, nach der gleichen Arbeitsgruppe *(331)*, die Umsetzung von 1-Chlor-4-äthyl-piperidin-Verbindungen (vgl. X) Chinuclidin-Derivate (vgl. XI), während LUKEŠ und FERLES *(210)* unter anscheinend gleichen Reaktionsbedingungen (UV.-Bestrahlung von Schwefelsäurelösungen, gefolgt von basischer Behandlung) einzig Fünfringprodukte (vgl. XII) erhielten.

Die Übertragung der Hofmann-Löffler-Freytag-Reaktion auf geeignete N-Chlor-20-amino-steroide, gleichzeitig ausgeführt von JEGER (als Dunkelprozeß) *(67)* und von COREY (unter UV.-Bestrahlung) *(100, 101)*, führte erstmals zu einer selektiven chemischen Einführung eines Heteroatoms in die anguläre Methylgruppe 18 des intakten Steroidgerüstes und eröffnete einen Weg zur Partialsynthese von Verbindungen des Conanin-Typus. So lieferte z. B. die Bestrahlung von (XIII) in 90%iger Schwefelsäure und nachfolgende Behandlung mit Alkali Dihydroconessin (XV) *(100, 101)*. Ein später nach der gleichen Methode aus (20 S)-3β-Hydroxy-11-oxo-20-methylchloramino-5 α-pregnan hergestelltes Conaninderivat konnte in Aldosteron (I, S. 41) umgewandelt werden *(350)*.

Die bei diesen Cyclisationen zu Pyrrolidinen als Zwischenprodukte auftretenden 18-Chlor-20-methylamino-Steroide (vgl. XIV) wurden schließlich präparativ bereitet, indem die (20 R)- und (20 S)-Methylchloramino-Derivate einer Reihe von 3β-Hydroxy-5 α- und 3 α-Hydroxy-5β-pregnanen und 3-Oxo-Δ^4-pregnenen mit und ohne 11-Oxogruppe bestrahlt wurden. Gleich wie bei den Umsetzungen von 20-Nitritestern (s. S. 52) ließen sich dabei mit den (20 S)-Epimeren bedeutend höhere Ausbeuten an 18-Chloro-Verbindungen erzielen *(190)*. Eine einleuchtende Erklärung für diesen Unterschied macht die Destabilisierung des vorgeschlagenen Übergangszustandes durch die 1,3-Wechselwirkung der Methylgruppe 21 und der Methylengruppe 12 im Falle der (20 R)-Verbindung (vgl. XVI) verantwortlich. Für den Übergangszustand (XVII) aus dem (20 S)-Epimeren hingegen fällt diese sterische Hinderung weg *(239)*. Auf der gleichen Basis wurden erstmals analoge Effekte auch bei der Wasserstoffabstraktion an $C_{(18)}$ durch Alkoxyradikale diskutiert, die bei der Einwirkung von Blei(IV)-acetat auf (20 R)- und (20 S)-Steroidalkohole entstehen *(75)*.

Eine weitere Anwendungsmöglichkeit der photolytisch ausgelösten Hofmann-Löffler-Freytag-Reaktion wurde erst kürzlich in der letzten Stufe einer Partialsynthese des Solanum-Alkaloids Demissidin (XIX) aus 3β-Acetoxy-20-oxo-Δ^5-pregnen gefunden. Die Bestrahlung des N-Chloramins (XVIII) in Trifluoressigsäure und anschließende alkalische Behandlung lieferte das gewünschte Alkaloid in 37%iger Ausbeute (*1*). Die stereoselektive Ausbildung der *cis*-Verknüpfung der Ringe *D* und *E* war hier auf Grund eines Modellversuches vorauszusehen, der schon früher mit N-Methyl-2-cyclopentyläthylamin ausgeführt worden war (*191*).

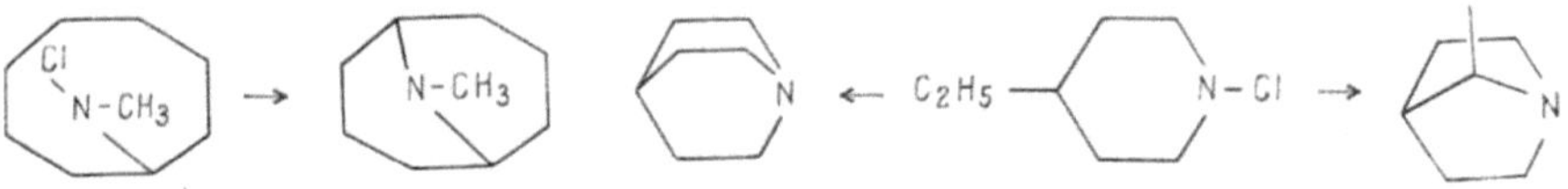

(VIII.)   (IX.) N-Methyl-granatonin.   (XI.) Chinuclidin.   (X.)   (XII.)

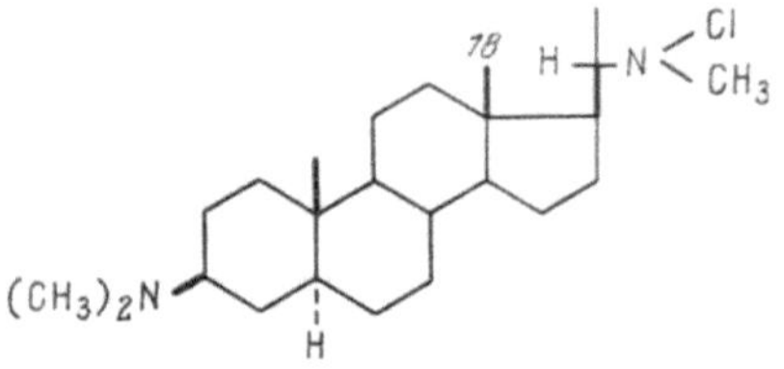

(XIII.)

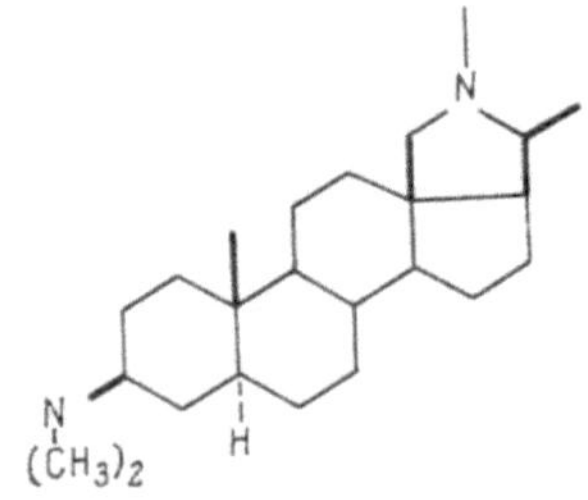

(XV.) Dihydro-conessin.

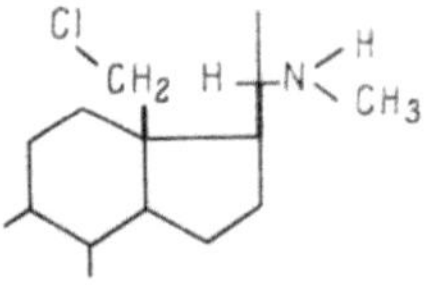

(XIV.) 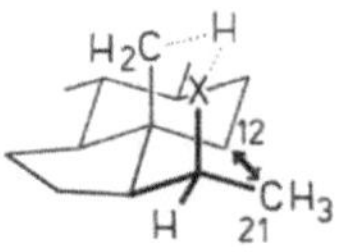   (XVI.) 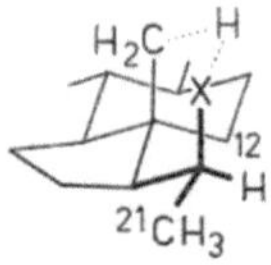   (XVII.)

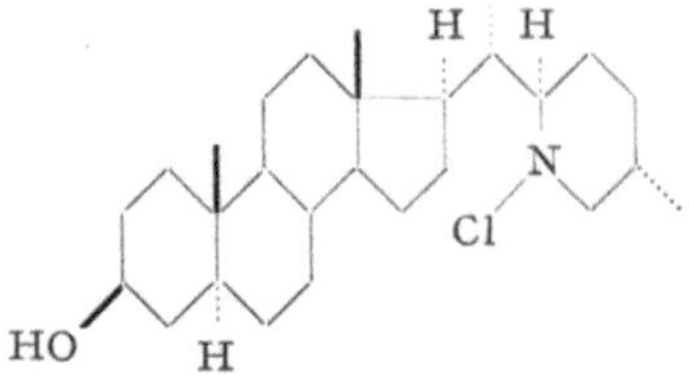

(XVIII.) 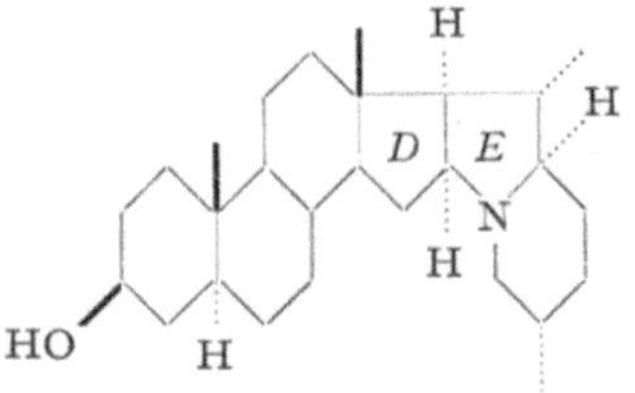   (XIX.) Demissidin.

3. Nicht-konjugierte Ketone und Aldehyde.

Eine der wenig ergiebigen Diazoketon-Photolyse weit überlegene Methode zur Alkylierung der angulären Methylgruppen im Steroidgerüst fand man in der Photolyse von solchen Verbindungen, die in γ-Stellung gesättigte Keto- und Aldehydogruppen aufweisen. Sie wurde von unserer Gruppe zu einem leistungsfähigen Verfahren ausgebaut, um aus 20- und 11-Oxopregnanen die entsprechenden 18,20- bzw. 11β,19-Cycloverbindungen herzustellen (*Formelübersichten 13* und *14*, S. 51).

Aus dem Reaktionsgemisch der Bestrahlung des Progesteron-monoketals (XX) konnten die zwei stereoisomeren *t*-Cyclobutanolderivate (XXI) und (XXII) sowie die Fragmentierungsprodukte (XXIII) und (XXIV) isoliert werden. Die nachträgliche Fragmentierung des Methylketons (XXIII) zu (XXIV) und Aceton konnte durch eine Nachbestrahlung des ersteren bewiesen werden (*66, 78*). Analoge Umsetzungen wurden ebenfalls mit einer Anzahl weiterer 20-Oxo-pregnan-Verbindungen erzielt (*66, 78, 335*), zum Teil auch von YANG und Mitarbeitern (*357*) in unabhängigen, parallel ausgeführten Untersuchungen. Die Cyclobutanol-Bildung läßt sich auch durch UV.-Bestrahlung von Aldehyden erreichen. So liefern 20-Aldehydosteroide die beiden entsprechenden, an $C_{(20)}$ epimeren sekundären 18,20-Cyclobutanolderivate (*178*). Acyloxy-Substituenten an $C_{(21)}$ können die Reaktionsmöglichkeiten der photochemisch angeregten 20-Ketogruppe erweitern. So lieferte das Keto-acetat (XXV)

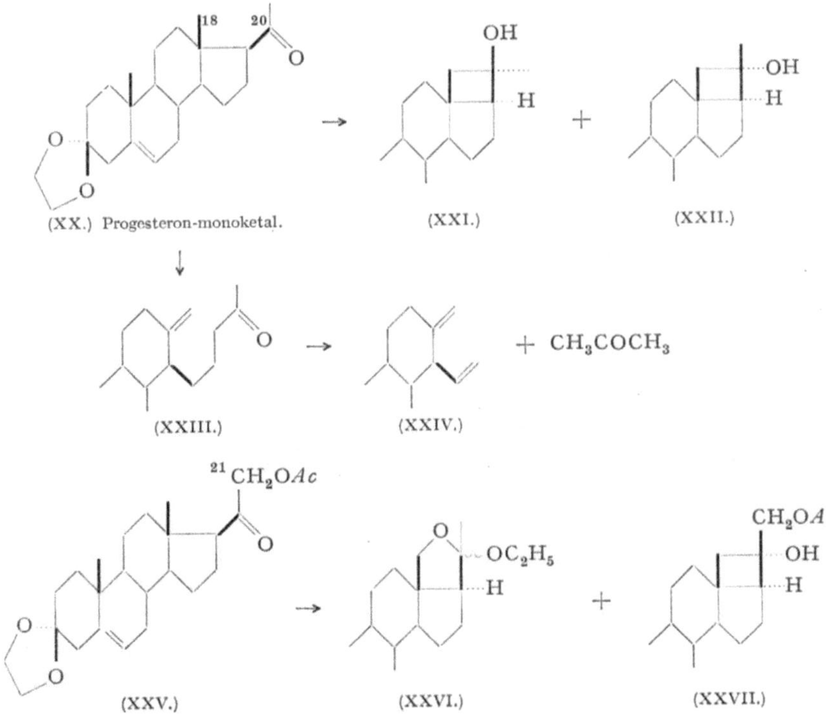

(XX.) Progesteron-monoketal.   (XXI.)   (XXII.)

(XXIII.)   (XXIV.)   + CH_3COCH_3

(XXV.)   (XXVI.)   (XXVII.)

Formelübersicht 13. 20-Oxo-pregnan-Verbindungen.

bei der Bestrahlung in Äthanol nebst dem 18,20-Cycloalkohol (XXVII)
den Äthyläther (XXVI) (*334*) des in der 18,20-Cyclo-halbacetalform vor-
liegenden 18-Hydroxyprogesterons.

Die bisher erst in diesem Einzelfall bekannte, direkte Einführung einer Sauerstoff-
Funktion in eine nicht aktivierte Alkangruppe auf photochemischem Wege läßt
sich wohl am besten durch eine Reorganisation der Bindungen unter Beteiligung
der 21-Acetatgruppe erklären, wie sie in der Partialformel (XXVIII) schematisch
wiedergegeben ist. Das resultierende Enoläther-Zwischenprodukt (XXIX) erfordert
dann lediglich noch die licht-induzierte Anlagerung eines Lösungsmittelmoleküls
(Äthanol) an die Doppelbindung (*334*).

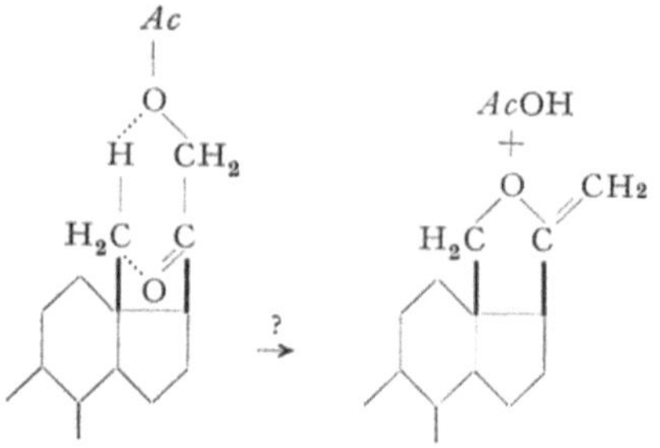

(XXVIII.)   (XXIX.)

Die UV.-Bestrahlung der 11-Oxopregnan-Verbindungen (XXX),
(XXXII) und (XXXIV) führte vorwiegend zur Ausbildung der t-11β,19-
Cyclobutanol-Derivate (XXXI), (XXXIII) und (XXXV) (*336, 166*).
Es zeigte sich dabei, daß das Ausmaß der Cyclisation stark von der
Konstitution bzw. Konfiguration des Kohlenstoffatoms 5 im Ausgangs-
keton abhängt, indem die Reaktionsgeschwindigkeit in der Reihen-
folge $5\alpha > \Delta^5 \gg 5\beta$ abnimmt. Die Selektivität bezüglich des Angriffs
an der angulären Methylgruppe 19 hingegen wird dadurch nicht wesentlich beeinflußt.
Die Versuche deuten darauf hin, daß für die Geschwindigkeitsunter-
schiede sterische Faktoren maßgebend verantwortlich sind, welche die
Deformation des Ringgerüstes zu einem Übergangszustand mit annähernd
planarer Anordnung der Kohlenstoffatome 9, 10, 11 und 19 begünstigen
bzw. hemmen. Als ein solcher Faktor dürfte sich im Falle des A/B-*cis*-
verknüpften Ketons (XXXIV) das Anwachsen der gegenseitigen Wechsel-
wirkungen der α-ständigen Wasserstoffatompaare $C_{(2)}$—$C_{(9)}$ und $C_{(4)}$—$C_{(7)}$
reaktionshemmend auswirken (vgl. XXXVIII). Im A/B-*trans*-verknüpften
Keton (XXX) und im Δ^5-ungesättigten Keton (XXXII) hingegen fehlt
der Anlaß für eine solche Hemmung der Deformation. Anderseits fördern
die diaxialen 1,3-Wechselwirkungen zwischen CH_3-19 und den β-ständigen
Wasserstoffatomen [bei (XXX) an $C_{(2)}$, $C_{(4)}$, $C_{(6)}$ und $C_{(8)}$, bei (XXXII)
an $C_{(2)}$, $C_{(4)}$ und $C_{(8)}$, bei (XXXIV) an $C_{(6)}$ und $C_{(8)}$] diese Deformation,
indem die Methylgruppe dem dadurch ausgeübten sterischen Druck in

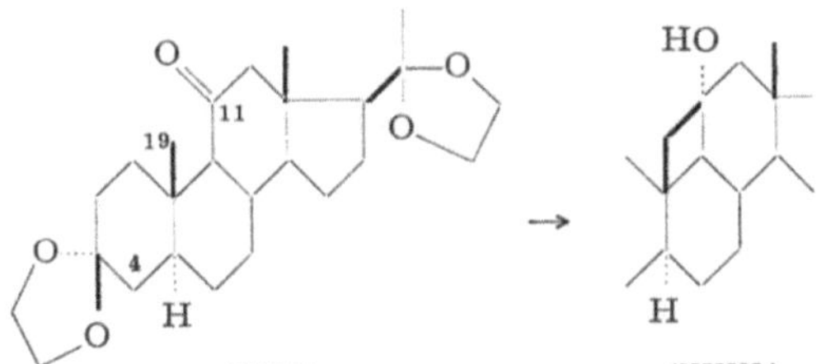

(XXX.) (XXXI.)

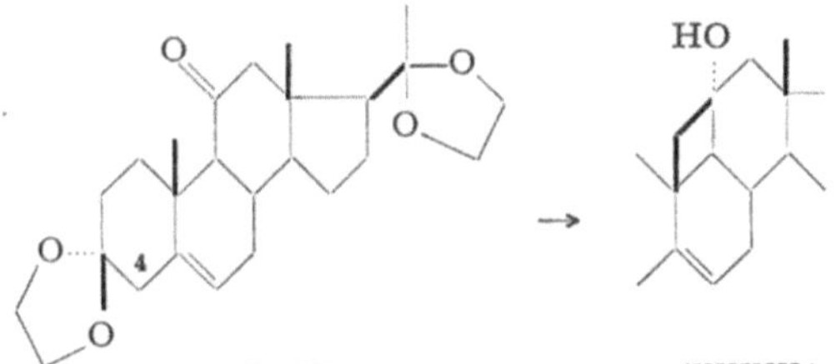

(XXXII.) (XXXIII.)

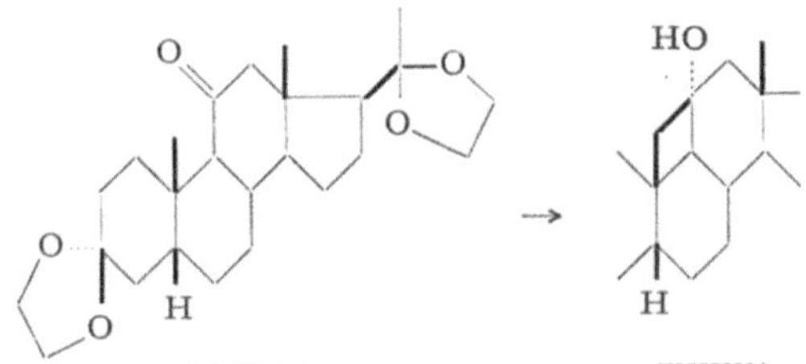

(XXXIV.) (XXXV.)

Formelübersicht 14. 11-Oxo-pregnan-Verbindungen.

der verlangten Richtung ausweicht [vgl. (XXXVI—XXXVIII), R = H] (*166*). Die Einführung von *gem*-Dimethylgruppen in Stellung 4 der Ketone (XXX) und (XXXII) sollte diesen Druck auf CH_3-19 in der für die photochemische Cyclisation günstigen Richtung vergrößern [vgl. (XXXVI) und (XXXVII), $R = CH_3$]. In Übereinstimmung mit dieser dynamischen Interpretation der reaktionsfördernden Faktoren fielen die Ausbeuten an 4,4-dimethylierten 11β,19-Cyclobutanol-Derivaten deutlich höher aus als diejenigen an den analogen, nicht methylierten Photoprodukten (*186*).

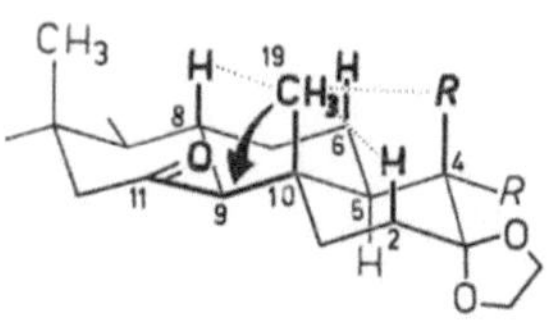

(XXXVI.)

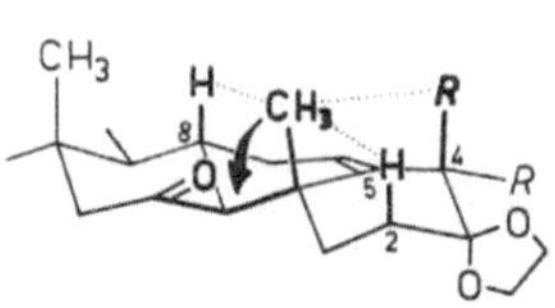

(XXXVII.)

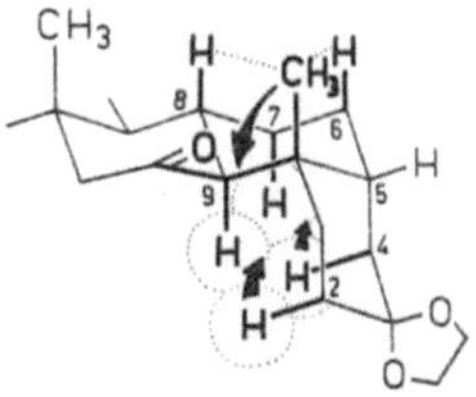

(XXXVIII.)

Eine weitere präparative Verwendung der licht-induzierten Umwandlung von Ketonen in *t*-Cyclobutanole im Rahmen der Naturstoffchemie fand COREY (*102*) anläßlich der Totalsynthese des *d,l*-Caryophyllens (vgl. S. 87). In einer Variante zur Ausbildung des Vierrings dieses Sesquiterpens wurde die photolytische Isomerisierung von 2-*t*-Butyl-cyclohexanon (XXXIX) zu 7,7-Dimethyl-bicyclo-[0,2,4]octanol-1 (XL) ausgenützt.

(XXXIX.)   →   OH   (XL.)

Nachtrag: (*372, 373, 382, 406*).

4. Nitritester.

Eine intramolekulare δ-Wasserstoffabstraktion durch ein photochemisch erzeugtes Alkoxyradikal wurde erstmals von BARTON und Mitarb. am Beispiel der Photolyse von Nitritestern diverser 20- und 6β-Hydroxysteroide [vgl. (XLI) bzw. (XLIII)] beschrieben. Die primär resultierenden δ-Nitroso-alkohole können entweder spontan zur Oxim-Form umlagern oder Dimere bilden, die ihrerseits thermisch wieder leicht gespalten werden können. Diese Reaktion erschloß einen photochemischen Weg zur direkten Einführung einer maskierten Aldehydfunktion in die angulären Methylgruppen 18 (vgl. XLII)* und 19 (vgl. XLIV) der Steroide. Die Nitritphotolyse wurde in der Folge hauptsächlich von derselben Arbeitsgruppe und in den Schering-Laboratorien zu einer leistungsfähigen synthetischen Methode ausgebaut. Das umfangreiche experimentelle Material wurde zu einem großen Teil bereits von NUSSBAUM und ROBINSON (*240*) ausführlich besprochen. Ähnliches gilt auch für die von HEUSLER und KALVODA (*167*) behandelte Hypojoditreaktion, die von der Ciba-Gruppe auf breiter Basis entwickelt wurde und als äußerst vielseitiges Werkzeug für analoge synthetische Probleme der Steroidchemie anwendbar ist (vgl. S. 56).

Beide Gebiete werden hier nur kurz gestreift unter besonderer Berücksichtigung von neuen Originalarbeiten über Nitritphotolysen, die in (*240*) noch nicht aufgenommen worden sind. Dazu zählen Arbeiten von GARDI und PEDRALLI (*145, 146*) sowie AKHTAR und BARTON (*3*), welche die

---

* Die im folgenden besprochenen 1,4-Hydroxy-oxime aus Nitritesterphotolysen werden allgemein mit den offenen Formeln wiedergegeben. Es ist dabei aber zu berücksichtigen, daß die in der Mehrzahl der Fälle ebenfalls mögliche Existenz von Tautomeren in Form cyclischer Hydroxylamine nur im Fall der 2β-Hydroxy-19-oximino-Derivate (vgl. XLVI) auf NMR.-spektroskopischem Weg ausgeschlossen worden ist (*202, 201,* vgl. *203*).

Literaturverzeichnis: SS. 95—114.

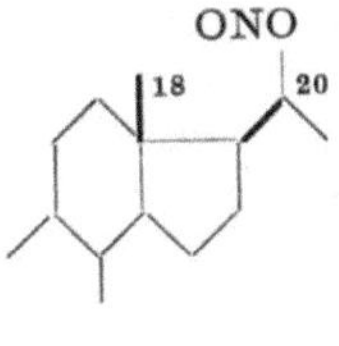

(XLI.)

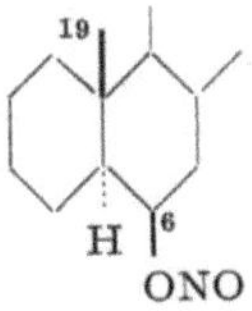

(XLIII.)

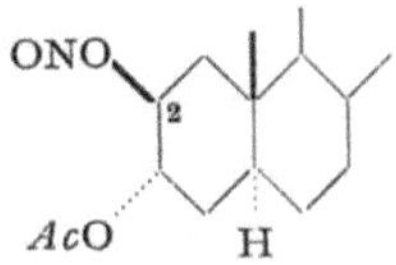

(XLV.)

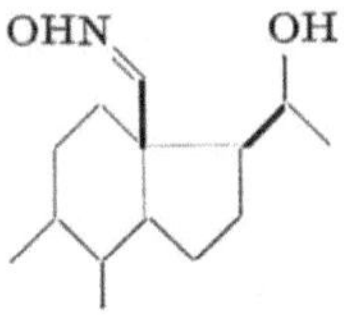

(XLII.)

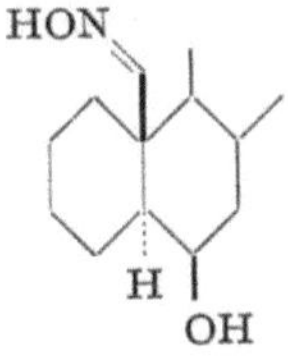

(XLIV.)

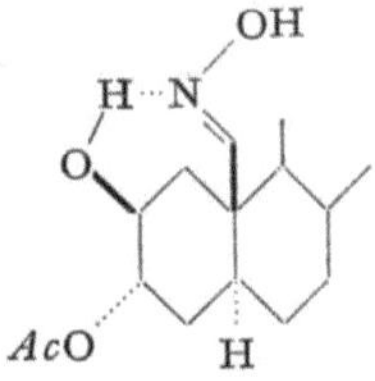

(XLVI.)

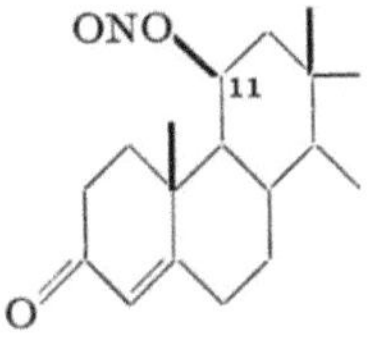

(XLVII.)

→

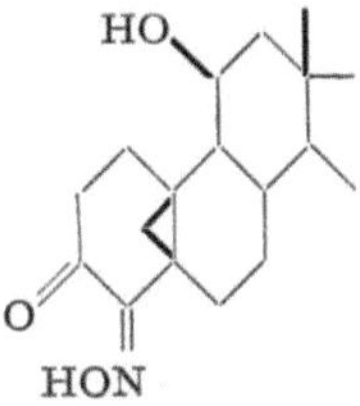

(XLVIII.)

+

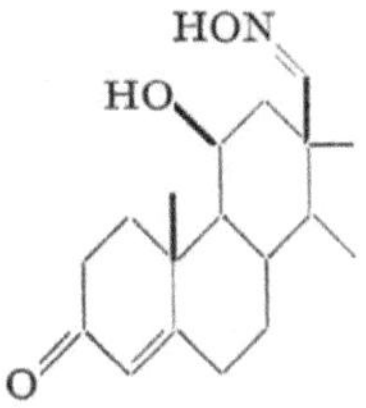

(XLIX.)

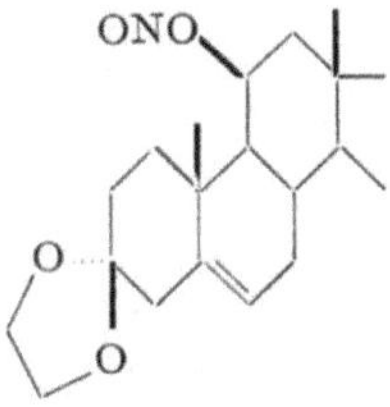

(L.)

→

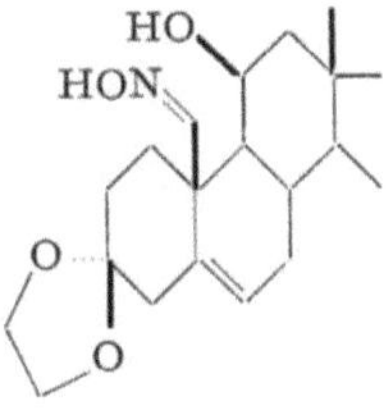

(LI.)

+

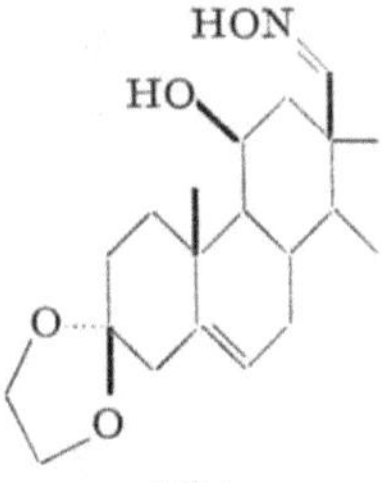

(LII.)

photochemische Überführung von 6β-Nitritsteroiden in die entsprechenden 6β-Hydroxy-19-oxime erfolgreich als Zugang zu 19-Norsteroiden ausnützten (vgl. auch *203*). Die Funktionalisierung der Methylgruppe 19 gelang auch durch UV.-Bestrahlung der Nitritester von 2β-Hydroxysteroiden (vgl. XLV → XLVI) (*202, 201*).

Bei der Bestrahlung von 11β-Nitritestern werden beide angulären Methylgruppen angegriffen. Ausgehend von Derivaten des O-Acetylcorticosterons (vgl. XLVII, L) konnten so über die 19-oximierten Zwischenstufen (vgl. XLIX bzw. LII) Partialsynthesen des Aldosterons (I, S. 41) erschlossen werden (vgl. auch *22*). Das parallel entstehende $C_{(19)}$-Radikal wird von der Δ^4-Doppelbindung in (XLVII) abgefangen (→ XLVIII), nicht aber von der Δ^5-Doppelbindung in (L → LI). Die Wasserstoffabstraktion von $C_{(19)}$ ließ sich daher in der Δ^5-3-Ketalreihe zur Herstellung von 19-Oxo- und 19-Norsteroiden ausnützen (vgl. auch *23*). Durch Variation der Ausgangsstoffe wurden in der Folge eine große Anzahl von Aldosteron-Analoga hergestellt (*240*, *23*, *4*).

Eine 11β-Nitritphotolyse (LIII → LIV) diente Barton (*25*) auch als Schlüsselreaktion bei der Partialsynthese von Cycloartan (LV), dem Grundtyp einer Gruppe von pentacyclischen Abkömmlingen des Triterpens Lanosterin, aus 3β-Acetoxy-11β-hydroxy-lanostan. Das durch die hier weitgehend selektiv verlaufende Substitution resultierende Oxim (LIV) bot die Möglichkeit, über mehrere Stufen den für Verbindungen vom Typus (LV) charakteristischen Dreiring in das Lanostangerüst einzubauen.

Die Photolyse eines *cis-trans*-Gemisches von Geranyl-Nitritestern (LVI) lieferte u. a. das Hemiacetal (LVIII), das offensichtlich über das Zwischenprodukt (LVII) entstanden ist (*230*; vgl. *240*).

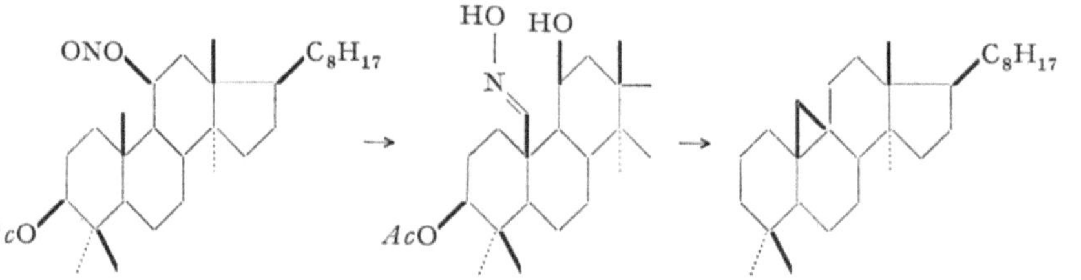

(LIII.) (LIV.) (LV.) Cycloartan.

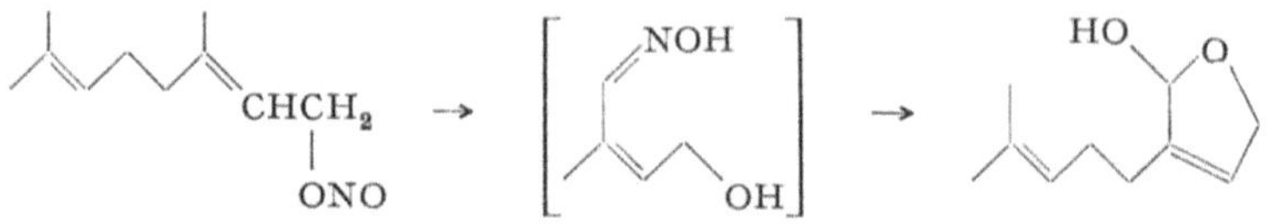

(LVI.) O-Nitrosogeraniol. (LVII.) (LVIII.)

In der Steroidreihe sind anläßlich von 11β-Nitritphotolysen, ähnlich wie bei $C_{(19)}$-Radikalen (vgl. XLVII → XLVIII), auch bei Radikalen an $C_{(18)}$ Abweichungen von Schema (11) (S. 41) angetroffen worden. So lagerten diverse Nitritester von 11β-Hydroxy-17-oxo-Steroiden (LIX) im Anschluß an die Wasserstoffabstraktion von $C_{(18)}$ in 18-Nor-*D*-homo-Verbindungen (LX) um. Die Ring-*D*-Erweiterung erfordert mindestens formell eine 1,2-Wanderung über ein freies $C_{(17)}$-Acylradikal, dessen Ausbildung durch die Lichteinwirkung ohnehin begünstigt ist (vgl. S. 6 und *257*). Die Reihe der Nachbargruppenbeteiligungen wird durch die UV.-Bestrahlung des Nitritesters (LXI) ergänzt. Während die beiden bisher erwähnten Fälle nur Reaktionen von Alkylradikalen betreffen, die durch intramolekulare Wasserstoffverschiebungen entstanden waren, setzte hier die direkte Anlagerung des Alkoxyradikals an die benachbarte Doppelbindung ein, und es entstand das α-Oximino-epoxid (LXII). Die räumliche Lage des Epoxidrings wird vom sterischen Verlauf der in der Schrittfolge (LXIII → LXV) wiedergegebenen Addition des Sauerstoffradikals an die Δ^{16}-Bindung bestimmt. Es wurde dabei vorausgesetzt, daß die bevorzugte Konformation des Nitrits auch vom kurzlebigen Alkoxyradikal (LXIII) beibehalten wird (*242*).

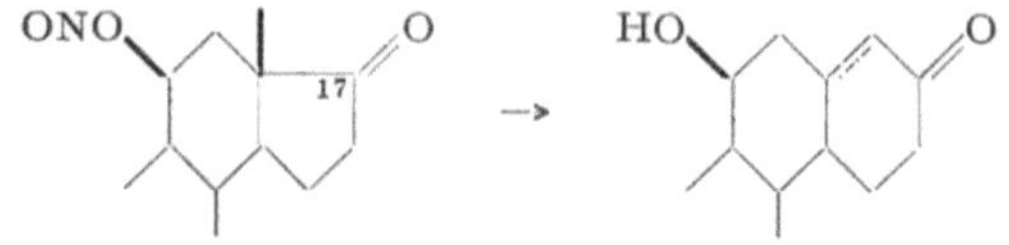

(LIX.)   (LX.)

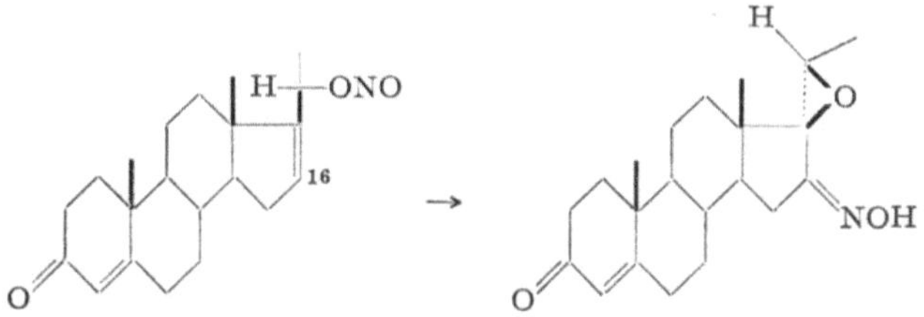

(LXI.)   (LXII.)

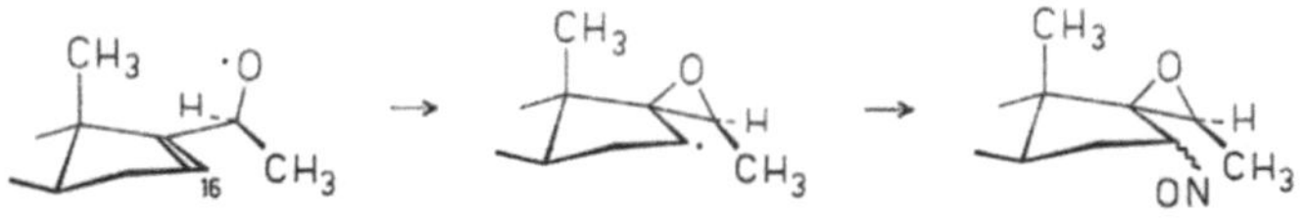

(LXIII.)   (LXIV.)   (LXV.)

Bei den photochemisch aus Nitriten vom Typus (LXVI) erzeugten Alkoxyradikalen sind δ-Wasserstoffabstraktionen aus strukturellen Gründen unmöglich. Statt dessen wird die Bindung zwischen $C_{(13)}$ und $C_{(17)}$ gespalten (Schema 16, S. 43). Durch NO-Anlagerung an das Alkylradikal resultieren stereoisomere Nitroso-aldehyde, die spontan zu den entsprechenden Hydroxamsäuren (LXVII, LXVIII) cyclisieren. Solche Fragmentierungsprozesse dominieren aber auch bei Alkoxyradikalen, deren Struktur eine intramolekulare Wasserstoffabstraktion gestatten würde (vgl. LXIX), wenn die bei der Spaltung entstehenden Alkylradikale durch benachbarte Sauerstoff-Funktionen resonanz-stabilisiert werden können (vgl. auch LXX → LXXI; LXXII → LXXIII) (*241*).

Die Photolyse der Nitritester von α- und *epi*-α-Caryophyllen-alkohol — zwei epimeren, sekundären Alkoholderivaten der Sesquiterpenreihe —

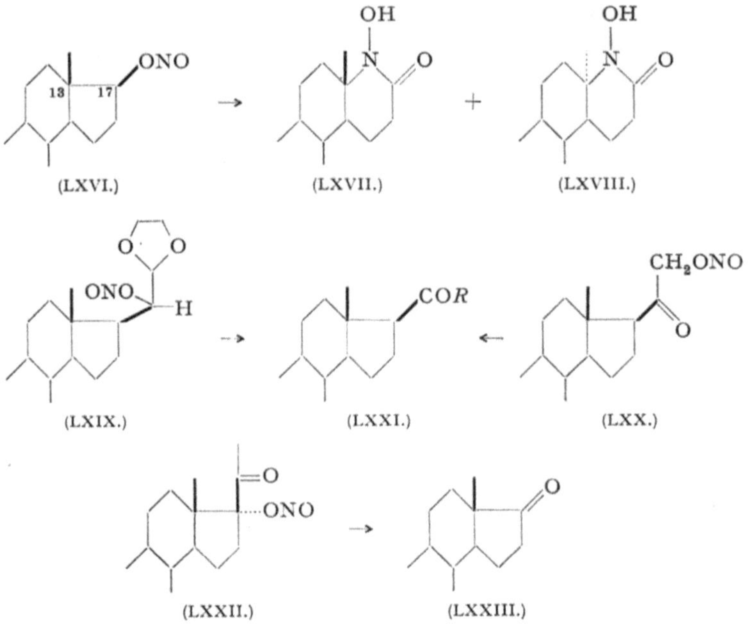

(LXVI.) → (LXVII.) + (LXVIII.)

(LXIX.) → (LXXI.) ← (LXX.)

(LXXII.) → (LXXIII.)

führte zu einem einzigen, der *epi*-α-Reihe angehörenden Oximino-alkohol. Offensichtlich ist die Umsetzung der α-Verbindung mit einer Konfigurationsänderung am Carbinol-Kohlenstoffatom gekoppelt. Diesem Reaktionsverlauf wird die Annahme einer reversiblen Fragmentierung (Schema 16, S. 43) und darauffolgenden intramolekularen Wasserstoffabstraktion durch das *epi*-Alkoxyradikal nach Schema (11) (S. 41) gerecht (*237*). Analoge Umwandlungen wurden inzwischen auch bei der Blei(IV)-acetat-Oxydation verschiedener einwertiger Steroidalkohole erzielt (*167*).

5. Hypojodite.

Die Liste der weitgehend selektiven Substitutionen am Steroidgerüst, die sich aus den Beispielen der Nitritphotolyse ergibt, entspricht sinngemäß auch dem Anwendungsbereich der experimentell einfacheren Hypojoditreaktion, die indessen noch wesentlich erweitert wurde. Die in *Formelübersicht 15* aufgeführten typischen Beispiele belegen aber nicht nur diesen Gesichtspunkt, sondern illustrieren auch die mannigfaltigen Reaktionsmöglichkeiten, mit denen hier im Anschluß an die δ-Wasserstoffabstraktion zu rechnen ist.

Der Reaktionsverlauf der beiden Hypojodite (LXXIV → LXXV) und (LXXVII → LXXVIII) zeigt zudem interessante Nachbargruppenbeteiligungen mit den intermediär entstehenden Alkylradikalstellen (beide

Formelübersicht 15. Anwendungsbeispiele der Hypojodit-Reaktion.

an $C_{(18)}$). Das gleichzeitig aus (LXXIV) entstehende 17 α-Jodid (LXXVI) stellt das Produkt einer Fragmentierung dar (Schema 16, S. 43).

6. Hypochlorite.

Schließlich bot die photochemische Zersetzung von Hypochloriten eine weitere Möglichkeit, Alkoxyradikale für synthetische Zwecke zu erzeugen. Bei der Photolyse des bicyclischen *t*-Hypochlorits (LXXIX) tritt vorwiegend Fragmentierung zu *exo*-Norbornylchlorid (LXXXI) und Aceton ein, während bei der stereoisomeren Verbindung (LXXX) die sterischen Bedingungen für eine δ-Wasserstoffabstraktion gegeben sind und die Fragmentierung zu (LXXXI) mehrheitlich zugunsten der Ausbildung des Äthers (LXXXII) unterdrückt wird (*150, 151*). Durch die Wahl sterisch ebenso geeigneter Ausgangsprodukte gelang es gleichzeitig Barton und Petrow, auch in der Steroidreihe die Ausbildung von δ-Chloralkoholen bzw. Fünfringäthern in präparativ ergiebiger Weise zu erreichen. So führte die UV.-Bestrahlung der *t*-6β-Hypochlorite in der Cholestan- und Androstanreihe (vgl. LXXXIII) in Benzol oder Cyclohexan (*2, 223*) zur selektiven Chlorierung der Methylgruppe 19 (vgl. LXXXIV). Nachfolgende Alkalibehandlung lieferte in bis 50%iger

(LXXIX.) (LXXXI.) (LXXX.) (LXXXII.)

(LXXXIII.) (LXXXIV.) (LXXXV.)

(LXXXVI.) (LXXXVII.)

Ausbeute die entsprechenden 6β,19-Oxido-Derivate (vgl. LXXXV). Die analoge Reaktionsfolge mit einem *t*-20-Hypochlorit der 20-Methylpregnanreihe ergab den entsprechenden 18,20-Äther (vgl. LXXXVI → → LXXXVII) (*2*).

7. Alkyl- und Säureazide.

Eine zweite Methode (zur Hofmann-Löffler-Freytag-Reaktion vgl. S. 47) zur Herstellung von stickstoffhaltigen Ringen durch gezielte

C—H-Spaltungen wurde in der Photolyse von Alkylaziden durch BARTON und MORGAN (*38, 39*) und von Säure-aziden durch APSIMON und EDWARDS (*10, 11*) gefunden.

Die erste Reaktionsvariante wurde erfolgreich zur Synthese von Prolin ausgenützt, dessen Äthylester (LXXXIX) in 15%iger Ausbeute bei der UV.-Bestrahlung von δ-Azido-valeriansäure-äthylester (LXXXVIII) in Cyclohexan entsteht. Ferner konnte aus dem Bisazid (XC) in einer dreistufigen Reaktionsfolge (Bestrahlung in Cyclohexan, Reduktion mit Lithiumaluminiumhydrid, N-Methylierung mit Formaldehyd in Ameisensäure) das Steroidalkaloid Conessin (XCI) in allerdings nur 4,5%iger Ausbeute gewonnen werden (*38, 39*). Die licht-induzierte Zersetzung von geeigneten Säure-aziden kann analog unter Ausbildung von Lactamen (nebst Isocyanaten) verlaufen. So lieferte das Azid der Dihydro-pimarsäure (XCII, S. 60) 26% eines γ-Lactams, dem unter Berücksichtigung der aus strukturellen Gründen auf die Methylengruppen 3 und 10 von (XCII) begrenzten Angriffsmöglichkeiten die wahrscheinlichere Formelvariante (XCIII) zugeschrieben wird (*11*). Die Photolyse des Azids von 6-O-Podocarpsäure-methyläther (XCIV) und der (+)-*trans-anti-cis*-Perhydrophenantren-Verbindung (XCVI) ergab je 25% Lactamgemische, deren Hauptkomponenten je sechsgliedrige Lactame (XCV) und (XCVII) darstellen. Fünfgliedrige Lactame (Angriff an $C_{(3)}$ oder $C_{(10)}$) konnten nur in sehr kleinen Mengen nachgewiesen werden. Das δ-Lactam (XCV) gehört der enantiomeren Form einer Verbindungsreihe an, die durch Abbau des Diterpenalkaloids Atisin zugänglich ist, wodurch ein endgültiger Beweis für Struktur und absolute Konfiguration der Garrya-Alkaloide und verwandte Diterpene erbracht werden konnte (*10, 11*).

Die überwiegende Sechsringbildung (Angriff am ε-ständigen $C_{(17)}$) beim Zerfall von (XCIV) und (XCVI) ist im Licht der Tatsache bemerkenswert, daß für die Wasserstoffabstraktion bei den bisher besprochenen Methoden allgemein die δ-Stellung bevorzugt wird. Der atypische Reaktionsverlauf kann in diesem Fall allerdings leicht mit der Beeinflussung durch eine Reihe sterischer Faktoren erklärt werden. Der Angriff an der in diaxialer 1,3-Lage fixierten ε-Stellung ist schon energetisch durch die simultane Aufhebung der starken sterischen Wechselwirkungen zwischen $C_{(15)}$ und $C_{(17)}$ begünstigt. Außerdem würde die Ausbildung eines fünfgliedrigen Lactams zusätzlich die Einführung sterischer 1,3-diaxialer Wechselwirkungen zwischen der Methylgruppe 17 und dem neuen NH-Substituenten an $C_{(3)}$ oder $C_{(10)}$ erfordern. Als weiterer Faktor zur Begünstigung der Sechsring-Bildung kann möglicherweise auch die Verkürzung des Abstandes zwischen $C_{(15)}$ und $C_{(17)}$ angeführt werden, die bei (XCIV) durch die Lage des aromatischen Rings am Dekalingerüst und bei (XCVI) durch den sterischen Druck auf $C_{(17)}$ seitens der räumlich nahen Methylengruppen $C_{(6)}$ und $C_{(8)}$ (vgl. einen

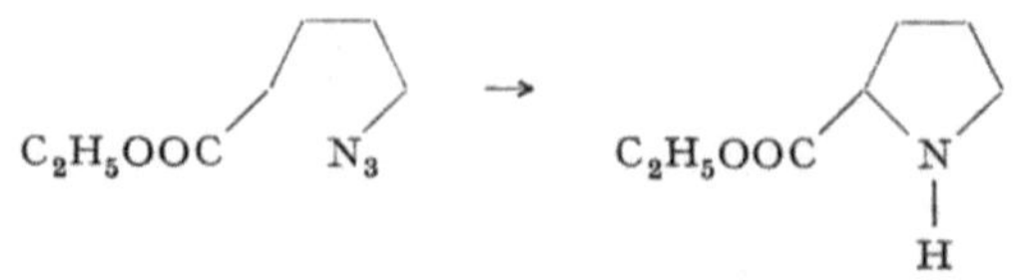

(LXXXVIII.) δ-Azido-valeriansäure-äthylester.   (LXXXIX.) Prolin-äthylester.

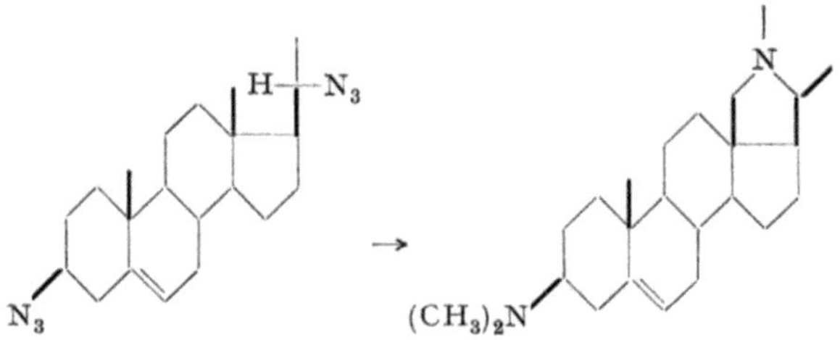

(XC.)   (XCI.) Conessin.

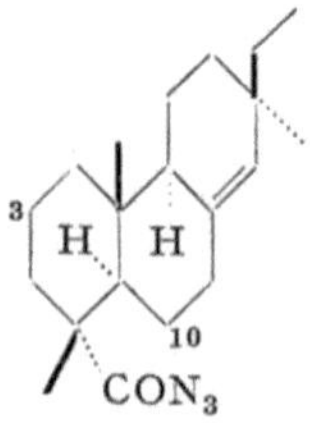

(XCII.) Dihydropimarsäure-azid. 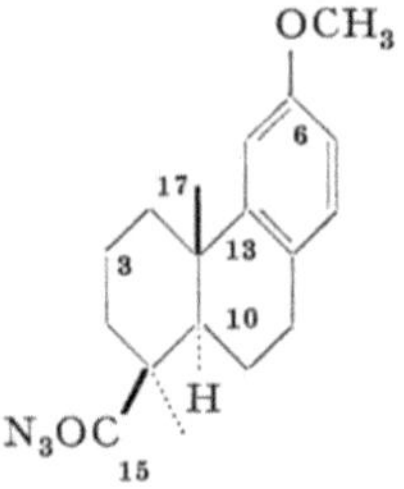   (XCIV.) 6-O-Methyl-podocarpsäure-azid. 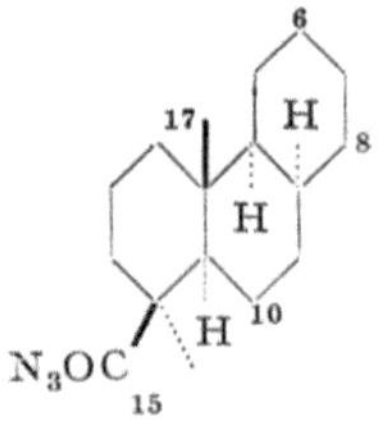   (XCVI.)

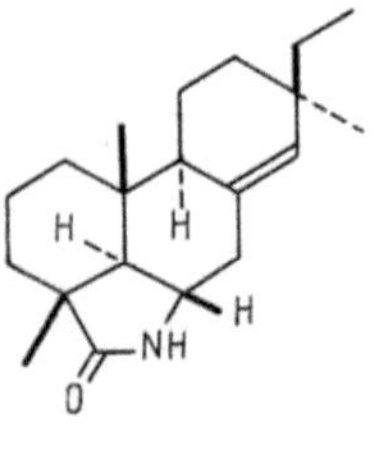

(XCIII.) 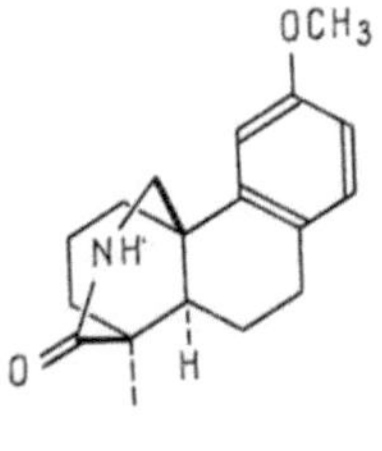   (XCV.) 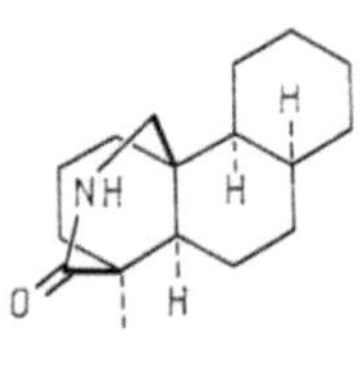   (XCVII.)

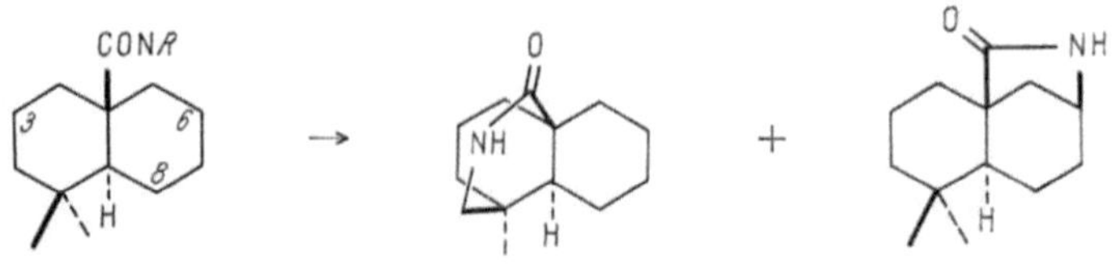

(XCVIII.) $R = N_3$.
(XCIX.) $R = H_2$.   (C.)   (CI.)

Literaturverzeichnis: SS. 95—114.

analogen Effekt bei der Cyclobutanol-Bildung von 11-Oxo-Steroiden, S. 50) verursacht wird. In dieser Sicht gewinnt das Ergebnis der Photolyse des *rac.*-Säureazids (XCVIII) in Hexan an Bedeutung (*221*), bei dem diese beiden Faktoren wegfallen. Es entstand hier ein Produktengemisch, das nebst Isocyanat das Amid (XCIX), das sechsgliedrige Lactam (C) und ein Fünfring-Lactam (vermutlich CI) im Mengenverhältnis 2 : 2 : 3 enthielt.

In Übereinstimmung mit der diskutierten Interpretation der Resultate bei (XCIV) und (XCVI) trat bei (XCVIII) die δ-Wasserstoffabstraktion (→ Fünfring-Lactam) sowie eine intermolekulare Reaktionsvariante (Wasserstoffabstraktion aus dem Lösungsmittel, → Amid) in vermehrtem Maß ein. Ein solcher Sachverhalt würde eine interessante Illustration der maßgebenden Rolle darstellen, die dem Zusammenspiel der räumlichen Fixierung der Reaktionszentren und der sterischen Behinderung des Übergangszustandes bei intramolekularen C—H-Spaltungen an Alkanen zukommt.

Nachtrag: (*367, 368, 390*), sowie Anmerkung bei der Korrektur (S. 114).

VII. Umwandlungen von Doppelbindungssystemen.

Die photochemische Reaktivität von Doppelbindungen hat auch in der Chemie der Naturstoffe und verwandten Verbindungstypen eine beachtliche Bedeutung erlangt. Während bei Olefinen mit ausschließlich isolierten Doppelbindungen erst in neuerer Zeit speziell inter- und intramolekulare Cycloadditionen unter Verwendung von Sensibilisatoren erzielt worden sind [vgl. z. B. (*273*) und die dort zitierten Arbeiten], findet man bei solchen Doppelbindungssystemen, die in Konjugation mit weiteren ungesättigten Gruppen stehen, eine große Auswahl von Isomerisierungen, Umlagerungen, Cyclisationen und Additionsreaktionen verschiedener Art.

1. *Cis-trans*-Isomerisierung.

Als eine der längstbekannten Reaktionen auf diesem Gebiet ist die stereochemische Isomerisierung von Äthylenverbindungen sehr weitgehend untersucht worden. Die licht-induzierte *cis-trans*-Umlagerung stellt oft die einfachste, wenn nicht einzige Methode dar, gewisse Stereoisomeren herzustellen, da dabei im allgemeinen die Ausbildung der weniger stabilen Doppelbindungsisomeren begünstigt wird. So stellt sich in Lösung z. B. im Malein-Fumarsäuresystem ein Gleichgewicht von zirka 75% Maleinsäure *(cis)* und 25% Fumarsäure *(trans)* ein (vgl. *243*). Ähnliche Verhältnisse sind u. a. auch bei *cis-trans*-Zimtsäure (vgl. *299, 300*) und Tiglin-Angelicasäure (*251*) sowie einer großen Anzahl von ausgedehnt konjugierten Polyenen anzutreffen [vgl. z. B. das Übersichtsreferat von WYMAN (*353*)]. Auf dem Naturstoffgebiet sind solche Umlagerungen ferner bei den Carotinoiden sowie den konjugierten Trienen des Vitamin-D-Typus und ihren isomeren Vorläufern (s. S. 66) untersucht worden (vgl.

dazu auch die *trans-cis*-Isomerisierungen der Jonone, S. 79, und von Myrcen, S. 71).

Die hauptsächlich von ZECHMEISTER bearbeiteten Polyene vom Carotinoidtypus (*360*) reagieren durchwegs sehr empfindlich auf die Einstrahlung von Licht, dessen Wellenlänge ihrer Hauptabsorption entspricht. Als charakteristisches Beispiel dieser schon an anderen Stellen ausführlich beschriebenen Umsetzungen (*183, 353, 360*) sei einzig das

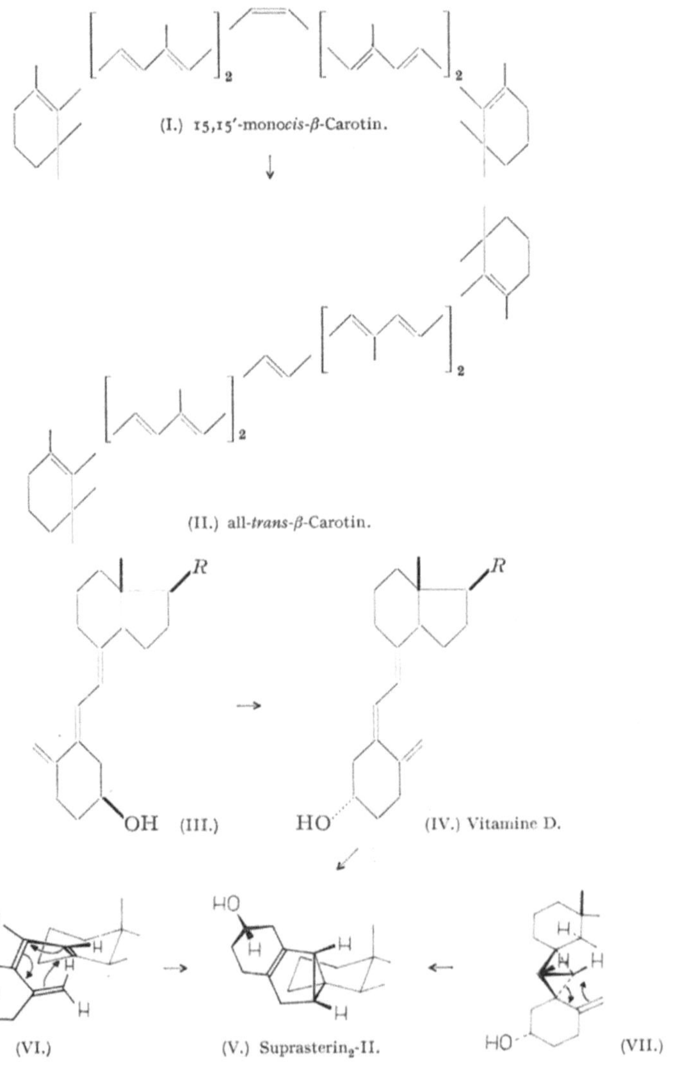

Formelübersicht 16. Umwandlungen konjugierter Polyen-Verbindungen.

Literaturverzeichnis: SS. 95—114.

von INHOFFEN synthetisierte 15,15′-monocis-β-Carotin (I) erwähnt, das unter der Einwirkung von diffusem Tageslicht in zirka drei Stunden praktisch quantitativ in das natürliche all-*trans*-Isomere (II) *(Formelübersicht 16)* übergeht. Die in der Polyenchemie meist verwendete Methode der jodkatalysierten Photoisomerisierung hingegen liefert schon nach drei Minuten ein im Gleichgewicht stehendes Isomerengemisch anderer Zusammensetzung *(183)*.

INHOFFEN machte sich die für präparative Zwecke wichtige *trans-cis*-Isomerisierungstendenz in der letzten Stufe der Totalsynthese des Vitamins D_3 zunutze, indem es ihm gelang, das synthetisch bereitete *trans*-Isomere (vgl. III) photochemisch in das natürliche *cis*-Vitamin D_3 (vgl. IV) umzuwandeln *(182)*. Diese erstmals in der Vitamin-D_2-Reihe ausgearbeitete Isomerisierung *(181)* ließ sich mit UV.-Licht erzielen, dessen kurzwelliger Bereich durch Glas wegfiltriert worden war. Dadurch wurde nur die längerwellige Absorption der *trans*-Triene (III: $\lambda_{\max} = 272—273\ m\mu$) erfaßt, während das gebildete *cis*-Vitamin (IV: $\lambda_{\max} = 265\ m\mu$) gerade der Lichteinwirkung entzogen wurde.

Der detaillierte Mechanismus dieser *cis-trans*-Isomerisierungen ist noch nicht restlos abgeklärt; zudem dürfte er stark von der Natur des bestrahlten chromophoren Systems abhängen *(353, 229, 95)*.

2. Suprasterin$_2$-II und $\Delta^{3;5}$-Cholestadien.

Die Vitamine D werden bei längerer Bestrahlung weiter verändert und liefern nach WINDAUS je zwei Isomere, die Suprasterine-I und -II. Während die Struktur des ersteren noch nicht aufgeklärt ist, konnte DAUBEN für das aus Vitamin D_2 (vgl. IV) stammende Suprasterin$_2$-II die Konstitution (V) beweisen (Formelübersicht 16) *(108, vgl. 269)*. Für die Cyclisation (IV → V) ist eine synchrone Elektronenverschiebung (vgl. VI) vorgeschlagen worden *(108)*, doch ist ebenso die intermediäre Ausbildung eines Bicyclobutan-Zwischenproduktes vom Typus (VII) [oder eines äquivalenten Diradikals (vgl. *215*)] denkbar, wie es später aus $\Delta^{3;5}$-Cholestadien isoliert worden ist (vgl. IX). Die Isomerisierung (VII → V) würde in diesem Fall einer intramolekularen Variante der 1,3-Addition (IX → X) entsprechen.

Spezielles Interesse verdient das photochemische Verhalten von konjugierten hetero- und homoannularen Dienen in Lösung. Untersuchungen von alicyclischen *trans*-Diensystemen wurden bisher erst an den Beispielen des $\Delta^{3;5}$-Cholestadiens (VIII) und dessen 3-Methylhomologen (XII) bekannt *(Formelübersicht 17, S. 64)*. [Das *trans*-Diensystem der Abietinsäure scheint in diversen Lösungsmitteln, u. a. Äthanol, praktisch stabil zu sein *(61)*]. Nach DAUBEN *(118)* wird bei der durch UV.-Licht ausgelösten Umsetzung von $\Delta^{3;5}$-Cholestadien (VIII) in Abwesenheit von Luftsauerstoff die Abnahmegeschwindigkeit der Konzentration an Ausgangsmaterial nicht vom Lösungsmittel (Pentan oder Äthanol) beeinflußt. In Pentanlösung wird die Verbindung primär zu etwa 80% in ein Photoisomeres umgewandelt, dem mit großer Wahrscheinlichkeit die valenztautomere 3,5;4,6-Biscyclo-Konstitution (IX) zukommt. Als Nebenreaktion tritt Kondensation zu einem Bis-steroid ein (vgl. *246*). Das sehr labile Photoprodukt (IX) addiert im Dunkeln mit Leichtigkeit Äthanol unter Ausbildung des Äthoxyderivates (X) und des ungesättigten Isomeren (XI) im Mengenverhältnis 4 : 1. Die beiden Photoprodukte sind unter den angewandten Bestrahlungsbedingungen nicht ineinander überführbar. Wird die Bestrahlung von $\Delta^{3;5}$-Cholestadien (VIII) in äthanolischer Lösung durchgeführt, können erwartungsgemäß die Produkte (X) und (XI) direkt isoliert werden (*116*, *118*).

Aus dem Methylhomologen (XII) wurden unter vergleichbaren Versuchsbedingungen das analoge 3,5-Cyclo-6-äthoxy-Derivat (XIII) sowie eine Additions-

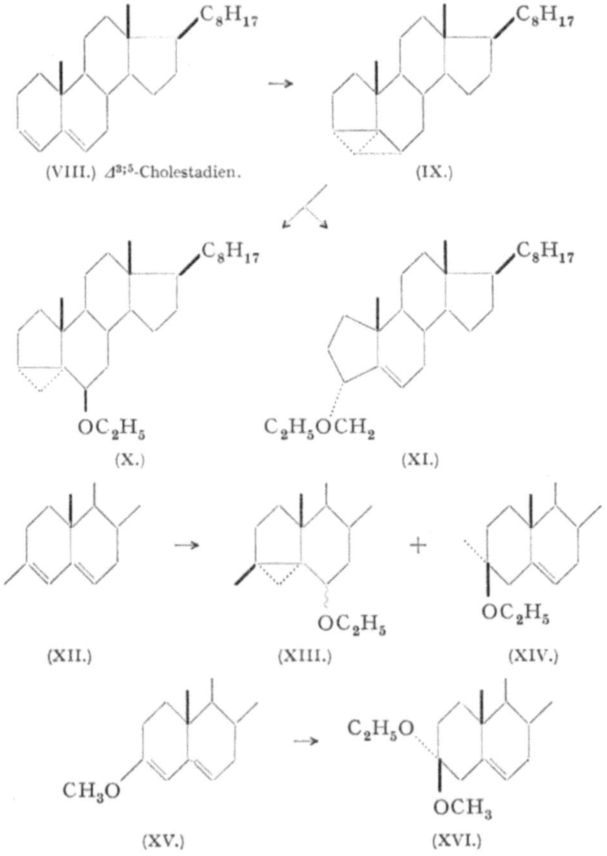

Formelübersicht 17. Umwandlungen konjugierter heteroannularer Dien-Verbindungen. *Literaturverzeichnis: SS. 95—114.*

verbindung mit unverändertem Kohlenstoffgerüst (XIV) isoliert. Auch hier wurde beim Arbeiten in Pentan die Ausbildung eines Primärproduktes nachgewiesen, das im Dunkeln bei der Anlagerung von Äthanol u. a. die Verbindung (XIII), nicht aber (XIV) lieferte. Bei der UV.-Bestrahlung des Dienol-äthers (XV) in äthanolischer Lösung resultierte ferner das Δ^5-ungesättigte gemischte Ketal (XVI) (*187a*).

Nachtrag: (*385*).

3. Homoannulare Diene.

Die Mehrzahl der photochemischen Umwandlungen von homoannularen *cis*-Dienen läßt sich formell nach einem von BARTON (*20*) vorgeschlagenen Schema (21) in zwei Reaktionstypen einteilen: eine Spaltreaktion zu Trienderivaten und eine Ringschlußreaktion zu Cyclobutenverbindungen:

$$
\begin{array}{ccccc}
\text{(b)} & & \text{(a)} & & \text{(c)} \\
\end{array}
\tag{21}
$$

Die Symbole X und Y des Schemas (21) können für verschiedene Gruppen und Atome stehen [vgl. u. a. die entsprechenden Reaktionen von linear konjugierten Cyclohexadienonen (S. 6) und des Pyrans (LXXXVI) (S. 79)]. Außerdem können sie auch durch mehrere gesättigte Ringglieder sowie Äthylengruppen ersetzt werden. Es ist dabei zu beachten, daß im allgemeinen Ringe mit $2\,n$ Gliedern und $n - 1$ konjugierten Doppelbindungen prinzipiell zu beiden Reaktionstypen Anlaß geben können, während bei allen anderen Ringvarianten lediglich die Ausbildung von valenztautomeren Cyclobuten-Derivaten zu erwarten ist. Die einfachsten bisher bekanntgewordenen Beispiele für diese beiden Reaktionsmöglichkeiten stellen einerseits die Öffnung von 1,3-Cyclohexadien zu 1,3,5-Hexatrien (*20, 195*) und anderseits die Cyclisierungen vom Typus Pyrocalciferol (XXXIII) → Photopyrocalciferol (XXXIV) (S. 69) und Cycloheptadien → Bicyclo[3,2,0]-hepten-(6) dar (*81, 109, 260*).

Ringspaltung zu Trienen.

Die ersten und in der Folge sehr eingehend bearbeiteten photochemischen Untersuchungen eines konjugierten Cyclohexadiens befassen sich mit den Umwandlungen von Ergosterin und analoger $\Delta^{5,7}$-Steroide. Die heutigen detaillierten Kenntnisse des komplexen Problemkreises sind das Resultat einer breitangelegten Weiterverfolgung der größtenteils aus den grundlegenden Arbeiten von WINDAUS und dessen Schule hervorgegangenen Ergebnisse.

Der zweifellos wichtigste Ansporn auf diesem Gebiet lag in der Entdeckung, daß Ergosterin (XXIII, S. 67), 22-Dihydroergosterin und 7-Dehydro-cholesterin durch eine photochemisch ausgelöste Isomerisierung die entsprechenden antirachitisch wirksamen Vitamine D_2, D_4 und D_3 (vgl. IV, S. 62) liefern, von denen das letztere das auch aus natürlichen

Quellen isolierte Vitamin darstellt. Dank verschiedener Übersichtsartikel (*208, 180, 132, 162, 163*), die auch die neuesten Ergebnisse über die photochemischen Vorgänge der Vitamin-D-Chemie ausführlich besprechen, scheint an dieser Stelle die Beschränkung auf eine summarische Zusammenfassung angezeigt.

Die UV.-Bestrahlung von Ergosterin (XXIII) führt zu einem Produktengemisch, das bei genügend langer Versuchsdauer ein quasi-photostationäres Gleichgewicht erreicht. Vitamin D_2 (vgl. IV) bildet sich schließlich thermisch aus Präcalciferol$_2$ (vgl. XX), das unter den Photoprodukten eine zentrale Schlüsselstellung einnimmt (*312*). Die im Reaktionsschema (22) dargestellten licht-induzierten Übergänge entsprechen dem heutigen Stand der Kenntnisse (*162*), zu welchen die Arbeitsgruppen von HAVINGA, VELLUZ und der N. V. Philips-Duphar maßgeblich beigetragen haben. Mit großer Wahrscheinlichkeit laufen diese Photoisomerisierungen über die angeregten Singlett-Zustände der einzelnen Verbindungen ab. Es ist dabei zu beachten, daß die Ringöffnungsreaktionen von (XIX) und (XXIII) (→ XX) Beispiele des

„überbestrahlte" Produkte   Vitamin D_2 (vgl. IV)

↑ 0,05 Δ ↑↓ Δ

Ergosterin (XXIII) $\xrightarrow[\text{0,02}]{\text{0,26}}$ Präcalciferol$_2$ (vgl. XX)   (22)

0,41 $\nearrow$ 0,47 ↓↑ 0,077

Lumisterin$_2$ (XIX) $\xleftarrow{\text{0,033}}$ Tachysterin$_2$ (vgl. XVII)

Reaktionsschema: Photochemische Reaktionen von Ergosterin und seinen Isomeren mit Quantenausbeuten bei 2537 Å (*162*).

schematischen Übergangs (21 a → b) repräsentieren. Die *cis-trans*-Isomerisierung des sterisch gehinderten Präcalciferols$_2$ (vgl. XX) zu Tachysterin$_2$ (vgl. XVII) dürfte, im Gegensatz zur rückläufigen *trans-cis*-Reaktion, keine thermische Aktivierung des angeregten Zustandes benötigen. Während sie bei 80° K noch glatt abläuft, kann der umgekehrte Vorgang bei dieser Temperatur nicht mehr photochemisch erzwungen werden (*162*). Als besonderes Merkmal des Reaktionsschemas (22) ist die Beobachtung augenfällig, daß die 6,7-*cis-trans*-Isomeren Präcalciferol$_2$ und Tachysterin$_2$ (vgl. XX und XVII) spezifisch zu Ergosterin (XXIII) bzw. Lumisterin$_2$ (XIX) cyclisieren *(Formelübersicht 18)**.

Modellbetrachtungen der betreffenden angeregten Zustände mögen, wenigstens für die Umwandlung (XVII → XIX), eine einleuchtende

---

* Die Reversibilität des Überganges (21 a → b) ist u. a. auch an Allo-ocimen (2,6-Dimethyl-2,4,6-octatrien) nachgewiesen worden, das ein photostationäres Gleichgewicht mit dem Cyclohexadien α-Pyronen bildet (*135*). Vgl. dazu ebenfalls die photochemisch induzierte Umwandlung von *trans*- bzw. *cis*-Stilben zu 12,13-Dihydrophenanthren (*297, 267*, und die dort zitierten Literaturstellen).

Literaturverzeichnis: SS. 95—114.

Erklärung für die beobachtete Spezifität geben (163). Der angeregte Zustand (XVIII) des einzigen Konformationsisomeren von Tachysterin$_2$ (XVII), das für die Cyclisation in Frage kommt, besitzt eine Rotationsmöglichkeit um die 6,7-Bindung. Eine Drehung, wie sie in der Formel (XVIII) angedeutet ist, führt zu einer Annäherung von $C_{(10)}$ an $C_{(9)}$ von der Unterseite her, wodurch der experimentell ausschließlich nachgewiesene Ringschluß zur $9\beta,10\alpha$-*trans*-Konfiguration von Lumisterin$_2$ (XIX) ermöglicht wird. Eine Cyclisierung durch Rotation um die

(XVII.) Tachysterin$_2$-Isomeres.   (XVIII.)   (XIX.) Lumisterin$_2$.

(XX.) Präcalciferol$_2$-Isomeres.   (XXII.)   (XXIII.) Ergosterin.

Formelübersicht 18. Cyclisierung von Präcalciferol$_2$ und Tachysterin$_2$.

6,7-Bindung im umgekehrten Sinn dürfte die starke sterische Wechselwirkung zwischen den Methylgruppen 18 und 19 verhindern, die dabei zu überwinden wäre. Bezüglich der spezifischen Cyclisation von Präcalciferol$_2$ (vgl. XX) ist die Situation zur Zeit noch bedeutend unübersichtlicher.

Der einzige angeregte Übergangszustand (XXII), der für den Ringschluß zu Ergosterin (XXIII) in Betracht kommt, leitet sich vom Konformationsisomeren (XX) ab, das nur in einer stark aus der planaren Anordnung abgedrehten Form vorliegen kann. Wohl ist die naheliegende Hypothese diskutiert worden, daß zwei enantiomere Varianten von (XX), entstanden durch Ringöffnung von Ergosterin (XXIII) und Lumisterin$_2$ (XIX), auftreten, von denen nur die eine zur Cyclisation zu (XXIII) befähigt ist. Auf eine Festlegung wurde aber bisher verzichtet, da Anhaltspunkte sowohl für eine diesbezügliche Zusammensetzung von Präcalciferol$_2$ wie für die bevorzugte Reaktivität von zwei solchen enantiomeren Formen fehlen.

Aus den Arbeiten von Windaus geht hervor, daß sich mit 22-Dihydro-ergosterin und 7-Dehydro-cholesterin die gleichen photochemischen Umsetzungen erzielen lassen, wie sie am Beispiel des Ergosterins (XXIII) erörtert worden sind. In beiden

Fällen wurden die betreffenden Lumisterine und Tachysterine gefaßt (vgl. *132, 208*). Dasselbe Bild zeigen erwartungsgemäß auch analoge Diene der Androstanreihe (*313*, vgl. *121*), während die licht-induzierte Ringöffnung von $\Delta^{5;7}$-Derivaten der 19-Nor-androstan- und 19-Nor-cholestanreihe langsamer abläuft und scheinbar nur die betreffenden 19-Nor-tachysterine liefert (*314*)*. Ferner konnten auch synthetische bicyclische Präcalciferol-Analoga durch UV.-Bestrahlung in Verbindungen des Tachysterin-Typus umgewandelt werden (*276*).

Anläßlich der ebenfalls von Windaus geführten Arbeiten über Photokondensationen vom Typus Ergosterin → Bisergostadienol (für eine Übersicht vgl. *246*) gelang es auch, $\Delta^{6;8}$-Cholestadienol (XXIV) photochemisch in $\Delta^{6;8}$-Koprostadienol (XXV) umzulagern. Es dürfte sich bei dieser Epimerisierung um eine intermediäre Öffnung des zweifach ungesättigten Ringes *B* von (XXIV) an der 5,10-Bindung handeln.

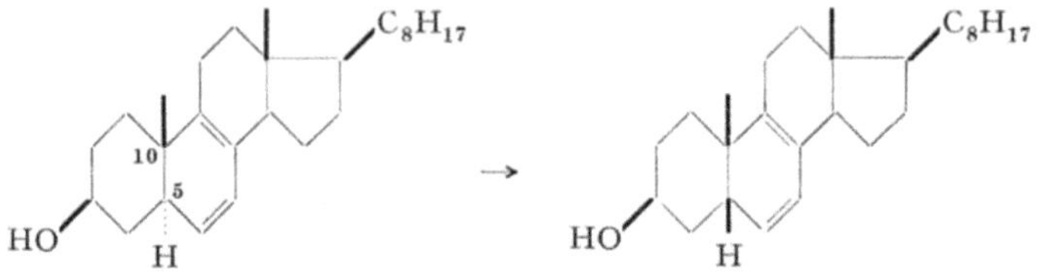

(XXIV.) $\Delta^{6;8}$-Cholestadienol.   (XXV.) $\Delta^{6;8}$-Koprostadienol.

Die Cyclohexadien-Spaltung ist auch an pentacyclischen $\Delta^{9;12}$-Triterpenen angetroffen worden, deren Dienchromophor im Ring *C* genau demjenigen im Ring *B* des Ergosterins (XXIII) entspricht. So wurden die α-Amyrin- und Ursolsäure-Derivate (XXVI) und (XXVII) in siedendem Äther photolytisch in die Präcalciferol-Analoga (XXVIII) bzw. (XXIX) übergeführt. Der Ursolsäure-Abkömmling (XXIX) wurde direkt thermisch zur Vitamin-D-ähnlichen Verbindung (XXX) weiter isomerisiert (*17*). Photochemische Umwandlungen, die möglicherweise zu Verbindungen des Suprasterin-II-Typus (vgl. S. 63) fortschritten, sind schließlich ebenfalls bei (XXVI) und (XXVII) sowie O-Acetyl-dehydro-β-boswellinsäure-methylester beobachtet worden (*187*). Die Resultate von Bestrahlungsversuchen mit den monocyclischen Monoterpenen (—)-α-Phellandren (XXXI) (*195*) und α-Terpinen (*280*) lassen ebenfalls eine weitgehende photolytische Spaltung zu aliphatischen konjugierten Trienen erkennen. Im Falle des (—)-α-Phellandrens (XXXI) wurde spektroskopisch sowie durch Hydrierungs- und Ozonisationsexperimente $\Delta^{1;3;5}$-3,5-Dimethyl-octatrien als Hauptprodukt nachgewiesen [vgl. dazu die sensibilisierte Photodimerisierung von (XXXI), S. 84]. Isomerisationsversuche mit Jod machen die vorwiegende all-*trans*-Konfiguration (XXXII) des isolierten Materials wahrscheinlich. Indikationen, daß das optisch aktive α-Phellandren während der Bestrahlung durch Recyclisation des vermutlich primär entstehenden all-*cis*-Triens partiell

---

* Eine Reihe von Photoprodukten, die durch „Überbestrahlung" des Ergosterins erhalten wurden, sind strukturell noch nicht aufgeklärt (vgl. *341, 194*).

Literaturverzeichnis: SS. 95—114.

(XXVI.) R_1 = H, R_2 = CH_3.
$\Delta^{9,11}$-α-Amyrin.

(XXVII.) R_1 = Ac, R_2 = $COOCH_3$.
O-Acetyl-$\Delta^{9,11}$-ursolsäure-methylester.

(XXVIII.) R_1 = H, R_2 = CH_3.
(XXIX.) R_1 = Ac, R_2 = $COOCH_3$.

(XXXI.) (—)-α-Phellandren.　　(XXXII.)　　　　(XXX.)

racemisiert wird, bedürfen noch einer weiteren experimentellen Ab-
klärung (*195*) [vgl. dazu den möglicherweise analogen Verlauf der
Epimerisierung (XXIV → XXV)].

Cyclisation zu Cyclobuten-Derivaten.

Das Resultat der UV.-Bestrahlung von Pyrocalciferol (XXXIII) und
Isopyrocalciferol (XXXV) stellt das erstbekannte Beispiel einer Cyclisation
von homoannularen *cis*-Dienen zu Cyclobuten-Derivaten (21 a → c, S. 65)
dar (*120, 346*). DAUBEN (*III, 112*) konnte zeigen, daß beiden dabei
resultierenden Photoisomeren, Photopyrocalciferol und Photoisopyrocalciferol, eine schon von WINDAUS und DIMROTH (*346*) diskutierte
valenztautomere 5,8-Cyclo-Δ^6-Struktur (XXXIV bzw. XXXVI) zukommt.
Ein analoges Beispiel findet sich in der mit UV.-Licht induzierten
Isomerisierung des Diterpens Lävopimarsäure (XXXVII) zu (XXXVIII)
(*280*). Aus UV.-Bestrahlungsversuchen mit (XXXVII) in Gegenwart
von Sauerstoff geht hier zudem hervor, daß unter diesen Reaktionsbedingungen kein transannulares Peroxid gebildet wird. Dieser Befund
stellt in Anbetracht des Umstandes, daß ein solches mit sichtbarem Licht
und Sensibilisatoren entsteht, einen zusätzlichen Hinweis auf die Singlett-
Natur der angeregten Zustände dar, die für die Umwandlungen vom
Typus (21) verantwortlich sind (*280*, vgl. *162*).

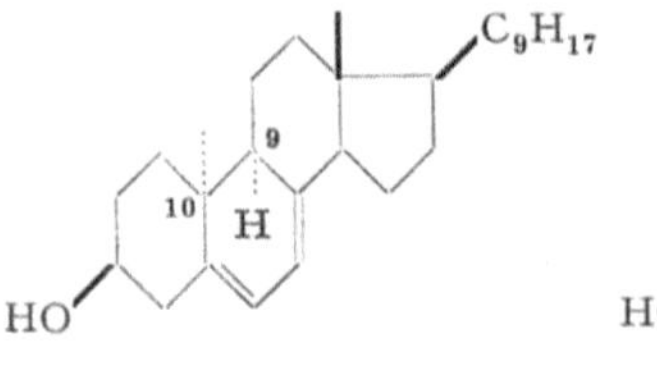

(XXXIII.) Pyrocalciferol. 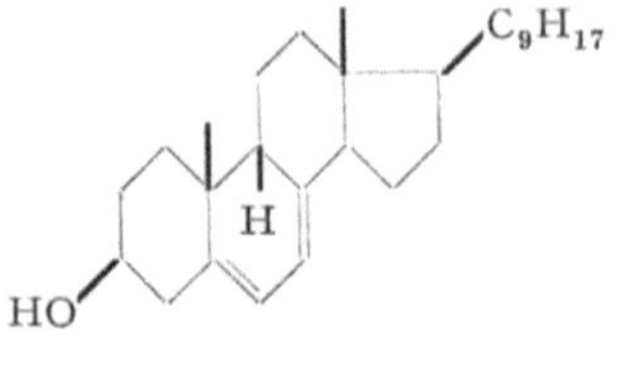   (XXXV.) Isopyrocalciferol. 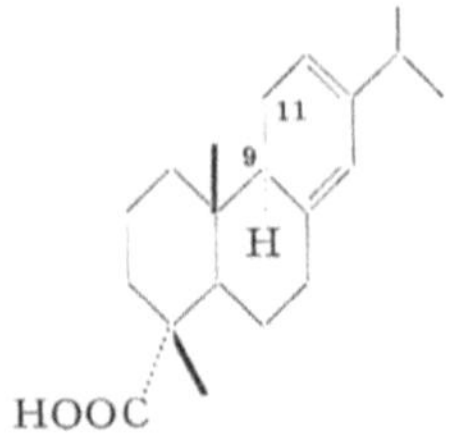   (XXXVII.) Lävopimarsäure.

$h\nu \downarrow\uparrow \Delta$ $h\nu \downarrow\uparrow \Delta$ $h\nu \downarrow\uparrow \Delta$

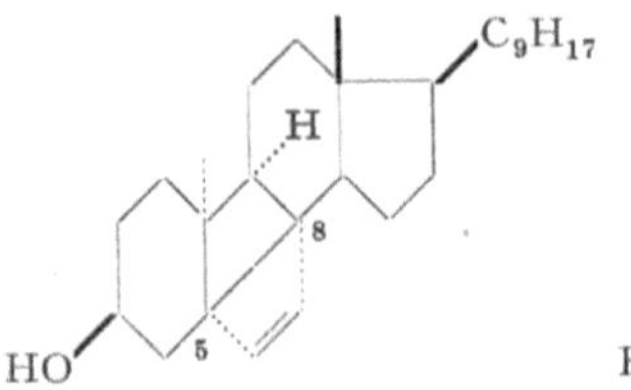

(XXXIV.) Photopyrocalciferol. 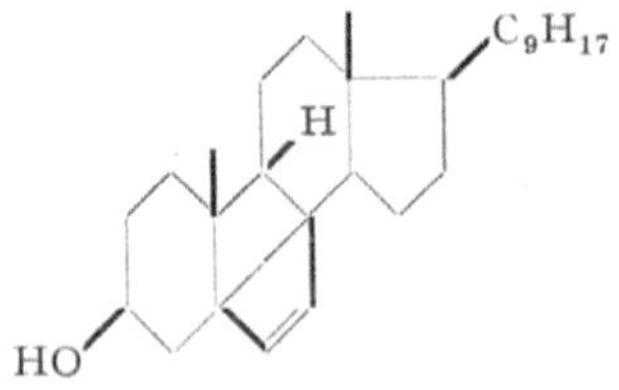   (XXXVI.) Photoisopyrocalciferol. 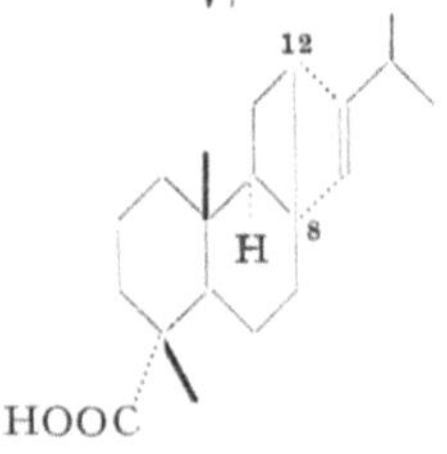   (XXXVIII.)

Die Tatsache, daß unter dem Einfluß von UV.-Licht die 9,10-*anti*-Stereoisomeren Ergosterin (XXIII) und Lumisterin$_2$ (XIX, S. 67) eine Ringöffnung erfahren, die 9,10-*syn*-Verbindungen (XXXIII) und (XXXV) hingegen eine zusätzliche σ-Bindung ausbilden, überrascht auf den ersten Blick. Für eine plausible Erklärung ist die Konformationsanalyse der wahrscheinlichsten Übergangszustände herangezogen worden, die bei der Rückkehr der angeregten Moleküle zu den Produkten im Grundzustand

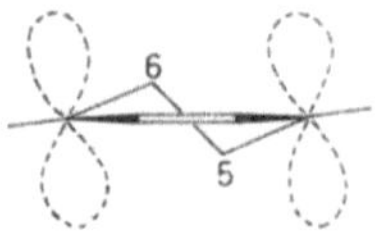

(XXXIX.) 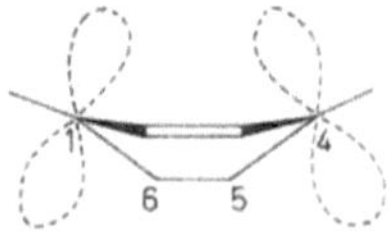   (XL.)

durchlaufen werden müssen (*280*; vgl. auch *112, 163*). Als solche Übergangszustände können Resonanzformen der angeregten Singlett-Cyclohexenyl-Strukturen (*280*) angesehen werden, die eine der Halbsessel- (vgl. XXXIX) oder der Halbwannen-Konformationen (vgl. XL) einnehmen, wobei (XL) im Vergleich zu (XXXIX) infolge der destabilisierenden sterischen Wechselwirkung zwischen den zwei verdeckten (eclipsed) Substituenten-Paaren an $C_{(5)}$ und $C_{(6)}$ energiereicher ist. Im Gegensatz zu (XL) überlappen die *p*-Orbitale von (XXXIX) nicht und lassen daher kaum eine Tendenz zur Ausbildung einer σ-Bindung zwischen $C_{(1)}$ und $C_{(4)}$ erwarten, so daß hier die Stabilisierung unter Spaltung der 5,6-Bindung erfolgen sollte. In Übereinstimmung mit den experimentellen Befunden

Literaturverzeichnis: SS. 95—114.

und dieser Interpretation der reaktionsbeeinflussenden Faktoren geht aus Modellbetrachtungen hervor, daß bei denjenigen Cyclohexadienen (XIX, XXIII, XXIV, XXVI, XXXI), welche zu Trienen gespalten werden, eine der Halbsesselform (XXXIX) angenäherte Konformation bevorzugt sein dürfte. Die günstigsten Konformationen der Resonanzstrukturen aus Pyrocalciferol (XXXIII) und Isopyrocalciferol (XXXV) hingegen entsprechen eher der Halbwannenform (XL).

Einzig die entsprechenden sterischen Verhältnisse, die sich aus Lävopimarsäure (XXXVII) ableiten lassen, gestatten keine Voraussagen über den Reaktionsverlauf, da keine der beiden Konformationen eine verdeckte (eclipsed) Stellung des 9α-Wasserstoffatoms mit einer der Methylengruppe 11 einschließt. Die Ringbildung mag hier eventuell auf eine prinzipielle Bevorzugung der Reaktionsvariante (21a → c, S. 65) gegenüber (21a → b) zurückzuführen sein (*280*). Sie scheint zudem eine allgemeine Photoreaktion strukturell geeigneter konjugierter Diene darzustellen. So konnten u. a. Isopren zu 1-Methylcyclobuten und das Monoterpen Myrcen (XLI) zum entsprechenden Cyclobutenderivat (XLII) cyclisiert werden (*104*). In beiden Fällen verläuft der Ringschluß in hoher Ausbeute. Er setzt primär die Isomerisierung des *trans*-Diensystems zur (elektronisch angeregten) *cis*-Anordnung voraus (vgl. S. 82 für eine als Nebenreaktion eintretende Cyclomerisierung des *trans*-Myrcens und S. 87 für die sensibilisierte Dimerisierung des Isoprens).

(XLI.) Myrcen.   (XLII.)

Nachtrag: (*375, 378, 388, 393, 394*).

4. Cycloheptadienone.

Für das gegenwärtig bekannte Tatsachenmaterial bewährt sich die oben diskutierte Methode der Voraussage des photochemischen Verhaltens von konjugierten homoannularen Dienen auch dann, wenn ihre Anwendung auf größere als Sechsringe und auf komplexere Chromophore ausgedehnt wird, wie sie unter dem Reaktionsschema (21) (S. 65) definiert worden sind. Dazu sind u. a. die bereits erwähnten Ringöffnungen bei Cyclohexa-2,4-dienonen-(1) (S. 6) zu zählen, sowie eine große Zahl weiterer Cyclisationen vom Typus (21a → c), von welchen im folgenden aber nur solche von Cyclohepta-2,4-dienonen-(1) [21a: $X = CO$, $Y = (CH_2)_2$; vgl. (XLIII → XLVI)] und Tropolonen bzw. Tropolon-methyläthern [21a: z. B. $X = CO$, $Y = CH=C(OH)$ bzw. $CH=C(OCH_3)$; vgl. (LII → LV) und (LI → LIV)] berücksichtigt werden können. Dieser Formalismus darf aber keinesfalls a priori in dem Sinne ausgelegt werden, daß der Isomerisierung aller Chromophoren des allgemeinen Typus (21a) derselbe Mechanismus zugrunde liegt. So berücksichtigt er vor allem nicht die Rolle der Carbonylgruppe in den cyclischen, linear konjugierten Dienonen, die eine grundlegende Differenzierung der für die beobachteten Cyclisationen verantwortlichen elektronisch angeregten Zustände bewirken mögen.

Sowohl das aus dem Monoterpen Carvon synthetisch zugängliche Eucarvon (XLIII) wie auch das isomere Cycloheptadienon (XLIV) wurden von Büchi (*62*) in alkoholischer Lösung mit UV.-Licht in ein Gemisch der β,γ-ungesättigten Ketone (XLVI) ($\lambda_{max} = 219$, $303\ m\mu$; $\varepsilon = 820$, 174) und (XLVII) ($\lambda_{max} = 219$, $303\ m\mu$; $\varepsilon = 1730$, 230) umgewandelt. Mittels optischer Anregung ihrer Carbonylgruppen konnten diese bis zur Einstellung eines photostationären Gleichgewichts ineinander übergeführt werden. Eine Interpretation dieser gegenseitigen Umwandlung, die formell die 1,3-Verschiebung einer Methylgruppe umfaßt, beruht auf der Annahme, daß beide Ketone reversibel zum Acyl-Alkyl-Radikalpaar (XLVIII) aufspalten (*215*). Das Photoprodukt (XLVI) resultiert offensichtlich aus der Cyclisation eines Übergangszustandes, dessen Konformation aus (XLV) ersichtlich ist.

Die Bildung eines weiteren Photoproduktes (L), das Hurst und Whitham (*177*) zusätzlich aus Eucarvon (XLIII) bei der Bestrahlung in Eisessig mit Sonnenlicht erhielten, läßt sich aus einer Konformation (XLIX) durch einen Ringschluß an der Carbonylgruppe und eine 1,2-Wanderung der Methylengruppe erklären. Allerdings ist weder aus dieser noch aus anderen Formulierungen (vgl. *215*) die (scheinbare) Rolle des Lösungsmittels ersichtlich. Dieses könnte aber sehr wohl die Gerüstumlagerung durch Protonisierung eines elektronischen Anregungszustandes von (XLIX) fördern.

(XLIII.) Eucarvon.   (XLIX.)   (L.)   (XLIV.)

(XLV.)   (XLVI.)   (XLVIII.)   (XLVII.)

Nachtrag: (*401*).

5. Tropolone.

Das Alkaloid Colchicin (LI, S. 73) ist der erste Naturstoffvertreter der α-Tropolonklasse, bei dem eine licht-induzierte Umwandlung nach dem Schema (21a → c, S. 65) in valenztautomere Photoprodukte beobachtet worden ist. Schon seit 1865 waren vereinzelte Beobachtungen bekannt, daß sich Colchicin (LI) unter dem Einfluß von Sonnenlicht verändert (vgl. *136* für Literaturstellen). Grewe gelang es schließlich erstmals, durch Einwirkung von Sonnenlicht auf wäßrige Colchicinlösungen in Stickstoffatmosphäre drei kristalline Produkte, α- (LVIII), β- (LIV) und γ-Lumicolchicin (LVII), zu gewinnen (*153, 154*). Zur gleichen Zeit stellte auch Šantavý aus wäßrigen Colchicinlösungen mittels Sonnenlichts „Lumicolchicin I" und mittels künstlichen UV.-Lichts ein Gemisch der „Lumicolchicine I" und „II" her (*265*). Die Lumiverbindung I ist mit der tiefer schmelzenden Modifikation des dimorphen β-Lumicolchicins (LIV) und II mit dem γ-Isomeren (LVII) von Grewe identisch. Die Arbeiten zur Strukturaufklärung dieser drei Photoprodukte (*136, 147, 154, 265*) wurden von Chapman (*82—85*) zu einem großen Teil erfolgreich abgeschlossen. Einzig für γ-Lumicolchicin konnte eine Formelvariante (LVIIb) nicht streng zugunsten der wahrscheinlicheren Struktur (LVIIa) ausgeschlossen werden. Auch Colchicein (LII) zeigt

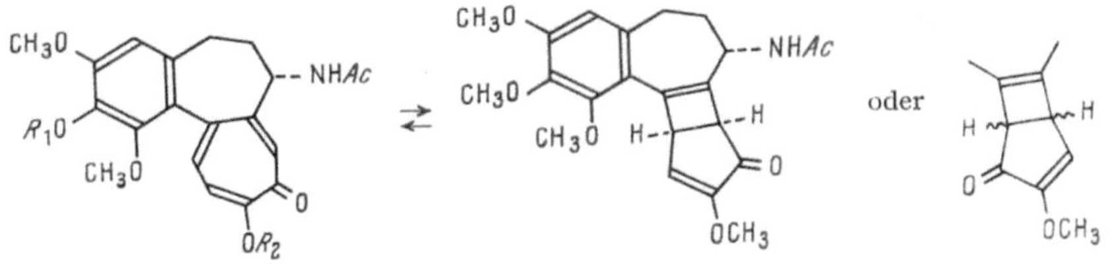

(LI.) $R_1 = R_2 = CH_3$. Colchicin.
(LII.) $R_1 = CH_3$, $R_2 = H$. Colchicein.
(LIII.) $R_1 = H$, $R_2 = CH_3$. Substanz E_1.

(LVIIa.) γ-Lumicolchicin.

(LVIIb.)

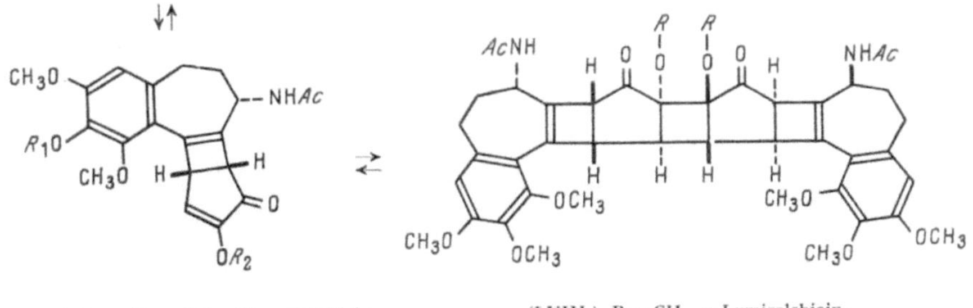

(LIV.) $R_1 = R_2 = CH_3$. β-Lumicolchicin.
(LV.) $R_1 = CH_3$, $R_2 = H$. Lumicolchicein B.
(LVI.) $R_1 = H$, $R_2 = CH_3$. Substanz D.

(LVIII.) $R = CH_3$. α-Lumicolchicin.
(LIX.) $R = H$. Lumicolchicein A.

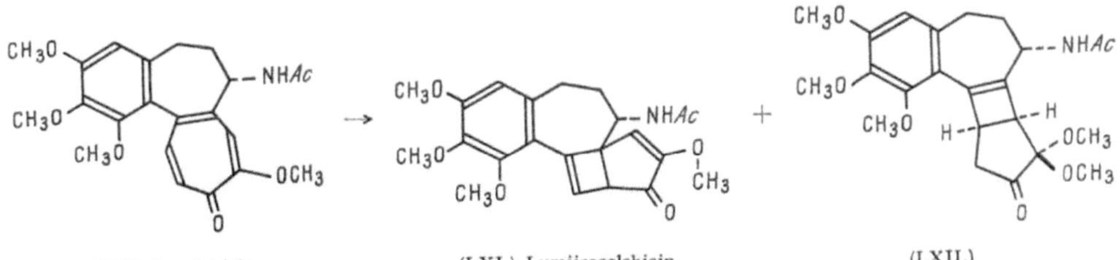

(LX.) Isocolchicin.

(LXI.) Lumiisocolchicin.

(LXII.)

ein dem Colchicin ähnliches photochemisches Verhalten. Bei der UV.-
Bestrahlung von (LII) ließen sich bisher zwei Photoprodukte, die Lumi-
colchiceine A (LIX) und B (LV), fassen (*272*).

Zwischen α-, β- und γ-Lumicolchicin scheint ein photochemisch
kontrolliertes Gleichgewicht zu bestehen So ließ sich β-Lumicolchicin
(LIV) durch Bestrahlung mit Wellenlängen über 3000 Å unter geeigneten
Konzentrationsverhältnissen in das schwerlösliche Dimere (LVIII) um-
wandeln (*82, 272, 85*), während Lösungen des letzteren unter den gleichen
Bestrahlungsbedingungen wieder β-Lumicolchicin (LIV) lieferten, das
seinerseits bis zur Einstellung eines Gleichgewichts zum γ-Produkt (LVII)
isomerisiert wurde (*272*). Eine selektive Darstellung von α-Lumicolchicin
(LVIII) wurde erreicht durch Bestrahlung von Colchicin (LI) mit einem
Quecksilber-Hochdruckbrenner unter Verwendung eines Cyaninfilters (*85*).

Von besonderem Interesse ist, daß die β- und γ-Photoisomeren (LIV)
bzw. (LVII) des Colchicins in kleinen Mengen auch in verschiedenen
Colchicum- und Merendera-Arten (beschrieben als Substanzen I und J)
vorgefunden worden sind (*265*). Dieser Befund ist offenbar auf eine
durch Sonnenlicht induzierte Isomerisierung des Colchicins im pflanzlichen Gewebe zurückzuführen. Als weiterer natürlicher Vertreter der
Photoisomeren der Colchicingruppe erwies sich ferner die Verbindung D
(LVI), die auch durch UV.-Bestrahlung des Nebenalkaloids E_1 (LIII)
in vitro erhalten und durch Verätherung mit Diazomethan in β-Lumi-
colchicin (LIV) umgewandelt werden konnte (*266, 265*).

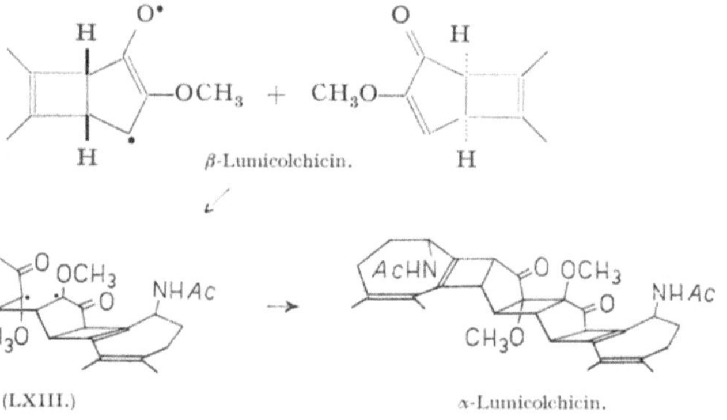

H   O•   O   H
—OCH₃ + CH₃O—
H   β-Lumicolchicin.   H
AcHN   O OCH₃   NHAc
CH₃O
(LXIII.)
AcHN   O OCH₃   NHAc
CH₃O
α-Lumicolchicin.

Formelübersicht 19. Dimerisierung von β-Lumicolchicin.

Die Ausbildung des Photodimeren (LVIII) aus β-Lumicolchicin und
aus Colchicin ist sowohl bezüglich der Stereospezifität wie auch der
Tatsache, daß γ-Lumicolchicin unter den gleichen Bestrahlungsbedingungen nicht dimerisiert, bemerkenswert. Der mindestens vorwiegend
stereospezifische Verlauf der Dimerisierung von Colchicin steht im

Gegensatz zum photochemischen Verhalten von Cyclopentenon (*126*), das zu ungefähr gleichen Teilen *syn-* und *anti-trans*-Dimere bildet. Für die bevorzugte Ausbildung der *syn-trans*-Verbindung (LVIII) ist die in *Formelübersicht 19* dargestellte, schrittweise Addition eines angeregten Diradikals an ein zweites Molekül im Grundzustand zur Diskussion gestellt worden (*85*; vgl. *127*). Die Radikalstellen des Übergangszustandes (LXIII) werden dabei möglicherweise durch die benachbarten Carbonyl- und Äthergruppen stabilisiert. Allerdings ist auch ein simultaner Ringschluß noch nicht ausgeschlossen.

Von den zwei möglichen Cyclisationsvarianten eines Tropolons wird bei der photochemischen Isomerisierung von α- und γ-Tropolon-methyläthern stets jene gewählt, die zu Produkten mit angulärer Methoxylgruppe führen [s. z. B. (LXXI → LXXII, S. 77)] (*113, 80*). In den bisher besprochenen Fällen aus der Colchicingruppe hingegen tritt ausschließlich die zweite Variante auf, bei welcher die Enol-methyläther-Gruppierung unverändert als Teil des Cyclopentenons erhalten bleibt. Wie die von DAUBEN (*110*) und CHAPMAN (*83*) untersuchte licht-induzierte Umwandlung von Isocolchicin (LX) in Methanollösung in Lumiisocolchicin (LXI; 56%) zeigt, dürfte der Grund für den andersartigen Verlauf der Photoisomerisierung der Colchicine wahrscheinlich in der Beibehaltung des Styrylchromophors gefunden werden. Die Geschwindigkeit der photochemischen Umwandlung des Isocolchicins (LX) beträgt etwa ein Neuntel derjenigen von Colchicin (LI). Diese langsamere Abwicklung der Valenzisomerisierung der Isoverbindung (LX) wird für das Auftreten einer relativ unbedeutenden, konkurrierenden Nebenreaktion, der Ausbildung des Metholadduktes (LXII) (14%), verantwortlich gemacht, die im Falle des Colchicins (LI) nicht vorgefunden wurde (*110*).

Die Umwandlung (LX → LXII) läßt sich plausibel erklären, wenn die Anlagerung von Methanol als erster Schritt im Sinne einer 1,8-Addition an das Troponsystem des Isocolchicins [*Formelübersicht 20*: (LXIV → → LXV)] angenommen wird, wie dies an anderen Beispielen als Dunkelreaktion von Troponen bekannt ist. Die licht-induzierte Anlagerung von Alkohol-Molekülen an die Doppelbindung α,β-ungesättigter Ketone ist schon verschiedentlich angetroffen worden. Die im weiteren Ablauf der Photoreaktion eintretende Cyclisation kann nach der Ketonisierung zum Zwischenprodukt (LXVII) → (LXVIII) erfolgen, wobei allerdings zu bedenken ist, daß bei einfachen Verbindungen dieses Typus eine photochemische Decarbonylierung zu offenkettigen Trienen bevorzugt wird (vgl. *81*). Ein zweiter Weg liegt im direkten Ringschluß der möglicherweise ziemlich stabilen Enolform (LXV) zu (LXVI → LXVIII). Die Stereochemie des Adduktes (LXII), die wahrscheinlich derjenigen des in kleinster Menge entstehenden γ-Lumicolchicins (LVII) entspricht, wird schließlich mit dem Fehlen der starket sterischen Wechselwirkung zwischen der

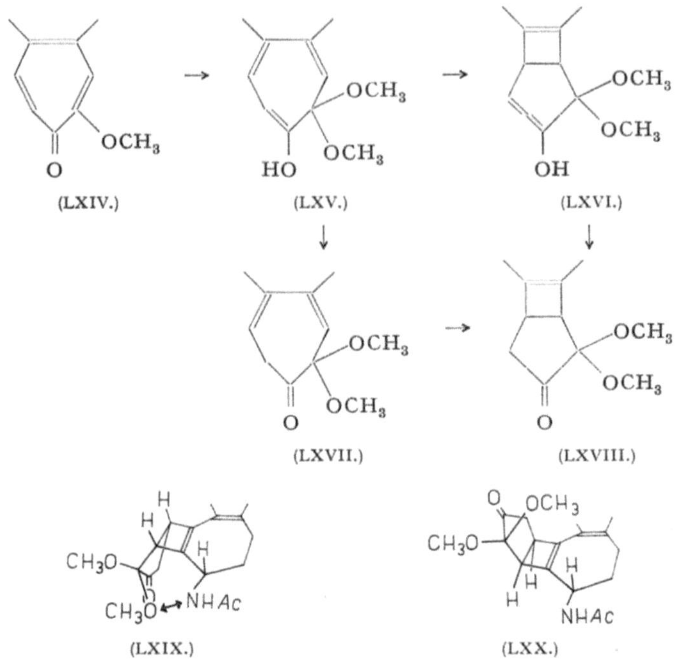

(LXIV.) → (LXV.) → (LXVI.)

(LXVII.) → (LXVIII.)

(LXIX.) (LXX.)

Formelübersicht 20. Sterischer Aufbau und hypothetische Zwischenstufen der Ausbildung des Methanol-Photoadduktes aus Isocolchicin.

Acetamidgruppe und dem *cis*-ständigen Methoxyl in (LXII) (= LXX) begründet, die in einem Molekül vom β-Lumicolchicin-Typus (vgl. LXIX) auftreten müßte (*110*).

Eingehende photochemische Arbeiten an einfachen α-Tropolonen und ihren Methyläthern durch Chapman und Dauben ergaben, daß die bicyclischen valenztautomeren Formen grundsätzlich noch weiter zu strukturisomeren Photoprodukten umgelagert werden können (vgl. *113, 114*). So liefert z. B. die Bestrahlung des Methyläthers von γ-Thuja-plicin (LXXI), einem Monoterpen-Vertreter dieser Stoffklasse, in Methanol die bicyclische Verbindung (LXXV) (*113, 114*). Für diese komplexe Umwandlung kann als erster Schritt die Cyclisation zu dem Valenztautomeren (LXXII) vorausgesetzt werden, da bei exakten Unter-suchungen der stufenweisen Photoisomerisierung anderer α-Tropolon-methyläther Zwischenprodukte dieses Strukturtypus mehrfach isoliert worden sind. Die anschließende Umwandlung zum Endprodukt (LXXV) erfordert formell noch zwei 1,2-Bindungswanderungen. Einer solchen Umlagerung, deren Merkmale im allgemeinen für polare Prozesse charakteristisch sind, wird die Schrittfolge (LXXI → LXXII → → LXXIII → LXXIV → LXXV) gerecht, in welcher die elektronisch

angeregten Zwischenstufen als Zwitterionen formuliert werden (vgl.
S. 30). Die π-Orbitale der Doppelbindungen von (LXXII) können auf
der konkaven Seite des bicyclischen Systems leicht miteinander in
Wechselwirkung treten, wie dies auch aus der auffallend langwelligen
Absorption solcher Verbindungen hervorgeht. Für den ersten Schritt
der Umlagerung sind daher die Stellungen 4 und 6 zu einer Brücken-
bildung prädestiniert ($\rightarrow$ LXXIII). Nach einer anschließenden Acylwanderung ($\rightarrow$ LXXIV) kann der Grundzustand des Endproduktes

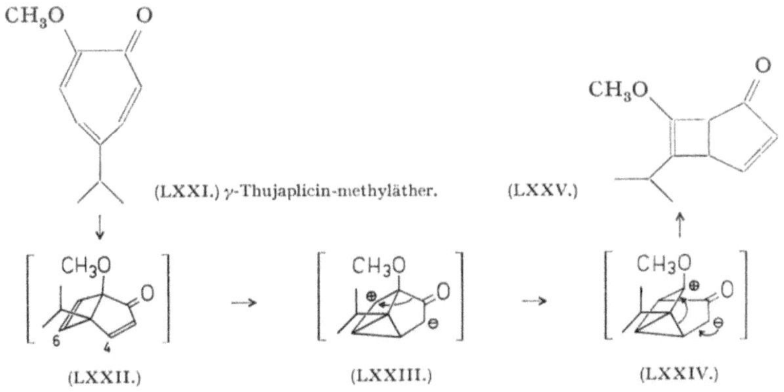

(LXXV) durch Öffnung des intermediär gebildeten Dreirings erreicht
werden (*113, 114*). Die hier skizzierte Isomerisierung eines α-Tropolon-
methyläthers ist bezüglich ihrer komplexen Umlagerungsfolge ähnlichen
Reaktionsabläufen vergleichbar, die bei den photochemischen Umsetzungen von gekreuzt konjugierten Cyclohexadienonen anzutreffen
sind (S. 26 ff.).

6. Gerüstumlagerung der $\Delta^{5;7;9;11}$-Steroide.

Das photochemische Verhalten von O-Acetyl-9,11-dehydroergosterin
(LXXVI) wurde erstmals von WINDAUS (*348, 347*) untersucht, der bei
der UV.-Bestrahlung in Äthanol in bis zu 40%iger Ausbeute ein isomeres
Photoprodukt erhielt. BARTON nahm später diese Arbeiten wieder auf
und konnte zeigen, daß aus (LXXVI) die Verbindung (LXXVII) (*30*)
und aus dem an $C_{(10)}$ epimeren Lumisterin$_2$-Abkömmling (LXXVIII) (*24*)
das Stereoisomere (LXXIX) (in siedendem Benzol: 50% Ausbeute) (*24*)
entsteht. Der Entstehung der Photoprodukte (LXXVII) und (LXXIX)
liegt ein kreuzweiser Bindungsabtausch zugrunde, welcher sich grund-
legend von den bisher diskutierten Isomerisierungen homoannularer Diene
[vgl. z. B. Ergosterin (XXIII) und Lumisterin$_2$ (XIX), S. 66] unterscheidet. Die Beobachtung, daß die Umlagerung der an $C_{(10)}$ epimeren
Ausgangsstoffe (LXXVI) und (LXXVIII) unter Ausbildung von zwei

stereoisomeren Produkten erfolgt, demonstrierte erstmals die Stereospezifität solcher photochemisch ausgelöster Prozesse, die bei den Umlagerungen von α,β-ungesättigten Ketonen und gekreuzt konjugierten
Cyclohexadienonen inzwischen große Bedeutung erlangt haben.

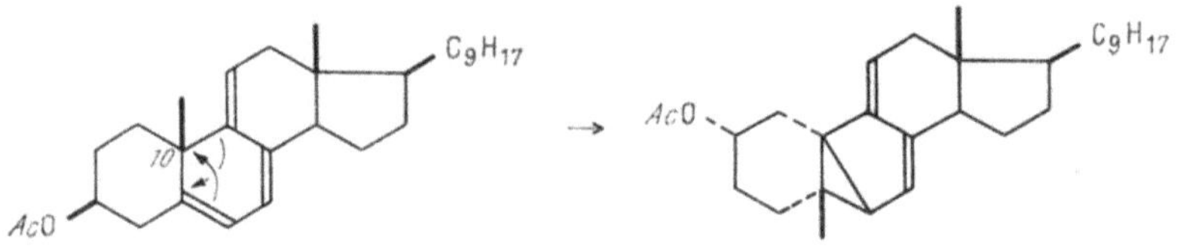

(LXXVI.) O-Acetyl-9,11-dehydro-ergosterin.

(LXXVII.)

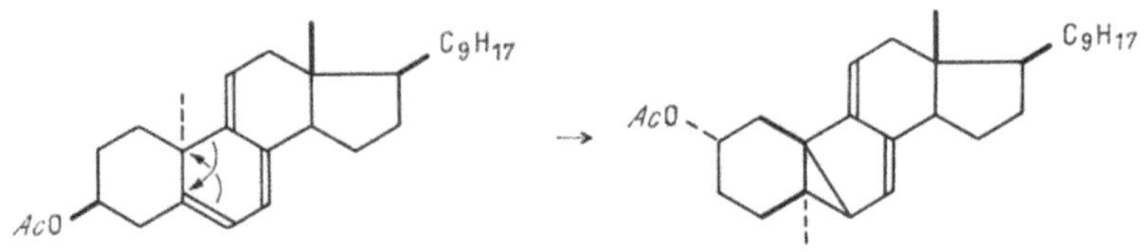

(LXXVIII.) O-Acetyl-9,11-dehydro-lumisterin₂.

(LXXIX.)

7. Doppelbindungswanderungen.

Bei α,β-ungesättigten Carbonylverbindungen (Aldehyden, Ketonen,
Carbonsäuren, Methylester), die ein γ-ständiges Wasserstoffatom aufweisen, kann unter der Einwirkung von UV.-Licht eine Verschiebung
der Doppelbindung in β,γ-Stellung eintreten. Nebst einigen wenigen
aliphatischen und einfachen alicyclischen Verbindungen, die in Lösung (*105*)
und in der Gasphase (*218*) untersucht worden sind, erfährt auch 10α-
Testosteron (LXXX) eine derartige Isomerisierung. Bei der Bestrahlung
in *t*-Butanol wurde dieses α,β-ungesättigte Steroidketon teilweise in das
Δ^5-Isomere (LXXXI) umgewandelt (*338*).

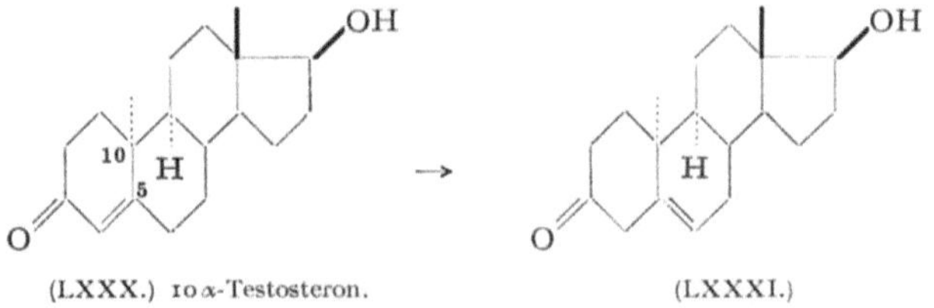

(LXXX.) 10α-Testosteron.

(LXXXI.)

Solche licht-induzierte Doppelbindungsverschiebungen wurden schon
früher auch bei α- und β-Jonon angetroffen. Die UV.-Bestrahlung dieser
Veilchenriechstoffe wurde erstmals von Büchi (*64, 65*) untersucht, dessen
Beobachtungen später von Mousseron (*231, 232*) und von de Mayo (*216*)

(LXXXII.) *trans*-α-Jonon. (LXXXIII.) *cis*-α-Jonon. (LXXXIV.) (CV.) *trans*-β-Jonol.

(LXXXV.) *trans*-β-Jonon. (LXXXVI.) (LXXXVII.) (CVI.)

(XC.) $R = CH_3$.
(XCI.) $R = H$.
(LXXXVIII.) $R = CH_3$.
(LXXXIX.) $R = H$.
(XCII.) (XCIII.)
Dehydro-*trans*-β-cyclocitryliden-essigsäure.

(XCIV.) *trans*-α-
Cyclocitryliden-essigsäure.
(XCV.)
(XCVI.) $R = H$.
(XCVII.) $R = C_2H_5$.
(XCVIII.)

(XCIX.) (CII.) (C.) $R = H$. *trans*-β-Cyclocitryliden-essigsäure. (CIII.) $R = H$.
(CI.) $R = CH_3$. (CIV.) $R = CH_3$.

Formelübersicht 21. Umwandlungen in der Jonon-Reihe.

ergänzt wurden *(Formelübersicht 21)*. *Trans*-α-Jonon (LXXXII) wird erwartungsgemäß (S. 61) primär in das *cis*-Isomere (LXXXIII) *(64)* und dieses in einem zweiten Schritt unter Verschiebung der mit dem Carbonyl konjugierten Doppelbindung in die Verbindung (LXXXIV) umgelagert *(231)*. *Trans*-β-Jonon (LXXXV) verhält sich analog. Es wird zum Dienon (LXXXVII) *(65;* vgl. *216, 232)* mit abgewanderten Doppelbindungen sowie reversibel zum bicyclischen Pyran (LXXXVI), einem Abkömmling der unstabilen *cis*-β-Form *(65)*, isomerisiert. Die

Umkehrreaktion (LXXXVI → LXXXV) entspricht formell der photolytischen Spaltung eines konjugierten homoannularen Diens (vgl. 21a → b, S. 65)*.

Ein ähnliches Verhalten zeigten auch die *trans*-α- (XCIV), *trans*-β- (C) und Dehydro-*trans*-β-cyclocitryliden-essigsäuren (LXXXIX) sowie bemerkenswerterweise auch *trans*-β-Jonol (CV). Je nach Art des verwendeten Lösungsmittels ließen sich in der *trans*-α-Cyclocitryliden-essigsäure-Reihe die Photoisomeren (XCV) und (XCVI) in Form des δ-Lactons (XCIX) [aus (XCV) in Chloroformlösung], der γ- bzw. δ-Lactone (CII) [aus (XCVI) in Chloroform- und Äthanollösung] und (XCVIII) sowie des Äthylesters (XCVII) [beide aus (XCVI) in Äthanollösung] fassen (*231*). Die photochemische Umsetzung der *trans*-β-Cyclocitryliden-essigsäure (C) in Hexan lieferte die Diensäure (CIII), welche wiederum teilweise zum δ-Lacton (XCVIII) cyclisierte. Bei der Verwendung von Chloroform oder Äthanol als Lösungsmittel fiel zusätzlich auch das spirocyclische γ-Lacton (CII) an. Bestrahlung des Methylesters (CI) führte ferner zum Diensäure-methylester (CIV) (*232*). Der Dehydro-*trans*-β-methylester (LXXXVIII) isomerisierte zu (XC), während die freie Säure (LXXXIX) nebst (XCI) ein Gemisch des β,γ-ungesättigten δ-Lactons (XCII) und des α,β-ungesättigten spirocyclischen γ-Lactons (XCIII) lieferte. Interessanterweise erfuhr auch *trans*-β-Jonol (CV) eine analoge Verschiebung der Doppelbindungen zu (CVI), während das isolierte Diensystem des *trans*-α-Jonols gegenüber UV.-Licht stabil ist (*204*).

Die photochemisch induzierte Verschiebung der mit einer Carbonylgruppe konjugierten Doppelbindung(en) ist verschiedentlich auf einen Enolisierungsmechanismus zurückgeführt worden. Dieser gestattet, einige der beobachteten Isomerisierungen durch eine intramolekulare Wasserstoffverschiebung über einen cyclischen Übergangszustand (23 : Y = C) zu formulieren (*216, 231, 218, 232*). Eine reversible Enolisierung unter Lichteinfluß wurde denn auch am Beispiel von *o*-alkylierten Benzophenonen nachgewiesen (*355, 364*) und im Zusammenhang mit weiteren photochemischen Isomerisierungen als Reaktionsschritt diskutiert (23 : Y = C oder Heteroatom) (*215, 105*). Eine solche Deutung ist formell auf die vinylog erweiterten Fälle der Umwandlungen in der *trans*-β-Jonon-

$$\text{(23)}$$

$$\text{(24)}$$

* Für die Diskussion des Mechanismus der licht-katalysierten Bildung und Spaltung solcher Pyrane vgl. (*164*).

Literaturverzeichnis: SS. 95—114.

Reihe (*232*) sowie sinngemäß auch auf die Isomerisierung des β-Jonols (CV) übertragbar. Die Anwendung dieses cyclischen Enolisierungsschemas ist aber bei verschiedenen Umwandlungen (vgl. LXXX → LXXXI; C → CII) nicht möglich. Es erhebt sich daher die Frage, ob mindestens in diesen Fällen direkte intramolekulare 1,3-Wasserstoffverschiebungen (vgl. dazu Schema 24) (*218, 338*) oder intermolekulare Austauschvorgänge auftreten (*338*).

Nachtrag: (*374, 407*).

8. Cycloadditionen.

Eine weitere, häufig anzutreffende Photoreaktion ungesättigter Verbindungen ist durch die Cycloaddition von zwei Doppelbindungen zu einem Cyclobutanderivat gekennzeichnet. Mindestens einer der Reaktionspartner, die an einer solchen Ringbildung beteiligt sind, wird im allgemeinen von einem konjugierten System, z. B. einer α,β-ungesättigten Carbonylgruppierung, gestellt, deren Doppelbindung leicht photolytisch angeregt werden kann. Das auch vom synthetischen Standpunkt aus sehr interessante Reaktionsprinzip ist sowohl bei intramolekularen Umwandlungen als auch bei intermolekularen Zusammenschlüssen anzutreffen und führt in den meisten Fällen zu Cyclobutanderivaten.

Das Pilzstoffwechselprodukt Byssochlamsäure (CVII) ist einer der Naturstoffe, bei welchen bisher ein interner Ringschluß von diesem Typus beobachtet worden ist. Die UV.-Bestrahlung dieser Verbindung

(CVII.) Byssochlamsäure.   (CIX.) Carvon.   (XLI.) Myrcen.

(CVIII.)   (CX.) Carvoncampher.   (CXI.) *rac.* β-Pinen.

(CXII.) Citral.   (CXIII.)

in Tetrahydrofuranlösung führte zum Ringschluß zwischen den Doppelbindungen der beiden Maleinsäureanhydrid-Teilstrukturen. Das resultierende Photoisomere (CVIII) zeigte eine bemerkenswerte Stabilität bis zu hohen Temperaturen (*21*). Daß als zweite ungesättigte Komponente für den Cyclobutan-Ringschluß auch isolierte Doppelbindungen dienen können, die durch das eingestrahlte Licht nicht direkt aktivierbar sind, zeigen die Umwandlungen der Monoterpene Carvon (CIX) in Carvoncampher (CX) und Myrcen (XLI) in das racemische β-Pinen (CXI). Die Umsetzung von Carvon (CIX) wurde erstmals von Ciamician und Silber (*92*) bei der Sonnenbestrahlung in wäßrig-alkoholischer Lösung beobachtet. Die Autoren hatten für Carvoncampher auf Grund spärlicher Daten bereits die Struktur (CX) abgeleitet. Die Richtigkeit dieser Formulierung wurde erst angezweifelt (*282, 283*), aber schließlich von Büchi (*63*) bewiesen. Die von Crowley (*103*) beschriebene β-Pinensynthese wurde durch Bestrahlung einer Ätherlösung von Myrcen (XLI) mit UV.-Licht (Wellenlänge > 2200 Å) erzielt, wobei großteils Cyclobutenbildung eintrat (vgl. S. 69). Der Nachweis von β-Pinen (CXI) stützt sich lediglich auf die gaschromatographische und IR.-spektroskopische Analyse einer Mischfraktion, die sich aus 14% Myrcen und 61% des Photoproduktes zusammensetzte.

Aus einem *cis-trans*-Gemisch von Citral (CXII) konnte schließlich nebst einem noch unbekannten Isomeren das Photoprodukt (CXIII) gewonnen werden (*99*). Der dieser Umwandlung zugrunde liegende Reaktionsmodus unterscheidet sich wesentlich von der Addition zweier Doppelbindungen zu Cyclobutanderivaten, da hier der Ringschluß zwischen $C_{(2)}$ und $C_{(6)}$ mit einer — möglicherweise intramolekularen — Wasserstoffverschiebung von $C_{(8)}$ nach $C_{(3)}$ gekoppelt ist. Die licht-induzierte Cyclisation des aliphatischen Monoterpens (CXII) verdient auch deshalb Interesse, weil das dabei entstehende Photoprodukt (CXIII) sowohl Kohlenstoffgerüst als auch Haftstellen für funktionelle Gruppen mit zahlreichen Terpenabkömmlingen aus pflanzlichen und tierischen Quellen (z. B. Nepetalacton, Iridolacton, Iridodial und Aktinidin) gemeinsam hat.

Unter den intermolekularen Kombinationen von Doppelbindungen zu Vierringen nehmen die Dimerisierungen einen breiten Platz ein. Sie erstrecken sich innerhalb des Naturstoffgebietes auf die UV.-Bestrahlungen von Colchicin (S. 72), Pyrimidinen (S. 88), Fumarsäure, Zimtsäuren, Thymochinon, Cumarinen, α-Phellandren und α,β- sowie $\alpha,\beta,\gamma,\delta$-ungesättigten alicyclischen Ketonen. Die Resultate sind zum großen Teil schon von Mustafa (*235*) und Schönberg (*278*) besprochen worden. Sie werden hier nur summarisch und unter spezieller Berücksichtigung neuerer Arbeiten wiedergegeben *(Formelübersichten 22 und 23, SS. 83, 86)*.

Während Fumarsäure und Zimtsäure bei der UV.-Bestrahlung in Lösung praktisch ausschließlich der Doppelbindungsisomerie unterworfen sind (S. 61), dimerisieren sie in festem Zustand zu Vierringprodukten. Verschiedene Kristallmodifikationen desselben geometrischen Ausgangsisomeren führen dabei spezifisch zu einer bestimmten Anordnung der Substituenten am Cyclobutanring. Dies stellt eine direkte Folge der gegenseitigen räumlichen Anordnung der Reaktionspartner im Monomeren-Kristallgitter dar, wobei zudem ein Abstand von höchstens 4,0 Å für die Reaktion notwendig ist (vgl. *277, 97*).

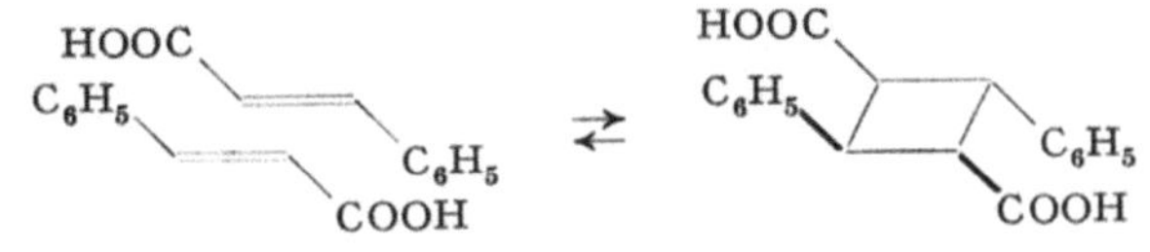

(CXIV.) *trans*-Zimtsäure (α-Form).   (CXV.) α-Truxillsäure.

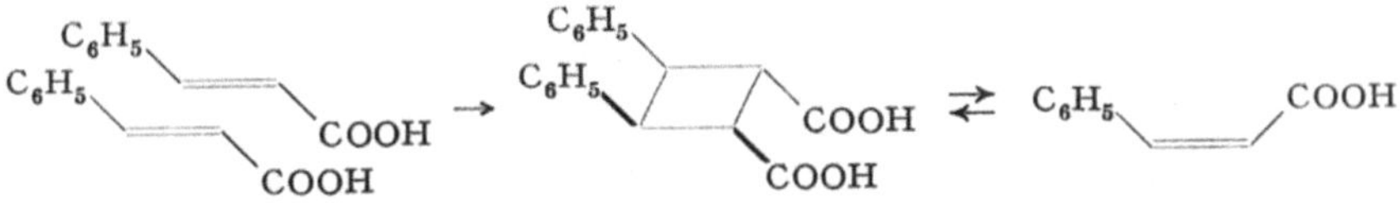

(CXVI.) *trans*-Zimtsäure (β-Form).   (CXVII.) β-Truxinsäure.   (CXVIII.) *cis*-Zimtsäure.

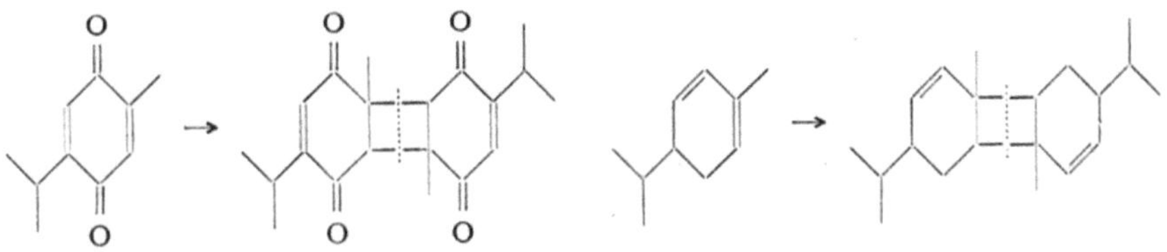

(CXIX.) Thymochinon.   (CXX.)   (XXXI.) α-Phellandren.   (CXXI.)

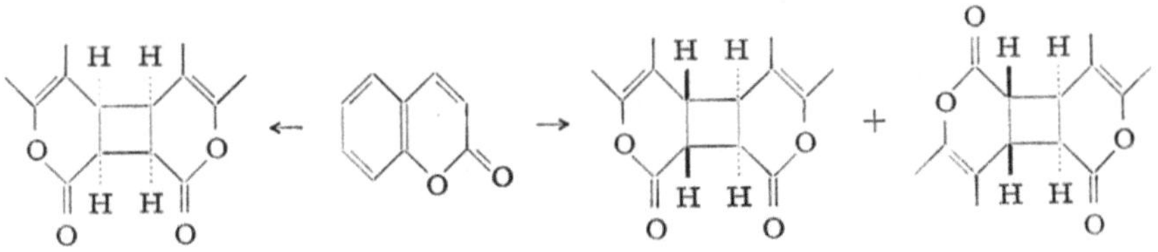

(CXXIII.)   (CXXII.) Cumarin.   (CXXIV.)   (CXXV.)

Formelübersicht 22. Dimerisierungen I.

So liefert die stabile α-Modifikation der *trans*-Zimtsäure (CXIV) 90—95% α-Truxillsäure (CXV). Die metastabile β-Form (CXVI) wird erst zu β-Truxinsäure (CXVII) dimerisiert. Nach einem etwa 40%igen Umsatz wird die β-Form aber parallel auch zur α-Form isomerisiert, so daß schließlich ein Dimeren-Gemisch entsteht. *cis*-Zimtsäure (CXVIII) liefert spezifisch β-Truxinsäure (CXVII). Die optimale Wellenlänge zur Dimerisierung liegt bei 3000—3300 Å. Die beiden Photodimeren können interessanterweise mit Licht von kürzerer Wellenlänge (2000—2500 Å) auch wieder zu den Monomeren gespalten werden. Aus der festen α-Truxillsäure (CXV) entstand dabei *trans*-Zimtsäure und aus der

β-Truxinsäure (CXVII) das *cis*-Monomere (CXVIII). Kristalliner *(trans)*-Fumarsäure-dimethylester führte zu *cis,trans,cis*-1,2,3,4-Tetracarbomethoxy-cyclobutan (*156, 157*).

Die Photodimeren der nächsthöheren Homologen, die *trans,trans*-Muconsäure- und all-*trans*-Hexatriendicarbonsäure-dimethylester, scheinen dagegen einem anderen Strukturtypus anzugehören (*263*). Thymochinon (CXIX), ein Oxydationsprodukt des Monoterpens α-Phellandren, lieferte ein Produkt, dessen chemische und spektroskopische Eigenschaften noch die aus der Formel (CXX) ersichtlichen Konstitutionsvarianten offenlassen (*359*).

Auch von Cumarin (CXXII) und einer Anzahl seiner teilweise aus natürlichen Quellen stammenden Abkömmlinge sind Photodimerisierungen bekannt. Die Bestrahlung von (CXXII) mit Sonne in alkoholischer oder benzolischer Lösung bzw. wäßriger Suspension sowie mit einem Quecksilber-Hochdruckbrenner in Äthanol (nicht aber in Benzol) (*274*) führte ausschließlich zum Dicumarin (CXXIII) (*8, 9, 155*). Eine interessante Ergänzung der Kenntnis des photochemischen Verhaltens von Cumarin (CXXII) ergibt sich aus Bestrahlungsversuchen von SCHENCK (*274*), die in ätherischer oder benzolischer Lösung in Gegenwart von Sensibilisatoren ausgeführt wurden. An Stelle des *syn-cis*-Adduktes (CXXIII) entstanden ausschließlich das *syn-trans*-Isomere (CXXIV) als Hauptprodukt und in kleinerer Menge das *anti-trans*-Isomere (CXXV) (*8, 9*). Die spezifische Ausbildung von verschiedenen Isomeren in An- und in Abwesenheit von Sensibilisatoren schließt gemeinsame Zwischenstufen bei diesen Dimerisierungen aus. Zu ihrer Erklärung formulierte SCHENCK die Energieübertragung vom Sensibilisator auf das Substrat als Zwischenreaktionskatalyse, die über definierte Photo-Adduktbiradikale als Zwischenprodukte abläuft (*25*) (*274*), doch mag die Spezifität wohl eher in unterschiedlichen elektronischen Zuständen der angeregten Reaktionspartner begründet sein.

$$\text{Sens} \xrightarrow{h\nu} \cdot \text{Sens}^{\text{rad}} \cdot \underset{-X}{\overset{+X}{\rightleftarrows}} \cdot \text{Sens}^{\text{rad}} X \cdot \xrightarrow{+Y} \text{Sens} + X\,Y. \qquad (25)$$

Dieselben Verhältnisse dürften u. a. auch für α-Phellandren (XXXI) gelten das in Gegenwart von Durochinon ein Dimeres vom Typus (CXXI) bildete (*275*) (zur unsensibilisierten Photolyse s. S. 68).

Weitere unsensibilisierte Cumarin-Dimerisierungen wurden auch mit Herniarin (Umbelliferon-methyläther) und den Furocumarinen Psoralen (CXXVII, $R_1 = R_2 = H$), Bergapten (CXXVII, $R_1 = OCH_3$, $R_2 = H$) (*261*), Angelicin (CXXVI, $R_1 = R_2 = H$), Isobergapten (CXXVI, $R_1 = H$, $R_2 = OCH_3$) und Pimpinellin (CXXVI, $R_1 = R_2 = OCH_3$) durch Bestrahlung in fester Phase erzielt. Pimpinellin wurde zusätzlich auch in Essigesterlösung umgesetzt und dabei ein isomeres Dimerisationsprodukt erhalten. Xanthotoxin (CXXVII, $R_1 = H$, $R_2 = OCH_3$) und

Isopimpinellin (CXXVII, $R_1 = R_2 = OCH_3$), die beiden einzigen der bisher photochemisch untersuchten Furocumarine mit einer Methoxygruppe in Stellung 8, zeigten keine wahrnehmbare Tendenz zur lichtinduzierten Dimerisierung. Nach RODIGHIERO (*261*) nimmt die Reaktionsgeschwindigkeit im kristallinen Zustand in der Reihenfolge Psoralen > > Angelicin > Bergapten ab. In Lösung scheint die Addition der Furocumarine erwartungsgemäß allgemein viel langsamer vonstatten zu gehen.

Eine Anzahl der Furocumarine werden in Kombination mit Sonnenbestrahlung bzw. UV.-Licht erfolgreich zur Therapie der Vitiligo, einer durch pigmentlose Flecken charakterisierten Hautkrankheit, verwendet. Ihre Wirkung beruht offensichtlich auf einem Photosensibilisierungseffekt, der in den betreffenden leukodermischen Hautstellen Erytheme mit nachfolgender Repigmentation zur Folge hat. Eine Übersicht über den gegenwärtigen Stand der Kenntnisse bezüglich der Ursachen der photodynamischen Wirkung dieser Furocumarine wurde kürzlich von MUSAJO (*234*) gegeben. Die Absättigung der Doppelbindung des α-Pyron- oder des Furanringes unterbindet die Aktivität der Substrate. In-vitro-Versuche, die möglicherweise auch die biologischen Vorgänge angenähert widerspiegeln, zeigten, daß sowohl Psoralen (CXXVII, $R_1 = R_2 = H$) wie auch Bergapten (CXXVII, $R_1 = OCH_3$, $R_2 = H$) bei der Einstrahlung von Licht der Wellenlänge 3655 Å in wässerig-methanolischer Lösung und in Gegenwart von Flavinmononucleotid gelbgefärbte Verbindungen bilden. Die Struktur dieser sehr unstabilen „Flavin-Photoprodukte" ist noch unbekannt, doch dürften sie aus Flavin- und Furocumarinmolekülen zusammengesetzt sein. Es sind möglicherweise die Vorläufer der Abbauprodukte (CXVIII) und (CXXIX) ($R_1 = OCH_3$, $R_2 = H$, CH_3) (aus Bergapten) bzw. (CXXIX) ($R_1 = H$, $R_2 = H$, CH_3) und (CXXX) (aus Psoralen), die als weitere Komponenten der Reaktionsgemische aus diesen Versuchen identifiziert werden konnten.

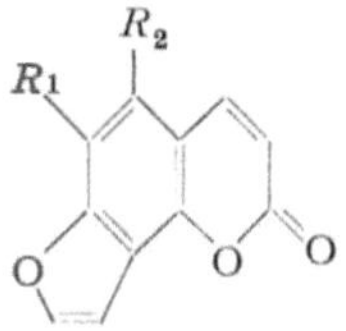

(CXXVI.)
$R_1 = R_2 =$ H. Angelicin.
$R_1 =$ H, $R_2 =$ OCH$_3$. Isobergapten.
$R_1 = R_2 =$ OCH$_3$. Pimpinellin.

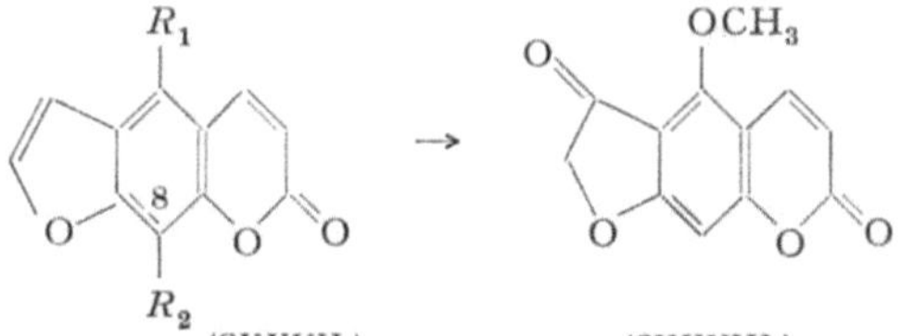

(CXXVII.)
$R_1 = R_2 =$ H. Psoralen.
$R_1 =$ OCH$_3$, $R_2 =$ H. Bergapten.

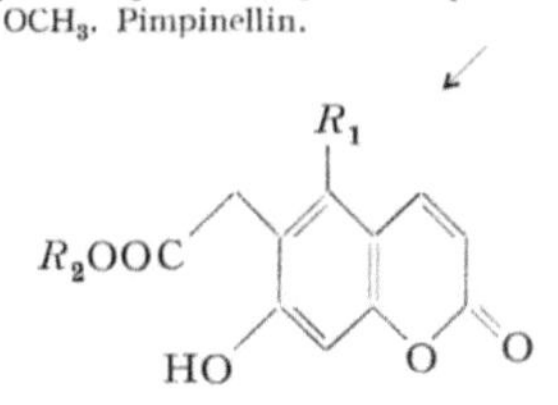

(CXXVIII.)

(CXXIX.)

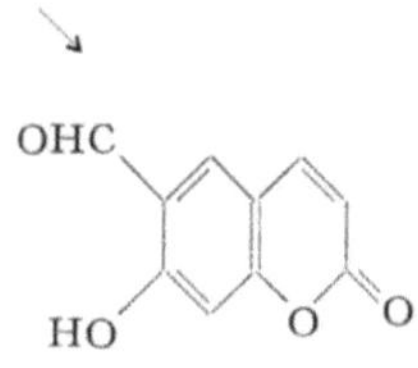

(CXXX.)

Die Δ^4-3-Ketongruppierung im Ring A der Steroide (vgl. CXXXI) gibt bei der Bestrahlung unter Ausschluß von Sauerstoff Anlaß zur

Ausbildung von bimolekularen Photoprodukten vom Typus des Pinakons (CXXXII)* und des dimeren Cyclobutanderivates (CXXXIII). Die licht-induzierte Pinakonbildung aus α,β-ungesättigten Ketonen, wie sie von BUTENANDT (*70*) mit Cholestenon und Testosteron erzielt worden ist, wurde ursprünglich von CIAMICIAN und SILBER (*89*) sowie PATERNO (*247*) an Benzophenon in Äthanol bzw. Buttersäure gefunden. BERGMANN und HIRSHBERG (*46*) stießen auf ein Photoprodukt des Cholestenons, dessen dimere Natur (vgl. CXXXIII) von INHOFFEN (*179*) und BUTENANDT (*73*) erkannt wurde. Weitere Dimere wurden aus Progesteron, Testosteron (*73*) und 3-Oxo-Δ^4-androsten (*69*) gewonnen. Mit großer Wahrscheinlichkeit dürften alle diese Produkte Derivate des Cyclobutan-

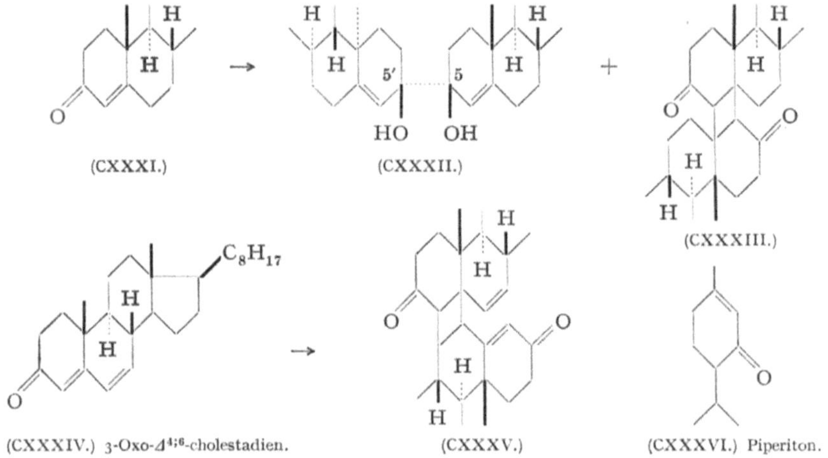

(CXXXI.) (CXXXII.) (CXXXIII.)

(CXXXIV.) 3-Oxo-$\Delta^{4,6}$-cholestadien. (CXXXV.) (CXXXVI.) Piperiton.

Formelübersicht 23. Dimerisierungen II.

systems (CXXXIII) darstellen (*69, 236*). Erwartungsgemäß wurde eine starke Abhängigkeit dieser bimolekularen Reaktionen von der Konzentration der bestrahlten Lösung und der Art des Lösungsmittels (Hexan, Benzol, *t*-Butanol, Äther) festgestellt. Zudem treten in gewissen Fällen intermolekulare Additionen von Lösungsmittelmolekülen (z. B. Äther) in Konkurrenz (*236*). Analoge Pinakon- und Dimerenbildungen dürften bereits von TREIBS beobachtet worden sein. So lieferte die Bestrahlung des Monoterpenketons Piperiton (CXXXVI) (*309*) in wäßriger Essigsäure oder Äthanol drei bimolekulare Produkte, von denen das eine ein Bissemicarbazon bildete. Ähnliche Resultate wurden mit 3-Methyl- und 3,5-Dimethyl-cyclohexenon erzielt (*310*). Die letztere Verbindung z. B. ergab zwei gesättigte dimere Diketone (Cyclobutanderivate) sowie ein anscheinend ebenfalls bimolekulares, ungesättigtes Produkt.

---

* Zur Konfiguration der Kohlenstoffatome 5 und 5′ von (CXXXII) vgl. (*53*).
Literaturverzeichnis: SS. 95—114.

An der Cycloaddition von 3-Oxo-$\Delta^{4;6}$-cholestadien (CXXXIV) nehmen die α,β-Doppelbindung des einen und die γ,δ-Doppelbindung des anderen Reaktionspartners teil. Das resultierende Dimere (CXXXV) kann aus (CXXXIV) in hoher Ausbeute (bis 75%) durch Bestrahlung in Äthanol durch Pyrexfilter erhalten werden (*307*, vgl. *311*).

Hinsichtlich ihrer synthetischen Bedeutung innerhalb der Naturstoffchemie sind auch diverse Cycloadditionen beachtenswert, die speziell zum Aufbau von Terpenverbindungen verwendbar sind. Dazu zählt z. B. die sensibilisierte Dimerisierung von Isopren (CXXXVII) zu Cyclobutan-, Cyclooctadien- und Cyclohexenverbindungen (*158*, *308*) (zur unsensibilisierten Photoreaktion des Isoprens s. S. 71), die zudem einen interessanten Beitrag zur Kenntnis der Stereoisomerie der Triplettzustände von konjugierten Dienen darstellt. In Gegenwart von Sensibilisatoren mit hoher Triplett-Anregungsenergie ($>$ 62 Kcal.) wird nach HAMMOND (*158*) nämlich die Ausbildung von *trans*-Triplettzuständen des Isoprens begünstigt, die mit einem zweiten Molekül zu einem Gemisch der ersten beiden Produktengruppen dimerisieren. Sensibilisatoren mit kleinerer Triplettenergie (53—62 Kcal.) hingegen erzeugen vorwiegend *cis*-Triplette, die Cyclohexenderivate, z. B. ($\pm$)-Limonen (CXXXVIII), bilden. Die licht-induzierte Anlagerung von Isobutylen an Δ^2-Cyclohexenon lieferte ein 1 : 4-Gemisch von *cis*- und *trans*-Bicyclo[4,2,0]octanon-2 (CXXXIX), das COREY (*102*) als Ausgangsbasis zu einer eleganten Totalsynthese der racemischen Form des Sesquiterpens Caryophyllen (CXL) diente. Ferner ist eine von DE MAYO (*217*) ausgearbeitete Methode zu erwähnen, welche, ausgehend von Acetylaceton und Alkenen, den Aufbau von substituierten Heptandionen (CXLI → CXLII) gestattet.

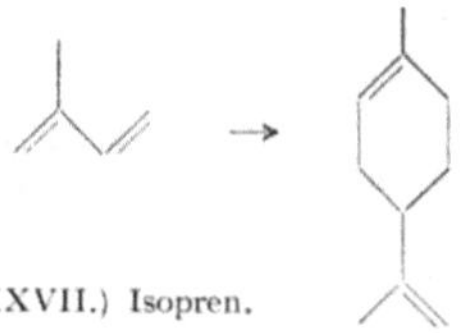

(CXXXVII.) Isopren.   (CXXXVIII.) ($\pm$)-Limonen.

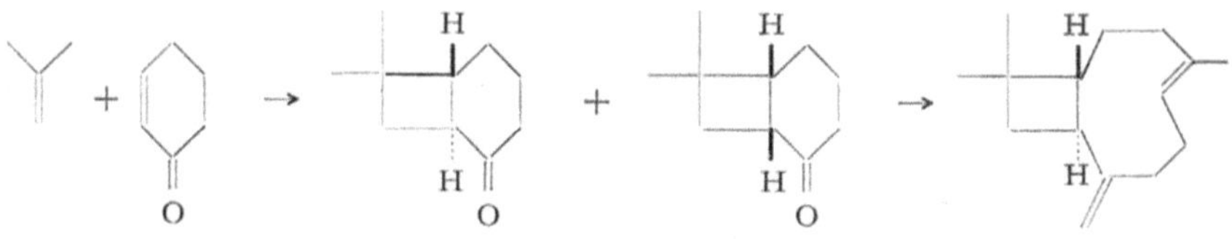

(CXXXIX.)   (CXL.) Caryophyllen.

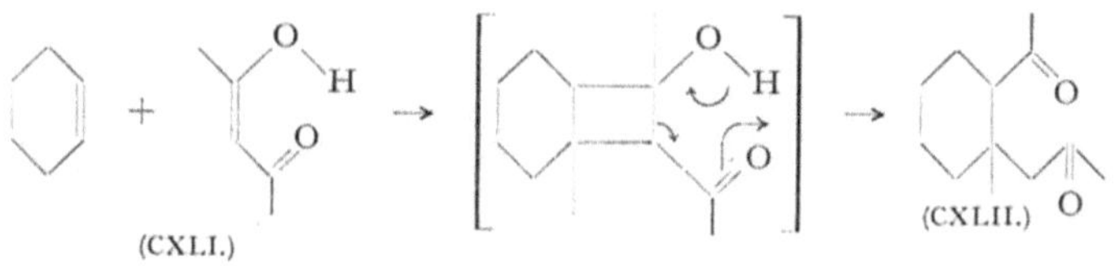

(CXLI.)   (CXLII.)

Die Liste der licht-induzierten Cycloadditionen von ungesättigten Verbindungen zu Cyclobutanderivaten ließe sich noch durch eine große Zahl weiterer sensibilisierter und unsensibilisierter Dimerisierungen und gemischten bimolekularen Kombinationen erweitern. Die hier aufgeführten Beispiele von Naturstoffen und verwandten Körpern vermitteln jedoch bereits einen Überblick über die meistvertretenen Reaktionstypen. Hinsichtlich der elektronischen Anregungszustände und der Mechanismen dieser photolytischen Vierringbildungen herrschen, vornehmlich in den Umsetzungen ohne zusätzliche Sensibilisatoren, teilweise noch beträchtliche Unklarheiten, die an dieser Stelle nicht besprochen werden. Es sei hier nur nochmals auf die mannigfaltigen Varianten hingewiesen, die sich einerseits in intra- und intermolekulare Additionen, anderseits in Kombinationen zwischen gleich- und verschiedenartigen Komponenten gliedern, und die schließlich von zahlreichen Faktoren, wie Wellenlänge, Strukturen von Edukt, Produkt und eventuellen Übergangszuständen, physikalischer Zustand des Ausgangsmaterials u. a. m., beeinflußt werden können (vgl. z. B. *159, 127, 217*).

Nachtrag: (*366, 370—373, 386, 395, 396, 399*).

VIII. Pyrimidine, Riboflavin und Aminosäuren.

Das Studium des photochemischen Verhaltens der Pyrimidine ist in den letzten Jahren von zahlreichen Arbeitsgruppen aufgegriffen worden. Die hauptsächlich von Beukers und Berends (*48*), Moore (*226*), Setlow (*284*), Wacker (*317*), Wang (*326*) und Wierzchowski und Shugar (*344*) intensiv geführten Arbeiten wurden vor allem durch die Erkenntnis stimuliert, daß ein großer Teil der biologischen Zellschädigungen durch UV.-Licht auf reversible und irreversible Reaktionen der Pyrimidin-Komponenten der Nukleinsäuren zurückzuführen ist. Naturgemäß basieren daher viele der experimentellen Unterlagen, die zu der sich rasch entwickelnden Kenntnis der Photochemie der Nukleinsäuren beitragen, auf Arbeiten mit hochmolekularen Substraten (in vivo- und in vitro-Versuche), Nukleosiden und Nukleotiden, deren Besprechung den hier gegebenen Rahmen sprengen würde, so daß eine Beschränkung auf einfache Pyrimidine angezeigt ist [Übersichtsreferate: Shugar (*285*) und Wacker (*315*)]. Die mit UV.-Licht induzierten Vorgänge, welche an auch in Nukleinsäuren enthaltenen Pyrimidinverbindungen und analogen Modellsubstanzen (Uracil, 1,3-Dimethyluracil, Cytosin, O-Methylcytosin, Thymin, 1,3-Dimethyl-thymin, 2,6-Dimethyl-4-amino-pyrimidin) detailliert untersucht worden sind, lassen sich in drei Kategorien einteilen:

1. Dimerisierungen, 2. Addition von nukleophilen Lösungsmittel-Molekülen an die 5,6-Doppelbindung, 3. Ringspaltungen.

Reaktionsgeschwindigkeiten und teilweise auch Auswahl der Reaktionsvarianten werden maßgeblich sowohl von der Struktur der betreffenden Pyrimidine als auch den Reaktionsbedingungen (z. B. Wellenlänge, Einflüsse von Anionen, Sauerstoff und paramagnetischen Kationen, physikalischer Zustand der Lösung usw.) mitbestimmt.

Literaturverzeichnis: SS. 95—114.

Wäßrige Lösungen von Thymin (I), die in der flüssigen Phase weitgehend lichtunempfindlich sind, liefern in gefrorenem Zustand mit Licht von 2537 Å ein Thymin-Dimeres, dessen Struktur im Sinne eines Cyclobutanderivates (II) feststeht (*47*, *48*, vgl. *324*, *318*, *352*). Aus 1,3-Dimethyl-thymin lassen sich unter den gleichen Reaktionsbedingungen zwei der insgesamt vier möglichen Isomeren dieses Verbindungstypus isolieren, wobei das eine Isomere mit dem Produkt der erschöpfenden N-Methylierung des Thymin-Dimeren (II) identisch ist (*352*, vgl. *324*).

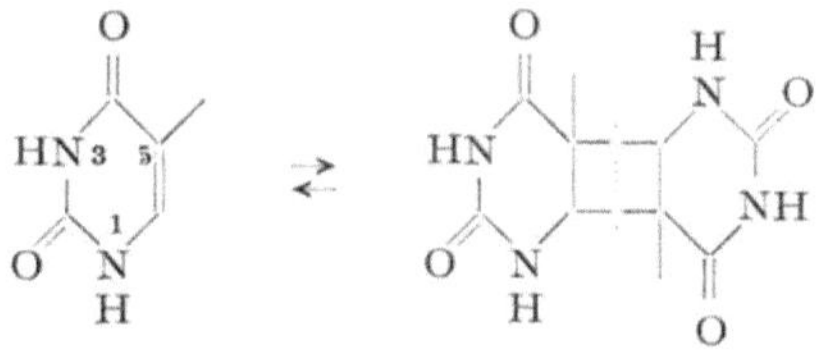

(I.) Thymin.　　　(II.) Thymin-Dimeres.

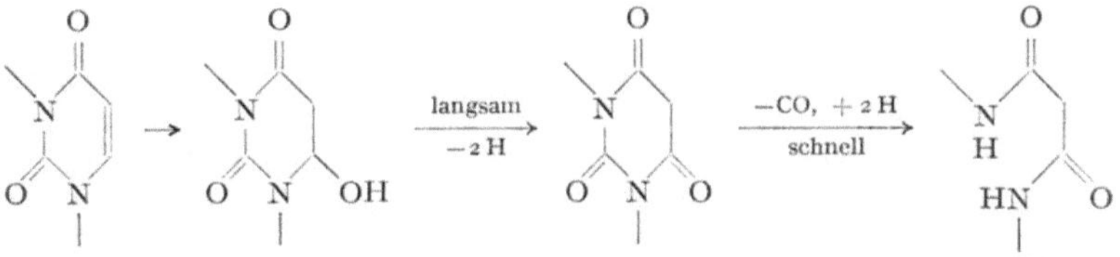

(III.) 1,3-Dimethyl-uracil.　(IV.)　　　(V.)　　　(VI.)

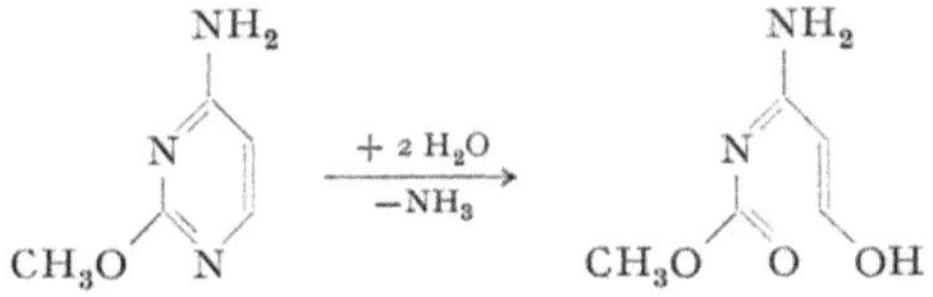

(VII.) O-Methyl-cytosin.　　　(VIII.)

Diese Dimerenbildung des Thymins konnte auch in Desoxyribonukleinsäure nachgewiesen werden nach in vitro-Versuchen (*50*) und nach in vivo-Bestrahlung von Bakterien (*316*, *351*). Die Dimerisierung läßt sich auch an Uracil und verschiedenen weiteren Derivaten dieses Pyrimidintypus sowohl in gefrorener Lösung als auch in kristallinem Zustand beobachten (*324*, *319*, *290*). Die Umsetzung eines Gemisches von Thymin und Uracil lieferte ein Mischaddukt (*47*, *319*). Die Dimerisierung kann durch Wiederbestrahlung der Produkte in flüssiger Lösungsphase rückgängig gemacht werden (*49*, vgl. *352*). Diese Wirkung wird aber nur mit Licht unter 2800 Å erzielt (*284*, vgl. *317*, *323*) (vgl. dazu die reversible Dimerisierung der Zimtsäuren, S. 83).

Pyrimidine, wie Uracil und Cytosin, die in Stellung 5 nicht substituiert sind, tendieren unter UV.-Bestrahlung in flüssiger Lösung vorwiegend zur Wasseranlagerung an die 5,6-Doppelbindung (*227, 224, 343,* vgl. *319*). Am Beispiel des 1,3-Dimethyl-uracils (III) (*327, 320*) konnte gezeigt werden, daß die durch die Hydratation entstandenen 6-Hydroxy-dihydropyrimidine (vgl. IV)* photolytisch weiterreagieren können (vgl. → V →

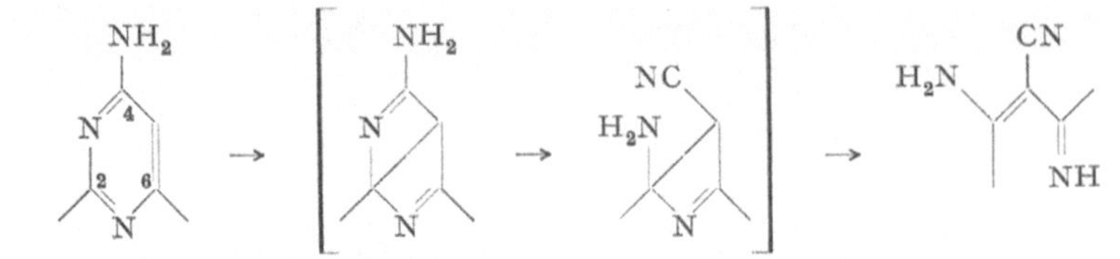

(XV.) 2,6-Dimethyl-4-amino-pyrimidin.   (XVI.)   (XVII.)   (XVIII.)

→ VI) (*321*). Der Reaktionsverlauf ist im allgemeinen stark anionischen Einflüssen unterworfen (vgl. *225*). Bei der Photolyse von O-Methyl-cytosin katalysieren z. B. Phosphatanionen den Verlust von einem Mol Ammoniak und die Addition von zwei Mol Wasser (VII → VIII) (*226*). Im Falle von 5- und 6-substituierten Cytosin-Analoga hingegen dominieren intramolekulare Umlagerungen (vgl. *344*). 2,6-Dimethyl-4-amino-pyrimidin

---

    * Als weiteres Beispiel der licht-induzierten Hydratisierung eines ungesättigten Systems sei hier die Wasseranlagerung an die 9,10-Doppelbindung der Mutterkornalkaloide erwähnt, die von STOLL (*301*) und später von HELLBERG (vgl. *165*) eingehend untersucht wurde. So entstehen z. B. bei der UV.-Bestrahlung von Ergotamin (IX) in wässeriger Säure als Hauptprodukt die Verbindung (X) und in kleinerer Menge das Stereoisomere (XI). Der entsprechende Vertreter der Isolysergsäure-Reihe, Ergotaminin (XII), liefert unter denselben Versuchsbedingungen das Isomerenpaar (XIII) und (XIV) in einem analogen Mengenverhältnis.

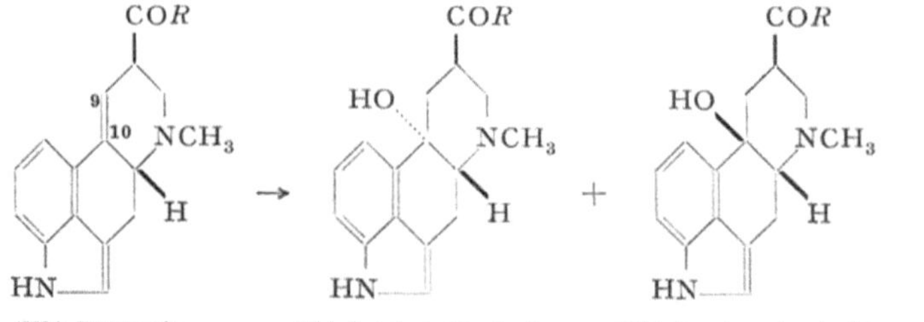

(IX.) Ergotamin.   (X.) Lumi-ergotamin I.   (XI.) Lumi-ergotamin II.

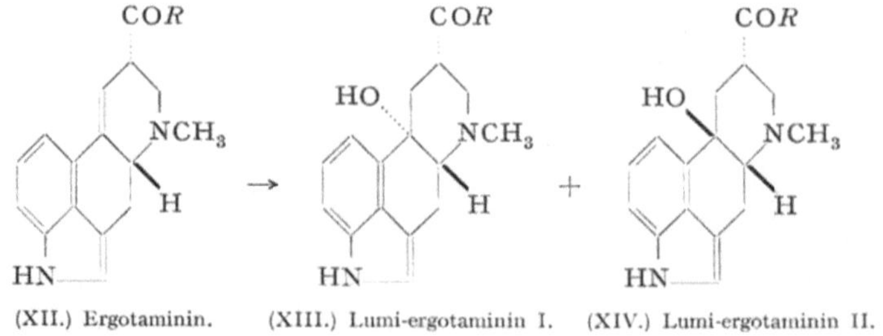

(XII.) Ergotaminin.   (XIII.) Lumi-ergotaminin I.   (XIV.) Lumi-ergotaminin II.

Literaturverzeichnis: SS. 95—114.

(XV) isomerisiert so zum offenkettigen Produkt (XVIII) (*345*). Für den Reaktionsweg dieser bemerkenswerten Umlagerung, die weder durch Sauerstoffeinwirkung noch durch Protonisierung des Ausgangsmaterials

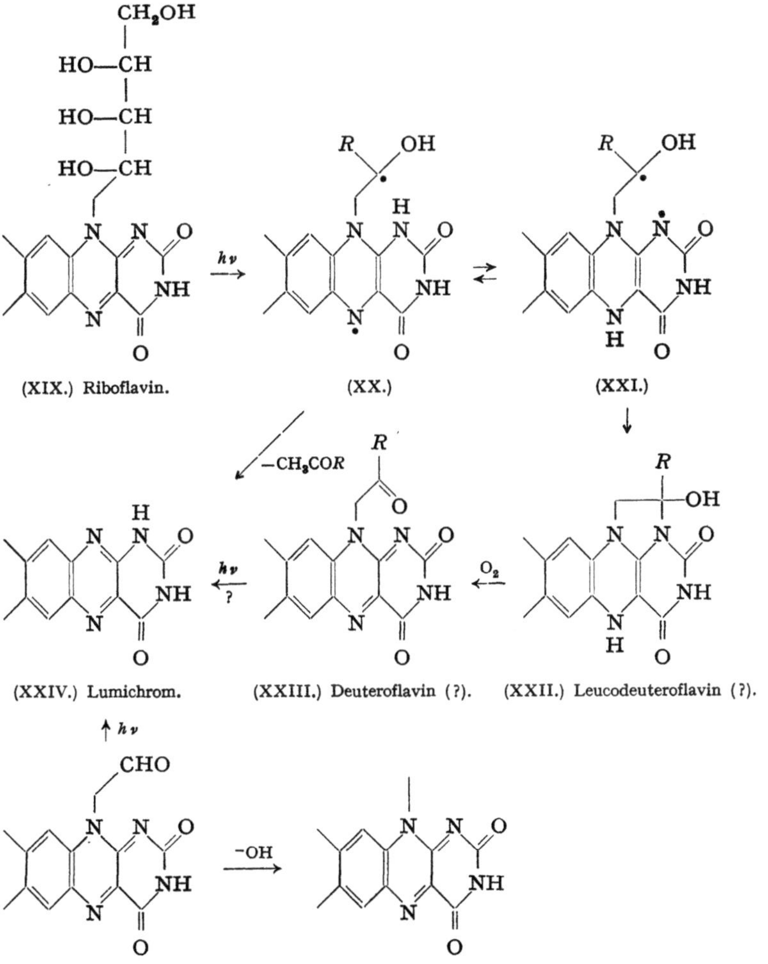

(XIX.) Riboflavin. (XX.) (XXI.)

−CH$_2$COR

(XXIV.) Lumichrom. (XXIII.) Deuteroflavin (?). (XXII.) Leucodeuteroflavin (?).

(XXV.) 6,7-Dimethyl-9-formylmethyl-isoalloxazin. (XXVI.) Lumiflavin.

Formelübersicht 24. Hypothetisches Schema der Riboflavin-Umwandlungen.

beeinträchtigt wird, sind die Zwischenstufen (XVI) und (XVII) diskutiert worden (*344*). Vorderhand fehlen Beweise für das intermediäre Auftreten eines Zwischenproduktes vom Typus (XVI), doch findet der Vorschlag immerhin eine gewisse Analogie in der licht-induzierten Valenztautomerisierung von 1,2,4-Tri-*t*-butylbenzol zu einem entsprechenden, relativ stabilen Dewar-Isomeren (*305*).

Über die Kenntnis des photochemischen Verhaltens des Riboflavins (XIX, S. 91), das als Sensibilisator oder als Elektronendonator an verschiedenen biologischen Photoprozessen teilnimmt, ist erst kürzlich referiert worden (245). Die in den prosthetischen Gruppen zahlreicher Flavoprotein-Enzyme enthaltene Verbindung ist gegenüber sichtbarem Licht äußerst empfindlich. Sie wird photolytisch in Gegenwart von Sauerstoff zu Lumichrom (XXIV) und Lumiflavin (XXVI) abgebaut. In Gegenwart von Wasserstoffdonatoren wird sie zu Dihydroriboflavin reduziert. Riboflavin (XIX) stellt aber, im Vergleich zu vielen anderen, ähnlich reduzierbaren Farbstoffen, insofern einen bemerkenswerten Einzelfall dar, als es unter anaeroben Bestrahlungsbedingungen und Ausschluß anderer Wasserstoffdonatoren ebenfalls einer Photoreduktion unterworfen wird, deren komplizierter Verlauf durch eine Wasserstoffübertragung von der Ribytylseitenkette auf den Isoalloxazinkern gekennzeichnet ist. Als Produkte dieses Photobleichprozesses in neutraler Lösung fällt u. a. Lumichrom (XXIV) an (vgl. 228). Ein oder mehrere andere Produkte, die als „Leucodeuteroflavin" bezeichnet werden, liefern bei der anschließenden Luftoxydation des Reaktionsgemisches „Deuteroflavin(e)". Als ein solches Deuteroflavin wurde bisher einzig 6,7-Dimethyl-9-formylmethyl-isoalloxazin (XXV) identifiziert, das in basischem Milieu zu Lumiflavin (XXVI) und bei anaerober Bestrahlung in neutraler oder saurer Lösung zu Lumichrom (XXIV) abgebaut wird (289). Gestützt auf neuere Ergebnisse über den photochemischen Reaktionsverlauf, die mit Riboflavin und geeigneten Isoalloxazin-Modellen erzielt wurden, wurde kürzlich ein Rationalisierungsversuch unternommen (vgl. *Formelübersicht 24*) (228), der für Leucodeuteroflavin die Formel (XXII) und für Deuteroflavin die Formel (XXIII) voraussetzt. Als erster Schritt wird dabei, anschließend an eine Singlett-Anregung mit nachträglicher Triplett-Umwandlung (vgl. *170, 289*), eine intramolekulare Wasserstoffübertragung formuliert (XIX → XX). Das resultierende Diradikal (XX) kann eine Fragmentierung eingehen (→ XXIV) oder über die Stufen (XXI), (XXII) und (XXIII) umgewandelt werden.

Für die licht-induzierte Inaktivierung von Enzymen, wie Chymotrypsin, Lysozym, Ribonuklease und Trypsin, werden zur Hauptsache verschiedene chemische Veränderungen der Cystyl- und, wenn vorhanden, Tryptophanylbestandteile verantwortlich gemacht. Photochemische Umsetzungen anderer Aminosäure-Komponenten sowie speziell Spaltungen von Peptidbindungen treten hingegen stark in den Hintergrund. Diese Folgerung stützt sich auf die Übereinstimmung der Quantenausbeuten, welche für die photolytischen Enzyminaktivierungen bei 2537 Å einerseits direkt gemessen, anderseits an Hand der für den Abbau der freien Aminosäuren erhaltenen Werte errechnet worden sind. Nach den von McLaren (211) kürzlich zusammengefaßten Ergebnissen der Aminosäure-

Photolyse (einschließlich derjenigen von Peptiden und Hemipeptiden) lassen sich die wichtigsten photochemischen Reaktionen einfacher aliphatischer, schwefelfreier Aminosäuren (z. B. Glutaminsäure) in wäßriger Lösung und im festen Zustand (*107*) im nachfolgenden Reaktionsschema überblicken (vgl. *130, 250*):

$$HOOC-CH-CH_2-CH_3 + CO_2 \qquad (26)$$
$$|$$
$$NH_2$$
$$\alpha\text{-Aminobuttersäure.}$$

$$HOOC-CH-CH_2-CH_2^{\bullet} + {}^{\bullet}COOH \quad (27)$$
$$|$$
$$NH_2$$

$$HOOC^{\bullet} + {}^{\bullet}CH-CH_2-CH_2-COOH \quad (28)$$
$$|$$
$$NH_2$$

$$HOOC-CH^{\bullet} + {}^{\bullet}CH_2-CH_2-COOH \quad (29)$$
$$|$$
$$NH_2$$

$$HOOC-CH-CH_2^{\bullet} + {}^{\bullet}CH_2-COOH \quad (30)$$
$$|$$
$$NH_2$$

$$HOOC-CH-CH_2-CH_2-COOH \rightarrow$$
$$|$$
$$NH_2$$
Glutaminsäure.

$$HOOC-CH^{\bullet} + {}^{\bullet}CH_2-COOH \rightarrow \quad HOOC-CH-CH_2-COOH \qquad (31)$$
$$|\qquad\qquad\qquad\qquad\qquad\qquad\qquad |$$
$$NH_2 \qquad\qquad\qquad\qquad\qquad\qquad NH_2$$
Asparaginsäure.

$$HOOC-CH-CH_2-CH_2-COOH + HOOC-CH_2-CH_3 \rightarrow$$
$$|$$
$$NH_2$$
Glutaminsäure.   Propionsäure.

$$\rightarrow HOOC-CH-CH_2-CH_2-CH_2-CH_3 + 2\ {}^{\bullet}COOH \qquad (32)$$
$$|$$
$$NH_2$$
Norleucin.

Decarboxylierungen (vgl. 26) und Spaltung praktisch jeder beliebigen C—C-Bindung (vgl. 27—30) stellen die wichtigsten Reaktionsmöglichkeiten dar, doch sind auch Deaminierungen, Oxydationen und Hydroxylierungen anzutreffen. Ähnliches gilt auch für den Pyrrolidinring des Prolins und den Pyrrolteil des Tryptophans, ohne daß aber dessen Benzolkern selbst gespalten würde. Bei Phenylalanin und Tyrosin hingegen werden die 1,2- und 1,6-Bindungen des Benzolkerns gelöst. Rekombinationen der Spaltprodukte (vgl. 31) können zur Synthese neuer Aminosäuren führen. Dieser Transaminierungsprozeß wurde zur gezielten Synthese von Aminosäuren ausgenützt (*131*), indem z. B. Glutaminsäure in Gegenwart von Propionsäure photolysiert wurde. ${}^{\bullet}$COOH-Abspaltung aus beiden Verbindungen und Kopplung der Fragmente lieferte dabei Norleucin (vgl. *32*).

Interessante Aspekte im Zusammenhang mit Spekulationen über die Entstehung von Aminosäuren in unbelebtem Milieu wurden durch Experimente eröffnet, die zeigten, daß bei der UV.-Bestrahlung von Formaldehyd- und Ammoniumsalz-Lösungen (*248, 249*) bzw. Hydroxylamin, Kaliumnitrit oder -nitrat und organischen Komponenten, wie Glutar- oder Zitronensäure, Glucose oder Äthylenglykol (*106*), eine große Auswahl verschiedenster Aminosäuren entstehen.

In Aminosäuren vom Typus des Cysteins, Cystins und Methionins sind nebst Oxydationsvorgängen vorwiegend S—S-, H—S- und C—S-Spaltungen zu beobachten (vgl. wieder *211* sowie *137—139, 56, 124*), deren Auswahl teilweise stark von den Reaktionsbedingungen, speziell den pH-Werten der Lösung, beeinflußt wird. Den in wäßriger Lösung oder in festem Zustand resultierenden Radikalfragmenten bietet sich die zu erwartende Vielfalt der Reaktionsmöglichkeiten freier Radikale, zu welchen hier hauptsächlich Rekombinationen der ursprünglichen Partner, Kreuzkombinationen sowie Oxydationen zu Sulfin- und Sulfonsäuren zählen.

Das Natriumsalz des Carbobenzoxy-glycins wird in wässeriger Lösung mit Licht von 2537 Å in Benzylalkohol und Glycin (bis 75%) aufgetrennt. Der Vorgang wird über eine heterolytische Spaltung der Benzyl-O-Bindung formuliert (*19*):

$$C_6H_5-CH_2-OCO-NH-CH_2-COO^- \xrightarrow{h\nu} C_6H_5-CH_2^+ + {}^-OCO-NH-CH_2-COO^-$$

$$\downarrow + H_2O$$

$$C_6H_5-CH_2OH + CO_2 + NH_2-CH_2-COOH$$

Glycin.

Diese Entdeckung weist auf einen möglichen Weg zur Ausarbeitung von Methoden der Peptidsynthese, die unter Verwendung spezifisch photosensibler Schutzgruppen deren selektive Freisetzung durch Bestrahlung mit monochromatischem Licht der jeweils erforderlichen Wellenlänge gestatten könnte.

In diesem letzten Abschnitt wurden photochemische Reaktionen von solchen niedermolekularen Verbindungen kurz gestreift, die als Bestandteile von Proteinen (Nukleo- und Flavoproteine, Peptide) UV.-Hauptakzeptoren solcher hochmolekularen Stoffe sind. Die Ausführungen können nur ungenügend die gerade in neuester Zeit auf breiter Basis unternommenen Untersuchungen auf diesem fesselnden Teilgebiet andeuten. Die sich zur Zeit rasch kumulierenden Kenntnisse der lichtinduzierten Reaktionen der niedermolekularen Modellverbindungen versprechen schon jetzt recht deutlich, daß auch auf diesem Gebiet das analoge Verhalten in hochmolekularen Verbänden besser verstanden und als weiterer Zugang zur komplexen Problematik der molekularen Biologie ausgenützt werden kann.

Nachtrag: (*376, 389, 392, 397, 402—404*).

Literaturverzeichnis.

(S. auch Addendum, S. 112, sowie S. 114.)

1. ADAM, G. und K. SCHREIBER: Synthese des Steroidalkaloids Demissidin aus 3β-Acetoxy-pregn-5-en-20-on; Aufbau des Solanidan-Gerüstes durch Hofmann-Löffler-Freytag-Cyclisierung. Tetrahedron Letters **1963**, 943.

2. AKHTAR, M. and D. H. R. BARTON: The Photochemical Rearrangement of Hypochlorites. J. Amer. Chem. Soc. **83**, 2213 (1961).

3. — — A Convenient Synthesis of 19-Norsteroids. J. Amer. Chem. Soc. **84**, 1496 (1962).

4. AKHTAR, M., D. H. R. BARTON, J. M. BEATON and A. G. HORTMANN: The Synthesis of Substituted Aldosterone. J. Amer. Chem. Soc. **85**, 1512 (1963).

5. ALTENBURGER, E., H. WEHRLI und K. SCHAFFNER: Photochemische Reaktionen, 25. Mitt. Die UV.-Bestrahlung von O-Acetyl-1-dehydro-2-formyl-testosteron. Helv. Chim. Acta **46**, 2753 (1963).

6. AMOROSA, M., L. CAGLIOTI, G. CAINELLI, H. IMMER, J. KELLER, H. WEHRLI, M. LJ. MIHAILOVIĆ, K. SCHAFFNER, D. ARIGONI und O. JEGER: Über Steroide und Sexualhormone, 227. Mitt. Die Fragmentierung einwertiger Alkohole mit Blei(IV)-acetat. Helv. Chim. Acta **45**, 2674 (1962).

7. ANDERSON, J. C. and C. B. REESE: Photo-induced Fries Rearrangements. Proc. Chem. Soc. (London) **1960**, 217.

8. ANET, R.: Structure and Stereochemistry of the Photodimers of Coumarin and Related Compounds. Chem. and Ind. **1960**, 897.

9. — The Photodimers of Coumarin and Related Compounds. Canad. J. Chem. **40**, 1249 (1962).

10. APSIMON, J. W. and O. E. EDWARDS: The Hetero-ring of Diterpenoid Alkaloids. Proc. Chem. Soc. (London) **1961**, 461.

11. — — A New Photochemical Reaction: The Structure and Absolute Stereochemistry of Atisine. Canad. J. Chem. **40**, 896 (1962).

12. ARIGONI, D., D. H. R. BARTON, R. BERNASCONI, C. DJERASSI, J. S. MILLS and R. E. WOLFF: The Constitutions of Dammarenolic and Nyctanthic Acid. Proc. Chem. Soc. (London) **1959**, 306; J. Chem. Soc. (London) **1960**, 1900.

13. ARIGONI, D., H. BOSSHARD, H. BRUDERER, G. BÜCHI, O. JEGER und L. J. KREBAUM: Photochemische Reaktionen, 2. Mitt. Über gegenseitige Beziehungen und Umwandlungen bei Bestrahlungsprodukten des Santonins. Helv. Chim. Acta **40**, 1732 (1957).

14. ASHER, J. D. M. and G. A. SIM: The Stereochemistry of Isophotosantonic Lactone. Proc. Chem. Soc. (London) **1962**, 111.

15. AUSLOOS, P. and E. MURAD: The Photolysis of 2-Pentanone and 2-Pentanone-1,1,1,3,3-d_5. J. Amer. Chem. Soc. **80**, 5929 (1958); sowie dort zitierte Literaturstellen.

16. AUSLOOS, P. and R. E. REBBERT: Intramolecular Rearrangements. III. Formation of 1-Methylcyclobutanol in the Photolysis of 2-Pentanone. J. Amer. Chem. Soc. **83**, 4897 (1961).

17. AUTREY, R. L., D. H. R. BARTON and W. H. REUSCH: Photochemical Cleavage of a Triterpenoid *cyclo*Hexadiene. Proc. Chem. Soc. (London) **1959**, 55.

18. BAMFORD, C. H. and R. G. W. NORRISH: Primary Photochemical Reactions. Part X. The Photolysis of Cyclic Ketones in the Gas Phase. J. Chem. Soc. (London) **1938**, 1521.

19. BARLTROP, J. A. and P. SCHOFIELD: Photosensitive Protecting Groups. Tetrahedron Letters **1962**, 697.

20. Barton, D. H. R.: Some Photochemical Rearrangements. Helv. Chim. Acta **42**, 2604 (1959).
21. — Photochemical Transformations of Natural Products. Pure and Appl. Chem. **6**, 663 (1963).
22. Barton, D. H. R. and J. M. Beaton: A Synthesis of Aldosterone Acetate. J. Amer. Chem. Soc. **83**, 4083 (1961).
23. — — The Synthesis of 19-Noraldosterone Acetate and Related 19-Substituted Steroids. J. Amer. Chem. Soc. **84**, 199 (1962).
24. Barton, D. H. R., R. Bernasconi and J. Klein: Photochemical Transformations. VII. Stereospecificity in an Irradiation Process. J. Chem. Soc. (London) **1960**, 511.
25. Barton, D. H. R., R. P. Budhiraja and J. F. McGhie: The Synthesis of Cycloartane. Proc. Chem. Soc. (London) **1963**, 170.
26. Barton, D. H. R., A. da S. Campos-Neves and A. I. Scott: An Approach to the Partial Synthesis of Aldosterone from Steroids Lacking Substitution at C_{18}. J. Chem. Soc. (London) **1957**, 2698.
27. Barton, D. H. R., M. V. George and M. Tomoeda: Photochemical Transformations. Part XIII. A New Method for the Production of Acyl Radicals. J. Chem. Soc. (London) **1962**, 1967.
28. Barton, D. H. R. and P. T. Gilham: Photochemical Transformations. IX. The Stereochemistry of Lumisantonin. Proc. Chem. Soc. (London) **1959**, 391; J. Chem. Soc. (London) **1960**, 4596.
29. Barton, D. H. R., A. Hameed and J. F. McGhie: The Constitution and Stereochemistry of Cyclamiretin. J. Chem. Soc. (London) **1962**, 5176.
30. Barton, D. H. R. and A. S. Kende: Photochemical Transformations. III. The Constitution of a Steroid Irradiation Product. J. Chem. Soc. (London) **1958**, 688.
31. Barton, D. H. R., J. E. D. Levisalles and J. T. Pinhey: Photochemical Transformations. XIV. Some Analogues of Isophotosantonic Lactone. J. Chem. Soc. (London) **1962**, 3472.
32. Barton, D. H. R., P. de Mayo and M. Shafiq: The Mechanism of the Light-catalysed Transformation of Santonin into 10-Hydroxy-3-oxoguai-4-en-6:12-olide. Proc. Chem. Soc. (London) **1957**, 205.
33. — — — The Constitution of Photosantonic Acid. Proc. Chem. Soc. (London) **1957**, 345.
34. — — — Photochemical Transformations. I. Some Preliminary Investigations. J. Chem. Soc. (London) **1957**, 929.
35. — — — Photochemical Transformations. II. The Constitution of Lumisantonin. J. Chem. Soc. (London) **1958**, 140.
36. — — — Photochemical Transformations. V. The Constitutions of Photosantonic Acid and Derivatives. J. Chem. Soc. (London) **1958**, 3314.
37. Barton, D. H. R., J. F. McGhie and M. Rosenberger: The Photoisomerisation of 3β-Acetoxylanosta-5,8-dien-7-one. J. Chem. Soc. (London) **1961**, 1215.
38. Barton, D. H. R. and L. R. Morgan, Jr.: The Synthesis of Conessine. Proc. Chem. Soc. (London) **1961**, 206.
39. — — Photochemical Transformations. Part XII. The Photolysis of Azides. J. Chem. Soc. (London) **1962**, 622.
40. Barton, D. H. R. and G. Quinkert: Photochemical Cleavage of Cyclohexadienones. Proc. Chem. Soc. (London) **1958**, 197.
41. — — Photochemical Transformations. Part VI. Photochemical Cleavage of Cyclohexadienones. J. Chem. Soc. (London) **1960**, 1.

42. BARTON, D. H. R. and W. C. TAYLOR: The Photochemistry of Prednisone Acetate. Proc. Chem. Soc. (London) **1957**, 96, 147.

43. — — Photochemical Transformations. IV. The Photochemistry of Prednisone Acetate. J. Chem. Soc. (London) **1958**, 2500.

44. — — The Photochemistry of Prednisone Acetate in Neutral Solution. J. Amer. Chem. Soc. **80**, 244 (1958).

45. BENSON, S. W. and G. B. KISTIAKOWSKY: The Photochemical Decomposition of Cyclic Ketones. J. Amer. Chem. Soc. **64**, 80 (1942).

46. BERGMANN, E. and Y. HIRSHBERG: Photochemistry of Δ^4-Cholestenone. Nature **142**, 1037 (1938).

47. BEUKERS, R. and W. BERENDS: Isolation and Identification of the Irradiation Product of Thymine. Biochim. Biophys. Acta **41**, 550 (1960).

48. — — The Effects of U. V.-Irradiation on Nucleic Acids and their Components. Biochim. Biophys. Acta **49**, 181 (1961).

49. BEUKERS, R., J. IJLSTRA and W. BERENDS: The Effect of U. V.-Light on Some Components of the Nucleic Acids. V. Reversibility of "the First Irreversible Reaction" under Special Conditions. Rec. trav. chim. Pays-Bas **78**, 883 (1959).

50. — — — The Effect of Ultraviolet Light on Some Components of the Nucleic Acids. VI. The Origin of the U. V. Sensitivity of Deoxyribonucleic Acid. Rec. trav. chim. Pays-Bas **79**, 101 (1960).

51. BILLETER, J. R. und K. MIESCHER: Über Steroide, 106. Mitt. Zur Totalsynthese der Steroide. Helv. Chim. Acta **34**, 2053 (1951).

52. BLACET, F. E. and A. MILLER: The Photochemical Decomposition of Cyclohexanone, Cyclopentanone and Cyclobutanone. J. Amer. Chem. Soc. **79**, 4327 (1957).

53. BLADON, P., J. W. CORNFORTH and R. H. JAEGER: Electrolytic Reduction of Some α,β-Unsatured Steroid Ketones. J. Chem. Soc. (London) **1958**, 863.

54. BLADON, P., W. McMEEKIN and I. A. WILLIAMS: Photochemistry of Hecogenin Derivatives: A Novel Cyclisation Reaction of C-Seco-steroids. Proc. Chem. Soc. (London) **1962**, 225.

55. BODFORSS, S.: Über die Einwirkung des Lichts auf Ketoxidoverbindungen. Ber. dtsch. chem. Ges. **51**, 214 (1918).

56. BOGLE, G. S., V. R. BURGESS, W. F. FORBES and W. E. SAVIGE: Photolysis and Photo-Oxidation of Amino Acids and Peptides. V. The E. S. R. Spectra of Irradiated Cystine and Related Compounds. Photochem. and Photobiol. **1**, 277 (1962).

57. BOLLINI, J.: Beitrag zur Kenntnis der photochemischen Reaktionen gekreuzt konjugierter Dienone. Dissert., E. T. H. Zürich. 1963.

58. BOTS, J. P. L.: Investigations on Sterols. XI. Preparation of 13 α-Androstene Derivatives. Rec. trav. chim. Pays-Bas **77**, 1010 (1958).

59. BOZZATO, G., H. P. THRONDSEN, K. SCHAFFNER und O. JEGER: The Photochemical Isomerization of B-Nor-1-dehydrotestosterone Acetate in Dioxane Solution. J. Amer. Chem. Soc. **86**, 2073 (1964).

60. BREDIG, G.: Über „absolute" asymmetrische Synthese. Angew. Chem. **36**, 456 (1923).

61. BROWN, R. F., G. B. BACHMAN and S. J. MILLER: The Irradiation of Abietic Acid with Ultraviolet Rays. J. Amer. Chem. Soc. **65**, 623 (1943).

62. BÜCHI, G. and E. M. BURGESS: Photochemical Reactions. IX. Isomerization of Eucarvone. J. Amer. Chem. Soc. **82**, 4333 (1960).

63. Büchi, G. and I. M. Goldman: Photochemical Reactions. VII. The Intramolecular Cyclization of Carvone to Carvonecamphor. J. Amer. Chem. Soc. **79**, 4741 (1957).

64. Büchi, G. und N. C. Yang: Lichtkatalysierte organische Reaktionen, 3. Mitt. *cis*-α-Jonon. Helv. Chim. Acta **38**, 1338 (1955).

65. — — Light-Catalyzed Organic Reactions. VI. The Isomerization of Some Dienones. J. Amer. Chem. Soc. **79**, 2318 (1957).

66. Buchschacher, P., M. Cereghetti, H. Wehrli, K. Schaffner und O. Jeger: Photochemische Reaktionen, 3. Mitt. Photochemische Umwandlungen von 20-Keto-pregnan-Verbindungen. Helv. Chim. Acta **42**, 2122 (1959).

67. Buchschacher, P., J. Kalvoda, D. Arigoni and O. Jeger: Direct Introduction of a Nitrogen Function at C-18 in a Steroid. J. Amer. Chem. Soc. **80**, 2905 (1958).

68. Butenandt, A., W. Friedrich und L. Poschmann: Über Lumiöstron. II. Mitt. Die Bestrahlung von Östron mit monochromatischem Ultraviolett-Licht. Ber. dtsch. chem. Ges. **75**, 1931 (1942).

69. Butenandt, A., L. Karlson-Poschmann, G. Failer, U. Schiedt und E. Biekert: Über die Konstitution der Lumisteroide. Liebigs Ann. Chem. **575**, 123 (1952).

70. Butenandt, A. und L. Poschmann: Über die photochemische Umwandlung α,β-ungesättigter Steroidketone unter der Wirkung ultravioletten Lichtes. II. Mitt. Ber. dtsch. chem. Ges. **73**, 893 (1940).

71. — — Über Lumiöstron. III. Mitt. Die Bestrahlung von Lumiöstron mit monochromatischem Ultraviolett-Licht. Ber. dtsch. chem. Ges. **77**, 392 (1944).

72. — — Über Lumi-androsteron. Ber. dtsch. chem. Ges. **77**, 394 (1944).

73. Butenandt, A. und A. Wolff: Über die photochemische Umwandlung α,β-ungesättigter Steroidketone unter der Wirkung ultravioletten Lichtes. Ber. dtsch. chem. Ges. **72**, 1121 (1939).

74. Butenandt, A., A. Wolff und P. Karlson: Über Lumi-östron. Ber. dtsch. chem. Ges. **74**, 1308 (1941).

75. Cainelli, G., B. Kamber, J. Keller, M. Lj. Mihailović, D. Arigoni und O. Jeger: Über Steroide und Sexualhormone, 221. Mitt. Weitere Oxydationsversuche von 20-Hydroxysteroiden mit Blei(IV)-acetat. Helv. Chim. Acta **44**, 518 (1961).

76. Cava, M. P., R. L. Litle and D. R. Napier: Condensed Cyclobutane Aromatic Systems. V. The Synthesis of Some α-Diazoindanones: Ring Contraction in the Indane Series. J. Amer. Chem. Soc. **80**, 2257 (1958).

77. Cava, M. P. and E. Moroz: A Synthesis of D-Norsteroids. J. Amer. Chem. Soc. **84**, 115 (1962).

78. Cereghetti, M., H. Wehrli, K. Schaffner und O. Jeger: Photochemische Reaktionen, 5. Mitt. Zur Darstellung und Konfigurationsbestimmung der 20-Hydroxy-18,20-cyclo-pregnan-Verbindungen. Helv. Chim. Acta **43**, 354 (1960).

78a. Chapman, O. L.: Photochemical Rearrangements of Organic Molecules. Adv. Photochem. **1**, 323 (1963).

79. Chapman, O. L. and L. F. Englert: A Mechanistically Significant Intermediate in the Lumisantonin to Photosantonic Acid Conversion. J. Amer. Chem. Soc. **85**, 3028 (1963).

80. Chapman, O. L. and D. J. Pasto: Photochemical Transformations of Simple Troponoid Systems. I. Photo-γ-tropolone Methyl Ether. J. Amer. Chem. Soc. **82**, 3642 (1960).

81. CHAPMAN, O. L., D. J. PASTO, G. W. BORDEN and A. A. GRISWOLD: Photochemical Transformations of Conjugated Cycloheptadienes. J. Amer. Chem. Soc. **84**, 1220 (1962).

82. CHAPMAN, O. L. and H. G. SMITH: The Structure of α-Lumicolchicine — Some Examples of Diamagnetic Shielding by the Carbon-Oxygen Double Bond. J. Amer. Chem. Soc. **83**, 3914 (1961).

83. CHAPMAN, O. L., H. G. SMITH and P. A. BARKS: Photoisomerization of Isocolchicine. J. Amer. Chem. Soc. **85**, 3171 (1963).

84. CHAPMAN, O. L., H. G. SMITH and R. W. KING: The Structure of β-Lumicolchicine. J. Amer. Chem. Soc. **85**, 803 (1963).

85. — — — The Structure of α-Lumicolchicine: Some Examples of Diamagnetic Shielding by the Carbon-Oxygen Double Bond. J. Amer. Chem. Soc. **85**, 806 (1963).

86. CHAPMAN, O. L. and S. L. SMITH: Photoisomerization of Methyl Thujate. J. Organ. Chem. (USA) **27**, 2291 (1962).

87. CHINOPOROS, E.: Carbenes. Reactive Intermediates Containing Divalent Carbon. Chem. Rev. **63**, 235 (1963).

88. CIAMICIAN, G.: Die Photochemie der Zukunft. Ahrens' Sammlung chem. und chem.-techn. Vorträge **19**, 429 (1913).

89. CIAMICIAN, G. und P. SILBER: Chemische Lichtwirkungen. VI. Mitt. Ber. dtsch. chem. Ges. **36**, 1575 (1903).

90. — — Chemische Lichtwirkungen, XI. Ber. dtsch. chem. Ges. **40**, 2415 (1907).

91. — — Chemische Lichtwirkungen, XII. Ber. dtsch. chem. Ges. **41**, 1071 (1908).

92. — — Chemische Lichtwirkungen, XIII. Ber. dtsch. chem. Ges. **41**, 1928 (1908).

93. — — Chemische Lichtwirkungen, XV. Ber. dtsch. chem. Ges. **42**, 1510 (1909).

94. — — Chemische Lichtwirkungen, XVII. Ber. dtsch. chem. Ges. **43**, 1340 (1910).

95. CLAMPITT, B. H. and J. W. CALLIS: Photochemical Isomerization of Cinnamic Acid in Aqueous Solutions. J. Physic. Chem. **66**, 201 (1962).

96. COCKER, W., K. CROWLEY, J. T. EDWARD, T. B. H. McMURRY and E. R. STUART: The Chemistry of Santonin. IV. Some Irradiation Products of the Santonins. J. Chem. Soc. (London) **1957**, 3416.

97. COHEN, M. D. and G. M. J. SCHMIDT: Structure-sensitive Reactions of Organic Crystals. In: J. H. de Boer (Edit.), Reactivity of Solids, p. 556. Amsterdam: Elsevier Publ. 1961.

98. COLBY, T. H.: Zitiert von J. MEINWALD et al. (*220*).

99. COOKSON, R. C., J. HUDEC, S. A. KNIGHT and B. WHITEAR: Cyclisation of Citral by Light. Tetrahedron Letters **1962**, 79.

100. COREY, E. J. and W. R. HERTLER: The Synthesis of Dihydroconessine. A Method for Functionalizing Steroids at C-18. J. Amer. Chem. Soc. **80**, 2903 (1958).

101. — — The Synthesis of Dihydroconessine. J. Amer. Chem. Soc. **81**, 5209 (1959).

102. COREY, E. J., R. B. MITRA and H. UDA: Total Synthesis of d,l-Caryophyllene and d,l-Isocaryophyllene. J. Amer. Chem. Soc. **85**, 362 (1963).

103. CROWLEY, K. J.: A Photochemical Synthesis of β-Pinene. Proc. Chem. Soc. (London) **1962**, 245.

104. — The Synthesis of Cyclobutenes by Photoisomerisation. Proc. Chem. Soc. (London) **1962**, 334.

105. Crowley, K. J.: Photochemical Formation of Allenes in Solution. J. Amer. Chem. Soc. **85**, 1210 (1963).

106. Cultrera, R., G. Ferrari, F. Fullin, A. Zamorani e E. Benetti: Organicazione dell'azoto ,,in vitro'' per via fotochimica. I. Sintesi di amminoacidi, ammidi e composti con legame peptidico da glicole etilenico e idrossilammina. Gazz. chim. ital. **93**, 1295 (1963), sowie frühere Arbeiten.

107. Cultrera, R., F. Fullin e G. Ferrari: Trasformazioni fotochimiche di amminoacidi nello stato solido. Gazz. chim. ital. **92**, 519 (1962).

108. Dauben, W. G. and P. Baumann: Photochemical Transformations. IX. Total Structure of Suprasterol-II. Tetrahedron Letters **1961**, 565.

109. Dauben, W. G. and R. L. Cargill: Photochemical Transformations. VI. Isomerization of Cycloheptadiene and Cycloheptatriene. Tetrahedron **12**, 186 (1961).

110. Dauben, W. G. and D. A. Cox: Photochemical Transformations. XIV. Isocolchicine. J. Amer. Chem. Soc. **85**, 2130 (1963).

111. Dauben, W. G. and G. J. Fonken: The Structure of Photoisopyrocalciferol. J. Amer. Chem. Soc. **79**, 2971 (1957).

112. — — The Structure of Photoisopyrocalciferol and Photopyrocalciferol. J. Amer. Chem. Soc. **81**, 4060 (1959).

113. Dauben, W. G., K. Koch, O. L. Chapman and S. L. Smith: Photoisomerizations in the α-Tropolone Series: The Mechanistic Path of the α-Tropolone to 4-Oxo-2-cyclopentenylacetic Acid Conversion. J. Amer. Chem. Soc. **83**, 1768 (1961).

114. Dauben, W. G., K. Koch, S. L. Smith and O. L. Chapman: Photoisomerizations in the α-Tropolone Series: The Mechanistic Path of the α-Tropolone Methyl Ether to Methyl 4-Oxo-2-cyclopentenylacetate Conversion. J. Amer. Chem. Soc. **85**, 2616 (1963).

115. Dauben, W. G., D. A. Lightner and W. K. Hayes: Photochemical Transformations. X. Irradiation of a Fused Ring Homoannular Dienone Related to ψ-Santonin. J. Organ. Chem. (USA) **27**, 1897 (1962).

116. Dauben, W. G. and J. A. Ross: Photochemical Transformations. V. The Reaction of 3,5-Cholestadiene. J. Amer. Chem. Soc. **81**, 6521 (1959).

117. Dauben, W. G. and F. G. Willey: Photochemical Transformations. XII. The Decomposition of Sulfonylhydrazone Salts. J. Amer. Chem. Soc. **84**, 1497 (1962).

118. — — Photochemical Transformations. XIII. The Mechanism of the Reaction of $\varDelta^{3,5}$-Cholestadiene. Tetrahedron Letters **1962**, 893.

119. Davis, W., Jr. and W. A. Noyes, Jr.: Photochemical Studies. XXXVIII. A Further Study of the Photochemistry of Methyl n-Butyl Ketone. J. Amer. Chem. Soc. **69**, 2153 (1947).

120. Dimroth, K.: Über den Bestrahlungsvorgang bei Verbindungen des Ergosterintypus. Ber. dtsch. chem. Ges. **70**, 1631 (1937).

121. Dimroth, K. und J. Paland: Über die Ultraviolettbestrahlung des $\varDelta^{5,7}$-Androstadien-diols-(3,17). Ber. dtsch. Chem. Ges. **72**, 187 (1939).

122. Dutler, H., H. Bosshard und O. Jeger: Photochemische Reaktionen, 1. Mitt. Lichtkatalysierte Dienon-Phenol-Umlagerung. Helv. Chim. Acta **40**, 494 (1957).

123. Dutler, H., C. Ganter, H. Ryf, E. C. Utzinger, K. Weinberg, K. Schaffner, D. Arigoni und O. Jeger: Photochemische Reaktionen, 16. Mitt. Photochemische Umwandlungen von O-Acetyl-1-dehydro-testosteron. I. Helv. Chim. Acta **45**, 2346 (1962).

124. EAGER, J. E. and W. E. SAVIGE: Photolysis and Photo-Oxidation of Amino Acids and Peptides. VI. A Study of the Initiation of Disulphide Interchange by Light Irradiation. Photochem. and Photobiol. **2**, 25 (1963).

125. EASTMAN, R. H., J. E. STARR, R. St.MARTIN and M. K. SAKATA: The Photolysis of Thujone. J. Organ. Chem. (USA) **28**, 2162 (1963).

126. EATON, P. E.: The Tricyclo[5.3.0.0²,⁶]decane System. The Photodimers of Cyclopentenone. J. Amer. Chem. Soc. **84**, 2344 (1962).

127. — On the Mechanism of the Photodimerization of Cyclopentenone. J. Amer. Chem. Soc. **84**, 2454 (1962).

128. ESCHENMOSER, A.: Studies on the Synthesis of Corrins. Pure and Appl. Chem. **7**, 297 (1963).

129. FELDKIMEL-GORODETSKY, M. and Y. MAZUR: Photolysis of Vinyl Benzoates. Tetrahedron Letters **1963**, 369.

130. FERRARI, G. and R. CULTRERA: Photochemical Synthesis of Amino-Acids and a New Transamination Process by Transfer of Free Amino-Radicals. Nature **190**, 326 (1961).

131. FERRARI, G. and C. PASSERA: Mechanism of Formation of Basic Amino Acids (Ornithine) and Hydroxyamino Acids (Serine, Homoserine) by Photochemical Synthesis. Photochem. and Photobiol. **1**, 155 (1962), sowie frühere Arbeiten.

132. FIESER, L. F. and M. FIESER: Steroids, p. 90. New York: Reinhold Publ. Corp. 1959.

133. FINNEGAN, R. A. and A. W. HAGEN: An Analogue of the Photo-Fries Rearrangement; the Photolysis of Vinyl Benzoate. Tetrahedron Letters **1963**, 365.

134. FISCH, M. H. and J. H. RICHARDS: The Mechanism of the Photoconversion of Santonin. J. Amer. Chem. Soc. **85**, 3029 (1963).

135. FONKEN, G. J.: Photochemical Cyclization of Acyclic Trienes. Tetrahedron Letters **1962**, 549.

136. FORBES, E. J.: Colchicine and Related Compounds. Part XIV. Structure of β- and γ-Lumicolchicine. J. Chem. Soc. (London) **1955**, 3864.

137. FORBES, W. F., D. E. RIVETT and W. E. SAVIGE: Photolysis and Photo-Oxidation of Amino Acids and Peptides. III. Effect of Ionizing Radiation on Cystine and Related Amino Acids. Photochem. and Photobiol. **1**, 97 (1962).

138. — — — Photolysis and Photo-Oxidation of Amino Acids and Peptides. IV. The Degradation of Methionine and Homocystine by Various Forms of Radiation. Photochem. and Photobiol. **1**, 217 (1962).

139. FORBES, W. F. and W. E. SAVIGE: Photolysis and Photo-Oxidation of Amino Acids and Peptides. II. Photodegradation of Cysteine and Related Amino Acids. Photochem. and Photobiol. **1**, 77 (1962).

140. FRANZEN, V.: Eine neue Methode zur Darstellung α,β-ungesättigter Ketone. Zerfall der Diazoketone $R\mathrm{-CO-CN_2-CH_2-}R'$. Liebigs Ann. Chem. **602**, 199 (1957).

141. FREI, J., D. KÄGI, A. SIEWINSKI, K. SCHAFFNER und O. JEGER: Unveröffentlicht (1964).

142. GANTER, C., F. GREUTER, D. KÄGI, K. SCHAFFNER und O. JEGER: Photochemische Reaktionen, 26. Mitt. Zur UV.-Bestrahlung von O-Acetyl-1-dehydro-2-methyl-testosteron. Helv. Chim. Acta **47**, 627 (1964).

143. GANTER, C., E. C. UTZINGER, K. SCHAFFNER, D. ARIGONI und O. JEGER: Photochemische Reaktionen, 17. Mitt. Photochemische Umwandlungen von O-Acetyl-1-dehydro-testosteron. II. Helv. Chim. Acta **45**, 2403 (1962).

144. GANTER, C., R. WARSZAWSKI, H. WEHRLI, K. SCHAFFNER und O. JEGER: Photochemische Reaktionen, 19. Mitt. Die UV.-Bestrahlung von 3·Oxo-10β-hydroxy-17β-acetoxy-$\Delta^{1;4}$-östradien. Helv. Chim. Acta **46**, 320 (1963).

145. GARDI, R. e C. PEDRALLI: Conversione del diacetato di androstendiolo in 19-norandrostendione. Gazz. chim. ital. **91**, 1420 (1961).

146. — — Conversione del pregnenolone in 19-norprogesterone e in 19-nor-$\Delta^{5(10)}$-pregnen-3,20-dione. Gazz. chim. ital. **93**, 514 (1963).

147. GARDNER, P. D., R. L. BRANDON and G. R. HAYNES: The Structures of β- and γ-Lumicolchicine. Ring-D Elaboration Products. J. Amer. Chem. Soc. **79**, 6334 (1957).

148. GARDNER, P. D. and H. F. HAMIL: A Photochemical Ester Rearrangement Induced by Homoconjugation Excitation. J. Amer. Chem. Soc. **83**, 3531 (1961).

149. GRAY, P. and A. WILLIAMS: The Thermochemistry and Reactivity of Alkoxyl Radicals. Chem. Rev. **59**, 239 (1959).

150. GREENE, F. D., M. L. SAVITZ, H. H. LAU, F. D. OSTERHOLTZ and W. N. SMITH: Decomposition of Tertiary Alkyl Hypochlorites. J. Amer. Chem. Soc. **83**, 2196 (1961).

151. GREENE, F. D., M. L. SAVITZ, F. D. OSTERHOLTZ, H. H. LAU, W. N. SMITH and P. M. ZANET: Decomposition of Tertiary Alkyl Hypochlorites. J. Organ. Chem. (USA) **28**, 55 (1963).

152. GREUTER, F., J. KALVODA and O. JEGER: Thermal Decomposition of 20-Diazo-5α-pregnan-20-one. Proc. Chem. Soc. (London) **1958**, 349.

153. GREWE, R.: Ein Umlagerungsprodukt des Colchicins durch Bestrahlung (Lumicolchicin). Naturwiss. **33**, 187 (1946).

154. GREWE, R. und W. WULF: Die Umwandlung des Colchicins durch Sonnenlicht. Chem. Ber. **84**, 621 (1951).

155. GRIFFIN, G. W.: Zitiert von R. ANET (*9*).

156. GRIFFIN, G. W., J. E. BASINSKI and A. F. VELLTURO: Photodimerization of Maleic and Fumaric Acid Derivatives. Tetrahedron Letters **3**, 13 (1960).

157. GRIFFIN, G. W., A. F. VELLTURO and K. FURUKAWA: The Chemistry of Photodimers of Maleic and Fumaric Acid Derivatives. I. Dimethyl Fumarate Dimer. J. Amer. Chem. Soc. **83**, 2725 (1961).

158. HAMMOND, G. S. and R. S. H. LIU: Stereoisomeric Triplet States of Conjugated Dienes. J. Amer. Chem. Soc. **85**, 477 (1963).

159. HAMMOND, G. S., N. J. TURRO and A. FISCHER: Photosensitized Cycloaddition Reactions. J. Amer. Chem. Soc. **83**, 4674 (1961).

160. HASSNER, A., A. W. COULTER and W. S. SEESE: Synthesis of *D*-Norprogesterone. Tetrahedron Letters **1962**, 759.

161. HAUSER, D., M. WOHLWEND, H. WEHRLI und K. SCHAFFNER: Unveröffentlicht (1962).

162. HAVINGA, E., R. J. DE KOCK and M. P. RAPPOLDT: The Photochemical Interconversions of Provitamin D, Lumisterol, Previtamin D and Tachysterol. Tetrahedron **11**, 276 (1960).

163. HAVINGA, E. and J. L. M. A. SCHLATMANN: Remarks on the Specificities of the Photochemical and Thermal Transformations in the Vitamin D Field. Tetrahedron **16**, 146 (1961).

164. HEILIGMAN-RIM, R., Y. HIRSHBERG and E. FISCHER: Photochromism in Spiropyrans. Part V. On the Mechanism of Phototransformation. J. Phys. Chem. (USA) **66**, 2470 (1962).

165. HELLBERG, H.: On the Photo-Transformation of Ergot Alkaloids. IV. Lumilysergic Amides. Acta Chem. Scand. **16**, 1363 (1962), und frühere Arbeiten.

166. HELLER, M. S., H. WEHRLI, K. SCHAFFNER und O. JEGER: Photochemische Reaktionen, 14. Mitt. UV.-Bestrahlung von 11-Oxo-Steroiden. II. Darstellung von Δ^4- und Δ^5-11β,19-Cyclopregnen- sowie 5β-11β,19-Cyclo- und 5,19-Cyclo-pregnan-Verbindungen. Helv. Chim. Acta **45**, 1261 (1962).

167. HEUSLER, K. und J. KALVODA: Intramolekulare Radikalreaktionen. Angew. Chem. **76**, 518 (1964).

168. HILL, J., K. SCHAFFNER und O. JEGER: Unveröffentlicht (1963).

169. HLAVKA, J. J. and H. M. KRAZINSKI: The 6-Deoxytetracyclines. VI. A Photochemical Transformation. J. Organ. Chem. (USA) **28**, 1422 (1963).

170. HOLMSTRÖM, B. and G. OSTER: Riboflavin as an Electron Donor in Photochemical Reactions. J. Amer. Chem. Soc. **83**, 1867 (1961).

171. HORNER, L., W. KIRMSE und K. MUTH: Über Lichtreaktionen. VII. Synthese von Derivaten des Benzocyclobutens. Chem. Ber. **91**, 430 (1958).

172. HORNER, L. und E. SPIETSCHKA: Die präparative Bedeutung der Zersetzung von Diazo-carbonylverbindungen im UV.-Licht. Chem. Ber. **85**, 225 (1952).

173. — — Über Lichtreaktionen. IV. Bicyclo-[1.1.2]-hexan-Derivate als Ergebnis der Umlagerung des Diazocamphers im Licht. Chem. Ber. **88**, 934 (1955).

174. HORNER, L., E. SPIETSCHKA und A. GROSS: Zur Kenntnis der Umlagerungsvorgänge bei Diazo-ketonen, *o*-Chinon-diaziden und Säureaziden. Liebigs Ann. Chem. **573**, 17 (1951).

175. HUNECK, S.: Photochemische Umsetzungen. I. Triterpene. VI. Photochemische Reaktionen mit 2-Diazo-allo-betulon. Tetrahedron Letters **1963**, 375.

176. HURST, J. J. and G. H. WHITHAM: The Photochemistry of Verbenone. J. Chem. Soc. (London) **1960**, 2864; cf. Proc. Chem. Soc. (London) **1959**, 160.

177. — — Photoisomerisation of Eucarvone to 1,5,5-Trimethylnorborn-2-en-7-one. Proc. Chem. Soc. (London) **1961**, 116.

178. IMMER, H., C. LEHMANN, K. SCHAFFNER und O. JEGER: Unveröffentlicht (1961).

179. INHOFFEN, H. H. und HUANG-MINLON: Zur „Photochemie des Cholestenons". Naturwiss. **27**, 167 (1939).

180. INHOFFEN, H. H. und K. IRMSCHER: Fortschritte der Chemie der Vitamine D und ihrer Abkömmlinge. Fortschr. Chem. organ. Naturstoffe **17**, 70 (1959).

181. INHOFFEN, H. H., G. QUINKERT und H.-J. HESS: Partialsynthese des Vitamins D$_2$. Naturwiss. **44**, 11 (1957).

182. INHOFFEN, H. H., G. QUINKERT, H.-J. HESS und H. HIRSCHFELD: Studien in der Vitamin D-Reihe. XXIV. Photo-Isomerisierung der *trans*-Vitamine D$_2$ und D$_3$ zu den Vitaminen D$_2$ und D$_3$. Chem. Ber. **90**, 2544 (1957).

183. INHOFFEN, H. H. und H. SIEMER: Synthetische Chemie der Carotinoide. Fortschr. Chem. organ. Naturstoffe **9**, 1 (1952).

184. IRIARTE, J., J. HILL, K. SCHAFFNER und O. JEGER: Photochemical Reactions, Part 21. On the Photochemical Decarbonylation of a Homoallylic Conjugated Aldehyde. Proc. Chem. Soc. (London) **1963**, 114.

185. IRIARTE, J., K. SCHAFFNER und O. JEGER: Photochemische Reaktionen, 28. Mitt. UV.-Bestrahlung von 11-Oxo-Steroiden IV. 3,20-Diäthylendioxy-11-oxo-C-nor-5α-pregnan. Helv. Chim. Acta. **47**, 1255 (1964).

186. — — — Photochemische Reaktionen, 22. Mitt. UV.-Bestrahlung von 11-Oxo-Steroiden. III. Zur Beeinflussung der (11 → 19)-Cyclisation durch sterische Faktoren. Helv. Chim. Acta **46**, 1599 (1963).

187. JEGER, O., J. REDEL und R. NOWAK: Über die UV.-Bestrahlungsprodukte der α-Amyradienol-Derivate. Helv. Chim. Acta **29**, 1241 (1946).

187a. JUST, G.: Privatmitteilung (1963).

188. KAPLAN, F., K. SCHAFFNER und O. JEGER: Unveröffentlicht (1960).

189. KASHA, M.: Ultraviolet Radiation Effects: Molecular Photochemistry. In: M. Burton, J. S. Kirby-Smith and J. L. Magee (Edit.), Comparative Effects of Radiation, p. 72. New York: Wiley and Sons. 1960.

190. Kerwin, J. F., M. E. Wolff, F. F. Owings, B. B. Lewis, B. Blank, A. Magnani, C. Karash and V. Georgian: The Synthesis of C-18 Functionalized Steroid Hormone Analogs. II. Preparation and Some Reactions of 18-Chloro Steroids. J. Organ. Chem. (USA) **27**, 3628 (1962).

191. Kessar, S. V., A. L. Rampal and K. P. Mahajan: Stereochemistry of the Hofmann-Freytag-Loeffler Reaction Applied to N-Methyl-2-cyclopentylethylamine. J. Chem. Soc. (London) **1962**, 4703.

192. Kirmse, W.: Einige Derivate des Benzocyclobutens. Angew. Chem. **69**, 106 (1957).

193. Kobsa, H.: Rearrangement of Aromatic Esters by Ultraviolet Radiation. J. Organ. Chem. (USA) **27**, 2293 (1962).

194. Kock, R. J. de, G. van der Kuip, A. Verloop and E. Havinga: Studies on Vitamin D and Related Compounds. XV. Irradiations at Low Temperatures. Rec. trav. chim. Pays-Bas **80**, 20 (1961).

195. Kock, R. J. de, N. G. Minnaard and E. Havinga: The Photochemical Reactions of 1,3-Cyclohexadiene and α-Phellandrene. Rec. trav. chim. Pays-Bas **79**, 922 (1960).

196. Křepinský, J., M. Romaňuk, V. Herout and F. Šorm: Constitution of Valeranone. Tetrahedron Letters **1960**, No. 7, 9.

197. Kropp, P. J. and W. F. Erman: Photochemical Rearrangements of Cross-conjugated Cyclohexadienones. Formation of Spiro[4,5]dec-3-en-2-ones. Tetrahedron Letters **1963**, 21.

198. — — Photochemical Rearrangements of Cross-Conjugated Cyclohexadienones. II. Unsubstituted 1,4-Dien-3-ones. J. Amer. Chem. Soc. **85**, 2456 (1963).

199. Kuo, C. H., R. D. Hoffsommer, H. L. Slates, D. Taub and N. L. Wendler: A Total Synthesis of Racemic Griseofulvin. Chem. and Ind. **1960**, 1627.

200. Kwie, W. W., B. A. Shoulders and P. D. Gardner: Photoisomerization of Δ^4-Cholesten-3-one. J. Amer. Chem. Soc. **84**, 2268 (1962).

201. Kwok, R. and M. E. Wolff: *Syn*-19-Oximino-5α-androstan-2β,3α,17β-triol 3,17-Di-acetate. Chem. and Ind. **1962**, 1194.

202. — — C-19-Functional Steroids. III. 2,19-Disubstituted Androstane and Cholestane Derivatives. J. Organ. Chem. (USA) **28**, 423 (1963).

203. Ledger, R. and J. McKenna: A Novel Heterocyclic Steroid System. Chem. and Ind. **1963**, 1662.

204. Legendre, P.: Isomérisations photochimiques dans la série des ionones. Bull. soc. chim. France **1963**, 1523.

205. Lehmann, C., K. Schaffner und O. Jeger: Photochemische Reaktionen, 13. Mitt. Zur photochemischen Umlagerung von 3-Oxo-4,5-oxido-Steroiden in 10(5 → 4)-*abeo*-Steroide. Helv. Chim. Acta **45**, 1031 (1962).

206. Lehmann, C., H. Wehrli, K. Schaffner und O. Jeger: Unveröffentlicht (1963).

207. Lemal, D. M. and K. S. Shim: Tricyclo[2.2.0.0^{2,6}]hexane. J. Amer. Chem. Soc. **86**, 1550 (1964).

208. Lettré, H.: Über Vitamin D und Bestrahlungsprodukte antirachitischer Provitamine. In: Über Sterine, Gallensäuren und verwandte Naturstoffe, Bd. 1, S. 169. Stuttgart: Enke-Verl. 1954.

209. Lorenc, L., K. Schaffner und O. Jeger: Unveröffentlicht (1962).

210. Lukeš, R. und M. Ferles: Beitrag zur Löffler-Freytagschen Reaktion. Coll. Czech. Chem. Comm. **20**, 1227 (1955).

211. Luse, R. A. and A. D. McLaren: Mechanism of Enzyme Inactivation by Ultraviolet Light and the Photochemistry of Amino Acids (at 2537 Å). Photochem. and Photobiol. **2**, 343 (1963).

212. Masson, C. R., W. A. Noyes, Jr. and V. Boekelheide: Photochemical Reactions. In: A. Weissberger (Edit.), Technique of Organic Chemistry, Vol. 2, p. 257. New York: Interscience Publ. 1956.

213. Mateos, J. L. y O. Chao: Contraccion del anillo D en la molecula esteroidal. Bol. inst. quím. Univ. nal. auton. Mexico 13, 3 (1961).

214. Mayo, P. de: Ultraviolet Photochemistry of Simple Unsaturated Systems. Adv. Organ. Chem. 2, 367 (1960).

215. Mayo, P. de and S. T. Reid: Photochemical Rearrangements and Related Transformations. Quart. Rev. (Chem. Soc. London) 15, 393 (1961).

216. Mayo, P. de, J. B. Stothers and R. W. Yip: The Irradiation of β-Ionone. Canad. J. Chem. 39, 2135 (1961).

217. Mayo, P. de and H. Takeshita: Photochemical Syntheses. 6. The Formation of Heptandiones from Acetylacetone and Alkenes. Canad. J. Chem. 41, 440 (1963).

218. McDowell, C. A. and S. Sifniades: Isomerization as a Primary Process in the Photolysis of Crotonaldehyde. J. Amer. Chem. Soc. 84, 4606 (1962).

219. Meinwald, J., G. G. Curtis and P. G. Gassman: D-Norsteroids. J. Amer. Chem. Soc. 84, 116 (1962).

220. Meinwald, J. and P. G. Gassman: Highly Strained Bicyclic Systems. I. The Synthesis of Some Bicyclo[2,1,1]hexanes of Known Stereochemistry. J. Amer. Chem. Soc. 82, 2857 (1960).

221. Meyer, W. L. and A. S. Levinson: Photolysis of 1,1-Dimethyl-*trans*-decalin-10-carbonyl Azide: an Analogue of the A/B/E Rings of Diterpenoid Alkaloids. Proc. Chem. Soc. (London) 1963, 15; J. Organ. Chem. (USA) 28, 2859 (1963).

222. Miljković, M., L. Lorenc, K. Schaffner und O. Jeger: Unveröffentlicht (1963).

223. Mills, J. S. and V. Petrow: The Rearrangement of Steroid Hypochlorites: Preparation of 6-Methylandrost-5-ene-3β,17β,19-triol. Chem. and Ind. 1961, 946.

224. Moore, A. M.: Ultraviolet Irradiation of Pyrimidine Derivatives. II. Note on the Synthesis of the Product of Reversible Photolysis of Uracil. Canad. J. Chem. 36, 281 (1958).

225. — Ultraviolet Irradiation of Pyrimidine Derivatives. III. Influence of Hydrogen Cyanide on the Photolysis. Canad. J. Chem. 37, 1281 (1959).

226. — Ultraviolet Irradiation of Pyrimidine Derivatives. IV. Anionic Effects on the Photolysis of Cytosine and O-Methylcytosine. Canad. J. Chem. 41, 1937 (1963).

227. Moore, A. M. and C. H. Thomson: Ultraviolet Irradiation of Pyrimidine Derivatives. I. 1,3-Dimethyluracil. Canad. J. Chem. 35, 163 (1957).

228. Moore, W. M., J. T. Spence, F. A. Raymond and S. D. Colson: The Photochemistry of Riboflavin. I. The Hydrogen Transfer Process in the Anaerobic Photobleaching of Flavins. J. Amer. Chem. Soc. 85, 3367 (1963).

229. Mostoslavskiĭ, M. A.: Mechanism of the Photochemical Isomerization of Organic Compounds Containing a Single Ethylenic Bond. Zhurn. Fiz. Khim. 34, 2405 (1960) [Chem. Abstr. 55, 7352 (1961)].

230. Mousseron-Canet, M. et J.-C. Mani: Sur la photolyse du nitrite de géranyle. Bull. soc. chim. France 1963, 1549.

231. Mousseron-Canet, M., M. Mousseron et P. Legendre: Isomérisation photochimique dans la série de l'α-ionone. Bull. soc. chim. France 1961, 1509.

232. Mousseron-Canet, M., M. Mousseron, P. Legendre et J. Wylde: Isomérisation photochimique dans la série de la β-ionone. Bull. soc. chim. France 1963, 379.

233. MULLER, G., C. HUYNH et J. MATHIEU: Sur l'accès aux D-nor stéroïdes. Bull. soc. chim. France 1962, 296.

234. MUSAJO, L.: Photoreactions between Flavine Coenzymes and Skin-photosensitizing Agents. Pure and Appl. Chem. 6, 369 (1963).

235. MUSTAFA, A.: Dimerization Reactions in Sunlight. Chem. Rev. 51, 1 (1952).

236. NANN, B., D. GRAVEL, R. SCHORTA, H. WEHRLI, K. SCHAFFNER und O. JEGER: Photochemische Reaktionen, 24. Mitt. Die UV.-Bestrahlung von Testosteron und 3-Oxo-17-acetoxy-$\Delta^{1;5}$-androstadien. Helv. Chim. Acta 46, 2473 (1963).

237. NICKON, A., J. R. MAHAJAN and F. J. McGUIRE: Epimerization in a Nitrite Ester Photolysis. J. Organ. Chem. (USA) 26, 3617 (1961).

238. NICKON, A. and W. L. MENDELSON: Stereospecific Preparation of Epoxyketones by Photochemical Oxygenation. J. Amer. Chem. Soc. 85, 1894 (1963).

238a. NOYES, W. A., Jr., G. S. HAMMOND and J. N. PITTS, Jr. (Edit.): Advances in Photochemistry, Vol. 1. London-New York: Interscience Publ. 1963.

239. NUSSBAUM, A. L., F. E. CARLON, E. P. OLIVETO, E. TOWNLEY, P. KABASAKALIAN and D. H. R. BARTON: The Photolysis of Organic Nitrites. VI. The Correlation of 18-Oxygenated Steroids from Several Sources. Tetrahedron 18, 373 (1962).

240. NUSSBAUM, A. L. and C. H. ROBINSON: Some Recent Developments in the Preparative Photolysis of Organic Nitrites. Tetrahedron 17, 35 (1962).

241. NUSSBAUM, A. L., C. H. ROBINSON, E. P. OLIVETO and D. H. R. BARTON: The Photolysis of Organic Nitrites. III. Oxidative Fission of Carbon-Carbon Single Bonds in α-Oxygenated Alcohols. J. Amer. Chem. Soc. 83, 2400 (1961).

242. NUSSBAUM, A. L., R. WAYNE, E. YUAN, O. ZAGNEETKO and E. P. OLIVETO: The Photolysis of Organic Nitrites. V. Intramolecular Alkoxide Radical Addition to a Double Bond. J. Amer. Chem. Soc. 84, 1070 (1962).

243. OLSON, A. R. and F. L. HUDSON: The Photostationary States of Some Geometrically Isomeric Acids. J. Amer. Chem. Soc. 55, 1410 (1933).

244. ORBAN, I., K. SCHAFFNER and O. JEGER: On the Photochemical Cyclization of Saturated Ketones and Aldehydes to Cyc obutanols. J. Amer. Chem. Soc. 85, 3033 (1963).

245. OSTER, G., J. S. BELLIN and B. HOLMSTRÖM: Photochemistry of Riboflavin. Experientia 18, 249 (1962).

246. OWADES, J. L.: Mechanism of the Photocondensation of Steroids. Experientia 6, 258 (1950).

247. PATERNÒ, E. e G. CHIEFFI: Sintesi in chimica organica per mezzo della luce. Nota V. Comportamento degli acidi e degli eteri col benzofenone. Gazz. chim. ital. 40 II, 321 (1910).

248. PAVLOVSKAYA, T. E. and A. G. PASYNSKIĬ: The Original Formation of Amino Acids under the Action of Ultraviolet Rays and Electric Discharges. In: F. Clark and R. L. M. Synge (Edit.), The Origin of Life on Earth, p. 151. London: Pergamon Press. 1959.

249. PAVLOVSKAYA, T. E., A. G. PASYNSKIĬ and A. I. GREBENIKOVA: Formation of Amino Acids by the Action of Ultraviolet Light on Solutions of Formaldehyde and Ammonium Salts in the Presence of Adsorbents. Doklady Akad. Nauk (USSR) 135, 743 (1960) [Chem. Abstr. 55, 10531 (1961)].

250. PAVOLINI, T., R. CULTRERA e P. G. PIFFERI: Ulteriori ricerche sulla fotolisia e sulla sintesi fotochimica degli amminoacidi. Gazz. chim. ital. 91, 706 (1961).

251. PELLETIER, S. W. and W. L. McLEISH: The Ultraviolet-induced Isomerization of Tiglic Acid to Angelic Acid. J. Amer. Chem. Soc. 74, 5292 (1952).

252. PITTS, J. N., Jr.: Relations between Molecular Structure and Photodecomposition Modes. J. Chem. Education 34, 112 (1957).

253. QUINKERT, G. und H.-G. HEINE: Bildung ungesättigter Carbonsäuren durch lichtinduzierte Autoxydation nichtkonjugierter Ketone. Tetrahedron Letters **1963**, 1659.

254. QUINKERT, G., K. OPITZ, W. W. WIERSDORFF und J. WEINLICH: Lichtinduzierte Decarbonylierung gelöster Ketone bei Raumtemperatur. Tetrahedron Letters **1963**, 1863.

255. QUINKERT, G., B. WEGEMUND und E. BLANKE: Ketenbildung durch intramolekulare Disproportionierung photochemisch erzeugter Alkyl/Acyl-Radikalpaare aus cyclischen Ketonen. Tetrahedron Letters **1962**, 221.

256. REID, C.: The Triplet State. Quart. Rev. (Chem. Soc. London) **12**, 205 (1958).

257. REIMANN, H., A. S. CAPOMAGGI, T. STRAUSS, E. P. OLIVETO and D. H. R. BARTON: A Novel Rearrangement of the Steroid Nucleus. Synthesis of 18-Nor-D-homosteroids. J. Amer. Chem. Soc. **83**, 4481 (1961).

258. REIMANN, H., H. SCHNEIDER, O. ZAGNEETKO SARRE, C. FEDERBUSH, C. TOWNE, W. CHARNEY and E. P. OLIVETO: Chemical and Microbiological Transformations of Some D-Norsteroids. Chem. and Ind. **1963**, 334.

259. REUSCH, W.: Privatmitteilung (1962).

260. RIGAUDY, J. et P. COURTOT: Réactions photochimiques du diphényl-1,4-cycloheptadiène-1,3. Tetrahedron Letters **1961**, 95.

261. RODIGHIERO, G. e V. CAPPELLINA: Ricerche sulla fotodimerizzazione di alcune furocumarine. Gazz. chim. ital. **91**, 103 (1961).

262. RYF, H.: Beitrag zur Kenntnis der photochemischen Reaktionen gekreuzt konjugierter Dienone. Dissert., E. T. H. Zürich. 1961.

263. SADEH, T. and G. M. J. SCHMIDT: The Photodimerization of Monomethyl Fumarate. J. Amer. Chem. Soc. **84**, 3970 (1962).

264. SALTMARSH, O. D. and R. G. W. NORRISH: Primary Photochemical Reactions. Part VI. The Photochemical Decomposition of Certain Cyclic Ketones. J. Chem. Soc. (London) **1935**, 455.

265. ŠANTAVÝ, F.: Substanzen der Herbstzeitlose und ihre Derivate. XXII. Photochemische Produkte des Colchicins und einige seiner Derivate. Coll. Czech. Chem. Comm. **16**, 665 (1951) [Biol. Listy **31**, 246 (1950)].

266. ŠANTAVÝ, F. und T. REICHSTEIN: Isolierung neuer Stoffe aus den Samen der Herbstzeitlose *Colchicum autumnale* L. Substanzen der Herbstzeitlose und ihre Derivate, 12. Mitt. Helv. Chim. Acta **33**, 1606 (1950).

267. SARGENT, M. V. and C. J. TIMMONS: The Photochemical Conversions of Stilbenes to 9,10-Dihydrophenanthrenes. J. Amer. Chem. Soc. **85**, 2186 (1963).

268. SATODA, I. and E. YOSHII: The Structure of Photosantoninic Acid. Tetrahedron Letters **1962**, 331; J. pharmac. Soc. Japan **83**, 566, 574 (1963).

269. SAUNDERSON, C. P. and D. C. HODGKIN: The Crystal Structure of Suprasterol II. Tetrahedron Letters **1961**, 573.

270. SCHAFFNER, K., D. ARIGONI und O. JEGER: Neuartige Umwandlungen bei den Steroiden. Experientia **16**, 169 (1960).

271. SCHEFFOLD, R.: Aufbau eines die Ringe B und C umfassenden Zwischenproduktes zur Synthese von 1,7,7,12,12-Pentamethylcorrin. Dissert., E. T. H. Zürich. 1963.

272. SCHENCK, G. O., H. J. KUHN und O.-A. NEUMÜLLER: Photoisomerisierungen der Lumicolchicine und des Colchiceins. Tetrahedron Letters **1**, 12 (1961).

273. SCHENCK, G. O. und R. STEINMETZ: Photofragmentierung von Dehydronorcampher in Cyclopentadien und Keten und photosensibilisierte Synthese des Pentacyclo[5.2.1.0^{2,6}.0^{3,9}.0^{4,8}]decans. Chem. Ber. **96**, 520 (1963).

274. SCHENCK, G. O., I. v. WILUCKI und C. H. KRAUCH: Photosensibilisierte Cyclodimerisation von Cumarin. Chem. Ber. **95**, 1409 (1962).

275. SCHENCK, G. O. und R. WOLGAST: Vortrag am ,,Informal Photochemistry Meeting", Brüssel, Juni 1962.
276. SCHLATMANN, J. L. M. A. and E. HAVINGA: Studies on Vitamin D and Related Compounds. XVI. Synthesis of Model Compounds for the Study of the Previtamin D $\rightleftharpoons$ Vitamin D Interconversion. Rec. trav. chim. Pays-Bas 80, 1101 (1961).
277. SCHMIDT, G. M. J.: The Influence of Topochemical Factors on Reactions in the Solid State. Acta Crystallogr. 10, 793 (1957).
278. SCHÖNBERG, A.: Präparative organische Photochemie. Berlin: Springer-Verlag. 1958.
279. SCHOTT, E., D. ARIGONI und O. JEGER: Photochemische Reaktionen, 18. Mitt. Die Konstitution der Photosantoninsäure. Helv. Chim. Acta 46, 307 (1963).
280. SCHULLER, W. H., R. N. MOORE, J. E. HAWKINS and R. V. LAWRENCE: The Ultraviolet Irradiation of the Cyclohexa-1,3-diene, Levopimaric Acid. J. Organ. Chem. (USA) 27, 1178 (1962).
281. SCHUSTER, D. I., M. AXELROD and J. AUERBACH: The Photochemical Isomerization and Fragmentation of Dehydronorcampher. Tetrahedron Letters 1963, 1911.
282. SERNAGIOTTO, E.: Sul prodotto di isomerizzazione del carvone alla luce. Carvoncanfora. Gazz. chim. ital. 47, 153 (1917).
283. — Sul prodotto di isomerizzazione del carvone alla luce. Carvoncanfora. Nota II. Gazz. chim. ital. 48, 52 (1918).
284. SETLOW, R.: The Action Spectrum for the Reversal of the Dimerization of Thymine induced by Ultraviolet Light. Biochim. Biophys. Acta 49, 237 (1961).
285. SHUGAR, D.: Photochemistry of Nucleic Acids and Their Constituents. In: E. Chargaff and J. N. Davidson (Edit.), Nucleic Acids, Vol. 3, p. 38. New York: Academic Press. 1960.
286. SIDMAN, J. W.: Electronic Transitions Due to Nonbonding Electrons in Carbonyl, Aza-aromatic, and Other Compounds. Chem. Rev. 58, 689 (1958).
287. SIMONS, J. P.: The Reactions of Electronically Excited Molecules in Solution. Quart. Rev. (Chem. Soc. London) 13, 3 (1959).
288. SIMONSEN, J. and D. H. R. BARTON: The Terpenes, Vol. 3, p. 292. Cambridge: Univ. Press. 1952.
289. SMITH, E. C. and D. E. METZLER: The Photochemical Degradation of Riboflavin. J. Amer. Chem. Soc. 85, 3285 (1963).
290. SMITH, K. C.: A Chemical Basis for the Sensitization of Bacteria to Ultraviolet Light by Incorporated Bromouracil. Biochem. Biophys. Res. Commun. 6, 458 (1961/62).
291. SRINIVASAN, R.: Photoisomerization Processes in Cyclic Ketones. I. Cyclopentanone and Cyclopentanone-2,2,5,5-d$_4$. J. Amer. Chem. Soc. 81, 1546 (1959).
292. — Photoisomerization Processes in Cyclic Ketones. II. Cyclohexanone and 2-Methyl-cyclohexanone. J. Amer. Chem. Soc. 81, 2601 (1959).
293. — Photoisomerization Processes in Cyclic Ketones. III. dl-Camphor. J. Amer. Chem. Soc. 81, 2604 (1959).
294. — A Simple Synthesis of Bicyclo[2.1.1]hexane. J. Amer. Chem. Soc. 83, 2590 (1961).
295. — Mercury Photosensitized Decomposition of Norcamphor and d-Camphor. J. Amer. Chem. Soc. 83, 4923 (1961).
296. — Kinetics of the Photochemical Dimerization of Olefins to Cyclobutane Derivatives. I. Intramolecular Addition. J. Amer. Chem. Soc. 84, 4141 (1962).

297. SRINIVASAN, R. and J. C. POWERS, Jr.: Mechanism of the Photochemical Formation of Phenanthrene from *cis*-Stilbene in the Vapor Phase. J. Amer. Chem. Soc. **85**, 1355 (1963).

298. STAUDINGER, H. und S. BEREZA: Zur Kenntnis der Ketene. 3. Abh. Einwirkung von Diphenylketen auf Chinone. Liebigs Ann. Chem. **380**, 243 (1911).

299. STOERMER, R.: Über die Umlagerung stabiler stereoisomerer Äthylenkörper in labile durch ultraviolettes Licht. I. Ber. dtsch. chem. Ges. **42**, 4865 (1909).

300. — Über die Umlagerung der stabilen Stereoisomeren in labile durch ultraviolettes Licht. II. Ber. dtsch. chem. Ges. **44**, 637 (1911).

301. STOLL, A. und W. SCHLIENTZ: Über Belichtungsprodukte von Mutterkornalkaloiden. 39. Mitt. über Mutterkornalkaloide. Helv. Chim. Acta **38**, 585 (1955).

302. STORK, G.: The Racemization of Usnic Acid. Chem. and Ind. **1955**, 915.

303. SÜS, O.: Über die Natur der Belichtungsprodukte von Diazoverbindungen. Übergänge von aromatischen 6-Ringen in 5-Ringe. Liebigs Ann. Chem. **556**, 65 (1944).

304. TAMELEN, E. E. VAN, S. H. LEVIN, G. BRENNER, J. WOLINSKY and P. E. ALDRICH: The Structure of Photosantonic Acid. J. Amer. Chem. Soc. **80**, 501 (1958); **81**, 1666 (1959).

305. TAMELEN, E. E. VAN and S. P. PAPPAS: Chemistry of Dewar Benzene. 1,2,5-Tri-*t*-butylbicyclo[2.2.0]hexa-2,5-diene. J. Amer. Chem. Soc. **84**, 3789 (1962).

306. TAUB, D., C. H. KUO, H. L. SLATES and N. L. WENDLER: A Total Synthesis of Griseofulvin and its Optical Antipode. Tetrahedron **19**, 1, **1963**.

307. THRONDSEN, H. P., G. CAINELLI, D. ARIGONI und O. JEGER: Photochemische Reaktionen, 15. Mitt. Zur Struktur des UV.-Bestrahlungsproduktes von $\Delta^{4,6}$-Cholestadien-3-on. Helv. Chim. Acta **45**, 2342 (1962).

308. TRECKER, D. J., R. L. BRANDON and J. P. HENRY: Photosensitised Dimerisation of Isoprene. Chem. and Ind. **1963**, 652.

309. TREIBS, W.: Die Photo-polymerisation des Piperitons. Ber. dtsch. chem. Ges. **63**, 2738 (1930).

310. — Über die Polymerisation einiger α,β-ungesättigter cyclischer Ketone durch Alkali und durch Licht. J. prakt. Chem. **138**, 299 (1933).

311. USHAKOV, M. I. and N. F. KOSHELEVA: Photopolymerization of $\Delta^{4,6}$-Cholestadien-3-one. Zhurn. Obschei Khimii **14**, 1138 (1944) [Chem. Abstr. **40**, 4071 (1946)].

312. VELLUZ, L., G. AMIARD et A. PETIT: Le précalciférol. Ses relations d'équilibre avec le calciférol. Bull. soc. chim. France **1949**, 501.

313. VELLUZ, L., G. AMIARD et B. GOFFINET: Analogues étio du précalciférol. Bull. soc. chim. France **1957**, 882.

314. VELLUZ, L., B. GOFFINET et G. AMIARD: Sur le comportement photochimique des 19-nor-$\Delta^{5,7}$-stéroïdes. Tetrahedron **4**, 241 (1958).

315. WACKER, A.: Molecular Mechanisms of Radiation Effects. In: J. N. Davidson and W. E. Cohn (Edit.), Progress in Nucleic Acid Research, Vol. 1, p. 369. New York: Academic Press. 1963.

316. WACKER, A., H. DELLWEG und E. LODEMANN: Strahlenchemische Veränderung der Nucleinsäuren. Angew. Chem. **73**, 64 (1961).

317. WACKER, A. und E.-R. LOCHMANN: Zur strahlenchemischen Dimerisierung des Thymins. Z. Naturforsch. **17 b**, 351 (1962).

318. WACKER, A., L. TRÄGER und D. WEINBLUM: Strahlenchemische Veränderungen von Pyrimidin-ribosiden und Pyrimidinen. Angew. Chem. **73**, 65 (1961).

319. WACKER, A., D. WEINBLUM, L. TRÄGER und Z. H. MOUSTAFA: Photochemische Reaktionen von Uracil und Uridin. J. Mol. Biol. **3**, 790 (1961).

320. WANG, S. Y.: Photochemistry of Nucleic Acids and Related Compounds. I. The First Step in the Ultraviolet Irradiation of 1,3-Dimethyluracil. J. Amer. Chem. Soc. **80**, 6196 (1958).

321. — Photochemistry of Nucleic Acids and Related Compounds. II. The Ultra-violet Irradiation of the First Product from 1,3-Dimethyluracil. J. Amer. Chem. Soc. **80**, 6199 (1958).

322. — Ultra-violet Irradiation of 1,3-Dimethylthymine. Nature **184**, B. A. 59 (1959).

323. — Reversible Behaviour of the Ultra-violet Irradiated Deoxyribonucleic Acid and its Apurinic Acid. Nature **188**, 844 (1960).

324. — Photochemical Reactions in Frozen Solutions. Nature **190**, 690 (1961).

325. — Irradiation of Uridine with Ultraviolet Light. Photochem. and Photobiol. **1**, 37 (1962).

326. — Analysis of the Rate of the Ultraviolet Irradiation and Reconstitution Reactions of 1,3-Dimethyluracil and Uridine. Photochem. and Photobiol. **1**, 135 (1962).

327. WANG, S. Y., M. APICELLA and B. R. STONE: Ultraviolet Irradiation of 1,3-Dimethyluracil. J. Amer. Chem. Soc. **78**, 4180 (1956).

328. WARSZAWSKI, R., K. SCHAFFNER und O. JEGER: Photochemische Reaktionen, 7. Mitt. Zum photochemischen Zerfall von 3-Keto-$10\beta,17\beta$-diacetoxy-$\Delta^{1,4}$-östradien. Helv. Chim. Acta **43**, 500 (1960).

329. WAWZONEK, S. and T. P. CULBERTSON: The Formation of 4-Chlorodibutyl-amine from N-Chlorodibutylamine. J. Amer. Chem. Soc. **81**, 3367 (1959).

330. — — Studies on the Cyclization of N-Chlorodialkylamines. J. Amer. Chem. Soc. **82**, 441 (1960).

331. WAWZONEK, S., M. F. NELSON, Jr. and P. J. THELEN: Preparation of Quinuclidines. J. Amer. Chem. Soc. **73**, 2806 (1951).

332. WAWZONEK, S. and J. D. NORDSTROM: The Ultraviolet Light-Catalyzed Decomposition of N-Chloridi-n-butylamine. J. Organ. Chem. (USA) **27**, 3726 (1962).

333. WAWZONEK, S. and P. J. THELEN: Preparation of N-Methylgranatanine. J. Amer. Chem. Soc. **72**, 2118 (1950).

334. WEHRLI, H., M. CEREGHETTI, K. SCHAFFNER und O. JEGER: Photochemische Reaktionen, 6. Mitt. Zur Beeinflussung des photochemischen Verhaltens von 20-Keto-pregnan-Verbindungen durch Acyloxy-Substituenten an C-21. Helv. Chim. Acta **43**, 367 (1960).

335. WEHRLI, H., M. CEREGHETTI, K. SCHAFFNER, J. URECH und E. VISCHER: Photochemische Reaktionen, 10. Mitt. 11,20-Dihydroxy-18,20-cyclo-pregnan-Verbindungen. Helv. Chim. Acta **44**, 1927 (1961).

336. WEHRLI, H., M. S. HELLER, K. SCHAFFNER und O. JEGER: Photochemische Reaktionen, 11. Mitt. UV.-Bestrahlung von 11-Oxo-Steroiden. I. Die Darstellung von $11\beta,19$-Cyclo-, $9\beta,19$-Cyclo- und 19-Hydroxy-5α-pregnan-Verbindungen. Helv. Chim. Acta **44**, 2162 (1961).

337. WEHRLI, H. und K. SCHAFFNER: Photochemische Reaktionen, 12. Mitt. Zur UV.-Bestrahlung von 17-Oxo-Steroiden. Helv. Chim. Acta **45**, 385 (1962).

338. WEHRLI, H., R. WENGER, K. SCHAFFNER und O. JEGER: Photochemische Reaktionen, 20. Mitt. Zur photochemischen Isomerisierung von 10α-Testosteron. Helv. Chim. Acta **46**, 678 (1963).

339. WEINBERG, K., E. C. UTZINGER, D. ARIGONI und O. JEGER: Photochemische Reaktionen, 4. Mitt. Beeinflussung der photochemischen Isomerisierung gekreuzter Dienone durch Substituenten am Chromophor. Helv. Chim. Acta **43**, 236 (1960).

340. WENGER, R., K. SCHAFFNER und O. JEGER: Neuere Entwicklungen in der Photochemie der gekreuzt konjugierten Steroid-Dienone. Chimia **18**, 180 (1964).

341. WESTERHOF, P. and J. A. KEVERLING BUISMAN: Investigations on Sterols. VIII. Some Hitherto Unknown Irradiation Products of Ergosterol. Rec. trav. chim. Pays-Bas **75**, 1243 (1956).

342. WHEELER, J. W., Jr. and R. H. EASTMAN: The Photolysis and Pyrolysis of Umbellulone. J. Amer. Chem. Soc. **81**, 236 (1959).

343. WIERZCHOWSKI, K. L. and D. SHUGAR: Photochemistry of Cytosin Nucleosides and Nucleotides. Biochim. Biophys. Acta **25**, 355 (1957).

344. — — Photochemistry of 4-Aminopyrimidines: 2,6-Dimethyl-4-amino-pyrimidine. Photochem. and Photobiol. **2**, 377 (1963).

345. WIERZCHOWSKI, K. L., D. SHUGAR and A. R. KATRITSKY: Primary Photoproduct of 2,6-Dimethyl-4-aminopyrimidine. J. Amer. Chem. Soc. **85**, 827 (1963).

346. WINDAUS, A., K. DIMROTH und W. BREYWISCH: Über den photochemischen Vorgang bei der Bildung der Photo-pyro-calciferole. Liebigs Ann. Chem. **543**, 240 (1940).

347. WINDAUS, A., J. GAEDE, J. KÖSER und G. STEIN: Über einige kristallisierte Bestrahlungsprodukte aus Ergosterin und Dehydro-ergosterin. Liebigs Ann. Chem. **483**, 17 (1930).

348. WINDAUS, A. und O. LINSERT: Über die Ultraviolett-Bestrahlung des Dehydro-ergosterin. Liebigs Ann. Chem. **465**, 148 (1928).

349. WOLFF, M. E.: Cyclization of N-Halogenated Amines (The Hofmann-Löffler Reaction). Chem. Rev. **63**, 55 (1963).

350. WOLFF, M. E., J. F. KERWIN, F. F. OWINGS, B. B. LEWIS, B. BLANK, A. MAGNANI and V. GEORGIAN: The Synthesis of C-18-Functionalized Steroid Hormone Analogs. I. A Partial Synthesis of Aldosterone. J. Amer. Chem. Soc. **82**, 4117 (1960).

351. WULFF, D. L.: The Role of Thymine Dimer in the Photo-inactivation of the Bacteriophage $T4\nu_1$. J. Mol. Biol. **7**, 431 (1963).

352. WULFF, D. L. and G. FRAENKEL: On the Nature of Thymine Photoproduct. Biochim. Biophys. Acta **51**, 332 (1961).

353. WYMAN, G. M.: The *cis-trans* Isomerization of Conjugated Compounds. Chem. Rev. **55**, 625 (1955).

354. YANG, N. C., A. MORDUCHOWITZ and D.-D. H. YANG: On the Mechanism of Photochemical Formation of Cyclobutanols. J. Amer. Chem. Soc. **85**, 1017 (1963).

355. YANG, N. C. and C. RIVAS: A New Photochemical Primary Process, the Photochemical Enolization of o-Substituted Benzophenones. J. Amer. Chem. Soc. **83**, 2213 (1961).

356. YANG, N. C. and D.-D. H. YANG: Photochemical Reactions of Ketones in Solution. J. Amer. Chem. Soc. **80**, 2913 (1958).

357. — — Photochemical Reactions of 20-Ketosteroids. Tetrahedron Letters **4**, 10 (1960).

358. YOSHII, E.: The Structure of Photosantoninic Acid. J. pharmac. Soc. Japan **83**, 825, 833 (1963).

359. ZAVARIN, E.: On the Structure of the Photodimer of Thymoquinone. J. Organ. Chem. (USA) **23**, 47 (1958).

360. ZECHMEISTER, L.: *Cis-trans* Isomeric Carotenoids, Vitamins A and Arylpolyenes, p. 50. Wien: Springer-Verlag; New York: Acad. Press. 1962.

361. Zimmerman, H. E.: Mechanistic Organic Photochemistry. Tetrahedron **19**, Suppl. 2, 393 (1963).

362. Zimmerman, H. E. and D. I. Schuster: The Photochemical Rearrangement of 4,4-Diphenylcyclohexadienone. Paper I on a General Theory of Photochemical Reactions. J. Amer. Chem. Soc. **83**, 4486 (1961).

363. — —. A New Approach to Mechanistic Organic Photochemistry. IV. Photochemical Rearrangements of 4,4-Diphenylcyclohexadienone. J. Amer. Chem. Soc. **84**, 4527 (1962).

364. Zwicker, E. F., L. I. Grossweiner and N. C. Yang: The Role of n $\rightarrow$ π^* Triplet in the Photochemical Enolization of o-Benzyl-benzophenone. J. Amer. Chem. Soc. **85**, 2671 (1963).

Addendum.

365. Akhtar, M. and M. M. Pechet: The Mechanism of the Barton Reaction. J. Amer. Chem. Soc. **86**, 265 (1964).

366. Arnold, D. R., R. L. Hinman and A. H. Glick: Chemical Properties of the n,π^* State. The Photochemical Preparation of Oxetanes. Tetrahedron Letters **1964**, 1425.

367. Barton, D. H. R. and A. J. L. Beckwith: A Novel Synthesis of Lactones. Proc. Chem. Soc. (London) **1963**, 335.

368. Brown, R. F. C.: The Photochemistry of cis- and trans-1,1-Dimethyldecalin-10-carbonyl Azides. Austral. J. Chem. **17**, 47 (1964).

369. Chapman, O. L., T. A. Rettig, A. A. Griswold, A. I. Dutton and P. Fitton: Photochemical Rearrangements of 2-Cyclohexenones. Tetrahedron Letters **1963**, 2049.

370. Cookson, R. C., J. Hudec, S. A. Knight and B. R. D. Whitear: The Photochemistry of Citral. Tetrahedron **19**, 1995 (1963).

371. Corey, E. J. and M. Chaykovsky: Formation and Photochemical Rearrangement of β'-Ketosulfoxonium Ylids. J. Amer. Chem. Soc. **86**, 1640 (1964).

372. Corey, E. J., R. B. Mitra and H. Uda: Total Synthesis of d,l-Caryophyllene and d,l-Isocaryophyllene. J. Amer. Chem. Soc. **86**, 485 (1964).

373. Corey, E. J. and S. Nozoe: Total Synthesis of α-Caryophyllene Alcohol. J. Amer. Chem. Soc. **86**, 1652 (1964).

374. Crowley, K. J.: Light-induced Diene Migration: An Allene Synthesis. Proc. Chem. Soc. (London) **1964**, 17.

375. Dauben, W. G. and R. M. Coates: Photochemical Transformations. XVI. The Structure of Photolevopimaric Acid. J. Amer. Chem. Soc. **86**, 2490 (1964).

376. Eager, J. E., C. M. Roxburgh and W. E. Savige: Photolysis and Photo-oxidation of Amino Acids and Peptides. VII. Photodegradation and Radiolysis of Some S-Alkylcystines. Photochem. and Photobiol. **3**, 129 (1964).

377. Elad, D.: The Photochemical Rearrangement of N-Acylanilines. Tetrahedron Letters **1963**, 873.

378. Fonken, G. J. and K. Mehrotra: The Photolysis of Cyclic Dienes: An Example of a Dual Path Light-induced Valence Tautomerism. Chem. and Ind. **1964**, 1025.

379. Gravel, D., B. Nann, K. Schaffner und O. Jeger: Unveröffentlicht (1964).

380. Hammond, G. S. and N. J. Turro: Organic Photochemistry. Science **142**, 1541 (1963).

381. Inouye, Y. and K. Nakanishi: Some Photochemical Reactions of Cholestanone Tosylhydrazone and Cholest-4-en-3-one Tosylhydrazone. Steroids **3**, 487 (1964).

382. JEGER, O. und K. SCHAFFNER: Photochemische Umwandlungen von Carbonyl-verbindungen. Chem. Weekbl. **60**, 389 (1964).

383. JEGER, O., K. SCHAFFNER and H. WEHRLI: Photochemical Transformations of α,β-Epoxyketones and Related Carbonyl Systems. Pure and Appl. Chem. (in press).

384. JOHNSON, C. K., B. DOMINY and W. REUSCH: Photochemical and Thermal Rearrangement of α,β-Epoxyketones. J. Amer. Chem. Soc. **85**, 3894 (1963).

385. JUST, G. and C. C. LEZNOFF: Photochemical Transformations of Dienes. I. The Photolysis of 3-Alkoxycholesta-3,5-dienes. Canad. J. Chem. **42**, 79 (1964).

386. KRAUCH, C. H. und H. KÜSTER: Notiz über photochemische En-Synthese. Dimethyl- bzw. Methylmaleinsäureanhydrid und α-Cedren. Chem. Ber. **97**, 2085 (1964).

387. KROPP, P. J.: Photochemical Rearrangements of Cross-Conjugated Cyclo-hexadienones. III. An Example of Steric Control. J. Amer. Chem. Soc. **85**, 3779 (1963).

388. LIU, R. S. H. and G. S. HAMMOND: Photosensitized Cyclization of Myrcene: The Problem of Addition of Dienes to Alkenes. J. Amer. Chem. Soc. **86**, 1892 (1964).

389. McLAREN, A. D. and D. SHUGAR: Photochemistry of Proteins and Nucleic Acids. New York: Pergamon Press. 1964.

390. PETTERSON, R. C. and A. WAMBSGANS: Photochemical Rearrangement of N-Chloroimides to 4-Chloroimides. A New Synthesis of γ-Lactones. J. Amer. Chem. Soc. **86**, 1648 (1964).

391. QUINKERT, G., E. BLANKE und F. HOMBURG: Lichtinduzierte Reaktionen, II. Photochemische Ketenbildung aus cyclischen nichtkonjugierten Ketonen. Chem. Ber. **97**, 1799 (1964).

392. RICE, J. M.: Photochemical Addition of Benzo[*a*]pyrene to Pyrimidine Derivatives. J. Amer. Chem. Soc. **86**, 1444 (1964).

393. ROQUITTE, B. C.: Photolysis of $\Delta^{2,5}$-Bicyclo[2.2.1]heptadiene in the Vapor Phase. J. Amer. Chem. Soc. **85**, 3700 (1963).

394. ROTH, W. R. und B. PELTZER: Photolyse von Bicyclo[4.2.0]octa-2,4-dien, Cycloocta-1,3,5-trien und Cycloocta-1,3,6-trien. Angew. Chem. **76**, 378 (1964).

395. RUBIN, M. B., D. GLOVER and R. G. PARKER: Specificity in Photochemical Cycloadditions. Tetrahedron Letters **1964**, 1075.

396. RUBIN, M. B., G. E. HIPPS and D. GLOVER: Photodimerization of $\Delta^{4,6}$-Diene-3-ketone Steroids. J. Organ. Chem. (USA) **29**, 58 (1964).

397. SAUERBIER, W.: Ultraviolet Sensitivity and Thymine Dimerization in Mutants of Bacterophage T$_4$ (PN 91002). Biochim. Biophys. Acta **87**, 356 (1964).

398. SCHAFFNER, K. und G. SNATZKE: Unveröffentlicht (1964).

399. SCHARF, D. und F. KORTE: Photosensibilisierte Cyclodimerisierung von Norbornen. Tetrahedron Letters **1963**, 821.

400. SCHULTE-ELTE, K. H. and G. OHLOFF: Intramolecular Ene-Synthesis of Photoactivated Carbonyl Compounds. Tetrahedron Letters **1964**, 1143.

401. SCHUSTER, D. I., M. J. NASH and M. L. KANTOR: A Photochemical Synthesis of Dehydrocamphor from Eucarvone. Tetrahedron Letters **1964**, 1375.

402. SMITH, K. C.: The Photochemistry of Thymine and Bromouracil *in Vivo*. Photochem. and Photobiol. **3**, 1 (1964).

403. SWENSON, P. A. and S. NISHIMURA: Inactivation of S-RNA by Ultraviolet Radiation. Photochem. and Photobiol. **3**, 85 (1964).

404. WACKER, A., M. ISHIMOTO, P. CHANDRA und R. SELZER: Photoreaktivierung von UV-inaktivierter Polyuridylsäure. Z. Naturforsch. **19** b, 406 (1964).

405. WEHRLI, H., C. LEHMANN, K. SCHAFFNER und O. JEGER: Photochemische Reaktionen, 29. Mitt. Zum Mechanismus der photochemischen Umlagerung von 3-Oxo-4,5-oxido-Steroiden. Helv. Chim. Acta **47**, 1336 (1964).

406. WILLIAMS, D. H. and C. DJERASSI: Mass Spectrometry in Structural and Stereochemical Problems. XLIX. The Mass Spectrometric Fragmentation of 5α-Androstan-11-one. Synthesis of 19-d_1-5α-Androstan-11-one. Steroids **3**, 259 (1964).

407. YANG, N. C. and M. J. JORGENSON: Photochemical Isomerization of Simple α,β-Unsaturated Ketones. Tetrahedron Letters **1964**, 1203.

408. YANG, N. C. and A. MORDUCHOWITZ: The Photochemical Reactions of Ethyl Pyruvate in 2-Propanol and in Cyclohexane. J. Organ. Chem. (USA) **29**, 1654 (1964).

409. YATES, P. and L. KILMURRY: Two Photochemical Reactions of Cyclo-camphanone. Tetrahedron Letters **1964**, 1739.

410. ZIMMERMAN, H. E., B. R. COWLEY, C.-Y. TSENG and J. W. WILSON: A General Theory of Photochemical Reactions. VII. Mechanisms of Epoxy Ketone Reactions. J. Amer. Chem. Soc. **86**, 947 (1964).

411. ZIMMERMAN, H. E. and J. S. SWENTON: Mechanistic Organic Photochemistry. VIII. Identification of the n → π* Triplet Excited State in the Rearrangement of 4,4-Diphenylcyclohexadienone. J. Amer. Chem. Soc. **86**, 1436 (1964).

Anmerkung bei der Korrektur (8. Sept. 1964). Die von BARTON und MORGAN (*38*, *39*) beschriebenen Ergebnisse der Photolyse von Alkylaziden bedürfen noch einer gründlichen experimentellen Überprüfung, bevor sie in der Literatur definitiv akzeptiert werden können (Privatmitteilung von Prof. D. H. R. BARTON vom 4. Sept. 1964). Vgl. dazu (*412*) und (*413*).

412. SMOLINSKY, G. and B. I. FEUER: Nitrene Insertion into a C—H Bond at an Asymmetric Carbon Atom with Retention of Optical Activity. Thermally Generated Nitrenes. J. Amer. Chem. Soc. **86**, 3085 (1964).

413. WASSERMAN, E., G. SMOLINSKY and W. A. YAGER: Electron Spin Resonance of Alkyl Nitrenes. J. Amer. Chem. Soc. **86**, 3166 (1964).

(Eingelaufen am 16. Januar 1964.)

Stilbene im Pflanzenreich.

Von GERHARD BILLEK, Wien.

Inhaltsübersicht.

I. Historischer Überblick.

Von den pflanzlichen Stilbenen sind drei Vertreter schon sehr lange bekannt. Das Rhaponticin (XIb), ein Glucosid des Rhapontigenins (XIa), wurde 1822 von Hornemann (58) aus der „Rhabarberwurzel" isoliert und war dann im vorigen Jahrhundert Gegenstand zahlreicher Arbeiten, die bereits 1905 in einem ausführlichen Referat (122) zusammengefaßt wurden. Die Strukturaufklärung gelang aber erst im Jahr 1938 (67).

Asahina (5, 11) isolierte 1909 bzw. 1916 aus der Gartenhortensie zwei phenolische Verbindungen, die er Hydrangenol (XIIIa) und Phyllodulcin (XV) nannte. Derselbe Autor (6, 7) konnte erst 1930 feststellen, daß es sich hierbei um Derivate von Stilben-o-carbonsäuren handelt. Die relativ späte Aufklärung der Konstitution dieser Verbindungen beruht wohl darauf, daß man vorerst nicht an das Vorliegen von Stilbenderivaten dachte, solange dieses Skelett bei Naturstoffen unbekannt war. Von 1938 an wurden dann in rascher Folge weitere natürliche Stilbene gefunden und meist gleichzeitig deren richtige Strukturformeln angegeben.

Für die weitere Entwicklung auf diesem Gebiet waren die Arbeiten von Erdtman (31, 32) richtungweisend, der aus dem Kernholz von Kiefern die beiden Stilbene Pinosylvin (III) und Pinosylvin-monomethyläther (IV) isolierte und deren Konstitution aufklärte.

Es war schon viel früher bekannt, daß sich das Kiefernkernholz durch das normale, saure Sulfitverfahren nicht aufschließen läßt, wobei man ursprünglich annahm, daß der hohe Harzgehalt hierfür verantwortlich sei (47, 108). Eine Extraktion des Kernholzes mit Äther entfernt wohl beträchtliche Mengen harziger Inhaltsstoffe (im Durchschnitt 5—10%), dennoch wird dadurch eine Aufschließbarkeit nicht erzielt. Extrahiert man jedoch anschließend mit Aceton, so läßt sich danach das Holz glatt aufschließen, obwohl bei dieser zweiten Extraktion nur noch geringe Mengen (1—2%) des sogenannten „Acetonharzes" isoliert werden. Bei der Untersuchung des „Acetonharzes" entdeckte Erdtman Pinosylvin und dessen Methyläther und konnte ferner zeigen, daß diese beiden Stilbene für die Hemmung des Sulfitaufschlusses verantwortlich sind. Eine Imprägnation des vorher erschöpfend extrahierten und damit aufschließbaren Kiefernkernholzes mit den Reinsubstanzen (III) und (IV) bewirkte wieder eine Hemmung des Sulfitaufschlusses. Damit war die Ursache des Phänomens geklärt; es beruht darauf, daß die beiden Stilbene während der Kochung mit dem Lignin zu unlöslichen Produkten kondensieren (32, 35).

Literaturverzeichnis: SS. 146—152.

Wie ERDTMAN (*32*) feststellte, sind die Pinosylvinphenole toxisch und damit hauptsächlich für die Resistenz des Kiefernkernholzes gegenüber holzzerstörenden Pilzen und Insekten verantwortlich. Es ist demnach nicht verwunderlich, daß man bei der Untersuchung besonders widerstandsfähiger Hölzer weitere Stilbene (VII, VIII, IX, X, XII) entdeckte und als das wirksame Prinzip der Resistenz erkannte.

II. Isolierung und Konstitution.

1. Struktur.

In *Tabelle 1* (S. 118) sind die Strukturformeln aller eindeutig bekannten pflanzlichen Stilbene wiedergegeben. Die Anordnung erfolgte entsprechend der Substitution und des Methylierungsgrades. Die erste Gruppe mit einer Substitution in Position 4 enthält zwei Verbindungen (I, II), die lediglich in einer Pflanzenart gefunden wurden. Die Mehrzahl der natürlichen Stilbene besitzt Sauerstoff-Funktionen in Position 3 und 5 des einen aromatischen Ringes (III—XII). In dieser Gruppe sind drei Verbindungen auch als Glucoside (VIb, XIb, XIIb) bekannt, welche entweder allein oder gemeinsam mit dem Aglucon in der betreffenden Pflanzenart auftreten.

Schließlich muß man Hydrangenol (XIIIa) und Phyllodulcin (XV), zwei Derivate des 3-Phenyl-3,4-dihydro-isocumarins (*Formelübersicht 1*), zu den pflanzlichen Stilbenen zählen. Vom Hydrangenol sind auch

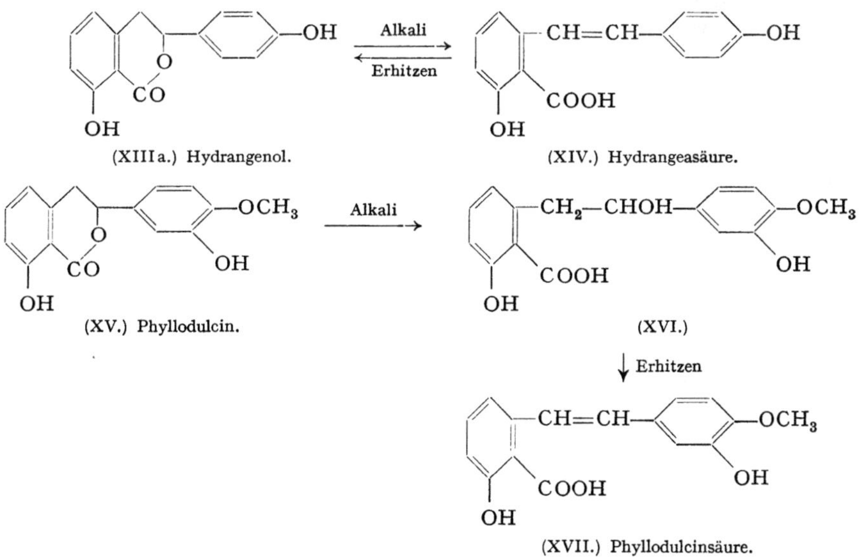

Formelübersicht 1. 3-Phenyl-3,4-dihydro-isocumarine und Stilben-*o*-carbonsäuren.

Tabelle 1. Die natürlichen Stilbene und Stilbenglucoside.

(I.) 4-Hydroxystilben.

(II.) 4-Methoxystilben.

(III.) Pinosylvin.

(IV.) Pinosylvin-monomethyläther.

(V.) Pinosylvin-dimethyläther.

(VIa.) Resveratrol.
(VIb.) Piceid (Resveratrol-3-β-D-glucosid).

(VII.) Pterostilben.

Literaturverzeichnis: SS. 146—152.

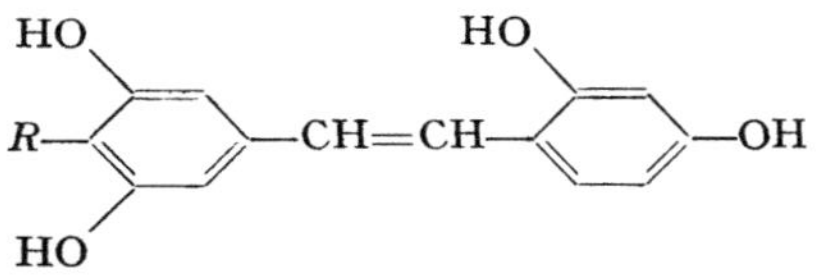

(VIII.) Oxyresveratrol ($R = H$).
(IX.) Chlorophorin ($R = C_{10}H_{17}$). (Formel s. S. 129.)

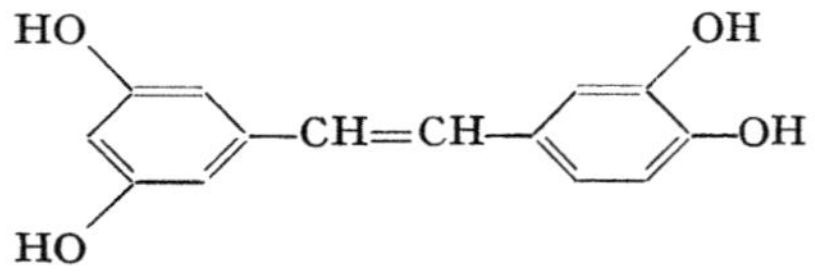

(X.) 3,5,3′,4′-Tetrahydroxystilben, Piceatannol.

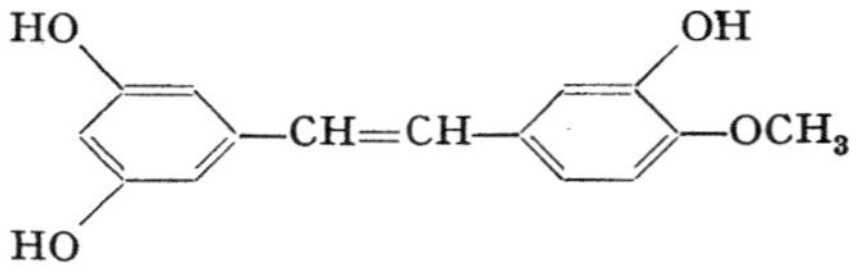

(XIa.) Rhapontigenin.
(XIb.) Rhaponticin (Rhapontigenin-3-β-D-glucosid).

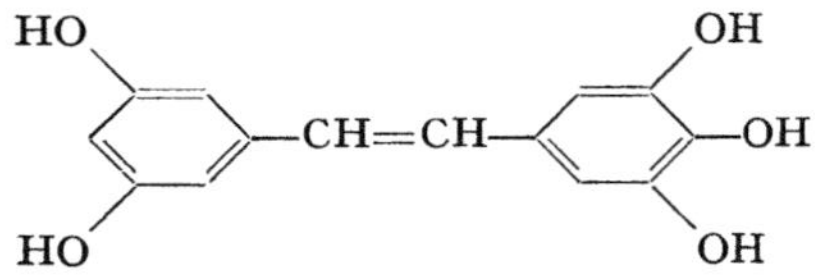

(XIIa.) 3,5,3′,4′,5′-Pentahydroxystilben.
(XIIb.) 3,5,3′,4′,5′-Pentahydroxystilben-glucosid.

Glucoside (XIIIb) beschrieben worden. Hydrangenol (XIIIa, S. 117) wird im alkalischen Medium bereits unter milden Bedingungen zur Hydrangeasäure (XIV) aufgespalten, die ebenfalls als Naturprodukt auftritt, jedoch nur als Begleiter des Hydrangenols.

Phyllodulcin (XV), wie alle anderen Derivate des 3-Phenyl-3,4-dihydro-iso-cumarins, ohne freie Hydroxylgruppe in Position 4′, geben die entsprechenden Stilben-*o*-carbonsäuren (XVII) erst bei höherer Temperatur. Im alkalischen Medium wird der Lactonring ohne Wasserabspaltung geöffnet und eine Stilben-hydrat-*o*-carbonsäure (XVI) gebildet. Dies ist vermutlich die Ursache, weshalb eine Phyllodulcinsäure (XVII) bisher nicht in der Pflanze gefunden wurde.

Untersuchungen über die Biosynthese des Hydrangenols (s. Kap. VII, S. 142) lassen keinen Zweifel offen, daß diese Verbindung als Vertreter der pflanzlichen Stilbene anzusprechen ist.

2. Physikalische Eigenschaften.

Die Eigenschaften der natürlichen Stilbene sind weitgehend von der Zahl der freien Hydroxylgruppen abhängig. Die niedrig substituierten Derivate (I—V, VIa, VII) sind gut kristallisierende, leicht ätherlösliche, farblose Substanzen, die sich unzersetzt im Hochvakuum sublimieren lassen. Stilbene mit mehr als drei freien Hydroxylgruppen schmelzen unscharf, bilden aus wäßrigen Lösungen Hydrate (VIII) (*14, 118*), (IX) (*94*) und neigen zur Polymerisation (X) (*20, 28*), (XIIb) (*54*). Sie sind bisweilen (VIII, X) noch in geringem Umfang in Äther löslich, was zur Isolierung herangezogen werden kann (*19, 76, 20, 72*). Diese Verbindungen sind aber nur schwierig in reiner Form darstellbar; zur Charakterisierung werden deshalb zusätzlich die Methyläther, Acetate und Benzoate herangezogen.

Die Eigenschaften der Stilbenglucoside (VIb, XIb, XIIb, XIIIb) sind in erster Linie durch den Zuckerrest bestimmt. Die Hydrangea-säure (XIV) geht beim Erhitzen sehr leicht in Hydrangenol (XIIIa) über, welches sich unzersetzt sublimieren läßt (*16, 17*).

3. Isolierungsmethoden.

Da die pflanzlichen Stilbene entweder als freie Phenole, Phenoläther oder als Glucoside auftreten und im Fall der Stilben-*o*-carbonsäuren auch als Lactone vorliegen können, ist es nicht möglich, eine allgemein anwendbare Isolierungsvorschrift anzugeben. Aus dem Lösungsverhalten der Reinsubstanz kann nicht immer auf ein geeignetes Extraktionsmittel geschlossen werden.

Die Pinosylvine (III, IV) sind im Kernholz der betreffenden Kiefernarten von ätherunlöslichen „Membransubstanzen" eingeschlossen, so daß diese an sich ätherlöslichen Stilbene nicht unmittelbar mit Äther extrahiert werden können (*33*). Es müssen daher andere Lösungsmittel, wie z. B. Aceton oder Methanol, herangezogen werden, die auch die Membransubstanzen angreifen und so eine Extraktion der

Stilbene ermöglichen. Dies gilt aber nicht für alle Arten der Gattung *Pinus* (*81*). Ein ähnliches Verhalten wie die Pinosylvine zeigt auch Resveratrol (VIa) im Kernholz von *Eucalyptus*-Arten (*49*).

Zur Darstellung der Reinsubstanzen wurde früher ausschließlich die fraktionierte Kristallisation, bisweilen nach Acetylierung des rohen Extraktes (XIIa) (*72*), herangezogen, während heute zusätzlich chromatographische Methoden Anwendung finden. Zur Isolierung von Pinosylvin (III, S. 118) und dessen Monomethyläther (IV) wurden Dünnschicht- (*21*) und Säulenchromatographie an Kieselsäure verwendet (*102*). Piceid (VIb) konnte von seinem Aglucon (VIa) mittels Zellulose- und Polyamidsäulen (*49*), von Rhaponticin (XIb) durch präparative Papierchromatographie (*56*) getrennt werden.

4. Nachweismethoden.

In zahlreichen Arbeiten über das natürliche Vorkommen der Stilbene wurde auf deren Isolierung verzichtet und stets die Papierchromatographie zur Identifizierung eingesetzt. Für die Analyse des Kernholzes von *Pinus*-Arten und damit auch zum Nachweis der Pinosylvine (III, IV) verwendete LINDSTEDT (*79*) eine papierchromatographische Methode, die sich im folgenden bei umfangreichen Reihenuntersuchungen zur Klärung taxonomischer Fragen innerhalb der Gattung *Pinus* bewährte (*81, 82*) und eine quantitative Auswertung ermöglicht (*83*). Aber auch andere Trennungsmethoden sind für die Pinosylvine angegeben worden (*16, 21, 57*). Zum Nachweis der in *Eucalyptus*-Arten vorkommenden Stilbene Resveratrol (VIa) (*48, 49, 54*), Piceid (VIb) (*48, 49, 54, 55, 56*), Rhaponticin (XIb) (*54, 55, 56*), 3,5,3',4',5'-Pentahydroxystilben (XIIa) und dessen Glucosid (XIIb) (*54, 55*) wurde fast ausschließlich die Papierchromatographie herangezogen.

HATHWAY (*48*) untersuchte das chromatographische Verhalten von Hydroxystilbenen (VIa, VIb, VIII, X, XII) und stellte fest, daß die nach Hydrierung erhaltenen Dihydrostilbene eine gegenüber dem Grundkörper charakteristische Verschiebung der R_f-Werte zeigen.

Angaben über den Nachweis von Oxyresveratrol (VIII, S. 119) (*19*), Hydrangenol (XIIIa) (*17, 59*) und Hydrangenolglucosid (XIIIb) (*59*) finden sich in Veröffentlichungen, welche die Biosynthese dieser Verbindungen behandeln. Zur Papierchromatographie von Pterostilben (VII), Chlorophorin (IX), Rhapontigenin (XIa), Hydrangenol (XIIIa) und Phyllodulcin (XV) sei auf eine Arbeit von BILLEK und KINDL (*16*) verwiesen. Der Nachweis des Rhaponticins (XIb) in Rhabarberdrogen ist aus pharmazeutischen Gesichtspunkten wesentlich, da ein Gehalt an diesem Stilbenglucosid Aufschlüsse über die Herkunft der Droge gestattet (s. Kap. IV, S. 130). Neben älteren Analysenverfahren (*107*) sind auch mehrere papierchromatographische Methoden (*50, 93, 109*) bekannt.

Zur Identifizierung der Stilbene am Papierchromatogramm gibt es keine spezifischen Reaktionen. Alle pflanzlichen Stilbene zeigen jedoch im UV eine mehr oder minder starke blaue bis blauviolette Fluoreszenz, die sich bei Einwirkung von Ammoniakdämpfen auffallend verstärkt und bisweilen in hellblau bis blaugrün umschlägt. Daneben werden die üblichen Phenolreaktionen mit Diazoniumverbindungen ausgeführt, neben der allerdings recht unspezifischen Reduktion von Kaliumpermanganat. Für die Pinosylvine (III, IV) eignet sich vor allem tetrazotiertes Benzidin (*79*), welches auch zum Nachweis dieser Verbindungen in Kernholzproben herangezogen wird. Weitere Reaktionen sind in den bereits zitierten Arbeiten angegeben.

5. Konstitutionsaufklärung.

Die Aufklärung der Konstitution bereitete keine besonderen Schwierigkeiten, sobald das Grundskelett des Stilbens erkannt worden war. Sie erfolgte jeweils durch oxydative Spaltung an der Doppelbindung nach Methylierung, Acetylierung oder Benzoylierung der freien Hydroxylgruppen, wobei stets bereits bekannte Derivate der Benzoesäuren bzw. des Benzaldehyds erhalten wurden *(Formelübersicht 2)*.

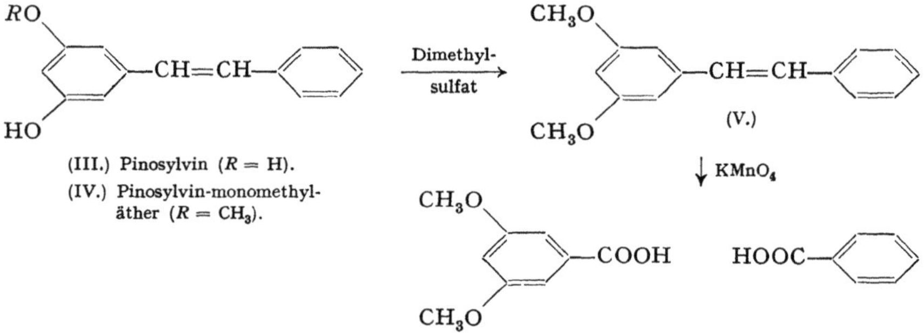

Formelübersicht 2. Konstitutionsaufklärung der Pinosylvine (III, IV) nach ERDTMAN.

Die Pinosylvine (III—V) wurden von ERDTMAN (*31, 32*), Resveratrol (VIa) und Oxyresveratrol (VIII) von TAKAOKA (*118*), Pterostilben (VII) von SPÄTH und SCHLÄGER (*115*) aufgeklärt. Für Pterostilben wurde ein weiterer Konstitutionsbeweis erbracht, als die Identität seines Methyläthers mit dem Trimethyläther des Resveratrols festgestellt werden konnte (*119*). Rhapontigenin (XIa) wurde von KAWAMURA (*67*) nach Benzoylierung, 3,5,3',4'-Tetrahydroxystilben (X) und 3,5,3',4',5'-Pentahydroxystilben (XIIa) von KING und Mitarbeitern (*72*) nach Acetylierung und Oxydation zu bekannten Derivaten der Benzoesäure abgebaut. Bezüglich näherer Angaben über die Konstitutionsaufklärung des Chlorophorins (IX), jenes einzigen Stilbenderivates mit einer terpenoiden Seitenkette, muß auf die Arbeiten von KING und GRUNDON (*45, 70, 71*) sowie NUNN und RAPSON (*94*) verwiesen werden.

Durch Oxydation des Chlorophorin-tetramethyläthers mit Kaliumpermanganat werden Spaltstücke des Stilbenteiles (2,4-Dimethoxy-benzoesäure und 4-Carboxy-2,6-dimethoxy-phenylessigsäure) erhalten (*45, 71*). Oxydation mit Perhydrol hingegen ergab Homogeraniumsäure als Abbauprodukt der aliphatischen Seitenkette (*71*).

Piceid (VI b), das Glucosid des Resveratrols (VI a), wurde methyliert und gab nach Oxydation Anissäure (*64*), nach Spaltung mit Emulsin Resveratrol-3,4'-dimethyläther und Glucose, wodurch die Position des Zuckerrestes eindeutig nachgewiesen ist (*49, 64*). Das Glucosid Rhaponticin (XI b) wurde von KAWAMURA (*67*) nach ähnlicher Methode aufgeklärt. Die Stellung der Glucose im 3,5,3',4',5'-Pentahydroxystilben-glucosid (XII b) ist unbekannt.

Die Konstitutionsaufklärung der Stilbencarbonsäuren bzw. 3,4-Dihydro-isocumarine (XIII—XV, S. 117) war weitaus schwieriger. Die Arbeiten von MANIWA (*88, 89*) führten nicht zur Aufstellung der richtigen Formeln. Dies gelang erst ASAHINA und ASANO (*7*) bzw. UENO (*124*), wobei Alkalischmelze der Isocumarine (*10, 11*) und Ozonolyse der methylierten Stilbencarbonsäuren (*7, 124*) herangezogen wurden. Aber erst die Synthesen des Hydrangenols (XIII a) (*8*) und des Phyllodulcin-dimethyläthers (XXIV, S. 126) (*9*) bestätigten zweifelsfrei die Richtigkeit der angegebenen Strukturformeln.

Im Rahmen von Arbeiten über die Biosynthese der pflanzlichen Stilbene sind verbesserte und teilweise neue Abbaumethoden für Pinosylvin-monomethyläther (IV) (*21*), Oxyresveratrol (VIII) (*19*), Piceid (VI b) (*56*), Rhaponticin (XI b) (*56*) und Hydrangenol (XIII a) (*17, 60*) angegeben worden.

6. Konfiguration.

Die natürlichen Pinosylvine sind Derivate des *trans*-Stilbens, was ERDTMAN (*34*) durch Analyse der UV-Spektren feststellen konnte. Auch die anderen Stilbene sollen in der Natur ausschließlich oder vorwiegend in der stabileren *trans*-Konfiguration vorkommen. Diese Feststellung beruht auf Erfahrungen, die im Verlauf der Synthesen der betreffenden Verbindungen gemacht wurden (s. Kap. III, S. 125).

In jüngster Zeit konnten durch UV-Bestrahlung von Resveratrol (VI a) und Piceid (VI b) auch die beiden *cis*-Isomere dargestellt und papierchromatographisch nachgewiesen werden (*48*). Gleichzeitig fand HATHWAY (*48*) im Kernholz von *Eucalyptus*-Arten die beiden *cis*-Isomeren in wechselnder, aber stets geringerer Konzentration als die jeweils daneben vorhandenen *trans*-Formen. Sein Nachweis war der erste für natürliches

Vorkommen von *cis*-Stilbenderivaten. HILLIS und CARLE (*54*) fanden in der Rinde von *Eucalyptus astringens* zwei Glucoside des 3,5,3′,4′,5′-Pentahydroxystilbens (XIIb), die vermutlich ebenfalls *cis-trans*-Isomere sind.

III. Synthesen.

1. Stilbene.

4-Hydroxystilben (I, S. 118) und 4-Methoxystilben (II) waren bereits vor der Entdeckung ihres natürlichen Vorkommens bekannt und damit synthetisch zugänglich (*52*).

Pinosylvin (III) wurde durch Kondensation von 3,5-Dihydroxy-benzaldehyd mit Phenylessigsäure und anschließender Decarboxylierung der Stilben-β-carbonsäure von SPÄTH und LIEBHERR (*114*) synthetisiert. Bei Verwendung der entsprechend substituierten Ausgangsprodukte erhielten AULIN-ERDTMAN und ERDTMAN (*13*) Pinosylvin-dimethyläther (V) sowie SPÄTH und KROMP den Monomethyläther des Pinosylvins (IV) (*113*) und das Pterostilben (VII) (*111*).

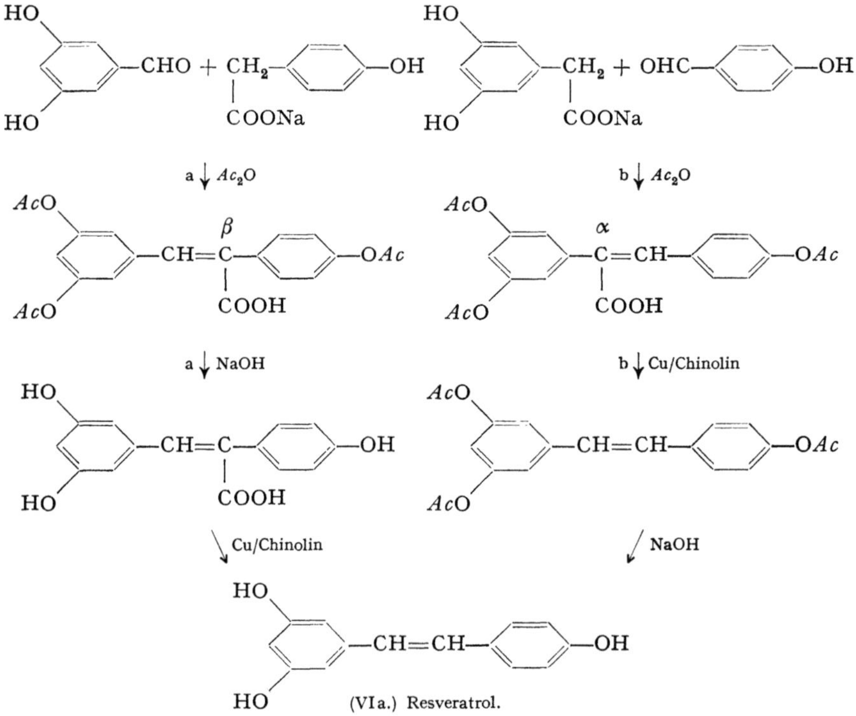

$$\text{a} \downarrow Ac_2O \qquad\qquad \text{b} \downarrow Ac_2O$$

$$\text{a} \downarrow NaOH \qquad\qquad \text{b} \downarrow Cu/Chinolin$$

$$\searrow Cu/Chinolin \qquad\qquad \swarrow NaOH$$

(VIa.) Resveratrol.

Formelübersicht 3. Synthese des Resveratrols a) nach SPÄTH und KROMP und b) nach TAKAOKA.

Literaturverzeichnis: SS. 146—152.

Resveratrol (VIa) konnte von SPÄTH und KROMP (*112*) über die Stilben-β-carbonsäure und von TAKAOKA (*119*) über die Stilben-α-carbonsäure dargestellt werden *(Formelübersicht 3)*.

Gewisse Schwierigkeiten traten bei den Synthesen dann auf, wenn nichtkristallisierende Gemische der geometrischen Isomeren entstanden. Nach anschließender thermischer Behandlung (*13, 75, 113*) bzw. nach Erhitzen mit Salzsäure (*111*) oder Natronlauge (*114*) konnte aber jeweils das stabilere, mit dem Naturprodukt identische *trans*-Derivat isoliert werden.

Bei einem Versuch zur Synthese des Rhapontigenins (XIa) erhielt TAKAOKA (*120*) ein nicht kristallisierendes Öl. Eine Totalsynthese des Rhapontigenins gelang erst KROMP (*75*) über die Stilben-β-carbonsäure. Zur Umlagerung in ein kristallines Endprodukt war Erhitzen auf 350° notwendig. Es war dies bis vor kurzem die einzige bekannte Synthese eines Stilbenderivates mit vier Sauerstoff-Funktionen.

Oxyresveratrol (VIII, S. 119) konnte mittels einer analogen Synthese (*75*) nicht erhalten werden, denn hier trat bei der Decarboxylierung vollständige Zersetzung ein, wobei Resorcin als Nebenprodukt entstand. BARNES und GERBER (*14*) haben den Tetramethyläther des Oxyresveratrols synthetisiert, doch war es nicht möglich, die Methylgruppen abzuspalten. Auch hier wurde die Bildung von Resorcin beobachtet. Eine allerdings mit sehr schlechten Ausbeuten verlaufende Synthese des Piceatannols (X, 3,5,3',4'-Tetrahydroxystilben, S. 119) wurde jüngst von CUNNINGHAM, HASLAM und HAWORTH (*28*) angegeben.

LINDBERG (*78*) konnte Pinosylvin (III) durch Entmethylierung des Pinosylvinmonomethyläthers (IV) mittels Pyridiniumchlorid in guten Ausbeuten erhalten. Der einzige Versuch, dieses Verfahren auch für höher hydroxylierte Stilbene zur Synthese des Piceatannols (X) anzuwenden, war erfolglos (*28*).

2. Stilbencarbonsäuren und 3,4-Dihydro-isocumarine.

Durch Kondensation von 3-Methoxyphthalsäureanhydrid (XVIII) mit 4-Methoxyphenylessigsäure (XIX) erhielten ASAHINA und ASANO (*8*) 7,4'-Dimethoxybenzalphthalid (XX) *(Formelübersicht 4)*, welches mit Lauge zur 3,4'-Dimethoxy-desoxybenzoin-carbonsäure-2 (XXI) aufgespalten und zur entsprechenden Stilbenhydrat-carbonsäure (XXII) hydriert wurde. Durch Erhitzen mit Alkali trat Wasserabspaltung und unvollständige Entmethylierung ein, so daß ein Gemisch aus Hydrangeasäure-4'-methyläther (XXIII) und Hydrangeasäure entstand. Durch weitere Nebenreaktionen war die Ausbeute an definierten Endprodukten gering. Durch Erhitzen des Gemisches der beiden Stilbencarbonsäuren wurden Hydrangenol (XIIIa) und dessen Methyläther erhalten, die sich infolge der unterschiedlichen Stabilität der Lactonringe (S. 120) trennen ließen.

Auf ähnlichem Weg gelang ASAHINA und ASANO (*9*) auch die Synthese des Phyllodulcin-8,3'-dimethyläthers (XXIV), wobei an Stelle von (XIX)

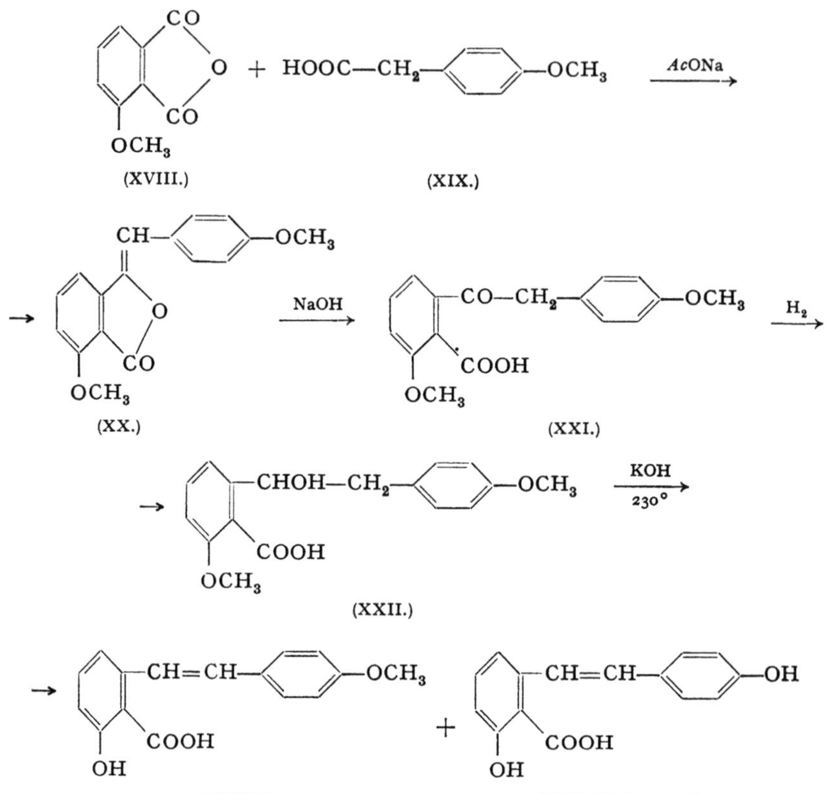

Formelübersicht 4. Synthese der Hydrangeasäure nach ASAHINA und ASANO.

die 3,4-Dimethoxyphenylessigsäure eingesetzt und die Wasserabspaltung auf der Stufe der entsprechenden Stilbenhydrat-carbonsäure (analog XXII) so schonend durchgeführt wurde, daß keine Entmethylierung eintrat.

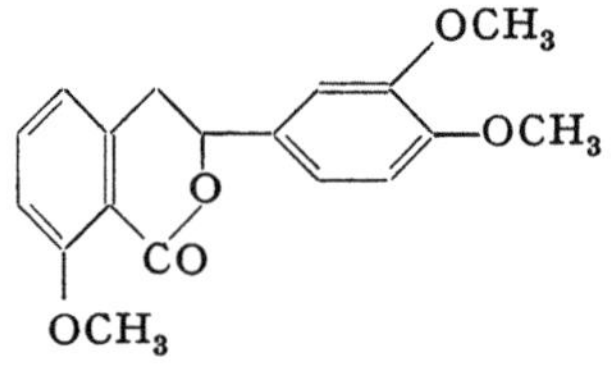

(XXIV.) Phyllodulcin-8,3′-dimethyläther.

Der Ringschluß zu (XXIV) wurde durch Erhitzen mit Schwefelsäure durchgeführt. Phyllodulcin (XV) hingegen konnte bisher nicht synthetisch dargestellt werden.

Literaturverzeichnis: SS. 146—152.

IV. Vorkommen und Eigenschaften.

1. Stilbene und Stilbenglucoside.

4-Hydroxystilben (I, S. 117), Schmp. 186—187°. **4-Methoxystilben** (II), Schmp. 136—137°.

Ein natürliches Vorkommen dieser beiden einfachsten Stilbene ist bisher nur von MAHESH und SESHADRI (*87*) angegeben worden; sie sollen im Kernholz von *Pinus griffithii* neben Pinosylvin (III) und Pinosylvin-dimethyläther (V) vorhanden sein.

Pinosylvin (III), Schmp. 156°, λ_{max} (in Äthanol) 228 mμ (log ε 4,25) und 304 mμ (log ε 4,46), λ_{min} 253 mμ (log ε 3,65) (*34*).

Pinosylvin-monomethyläther (IV), Schmp. 122°, λ_{max} (in Äthanol) 305 mμ (log ε 4,52), λ_{min} 253 mμ (log ε 3,65) (*34*).

Pinosylvin und dessen Monomethyläther wurden von ERDTMAN (*31, 32*) erstmals aus dem Kernholz von *Pinus sylvestris* isoliert und stellen jene beiden natürlichen Stilbenderivate dar, deren Vorkommen (S. 133), biologische Wirkung (S. 137) und technologische Effekte (S. 116) besonders intensiv untersucht wurden. Ihr Auftreten schien bis vor kurzem auf die Gattung *Pinus* beschränkt. Es ist bemerkenswert, daß Pinosylvin nun auch in einzelnen Arten der Gattung *Nothofagus*, allerdings nur papierchromatographisch nachgewiesen wurde (*57*). Dieser Befund sollte durch andere Methoden bestätigt werden (*53*).

In der Untergattung *Haploxylon* der Gattung *Pinus* sind die beiden Pinosylvinphenole häufig von den entsprechenden Dihydrostilben-derivaten (XXV, XXVI) begleitet. Dihydropinosylvin (XXV) wurde bisher nur papierchromatographisch nachgewiesen (*36, 37, 82*), während Dihydropinosylvin-monomethyläther (XXVI) überdies aus dem Kernholz von *Pinus albicaulis* in Substanz isoliert werden konnte (*80*).

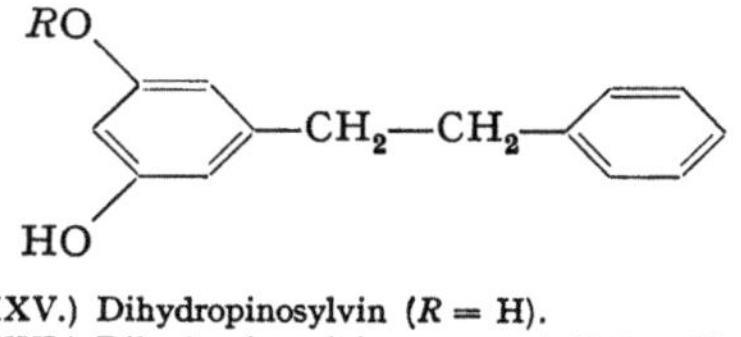

$$RO{-}\bigcirc{-}CH_2{-}CH_2{-}\bigcirc$$

(XXV.) Dihydropinosylvin (*R* = H).
(XXVI.) Dihydropinosylvin-monomethyläther (*R* = CH$_3$).

Pinosylvin-dimethyläther (V, S. 118).

Schmp. 56—57°, λ_{max} (in Äthanol) 230 mμ (log ε 4,29) und 303 mμ (log ε 4,49) (*34*).

Pinosylvin-dimethyläther wurde von COX (*27*) im „Kiefernharz" gefunden und später in geringer Menge auch aus dem Kernholz von *Pinus nigra* und *P. palustris* (*33*) sowie aus *P. griffithii* (*87*) isoliert. Pinosylvin-dimethyläther soll in der Gattung *Pinus* häufiger vorkommen, doch ist der papierchromatographische Nachweis schwierig *(82)*. Auch ein Auftreten dieser Verbindung im Tallöl (ohne nähere Angaben der Herkunft) ist bekannt *(1)*.

Resveratrol (VIa, S. 118).

Schmp. 261° *(119)*, 256—257° *(63)*, 264° *(49)* (Zers.); λ_{max} (in Äthanol) 305 mμ (log ε 4,45), 220 mμ (log ε 4.32), 322 mμ (instabil) *(49, 55)*.

Resveratrol wurde von Takaoka *(118)* neben Oxyresveratrol (VIII) aus der Wurzel der „Weißen Nieswurz" *(Veratrum grandiflorum* Loes. *fil.)* isoliert, was damit das einzige bekannte Vorkommen der Stilbene in Monocotyledonen darstellt. Inzwischen wurde Resveratrol noch häufiger, meist in Begleitung seines Glucosids (VIb) gefunden *(63, 65)*. Es stellt ferner einen typischen Inhaltsstoff der Gattung *Eucalyptus* dar und soll hier die Eigenschaft einer taxonomischen Leitsubstanz besitzen *(48)*.

Piceid, Resveratrol-3-β-D-glucosid (VIb, S. 118).

Schmp. 232° *(55)*. In früheren Arbeiten wurden auch tieferliegende Schmelzpunkte angegeben *(49, 63)*; es ist anzunehmen, daß hier Gemische der beiden geometrischen Isomeren vorlagen *(55)*. $[\alpha]_D^{19}$ — 66,0° (in Methanol) *(55)*, λ_{max} 305 mμ (log ε 4,45), 220 mμ (log ε 4,32) und 322 mμ (instabil) *(49, 55)*. Die Änderung der Maxima während der Aufnahme beruht auf einer *trans* → *cis*-Umlagerung.

Ein Glucosid des Resveratrols wurde von Kariyone, Takahashi, Ito und Matsutani *(63)* aus *Picea glehnii* isoliert und als Piceid bezeichnet. Dieselbe Verbindung fanden auch Hathway und Seakins *(49)* im Kernholz von *Eucalyptus wandoo*. Piceid ist in der Gattung *Eucalyptus* sehr verbreitet *(48, 54, 55)*.

Pterostilben (VII, S. 118), Schmp. 87—88°.

Ein 3,5-Dimethoxy-4'-hydroxy-stilben wurde von Späth und Schläger *(115)* aus dem roten Sandelholz isoliert, welches von einem in Ostindien und auf den Philippinen vorkommenden Baum *(Pterocarpus santalinus)* stammt, und als Pterostilben bezeichnet. Es wurde später auch in anderen Arten, aber ausschließlich in der Gattung *Pterocarpus* gefunden *(69, 103)*.

Oxyresveratrol (VIII, S. 119), Schmp. 201° (Dihydrat).

Von jenem vereinzelten Vorkommen in *Veratrum grandiflorum* *(118)* abgesehen, wurde Oxyresveratrol später nur noch in der Familie der Maulbeergewächse *(Moraceae)* gefunden *(14, 74, 76, 91)*. Eine als Curdanin ($C_{13}H_{10}O_4$) bezeichnete Verbindung mit angeblich drei freien Hydroxylgruppen wurde von Tasaki *(121)* aus *Curdania triloba*, später auch aus *Morus alba* *(117)* isoliert und soll mit Oxyresveratrol identisch sein *(74, 76)*.

Chlorophorin (IX), Schmp. 161—162° (Semihydrat).

Chlorophorin wurde bisher nur in einer zur Familie *Moraceae* zählenden und in Afrika beheimateten Art *(Chlorophora excelsa)* gefunden, deren Holz unter

Literaturverzeichnis: SS. 146—152.

verschiedenen Handelsnamen (Iroko, Kambala, African Teak, African Oak, Iroko Teak) einen Exportartikel darstellt. Die Beobachtung, daß

$CH_3—C{=}CH—CH_2—CH_2—C{=}CH—CH_2$ (mit CH_3-Seitenketten) ... Ringsystem mit HO-Substituenten —CH=CH— ...—OH

(IX.) Chlorophorin.

Inhaltsstoffe dieses Nutzholzes die Lacktrocknung hemmen, führte zur Isolierung des Chlorophorins (*94*), dessen Konstitutionsaufklärung KING und GRUNDON (*70, 71*) vollendeten (S. 123).

Hydroxystilbene verhindern nach SANDERMANN und Mitarbeitern (*105, 106*) die Trocknung von Polyesterlacken, wenn sie zumindest eine Hydroxylgruppe in *o*- oder *p*-Stellung zur Äthylenbrücke tragen, wie das Pterostilben (VII) des „Padouk" *(Pterocarpus soyauxii)*, Oxyresveratrol (VIII) des „Gelbholzes" *(Maclura pomifera)* und schließlich Chlorophorin. Als Ursache wird die Bildung von *o*- bzw. *p*-Chinonmethiden angesehen, welche polymerisationshemmend wirken (*105*). Die Pinosylvinphenole sind hierzu nicht befähigt, so daß Kiefernholz keine Lackschädigungen verursacht.

Piceatannol, 3,5,3′,4′-Tetrahydroxystilben (X, S. 119).

Schmp. 229° (Zers.), λ_{max} (in Äthanol) 330 mμ (log ε 4,44) (*72*).

Erstmals aus dem Kernholz südamerikanischer Bäume *(Vouacapoua macropetala* und *V. americana)* von KING und Mitarbeitern (*72*) isoliert und aufgeklärt, fand ERDTMAN (*38*) dieses Stilben auch in dem als Zierstrauch weit verbreiteten Goldregen *(Laburnum alpinum)*.

GRASSMANN und Mitarbeiter (*42*) isolierten aus dem Bast der Fichtenrinde *(Picea excelsa)* ein Diglucosid, dessen Aglucon, als Piceatannol bezeichnet, die Struktur eines 1,2,4-Trihydroxy-3-(3′,4′-dihydroxystyryl)-5,6,7,8-tetrahydronaphthalins zugeschrieben wurde (*43*). CUNNINGHAM, HASLAM und HAWORTH (*28*) konnten feststellen, daß Piceatannol mit dem 3,5,3′,4′-Tetrahydroxystilben identisch ist.

Vom Piceatannol wurden auch eine Dihydroverbindung (*29*) und zwei Monoglucoside (*30*) beschrieben, deren Strukturen auf Grund der Befunde von CUNNINGHAM, HASLAM und HAWORTH (*28*) der Überprüfung bedürfen.

In den Nadeln von *Picea bicolor* wurde neben Resveratrol (VI a) ein angeblich neues Tetrahydroxystilben, $C_{14}H_{12}O_4$, Schmp. 222° (Zers.) gefunden (*61*). Es ist möglich, daß es sich hierbei um Piceatannol handelt.

Rhapontigenin (XI a, S. 119) [Synonym: Pontigenin (*41*)].

Schmp. 186—187°, λ_{max} (in Methanol) 325 mμ, λ_{min} 260 mμ (*55*).

Ein natürliches Vorkommen des Rhapontigenins (3,5,3′-Trihydroxy-4′-methoxystilben) ist nicht sicher nachgewiesen. Diese Verbindung wurde vor allem zur Aufklärung und Identifizierung seines Glucosides Rhaponticin (XIb) bearbeitet (*55, 67, 75, 120*).

Rhaponticin (XIb, S. 119) [Synonyma: Rhapontin (*51*), Ponticin (*41*)], Rhapontigenin-3-β-D-glucosid.

Schmp. 236—237° (*67*), 245° (*55*) (Zers.), $[\alpha]_D^{32}$ — 59,5° (*67*), — 65,5° (*55*) (in wäßr. Aceton), λ_{max} (in Methanol) 324 mμ, λ_{min} 260 mμ (*55*).

HORNEMANN (*58*) isolierte aus der „Rhabarberwurzel" eine Verbindung, die er Rhaponticin nannte. HESSE (*51*) gab einer kristallinen Substanz aus *Rheum rhaponticum* die Bezeichnung Rhapontin. Schließlich wurde Rhaponticin zum dritten Male von GILSON (*41*) entdeckt, dem als ersten die Spaltung seines Ponticins in Pontigenin (= Rhapontigenin) und Glucose gelang. Die Identität dieser drei Substanzen wurde von TSCHIRCH (*122*) bewiesen.

In diesem Referat wird stets der im deutschen Sprachraum übliche Name Rhaponticin verwendet, der auch die erste Bezeichnung für dieses Stilbenglucosid darstellt. In angelsächsischen Ländern hingegen ist die Bezeichnung Rhapontin üblich.

Rhaponticin findet man vor allem in jenen *Rheum*-Arten [*Rh. rhaponticum* (*51*), *Rh. undulatum* (*46*), *Rh. collinianum* (*68*), *Rh. compactum* (*68*)], die als „Rhaponticum"-Gruppe zusammengefaßt werden. Diese Arten zeichnen sich jedoch durch einen geringen Gehalt an Emodin und Rhein aus und sind daher für eine medizinische Verwendung als Laxans von geringem Wert. Als Stammpflanze der offizinellen Droge (Rhizoma Rhei palmati) hingegen werden verschiedene Arten des „echten" Rhabarbers *(Rheum palmatum, Rh. officinale)* angesehen, die kein (*122*) oder nur sehr wenig (*110*) Rhaponticin enthalten.

Der Nachweis des Rhaponticins in einer Droge läßt eine Verfälschung mit minderen Sorten erkennen. Deshalb sind bereits zahlreiche Verfahren zum Nachweis und zur Bestimmung des Rhaponticins ausgearbeitet worden (*107*), ehe noch die Struktur dieser Verbindung bekannt war.

Rhaponticin wurde bis vor kurzem ausschließlich in *Rheum*-Arten gefunden. Es soll aber auch „bisweilen" in *Polygonum multiflorum* auftreten (*123*), welches derselben Familie wie die *Rheum*-Arten angehört. Es erscheint bemerkenswert, daß HILLIS und Mitarbeiter (*54*) ein Vorkommen des Rhaponticins in *Eucalyptus astringens* vermuteten und schließlich für *E. sideroxylon* zweifelsfrei beweisen konnten (*55, 56*).

Ein Isomeres des Rhaponticins, ein 3,5,4'-Trihydroxy-3'-methoxystilben-3-β-D-glucosid soll nach MANSON (*90*) im Bast von *Picea mariana* vorhanden sein. Es wurde nach Acetylieren des rohen Extraktes als Hexaacetat isoliert und oxydativ abgebaut. Nähere Angaben über das Glucosid selbst bzw. sein Aglucon fehlen.

3,5,3',4',5'-Pentahydroxystilben (XIIa, S. 119), Schmp. 245° (Zers.). Dieses nur schwierig in reiner Form darstellbare Stilben wurde von KING und

Mitarbeitern (*72*) aus dem Kernholz von *Vouacapoua macropetala* isoliert und von HILLIS und CARLE (*54*) im Kernholz von *Eucalyptus astringens* nachgewiesen. Es ist vermutlich identisch mit jenem von HATHWAY und SEAKINS (*49*) in *Eucalyptus wandoo* gefundenen Stilben (*54*).

3,5,3′,4′,5′-Pentahydroxystilben-glucosid (XIIb, S. 119). Ein Vorkommen von zwei Glucosiden, die vermutlich *cis-trans*-Isomere des Aglucons 3,5,3′,4′,5′-Pentahydroxystilben darstellen, wurde in der Rinde von *Eucalyptus astringens* nachgewiesen (*54*). Nähere Angaben über diese Verbindungen sind nicht bekannt.

2. Hydrangenol und Phyllodulcin.

Außer den beiden hier besprochenen Verbindungen mit dem Skelett eines 3,4-Dihydro-isocumarins sind noch weitere natürliche Vertreter dieser Substanzklasse (Mellein, Bergenin, Chebulsäure) bekannt (*66*), die aber keine Verwandtschaft mit den Stilbenen aufweisen.

Hydrangenol, 8-Hydroxy-3-(4′-hydroxyphenyl)-3,4-dihydro-isocumarin (XIIIa, S. 117).

Schmp. 181—182°, λ_{max} (in Methanol) 315 mμ (log ε 3,98), λ_{min} 266 mμ (*17*).

Hydrangenol wurde bisher nur in der aus Japan und Nordchina stammenden und weit verbreiteten Gartenhortensie [*Hydrangea macrophylla*, früher auch als *H. hortensia* (*10*) und *H. opuloides* (*6*) bezeichnet] gefunden.

In neun anderen Arten der Gattung Hydrangea (*H. arborescens, H. aspera, H. bretschneideri, H. cinerea, H. paniculata, H. petiolaris, H. sargentiana, H. villosa* und *H. xanthoneura*) ist es nicht vorhanden (*16, 59*).

Im Gegensatz zu Phyllodulcin (XV) wurde Hydrangenol bisher stets als optisch inaktiv beschrieben (*6, 10*), obwohl es ebenfalls ein asymmetrisches C-Atom besitzt. Infolge des leichten Überganges in die Hydrangeasäure (XIV) erscheint es nicht ausgeschlossen, daß die Bildung eines Racemates während der Isolierung eintritt.

Hydrangenol-8-β-D-glucosid (XIIIb).

Schmp. 192° (*125*), 190—190,5° (*59*), $[\alpha]_D^{II}$ — 54,2° (in Pyridin) (*125*), λ_{max} (in 85%igem Äthanol) 315 mμ (log ε 3,25) (*59*).

Ein Glucosid des Hydrangenols hat UENO (*125*) aufgeklärt. Es wurde schon früher von ASAHINA und ASANO (*7*) in den Blüten von *Hydrangea macrophylla* entdeckt, wo es in geringer Menge neben Hydrangenol zu finden war. Nach IBRAHIM und TOWERS (*59*) soll Hydrangenol in Blüten, Blättern und Wurzeln von *H. macrophylla* ausschließlich als Glucosid vorliegen.

PLOUVIER (*95*) isolierte mittels einer besonders schonenden Extraktionsmethode zwei thermolabile Glucoside, die er als ,,Glucosid A‘‘ [aus

Blättern, Wurzeln und Rinde von *H. macrophylla*, Schmp. 160°, $[\alpha]_D + 47°$ (in Pyridin)] und „Glucosid B" [aus Blättern und Blüten, Schmp. 205—232°, $[\alpha]_D -93°$ (in Pyridin)] bezeichnet. Die seinerzeit von UENO (*125*) beschriebene Verbindung soll infolge der Extraktion bei höherer Temperatur ein Gemisch der beiden thermolabilen Glucoside A und B darstellen (*95*).

Hydrangeasäure (XIV, S. 143), Schmp. 181°. Hydrangeasäure wurde als Begleiter des Hydrangenols (XIIIa) gefunden und als „Isohydrangenol" bezeichnet (*10*), obwohl diese Verbindung schon viel früher (*5*) durch Alkalibehandlung des Hydrangenols dargestellt und richtigerweise als Hydrangeasäure angesprochen wurde. Erst nach der endgültigen Aufklärung des Hydrangenols (*7*) bestanden keine Zweifel mehr an der Struktur der entsprechenden Stilbencarbonsäure.

D-Phyllodulcin, 8-Hydroxy-3-(3'-hydroxy-4'-methoxyphenyl)-3,4-dihydro-isocumarin (XV), Schmp. 119—121°, $[\alpha]_D^{13} + 71°$ (in Aceton) (*3*). *D,L-Phyllodulcin*, Schmp. 131°.

Die Blätter einer in Japan beheimateten Varietät der Hortensie *(Hydrangea macrophylla* var. *Thunbergii)* werden als Ama-tcha („süßer Tee") bezeichnet und auch zur Teebereitung herangezogen. Der Süßstoff dieser Blätter wurde schon im vorigen Jahrhundert bearbeitet und nach seiner Reindarstellung durch MANIWA (*88*) Phyllodulcin genannt (*11*). Seine Aufklärung ging parallel mit jener des Hydrangenols (*6, 7, 124*). Phyllodulcin scheint nur in jener japanischen Varietät vorzukommen; in mitteleuropäischen Exemplaren von *H. macrophylla*, die hier stark hybridisiert sind, wurde Phyllodulcin nie gefunden (*16*).

Für die rechtsdrehende Form des Phyllodulcins haben ARAKAWA und NAKAZAKI (*4*) durch Abbau zur *D*-Äpfelsäure (XXVII) die *D*-Konfiguration am asymmetrischen C-Atom bewiesen *(Formelübersicht 5)*.

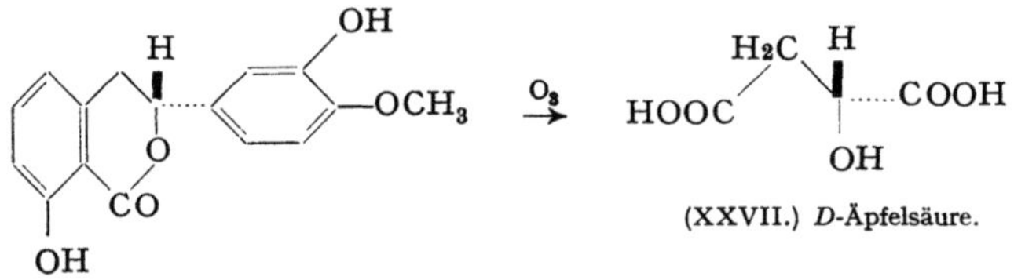

(XXVII.) *D*-Äpfelsäure.

Formelübersicht 5. Abbau des Phyllodulcins nach ARAKAWA und NAKAZAKI.

Bei der Extraktion aus dem Pflanzenmaterial wurde neben dem optisch aktiven Phyllodulcin auch das Racemat erhalten und durch fraktionierte Kristallisation abgetrennt (*9, 11*). ARAKAWA (*3*) erwähnt partiell racemisierte Gemische mit niedrigen Drehwerten.

Literaturverzeichnis: SS. 146—152.

V. Verteilung im Pflanzenreich.

1. Systematische Übersicht.

Stilbene wurden bisher nur in wenigen Pflanzengattungen gefunden, die zudem noch sehr verschiedenen Familien und Ordnungen angehören *(Tabelle 2)*. Bei zwei Gattungen *(Pinus, Eucalyptus)* konnte das Auftreten der Stilbene nur zusammenfassend wiedergegeben werden.

In der Gattung *Pinus* wurden die Pinosylvine (III, IV) in fast allen untersuchten Arten gefunden. ERDTMAN *(36, 37)* und Mitarbeiter *(81, 82)* haben in zahlreichen Arbeiten mehr als die Hälfte der etwa 100 bekannten Arten der Gattung analysiert, wobei auch viele andere Inhaltsstoffe berücksichtigt wurden. Obige Literaturhinweise betreffen daher nur die zusammenfassenden Berichte jener Arbeitsgruppe.

In der Gattung *Eucalyptus*, Subsektion *Longiores*, wurde das Auftreten von Resveratrol (VI a) und Piceid (VI b) durch HATHWAY *(48)* eingehend untersucht. Auch hier muß bezüglich näherer Angaben auf die Originalarbeit verwiesen werden. Nach HILLIS *(53)* sind auch andere Stilbene (XI b, XII a, XII b) in dieser sehr artenreichen Gattung weit verbreitet.

2. Verteilung und Bildung im pflanzlichen Gewebe.

Von wenigen Ausnahmen abgesehen, sind die pflanzlichen Stilbene typische Inhaltsstoffe des Kernholzes und finden sich hier bisweilen in hoher Konzentration. Die Verteilung der Pinosylvinphenole wurde von ERDTMAN und MISIORNY *(39)* untersucht. Das Kernholz selbst kann aber nicht als der Ort ihrer Synthese angesehen werden, da es durchweg aus abgestorbenen Zellen besteht. Die Frage nach der Bildung ist eng verknüpft mit dem heute noch nicht völlig geklärten Problem der Entstehung des Kernholzes. Nach einer älteren Ansicht sollen die Kernholzinhaltsstoffe im Cambium gebildet, in den Markstrahlen durch das Splintholz transportiert und schließlich im Kernholz abgelagert werden. Dafür spricht, daß bei Verletzung des Cambiums die Bildung des normalen Kernholzes unterhalb der Wunde unterbleibt. Andererseits schließt dies nicht die Möglichkeit aus, daß im Cambium lediglich Vorstufen der Kernholzinhaltsstoffe entstehen. Außerdem wird bisweilen nach Verwundung des Cambiums das Auftreten einer neuen, isolierten „Kernholzinsel" innerhalb des Splintholzes beobachtet.

Nach einer anderen Hypothese soll die Bildung der Kernholzinhaltsstoffe in situ erfolgen, und zwar dann, wenn sich das Splintholz, welches alle nötigen Vorstufen bereits enthält, in Kernholz umwandelt. In diesem Fall würde also kein Transport der Synthese-Endprodukte innerhalb der Pflanze erfolgen.

Tabelle 2. Vorkommen der Stilbene.

Familie	Gattung und Art	Stilbenformel	Literatur
	Gymnospermae.		
Pinaceae	*Pinus* (S. 133)	(III, IV)	(*36, 37, 81, 82*)
	P. nigra	(III, IV, V)	(*33*)
	P. palustris	(III, IV, V)	(*33*)
	P. griffithii	(I, II, III, V)	(*87*)
	Picea polita	(VIa)	(*65*)
	P. koyamai	(VIa)	(*65*)
	P. bicolor	(VIa)	(*61*)
	P. glehnii	(VIb)	(*63*)
	P. excelsa	(X)	(*28, 42*)
	Angiospermae — Dicotyledones.		
Saxifragaceae	*Hydrangea macrophylla* .	(XIIIa, XIIIb, XIV)	(*5, 7, 10*)
	H. macrophylla, var.		
	Thunbergii..........	(XV)	(*11*)
Papilionaceae,	*Pterocarpus santalinus* ..	(VII)	(*115*)
Fabaceae	*Pt. dalbergoides*........	(VII)	(*69*)
	Pt. macrocarpus	(VII)	(*69*)
	Pt. tinctorius..........	(VII)	(*69*)
	Pt. soyauxii	(VII)	(*69*)
	Laburnum alpinum	(X)	(*38*)
	L. anagyroides	(X)	(*20, 38*)
Caesalpiniaceae	*Vouacapoua macropetala*.	(X, XIIa)	(*72*)
	V. americana..........	(X)	(*72*)
Myrtaceae	*Eucalyptus* (S. 133).....	(VIa, VIb)	(*48*)
	E. wandoo	(VIa, VIb)	(*49*)
	E. astringens..........	(VIa, VIb, XIb, XIIa, XIIb)	(*54*)
	E. sideroxylon.........	(VIb, XIb, XIIb)	(*55*)
Moraceae	*Morus alba*	(VIII)	(*76*)
	M. bambycis	(VIII)	(*74*)
	Maclura pomifera	(VIII)	(*14*)
	Artocarpus lakoocha.....	(VIII)	(*91*)
	Chlorophora excelsa	(IX)	(*45, 94*)
Polygonaceae	*Rheum rhaponticum*	(XIb)	(*41, 51, 58*)
	Rh. emodi	(XIb)	(*129*)
	Rh. undulatum	(XIb)	(*46*)
	Rh. collinianum	(XIb)	(*68*)
	Rh. compactum........	(XIb)	(*68*)
	Polygonum multiflorum .	(XIb)	(*123*)
Fagaceae	*Nothofagus truncata*.....	(III, VIa)	(*57*)
	N. solandri	(III, VIa)	(*57*)
	N. cliffortioides........	(III, VIa)	(*57*)
	N. fusca..............	(VIa)	(*57*)
	Angiospermae — Monocotyledones.		
Liliaceae	*Veratrum grandiflorum* ..	(VIa, VIII)	(*118*)

Literaturverzeichnis: SS. 146—152.

ANDERSON (2) erzielte durch Reizung des pflanzlichen Gewebes mit Schwefelsäure eine deutliche Neubildung von Pinosylvin (III) innerhalb des Splintholzes von *Pinus jeffreyi*. JORGENSEN (62) konnte bei *P. resinosa* beobachten, daß nicht nur mechanische Beschädigungen von Rinde und Cambium, sondern auch Pilzbefall *(Fomes annosus)* und sogar langsames Austrocknen zur Neubildung der Pinosylvinphenole im Splintholz führten. Der Autor kommt zu dem Schluß, daß die Bildung der Pinosylvine in den lebenden Zellen des Splintholzes erfolgt und eine Abwehrreaktion gegenüber äußeren Einflüssen darstellt. Dies setzt voraus, daß die notwendigen Vorstufen bereits im Splintholz vorhanden sind.

Einen völlig neuartigen Beitrag zu diesem Problem lieferte WILSON (*126*). Durch die Kernwaffenversuche im Pazifik stieg in der südlichen Hemisphäre seit 1954 der Radiokohlenstoff im Kohlendioxyd der Luft derart an, daß man darauf Kurzzeit-Datierungen aufbauen konnte. Untersuchungen einzelner Jahresringe des Kernholzes von *Pinus radiata* (12—14 Jahre alt) ergaben für Extraktstoffe und für Zellulose dieselbe ^{14}C-Aktivität. Daraus folgt, daß die Inhaltsstoffe nicht aus dem Cambium verlagert wurden, sondern aus Vorstufen entstanden, die schon immer im Splintholz vorhanden waren. Diese Arbeit bezieht sich aber nur auf Totalextrakte des Kernholzes und berücksichtigt nicht im speziellen die Stilbene.

Auf Grund aller Befunde muß man wohl jener Ansicht den Vorzug geben, wonach sich die Pinosylvine im Splintholz bilden, entweder bei dessen Übergang in Kernholz oder durch die Wirkung anderer, gegebenenfalls äußerer Einflüsse.

Über die Entstehung der Stilbene in *Eucalyptus*-Arten liegen nur wenige, zum Teil widersprechende Ansichten vor. Die Stilbene (VI a, XI a, XII a) sind in dieser Gattung fast ausschließlich von ihren Glucosiden (VI b, XI b, XII b) begleitet, welche möglicherweise eine Transportform des Aglucons darstellen. Im Gegensatz dazu sind von den Pinosylvinen (III, IV) keine natürlichen Glucoside bekannt; LINDBERG (*77*) hat jedoch Synthesen dieser Verbindungen durchgeführt. Eine hohe Konzentration der Stilbene in Rinde (*54*) und Blättern (*55*) wurde auch nur bei *Eucalyptus*, nicht aber bei der Gattung *Pinus* beobachtet.

HATHWAY und SEAKINS (*49*) fanden Resveratrol (VI a) und dessen Glucosid Piceid (VI b) im Kernholz von *E. wandoo*, nicht aber im Splintholz. Das Glucosid wird als mögliche Transportform angesehen, eine Bildung an der Kernholz-Splintholz-Grenze aber nicht ausgeschlossen.

Bei einer vergleichenden Analyse der phenolischen Inhaltsstoffe (unter diesen die Stilbene VI a, VI b, XI b, XII a, XII b) des Kernholzes, des Splintholzes, des Cambiums und der Rinde von *Eucalyptus astringens* und *E. marginata* stellten HILLIS und CARLE (*54*) so beträchtliche Unterschiede fest, daß auf eine Bildung durch lokale Enzymsysteme in situ geschlossen wird. Bei Gültigkeit dieser Ansicht sind bei *Eucalyptus* sehr verschiedene Pflanzenorgane zur Synthese der Stilbene befähigt, was man auch daraus ersehen kann, daß 3,5,3′,4′,5′-Pentahydroxystilben-glucosid (XIIb) in der Rinde und sein Aglucon (XIIa) im Kernholz auftritt (*54*).

Auf Grund von biogenetischen Untersuchungen (Kap. VII, S. 142) ist anzunehmen, daß Piceid (VIb) und Rhaponticin (XIb) in den Blättern von *Eucalyptus sideroxylon* gebildet werden (*56*).

Über die Verteilung anderer Stilbene im pflanzlichen Gewebe liegen kaum nähere Angaben vor. Einzelne Vertreter (I, II, V, VII, IX) wurden bisher immer nur aus dem Kernholz isoliert. Von jenen Stilbenen, die auch oder ausschließlich in krautigen Pflanzen vorkommen, wurde Rhaponticin (XIb) stets aus dem Rhizom von *Rheum*-Arten erhalten; es ist ungeklärt, ob dies auch den Ort der Bildung darstellt. Hydrangenol (XIIIa) findet sich in hoher Konzentration in der Blüte von *Hydrangea macrophylla*, wird aber nicht hier, sondern in den Blättern (*17*) oder Wurzeln (*60*) gebildet, wobei Hydrangenolglucosid (XIIIb) als Transport-form nicht ausgeschlossen erscheint (*15*).

3. Taxonomische Bedeutung.

a) In der Gattung Pinus.

Variationen in der Verteilung der Inhaltsstoffe ermöglichen bisweilen auf rein chemisch-analytischer Basis eine Unterteilung einer Gattung in kleinere Gruppen. Innerhalb der Gattung *Pinus* sind es aber nicht jene praktisch in allen Arten der Gattung vorkommenden Pinosylvine (III, IV), sondern deren Begleitsubstanzen, die hier eine gewisse Differenzierung erlauben. Während die Vertreter der Untergattung *Diploxylon* relativ arm an phenolischen Inhaltsstoffen sind und nur Stilbene und Flavanone enthalten, ist die Gruppe der *Haploxylon*-Kiefern weitaus reichhaltiger. Hier finden sich auch Dihydrostilbene und Flavone. Diese Untergattung besitzt vermutlich ein zusätzliches Enzymsystem, welches befähigt ist, Wasserstoff von den Flavanonen auf die Stilbene zu übertragen, wobei natürlich die Frage offen bleibt, ob dieser Übergang nicht an einer gemeinsamen Vorstufe stattfindet. Ein anderer und auffallender Unter-schied besteht darin, daß die *Haploxylon*-Gruppe über ein stärkeres Methylierungssystem verfügt, da hier methoxylierte Derivate häufiger sind. ERDTMAN (*36, 37*) konnte durch seine umfassenden Analysen in der Gattung *Pinus* ein Beispiel für die Leistungsfähigkeit der „chemischen Taxonomie" schaffen.

Die Verwendung von Pflanzeninhaltsstoffen als taxonomische Leit-substanzen setzt voraus, daß diese möglichst unabhängig von äußeren Einflüssen, z. B. vom Standort und der Bodenbeschaffenheit zumindest in qualitativer Hinsicht konstant auftreten. Eine Untersuchung des Kernholzes von mehreren hundert Exemplaren der Art *Pinus sylvestris* ergab immer nur dieselben Inhaltsstoffe, obgleich der Gehalt an Pinosylvinphenolen hier von 0,4—1,3% schwankte *(81)*.

b) In der Gattung Eucalyptus.

HATHWAY *(48)* analysierte das Kernholz von mehr als 50 Arten der Gattung *Eucalyptus* und konnte feststellen, daß hier Resveratrol (VIa) und Piceid (VIb) die Eigenschaften von taxonomischen Leitsubstanzen besitzen. Das Auftreten oder die Abwesenheit dieser Stilbenderivate war typisch für gewisse „*series*" innerhalb der Subsektion *Longiores* der Gattung *Eucalyptus*. Damit wurden neuere taxonomische Untersuchungen bestätigt, welche ausschließlich auf morphologischer Basis beruhten.

HILLIS *(53)* untersuchte die Blätter von mehr als 150 *Eucalyptus*-Arten und fand keine systematische Verteilung der Stilbene, wobei hier neben Piceid (VIb) auch Rhaponticin (XIb) und das Glucosid des 3,5,3′,4′,5′-Pentahydroxystilbens (XIIb) berücksichtigt wurden. Selbst Exemplare einer einzigen Art *(Eucalyptus sideroxylon)* zeigten Unterschiede. So wurden in einer nun wohl offenkundigen Varietät von *E. sideroxylon* Hydroxystilbene in hoher Konzentration gefunden *(55, 56)*, während in anderen Vertretern dieser Art die Stilbene völlig fehlten, obwohl keine botanischen Unterschiede feststellbar waren *(53, 55)*. Auch bei anderen Arten *(Eucalyptus papuana, E. salmonophloia, E. longicornis, E. glaucescens* und *E. dalrympleana)* wurde ein ähnliches Verhalten beobachtet, welches das Auftreten von „chemischen Varietäten" annehmen läßt *(53)*, s. auch *(37)*.

VI. Biologische Wirkung.

1. Kernholz-Inhaltsstoffe.

Die Vermutung, daß die Widerstandsfähigkeit des Kiefernkernholzes durch den Gehalt an Pinosylvinphenolen bedingt sei, war der Anlaß, die Toxizität dieser Verbindungen zu untersuchen. Bereits ERDTMAN *(32)* stellte fest, daß der als Aquariumfisch bekannte *Lebistes reticulatus* (Guppyi) „schnell in sogar 0,002%iger Lösung von Pinosylvin stirbt". Bei Warmblütlern (Maus) ist nach FRYKHOLM *(40)* die letale Dosis von Pinosylvin nur halb so groß wie jene des Phenols. Pinosylvin entfaltet gegen *Staphylococcus aureus* eine bakterizide Wirkung, welche jene des Phenols um das 30- bis 40fache übertrifft. Der Monomethyläther des Pinosylvins (IV) wirkt schwächer; Pinosylvin-dimethyläther (V) wurde als inaktiv gefunden *(40)*.

Ursprünglich nahm man an, daß die bei dem Prozeß der Kernholzbildung in den Zellmembranen abgelagerten Gerbstoffe die Ursache für die Dauerhaftigkeit des Holzes seien. Gerbstoffe besitzen aber, besonders wenn sie zu schwerlöslichen Produkten polymerisiert sind, nur noch relativ schwache fungizide Eigenschaften (*101*).

Nach den Arbeiten von RENNERFELT (*96, 97, 98*) sind es aber die Pinosylvinphenole, welche das Wachstum holzzerstörender Pilze hemmen, wobei das Verhalten von Fäulniserregern, wie *Lentinus squamosis* und *Fomes annosus* (*96, 97*), sowie die Keimhemmung von *Polyporus annosus* (*98*) untersucht wurde. Im Vergleich der Wirkungen auf das Wachstum holzzerstörender Pilze waren Gerbstoffextrakte um mehrere Größenordnungen schwächer als die Pinosylvinphenole (*99*).

Der Wirkungsmechanismus von Pinosylvin-monomethyläther (IV) im Stoffwechsel von Mikroorganismen wurde von LYR (*85*) untersucht. Bei einer molaren Konzentration von 10^{-6} war eine Förderung der O_2-Aufnahme von isolierten Mitochondrien holzzerstörender Pilze festzustellen, während steigende Konzentrationen die Atmung in zunehmendem Maße hemmten bzw. völlig unterdrückten. Außerdem stieg bei zunehmender Konzentration der RQ-Wert ruhender Zellen von *Rhodotorula mucilaginosa* weit über 1,0 an. Verarmte Hefezellen schieden nach Vergiftung mit Pinosylvin-monomethyläther anorganisches Phosphat aus. Ähnliche Wirkungen zeigten übrigens auch die synthetischen Holzschutzmittel Pentachlorphenol und 2,4-Dinitrophenol.

Es ist damit anzunehmen, daß Pinosylvin-monomethyläther, wie auch alle anderen gleichzeitig untersuchten Kernholztoxine (β- und γ-Thujaplicin, 7-Hydroxy-isopropyl-tropolon) Entkopplungsgifte darstellen und eine spezifische Hemmung der oxydativen Phosphorylierung hervorrufen (*85*).

Trotz der relativ hohen Resistenz des Kernholzes gegenüber zerstörenden Einflüssen unterliegt es dennoch bisweilen einem Pilzbefall, der im Widerspruch steht zu der experimentell erwiesenen hohen Toxizität der vorhandenen Pinosylvinphenole. Damit muß die Existenz von Entgiftungsvorgängen angenommen werden.

LYR (*86*) fand, daß Pinosylvin-monomethyläther, wie auch andere Kernholztoxine durch enzymatische Oxydation mit Laccase, Peroxydase oder Tyrosinase ihre Wirkung als Entkopplungsgifte verlieren. Es wird damit angenommen, daß Oxydasen auch in vivo an der Entgiftung von Kernholztoxinen beteiligt sind, wobei ein Pilzbefall diesen Prozeß wesentlich beschleunigen kann. Daneben führt auch Autoxydation zur Abnahme von Pinosylvinphenolen. Nach ERDTMAN (*36*) ist der Gehalt an diesen Verbindungen in den älteren Teilen des Kernholzes, also im Zentrum, meist geringer als in den peripheren Zonen. Die Wirkung des Pinosylvins ist trotz größerer Toxizität weniger anhaltend als jene des Methyläthers, da es leichter oxydativer Zerstörung unterliegt.

Literaturverzeichnis: SS. 146—152.

Wolcott (*127, 128*) prüfte verschiedene synthetische und natürliche Verbindungen in bezug auf ihre Wirkung als Termitenschutzmittel und fand die Pinosylvinphenole als besonders toxisch gegenüber der Trockenholztermite (*Cryptotermes brevis* Walker).

Neben den Pinosylvinen zeigen auch andere Kernholzstilbene ähnliche Eigenschaften und sind vorwiegend für die Resistenz der betreffenden Hölzer gegenüber Fäulnis und Insektenfraß verantwortlich. Pterostilben (VII) ist stark toxisch gegen den holzzerstörenden Pilz *Coniophora cerebella* (*69*) und war im Termitentest gegen *Reticulitermes flaviceps* wirksam (*106*). Oxyresveratrol (VIII) wurde als fungizides Prinzip des sehr widerstandsfähigen Osage Orange Holzes (*Maclura pomifera*) erkannt (*14*). Chlorophorin (IX) verleiht dem Holz von *Chlorophora excelsa* Dauerhaftigkeit (*94*) und Termitenresistenz (*103*); seine Toxizität ist aber auch für das Auftreten von Ekzemen bei den mit der Verarbeitung beschäftigten Personen verantwortlich (*104*).

2. Stilbene aus anderen Pflanzenorganen.

Während die Stilbene aus dem Kernholz aus technologischen Gründen besonders eingehend untersucht wurden, ist über die biologischen Effekte jener wenigen Stilbenderivate, die vorwiegend (XIb) oder ausschließlich (XIII, XIV, XV) in anderen Pflanzenorganen gefunden wurden, nur sehr wenig bekannt. Rhaponticin (XIb) soll eine östrogene Wirkung besitzen (*73*), was bei Pinosylvin (III) nicht festgestellt werden konnte (*40*). Hydrangenol (XIIIa), welches allein keinen Einfluß auf das Wachstum der Testpflanzen zeigte, steigerte die wachstumsfördernde Wirkung der Gibberellinsäure (*12*).

VII. Biosynthese.

1. Hypothesen.

Nach der Aufklärung der ersten in der Natur gefundenen Derivate des Stilbens wurden alsbald Vermutungen über eine mögliche Biosynthese ausgesprochen, die sich verständlicherweise eng an die damaligen Vorstellungen von der Entstehung aromatischer Ringe in der Pflanze anlehnten. So vertrat man die Meinung, daß der Aromat in der Pflanze durch Dehydratisierung cyclischer Polyhydroxyverbindungen entstehe.

Das Auftreten von Pinit, einem Monomethyläther des *D*-Inosits, in der Kiefer ließ annehmen, daß ein Cyclit den hydroxylierten Ring des Pinosylvins (III) bilde, während der Rest des Moleküls einer Phenylpropaneinheit entstammen soll (*Formelübersicht 6,* a) (*36*). Mittlerweile konnte jedoch festgestellt werden, daß Cyclite keine Vorstufen des pflanzlichen Aromaten darstellen (*92*).

Eine bereits aus dem Jahre 1907 stammende Hypothese von Collie (*26*), wonach natürliche Phenole durch Kondensation von Poly-

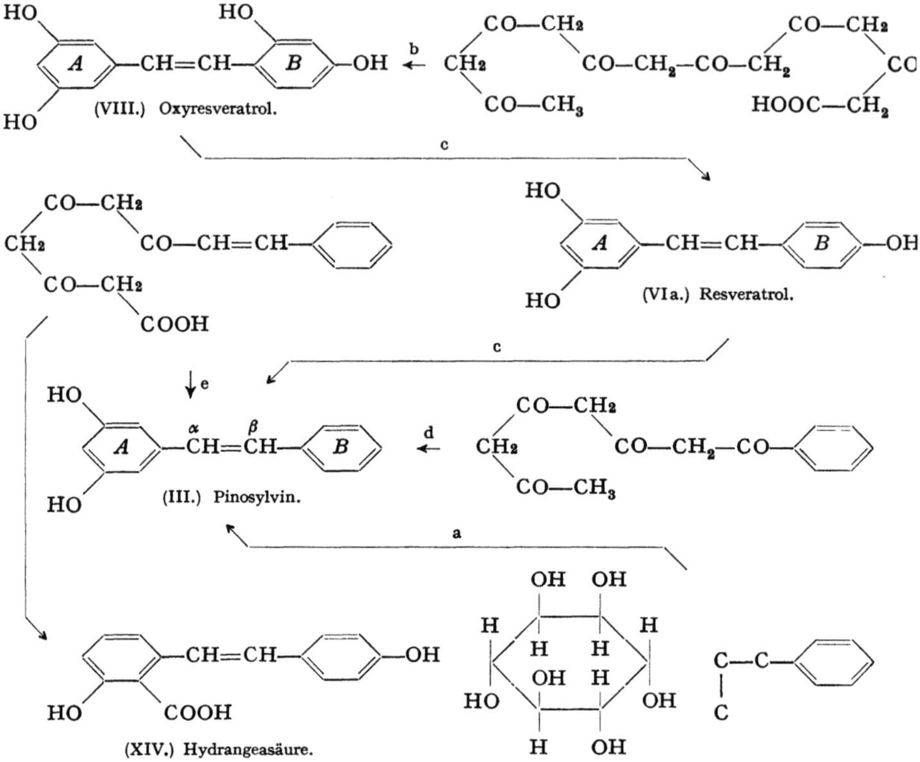

Formelübersicht 6. Hypothesen zur Biosynthese der Stilbene.

keto-methylenverbindungen bzw. Polyessigsäuren entstehen sollen, wurde erst viel später von BIRCH (22, 23, 24) und ROBINSON (100) wieder aufgegriffen.

In bezug auf die pflanzlichen Stilbene mit Resorcinstruktur des Ringes A (Formelübersicht 6) wurde die Bildung aus einer Polyessigsäure vorgeschlagen (100), wodurch sich zwanglos die richtigen Positionen aller vier Hydroxylgruppen des Oxyresveratrols (VIII) ergeben (Formelübersicht 6, b). Für die Biosynthese des Resveratrols (VIa) und vor allem des Pinosylvins (III) wäre jedoch die Annahme weiterer reduktiver Schritte notwendig, um das Fehlen der Hydroxylgruppen in Ring B zu deuten (Formelübersicht 6, c). Aus diesem Grund wurde auch ein Polyketon als mögliche Vorstufe in Betracht gezogen (Formelübersicht 6, d).

Schließlich wurde von BIRCH und DONOVAN (24) die Ansicht geäußert, daß die Pinosylvine durch das Zusammentreten zweier biogenetischer Wege entstehen. Danach soll der unsubstituierte Ring B aus dem Stoffwechsel der Phenylpropankörper, gegebenenfalls aus einer Zimtsäure stammen, welche mit drei Acetateinheiten kondensiert und so den Ring A ausbildet, wobei eine Carboxylgruppe abgespalten wird (Formelübersicht 6, e).

Diese Hypothese, die auch später ERDTMAN (*37*) vertrat, wurde durch die Existenz einer natürlichen Stilben-*o*-carbonsäure, der Hydrangeasäure (XIV), bestärkt, welche noch jene Carboxylgruppe in der richtigen Position besitzt, deren Abspaltung zur Bildung der Pinosylvine und ähnlicher Stilbene anzunehmen wäre.

Seit der Aufstellung dieser Hypothesen wurde die Biosynthese der Stilbene von mehreren Arbeitsgruppen untersucht und trotz Anwendung unterschiedlicher Methoden an verschiedenartigen Pflanzen praktisch übereinstimmende Resultate erzielt.

2. Experimentelle Befunde.

a) *Pinosylvine* (III, IV).

Untersuchungen über die Pinosylvine waren vor allem dadurch erschwert, daß sich diese Verbindungen nur sehr langsam in der Pflanze bilden und erst im Kernholz vieljähriger Bäume in höherer Konzentration vorhanden sind. BILLEK und ZIEGLER (*21*) stellten fest, daß auch junge, noch nicht verkernte Exemplare von *Pinus sylvestris* einen sehr geringen Gehalt (0,005—0,05%) an Pinosylvin (III) und dessen Monomethyläther (IV) aufweisen und benützten diese Tatsache für biosynthetische Untersuchungen.

Nach einer Infusion von Acetat-1-^{14}C bei zweijährigen Pflanzen von *P. sylvestris* konnte man aktiven Pinosylvin-monomethyläther (Einbaurate 0,005%) isolieren. Zwecks Lokalisierung der Aktivität wurde erst methyliert, mit Kaliumpermanganat oxydiert und die 3,5-Dimethoxybenzoesäure von der Benzoesäure durch fraktionierte Sublimation getrennt. Die Aktivitätsmessungen an den beiden Spaltstücken und der weitere Abbau der 3,5-Dimethoxybenzoesäure nach üblichen Methoden (Decarboxylierung, Brompikrinabbau, Methylätherspaltung) ergaben, daß Acetat ausschließlich in den hydroxylierten Ring *A* eingebaut wurde.

Versuche mit markierten Phenylpropankörpern zum Nachweis der Bildung des Ringes *B* und der Äthylenbrücke brachten wegen zu geringer Einbauraten keinen Erfolg. Es ist anzunehmen, daß die Phenylpropankörper vorwiegend zur Bildung von Lignin [s. a. FREUDENBERG (*39 a*)] führten und bei dieser Reaktion rasch verbraucht wurden. Glucose-(G)-^{14}C* hingegen wurde in beide Aromaten, jedoch in unterschiedlichem Verhältnis eingebaut; ein Vergleich der Aktivitäten der C-Atome α und β (Formelübersicht 6) mit den Aktivitäten der Ringe *A* und *B* brachte jedoch einen indirekten Beweis für den Einbau einer Phenylpropaneinheit (*21*).

---

* G (generally labeled) bedeutet eine allgemeine, aber nicht unbedingt gleichmäßige, und U (uniformly lab.) eine statistische Gleichverteilung von ^{14}C.

Von Rudloff und Jorgensen (*102*) wurde ebenfalls die Biosynthese der Pinosylvine untersucht unter Anwendung einer früher beschriebenen Methode (*62*) zur künstlichen Steigerung der Pinosylvinbildung (s. auch Kap. V, S. 135). Damit erzielte man bei *P. resinosa* relativ hohe Einbauraten und konnte auch Phenylpropankörper (Phenylalanin-(G)-^{14}C bzw. -1-^{14}C und Zimtsäure-3-^{14}C) erfolgreich einsetzen. Auch hier wurde der Abbau am Pinosylvin-dimethyläther durchgeführt; die beiden Säuren wurden decarboxyliert. Die jeweils in den Spaltstücken festgestellten Aktivitäten bestätigten und ergänzten die Befunde von Billek und Ziegler (*21*), insbesondere als sie den Einbau von intakten Phenylpropankörpern zweifelsfrei bewiesen.

Die Pinosylvine werden in der Pflanze durch Kondensation einer Phenylpropaneinheit (vermutlich Zimtsäure) mit drei Acetateinheiten gebildet, wobei eine Carboxylgruppe abgespalten wird (Formelübersicht 8, S. 145). Die experimentellen Befunde bestätigten völlig die seinerzeit von Birch und Donovan (*24*) aufgestellte Hypothese (Formelübersicht 6, e, S. 140).

b) *Piceid* (VIb, S. 118) *und Rhaponticin* (XIb, S. 119).

Hillis und Hasegawa (*56*) konnten bei *Eucalyptus sideroxylon* nach Gabe von Acetat-2-^{14}C, Shikimisäure-(U)-^{14}C und verschiedenartig markierten Phenylalaninen aktives Piceid (VIb) und Rhaponticin (XIb) isolieren. Diese beiden Glucoside wurden gesondert abgebaut, und zwar Piceid durch Oxydation mit Nitrobenzol, während Rhaponticin erst acetyliert und dann mit Kaliumpermanganat oxydiert wurde. Die Aktivitätsmessung an den Spaltstücken bewies auch hier einen Biosyntheseweg, welcher jenem der Pinosylvine völlig analog ist.

c) *Oxyresveratrol* (VIII, S. 140).

Für Oxyresveratrol (VIII) wurde ein Aufbau ausschließlich aus Acetateinheiten vorgeschlagen (Formelübersicht 6, b). Billek und Schimpl (*19*) zeigten jedoch, daß auch hier, wie bei allen bisher untersuchten Stilbenen, Acetat nur in den Ring *A* mit Hydroxylgruppen in Positionen 3 und 5 eingebaut wird. Als Versuchsobjekt wurde *Morus alba* herangezogen, dessen Kernholz Oxyresveratrol in relativ hoher Konzentration enthält (*76*).

d) *Hydrangenol* (XIIIa).

Ibrahim und Towers (*59, 60*) verwendeten Wurzeln der Gartenhortensie *(Hydrangea macrophylla)* und als Vorstufen Acetat-2-^{14}C, Zimtsäure-2-^{14}C und verschiedenartig markierte Phenylalanine. Das isolierte Hydrangenol wurde durch Alkalischmelze zu 6-Methylsalicylsäure (XXVIII) und 4-Hydroxybenzoesäure (XXIX) abgebaut (*Formel-*

übersicht 7, a). Die beiden Säuren wurden papierchromatographisch getrennt und deren Aktivitäten jeweils durch Autoradiographie ermittelt.

Nach BILLEK und KINDL (*15, 17*) findet die Hydrangenolsynthese besonders rasch in den assimilierenden Organen statt; für die Versuche wurden daher Blätter von *Hydrangea macrophylla* herangezogen. Für den Abbau des Hydrangenols wurden Methoden ausgearbeitet, die eine eindeutige Lokalisierung der Aktivität gestatten (Formelübersicht 7, b). 6-Methylsalicylsäure (XXVIII) kann durch Kuhn-Roth-Oxydation weiter abgebaut werden. Wie die Versuche ergaben, werden damit nur jene zwei C-Atome der 6-Methylsalicylsäure gesondert erfaßt, die im Verlauf der Biosynthese des Hydrangenols nicht aus Acetateinheiten gebildet werden. Ein zweiter Abbauweg ermöglichte die Feststellung der Aktivität in der Carboxylgruppe des Hydrangenols. Hierzu wurde Hydrangenol-dimethyläther (XXX) zur Stilbenhydrat-carbonsäure (XXXI) auf-

<table>
<tr><td>

$\xrightarrow[\text{CH}_2\text{N}_2]{\text{b}}$ —OH

(XIIIa.) Hydrangenol.

a ↓ NaOH

(XIV.) Hydrangeasäure.

a ↓ NaOH, 135°

(XXVIII.)

b ↓ CrO$_3$/H$_2$SO$_4$

$6\ \overset{*}{\text{C}}\text{O}_2 + \text{CH}_3\text{COOH}$

</td><td>

—OCH$_3$

(XXX.)

b ↓ NaOH

(XXXI.)

b ↓ KMnO$_4$

HOOC——OCH$_3$ (XXXIII.)

(XXXII.)

b ↓ H$_2$SO$_4$, 160°

$+\ \overset{*}{\text{C}}\text{O}_2$

(XXXIV.)

</td></tr>
</table>

HOOC——OH (XXIX.)

Formelübersicht 7. Abbau des Hydrangenols a) nach IBRAHIM und TOWERS und b) nach BILLEK und KINDL (* = radioaktiv markiert).

gespalten (s. auch S. 120) und zur 3-Methoxy-phthalsäure (XXXII) und Anissäure (XXXIII) oxydiert. 3-Methoxy-phthalsäure kann selektiv zur 3-Methoxy-benzoesäure (XXXIV) decarboxyliert werden, wobei jenes C-Atom abgespalten wird, welches aus der Carboxylgruppe des Hydrangenols stammt (*17*).

Nach einer Gabe von Acetat-1-^{14}C wurde die Aktivität im Hydrangenol nur in jenen C-Atomen gefunden, die in Formelübersicht 7 mit (*) bezeichnet sind (*17*). Die Verwendung von Zimtsäure-1-^{14}C hingegen bewies hier den Einbau einer intakten Phenylpropaneinheit (*18*).

Es besteht wohl kein Zweifel, daß Phenylpropankörper aus Glucose über Shikimi- und Prephensäure gebildet werden (*92, 116*). Bei Verwendung von radioaktiver Glucose als Vorstufe für Hydrangenol (*18*), aber auch für die Pinosylvine (*21, 102*), fand sich jeweils ein beträchtlicher Anteil an Aktivität in jenem aromatischen Ring, der aus Acetateinheiten gebildet wird. Dementsprechend wird die Glucose auch bei höheren Pflanzen, vermutlich über das Emden-Meyerhof-Schema und die oxydative Decarboxylierung der Brenztraubensäure relativ rasch in Acetat umgewandelt, während die Bildung der Phenylpropankörper aus der Glucose langsam und mit stärkerer Verdünnung durch inaktives Material zu erfolgen scheint.

3. Zusammenfassung.

Die pflanzlichen Stilbene entstammen dem Phenylpropan- und Acetatstoffwechsel. Als Phenylpropankörper treten vermutlich die bereits entsprechend substituierten Zimtsäuren in Reaktion. Diese bilden mit drei Acetateinheiten nach einem Ringschluß vom Typus einer Aldolkondensation und Abspaltung einer Carboxylgruppe die Stilbene mit Hydroxylgruppen in Position 3 und 5, z. B. das Pinosylvin (III) *(Formelübersicht 8)*. Die Stilben-*o*-carbonsäuren entstehen ohne Decarboxylierung, aber nach einem intermediären reduktiven Schritt, der für das Fehlen der Hydroxylgruppe in Position 5 verantwortlich ist, z. B. die Hydrangeasäure (XIV). Die Existenz eines optisch aktiven Phyllodulcins (XV) läßt annehmen, daß der Ringschluß zu den 3,4-Dihydro-isocumarinen eine enzymatisch gesteuerte Reaktion darstellt.

Die Biosynthese der Stilbene ist demnach mit der Bildung von Flavonoiden nahe verwandt, die aus denselben Vorstufen, aber in anderer Aggregation entstehen (*44*). Der Ringschluß erfolgt hier durch C-Acylierung und liefert als definierte Zwischenstufe ein Chalkon (XXXV), an welchem vermutlich die Differenzierung zwischen Flavanonderivaten, z. B. Pinocembrin (XXXVI), und anderen Vertretern der Flavonoide einsetzt (Formelübersicht 8).

Die enge Verwandtschaft zwischen der Biosynthese der Flavonoide und jener der Stilbene, auf die übrigens schon BIRCH und DONOVAN (*24*) hinwiesen, äußert sich durch das gemeinsame Vorkommen von Vertretern beider Substanzklassen mit analogem Substitutionstypus.

Literaturverzeichnis: SS. 146—152.

Formelübersicht 8. Die Biosynthese der Stilbene und Flavonoide.

So ist Pinocembrin (XXXVI) ein ständiger Begleiter des Pinosylvins (III) im Kernholz der *Pinus*-Arten. Morin (5,7,2',4'-Tetrahydroxyflavonol) (XXXVII) fand man neben Oxyresveratrol (VIII) in der Familie der Maulbeergewächse *(Moraceae)*.

(XXXVII.) Morin.

Die Vorstufen in *Formelübersicht 8* stellen nur das Skelett jener Verbindungen dar, die bei Experimentalarbeiten in markierter Form eingesetzt und jeweils in der entsprechenden Position des Naturstoffes gefunden wurden. Im weiteren Sinn kann man die Biosynthese der Stilbene genau so wie jene der Flavonoide als Variante der Fettsäuresynthese auffassen und annehmen, daß auch hier die betreffenden Säuren als Ester des Co-Enzym A in Reaktion treten.

Bu'Lock und Smalley (25) sowie Lynen und Tada (84) untersuchten die Biosynthese der 6-Methylsalicylsäure, welche in ihrer Substitution dem Ring *A* des Hydrangenols analog ist [(XXVIII) in Formelübersicht 7, S. 143]. Hierbei fungiert Acetyl-Co A als Starter und reagiert mit drei Molekülen Malonyl-Co A an einem „Multienzym-komplex", welcher auch die intermediäre Reduktion bewirkt. Es wurde hingewiesen, daß für Flavonoide und Stilbene eine ähnliche Bildung in Frage kommt. Hier wären es die Coenzym A-Ester der Zimtsäuren, welche die Starter darstellen, während drei Moleküle Malonyl-Co A den zweiten aromatischen Ring aufbauen.

Sieht man von den beiden einfachsten Stilbenen mit lediglich einer Hydroxy- (I) oder Methoxygruppe (II) in Position 4 ab, dann besteht kein Zweifel, daß alle anderen pflanzlichen Stilbene einem einheitlichen Bildungsprinzip unterliegen.

Literaturverzeichnis.

1. ALBRECHT, H. and E. H. SHEERS: The Isolation of *trans*-3,5-Dimethoxystilbene from Tall Oil. J. Amer. Chem. Soc. **76**, 603 (1954).

2. ANDERSON, A. B.: Increasing Extractive Content in Trees for Rosin Production. Extract Stimulation of *Jeffrey* Pine. Tappi **39**, 55 (1956) [Chem. Abstr. **50**, 6069 (1956)].

3. ARAKAWA, H.: Die absolute Konfiguration des Phyllodulcins. Bull. Chem. Soc. Japan **33**, 200 (1960) [Chem. Abstr. **54**, 24686 (1960)].

4. ARAKAWA, H. and M. NAKAZAKI: Absolute Configuration ot Phyllodulcin. Chem. and Ind. **1959**, 671.

5. ASAHINA, Y.: J. pharmac. Soc. Japan **1909**, Nr. 330.

6. ASAHINA, Y. und J. ASANO: Über die Konstitution von Hydrangenol und Phyllodulcin. Ber. dtsch. chem. Ges. **62**, 171 (1929).

7. — — Über die Konstitution von Hydrangenol und Phyllodulcin (II. Mitteil.). Ber. dtsch. chem. Ges. **63**, 429 (1930).

8. — — Über die Konstitution von Hydrangenol und Phyllodulcin, III. Mitteil.: Die Synthese des Hydrangenols. Ber. dtsch. chem. Ges. **63**, 2059 (1930).

9. — — Über die Konstitution von Hydrangenol und Phyllodulcin, IV. Mitteil.: Synthese des Phyllodulcin-dimethyläthers. Ber. dtsch. chem. Ges. **64**, 1252 (1931).

10. ASAHINA, Y. and K. MIYAKE: Hydrangenol, a Chemical Constituent of *Hydrangea hortensia*. J. pharmac. Soc. Japan **1916**, Nr. 408, 121 [Chem. Abstr. **10**, 1523 (1916)].

11. ASAHINA, Y. and S. UENO: Phyllodulcin, a Chemical Constituent of Amacha (*Hydrangea thunbergii* SIEB.). J. pharmac. Soc. Japan **1916**, Nr. 408, 146 [Chem. Abstr. **10**, 1524 (1916)].

12. ASEN, S., H. M. CATHEY and N. W. STUART: Enhancement of Gibberellin Growth-promoting Activity by Hydrangenol Isolated from Leaves of *Hydrangea macrophylla*. Plant Physiol. **35**, 816 (1960).

13. AULIN-ERDTMAN, G. und H. ERDTMAN: Die phenolischen Inhaltsstoffe des Kiefernkernholzes. Synthese des Pinosylvin-dimethyläthers. Ber. dtsch. chem. Ges. **74**, 50 (1941).

14. BARNES, R. A. and N. N. GERBER: The Antifungal Agent from Osage Orange Wood. J. Amer. Chem. Soc. **77**, 3259 (1955).

15. BILLEK, G. und H. KINDL: Zur Biosynthese pflanzlicher Stilbene, 1. Mitt.: Zur Biosynthese des Hydrangenols. Monatsh. Chem. **92**, 493 (1961).

16. — — Über die phenolischen Inhaltsstoffe der Familie Saxifragaceae. Monatsh. Chem. **93**, 85 (1962).

17. — — Zur Biosynthese pflanzlicher Stilbene, 2. Mitt.: Die Bildung von Ring A des Hydrangenols. Monatsh. Chem. **93**, 814 (1962).

18. — — unveröffentlicht.

19. BILLEK, G. und A. SCHIMPL: Zur Biosynthese pflanzlicher Stilbene, 4. Mitt.: Die Bildung von Ring A des Oxyresveratrols. Monatsh. Chem. **93**, 1457 (1962).

20. BILLEK, G. und R. SCHOLDA: unveröffentlicht.

21. BILLEK, G. und W. ZIEGLER: Zur Biosynthese pflanzlicher Stilbene, 3. Mitt.: Die Biosynthese des Pinosylvin-monomethyläthers. Monatsh. Chem. **93**, 1430 (1962).

22. BIRCH, A. J.: Biosynthetic Relations of Some Natural Phenolic and Enolic Compounds. Fortschr. Chem. organ. Naturstoffe **14**, 186 (1957).

23. — Some Pathways in Biosynthesis. Proc. Chem. Soc. (London) **1962**, 3.

24. BIRCH, A. J. and F. W. DONOVAN: Studies in Relation to Biosynthesis. I. Some Possible Routes to Derivatives of Orcinol and Phloroglucinol. Austral. J. Chem. **6**, 360 (1953).

25. BU'LOCK, J. D. and H. M. SMALLEY: Biosynthesis of Aromatic Substances from Acetyl- and Malonyl-coenzyme A. Proc. Chem. Soc. (London) **1961**, 209.

26. COLLIE, J. N.: Derivatives of the Multiple Keten Group. J. Chem. Soc. (London) **91**, 1806 (1907).

27. COX, R. F. B.: Constituents of Wood Rosin: 3,5-Dimethoxystilbene. J. Amer. Chem. Soc. **62**, 3512 (1940).

28. CUNNINGHAM, J., E. HASLAM and R. D. HAWORTH: The Constitution of Piceatannol. J. Chem. Soc. (London) **1963**, 2875.

29. ENDRES, H., W. GRASSMANN und H. MATHES: Über die Gerbstoffe der Fichtenrinde. VII. Die Konstitution des „Aglucons L". Chem. Ber. **91**, 141 (1958).

30. ENDRES, H. und F. LEPPMEIER: Über die Gerbstoffe der Fichtenrinde, XII. Isolierung und Konstitutionsermittlung eines Piceatannol-monoglucosides. Chem. Ber. **94**, 419 (1961).

31. ERDTMAN, H.: Zur Kenntnis der Extraktivstoffe des Kiefernkernholzes. Naturwiss. **27**, 130 (1939).

32. — Die phenolischen Inhaltsstoffe des Kiefernkernholzes, ihre physiologische Bedeutung und hemmende Einwirkung auf die normale Aufschließbarkeit des Kiefernkernholzes nach dem Sulfitverfahren. Liebigs Ann. Chem. **539**, 116 (1939).

33. — Die phenolischen Inhaltsstoffe des Kiefernkernholzes. IV. Membranbildende Substanzen im Kiefernkernholz. Svensk Papperstidn. **46**, 226 (1943) [Chem. Abstr. **37**, 5862 (1943)].

34. — U. V.-Absorption und sterischer Bau des Pinosylvins. Svensk Kem. Tidskr. **56**, 134 (1944) [Chem. Abstr. **40**, 1311 (1946)].

35. — Compounds Inhibiting the Sulfite Cook. Tappi **32**, 303 (1949) [Chem. Abstr. **43**, 7682 (1949)].

36. — Über einige Inhaltsstoffe des Kernholzes der Coniferenordnung Pinales. Holz als Roh- und Werkstoff **11**, 245 (1953).

37. ERDTMAN, H.: Conifer Chemistry and Taxonomy of Conifers. In: Biochemistry of Wood, p. 1. London: Pergamon Press. 1959.

38. — Privatmitteilung.

39. ERDTMAN, H. and A. MISIORNY: Constituents of Pine Heartwood. XXXI. The Content of Pinosylvin Phenols in Swedish Pines. Svensk Papperstidn. **55**, 605 (1952) [Chem. Abstr. **48**, 9060 (1954)].

39a. FREUDENBERG, K.: Forschungen am Lignin. Fortschr. Chem. organ. Naturstoffe **20**, 41 (1962).

40. FRYKHOLM, K. O.: Bacteriological Studies of Pinosylvine, its Monomethyl and Dimethyl Ethers, and Toxicological Studies of Pinosylvine. Nature **155**, 454 (1945).

41. GILSON, E.: Bull. Acad. Med. Belg. [4] **17**, 161 (1903).

42. GRASSMANN, W., G. DEFFNER, E. SCHUSTER und W. PAUCKNER: Über den Gerbstoff der Fichtenrinde. Chem. Ber. **89**, 2523 (1956).

43. GRASSMANN, W., H. ENDRES und W. PAUCKNER: Über die Gerbstoffe der Fichtenrinde, VI. Die Konstitution des Piceatannols. Chem. Ber. **91**, 134 (1958).

44. GRISEBACH, H. and W. D. OLLIS: Biogenetic Relationships between Coumarins, Flavonoids, Isoflavonoids, and Rotenoids. Experientia **17**, 4 (1961).

45. GRUNDON, M. F. and F. E. KING: Chlorophorin, a Constituent of Iroko, the Timber of *Chlorophora excelsa*. Nature **163**, 564 (1949).

46. GSTIRNER, F. und H. HOLTZEM: Arzneiliche Verwendbarkeit von *Rheum undulatum*. Pharmazie **4**, 333 (1949) [Chem. Abstr. **43**, 9383 (1949)].

47. HÄGGLUND, E.: Über den Aufschluß von Kiefernholz nach dem Sulfitverfahren. I. Cellulosechemie **8**, 25 (1927).

48. HATHWAY, D. E.: The Use of Hydroxystilbene Compounds as Taxonomic Tracers in the Genus *Eucalyptus*. Biochem. J. **83**, 80 (1962).

49. HATHWAY, D. E. and J. W. T. SEAKINS: Hydroxystilbenes of *Eucalyptus wandoo*. Biochem. J. **72**, 369 (1959).

50. HENNEBERG, M. and P. HORAK: A New Colorimetric Method for Determining Rhaponticin Separated Chromatographically from Underground Parts of Rhubarb. Acta Polon. Pharmac. **16**, 189 (1959) [Chem. Abstr. **53**, 22741 (1959)].

51. HESSE, O.: Über Rhabarberstoffe und damit verwandte Körper. Liebigs Ann. Chem. **309**, 32 (1899).

52. HEWITT, J. T., W. LEWCOCK and F. G. POPE: Derivatives of p-Hydroxystilbene. J. Chem. Soc. (London) **101**, 604 (1912).

53. HILLIS, W. E.: Privatmitteilung.

54. HILLIS, W. E. and A. CARLE: The Origin of the Wood and Bark Polyphenols of *Eucalyptus* Species. Biochem. J. **82**, 435 (1962).

55. HILLIS, W. E. and M. HASEGAWA: The Polyphenols in Leaves of *Eucalyptus sideroxylon*. Biochem. J. **83**, 503 (1962).

56. — — Biosynthesis of Hydroxystilbenes. Chem. and Ind. **1962**, 1330.

57. HILLIS, W. E. and H. R. ORMAN: The Extractives of New Zealand *Nothofagus* Species. J. Linn. Soc. London (Bot.) **58**, 175 (1962).

58. HORNEMANN, A.: Berliner Jahrb. für Pharmazie **1822**, 252.

59. IBRAHIM, R. K. and G. H. N. TOWERS: Studies of Hydrangenol in *Hydrangea macrophylla* Ser. I. Isolation, Identification, and Biosynthesis from C^{14}-labelled Compounds. Canad. J. Biochem. Physiol. **38**, 627 (1960).

60. — — Studies of Hydrangenol in *Hydrangea macrophylla* Ser. II. Biosynthesis of Hydrangenol from C^{14}-labelled Compounds. Canad. J. Biochem. Physiol. **40**, 449 (1962).

61. ITO, T.: Chemical Constituents of Coniferae and Allied Orders. XLVII. Relation between the Distribution of the Components and Taxonomical Position of the Leaves of *Picea bicolor* and Other *Picea* Plants. J. pharmac. Soc. Japan **81**, 236 (1961) [Chem. Abstr. **55**, 14594 (1961)].

62. JORGENSEN, E.: The Formation of Pinosylvin and its Monomethyl Ether in the Sapwood of *Pinus resinosa*. Canad. J. Botany **39**, 1765 (1961) [Chem. Abstr. **56**, 7719 (1962)].

63. KARIYONE, T., M. TAKAHASHI, T. ITO and K. MATSUTANI: Chemical Constituents of Conifers and Related Plants. XXI. Components of the Leaves of *Picea glehnii*. 1. J. pharmac. Soc. Japan **78**, 935 (1958) [Chem. Abstr. **52**, 18683 (1958)].

64. — — — — Chemical Constituents of the Plants of Coniferae and Allied Orders. XXIX. Component of the Leaves of *Picea glehnii*. 2. Chemical Structure of a New Glucoside, Piceid. J. pharmac. Soc. Japan **79**, 219 (1959) [Chem. Abstr. **53**, 11532 (1959)].

65. — — — — Chemical Constituents of the Plants of Coniferae and Allied Orders. XXXII. Existence of Resveratrol and 3,4-Dihydroxy-acetophenone in the Leaves of the Plants of *Picea*. J. pharmac. Soc. Japan **79**, 1326 (1959) [Chem. Abstr. **54**, 11162 (1960)].

66. KARRER, W.: Konstitution und Vorkommen der organischen Pflanzenstoffe (exclusive Alkaloide), S. 562. Basel und Stuttgart: Birkhäuser Verlag. 1958.

67. KAWAMURA, S.: Über die Konstitution des Rhapontins. J. pharmac. Soc. Japan **58**, 83 (1938) [Chem. Abstr. **32**, 6655 (1938)].

68. KIMURA, K. and K. HATA: Purity Test of Rhubarbs by Capillary Analysis. Japan J. Pharmacognosy **6**, 57 (1952) [Chem. Abstr. **48**, 14119 (1954)].

69. KING, F. E., C. B. COTTERILL, D. H. GODSON, L. JURD and T. J. KING: The Chemistry of Extractives from Hardwoods. Part XIII. Colourless Constituents of *Pterocarpus* Species. J. Chem. Soc. (London) **1953**, 3693.

70. KING, F. E. and M. F. GRUNDON: The Constitution of Chlorophorin, a Constituent of *Iroko*, the Timber of *Chlorophora excelsa*. Part I. J. Chem. Soc. (London) **1949**, 3348.

71. — — The Constitution of Chlorophorin. Part II. Further Oxidation Experiments. and the Completion of the Structural Problem. J. Chem. Soc. (London) **1950**, 3547.

72. KING, F. E., T. J. KING, D. H. GODSON and L. C. MANNING: The Chemistry of Extractives from Hardwoods. Part XXVIII. The Occurrence of 3:4:3′:5′-Tetrahydroxy- and 3:4:5:3′:5′-Pentahydroxy-stilbene in *Vouacapoua* Species. J. Chem. Soc. (London) **1956**, 4477.

73. KNÖRR, K., H. LEHR und V. PROBST: Hormontherapie mit pflanzlichen Östrogenen. Die Medizinische **1956**, 195 [Chem. Abstr. **50**, 6657 (1956)].

74. KONDO, T., H. ITO and M. SUDA: Wood Extractives. VII. Wood Components of *Morus bambycis*. Nippon Nogei-Kagaku Kaishi **32**, 1 (1958) [Chem. Abstr. **52**, 12395 (1958)].

75. KROMP, K.: Über natürliche Stilbene. Dissertation, Univ. Wien. 1944.

76. LAIDLAW, R. A. and G. A. SMITH: Heartwood Extractives of some Timbers of the Family *Moraceae*. Chem. and Ind. **1959**, 1604.

77. LINDBERG, B.: Glucosides of Pinosylvin and its Monomethyl Ether. Acta Chem. Scand. **2**, 872 (1948).

78. — Demethylation of Pinosylvin Monomethyl Ether. Acta Chem. Scand **3**, 912 (1949).

79. LINDSTEDT, G.: Constituents of Pine Heartwood. XX. Separation of Phenolic Heartwood Constituents by Paper Partition Chromatography. Acta Chem. Scand. **4**, 448 (1950).

80. Lindstedt, G.: Constituents of Pine Heartwood. XXIII. Isolation of Dihydropinosylvin Monomethyl Ether from the Heartwood of *Pinus albicaulis* Engelm. Acta Chem. Scand. **4**, 1246 (1950).

81. — Constituents of Pine Heartwood. XXVI. A General Discussion. Acta Chem. Scand. **5**, 129 (1951).

82. Lindstedt, G. and A. Misiorny: Constituents of Pine Heartwood. XXV. Investigation of Forty-eight *Pinus* Species by Paper Partition Chromatography. Acta Chem. Scand. **5**, 121 (1951).

83. — — Constituents of Pine Heartwood. XXX. A Method for the Estimation of Pinosylvin Phenols in Pine Heartwood. Svensk Papperstidn. **55**, 602 (1952) [Chem. Abstr. **48**, 9060 (1954)].

84. Lynen, F. und M. Tada: Die biochemischen Grundlagen der „Polyacetat-Regel". Angew. Chem. **73**, 513 (1961).

85. Lyr, H.: Die Wirkungsweise toxischer Kernholzinhaltsstoffe (Thujaplicine und Pinosylvine) auf den Stoffwechsel von Mikroorganismen. Flora **150**, 227 (1960) [Chem. Abstr. **56**, 1782 (1962)].

86. — Enzymatische Detoxification der Kernholztoxine. Flora **152**, 570 (1962) [Chem. Abstr. **57**, 10352 (1962)].

87. Mahesh, V. B. and T. R. Seshadri: Chemical Components of Commercial Woods and Related Plant Materials. II. The Heartwood of *Pinus griffithii*. J. Sci. Ind. Research (India) **13 B**, 835 (1954) [Chem. Abstr. **49**, 11273 (1955)].

88. Maniwa, H.: On the Chemical Constituent of "Amacha" *(Hydrangea tunbergii)*. J. pharmac. Soc. Japan **1915**, 1399 [Chem. Abstr. **10**, 805 (1916)].

89. — Phyllodulcin, a Sweet Principle of the Leaves of *Hydrangea thunbergii* Sieb. J. pharmac. Soc. Japan No. **507**, 348 (1924) [Chem. Abstr. **18**, 2694 (1924)].

90. Manson, D. W.: The Leucoanthocyanin from Black Spruce Inner Bark. Tappi **43**, 59 (1960) [Chem. Abstr. **54**, 9282 (1960)].

91. Mongolsuk, S., A. Robertson and R. Towers: 2:4:3′:5′-Tetrahydroxystilbene from *Artocarpus lakoocha*. J. Chem. Soc. (London) **1957**, 2231.

92. Neish, A. C.: Biosynthetic Pathways of Aromatic Compounds. Annu. Rev. Plant Physiology **11**, 55 (1960).

93. Neuhoff, E. W. und H. Auterhoff: Beiträge zur Analytik von Rhabarber-Drogen. Dtsch. Apotheker Ztg. **94**, 541 (1954) [Chem. Abstr. **48**, 11002 (1954)].

94. Nunn, J. R. and W. S. Rapson: The Phenolic Resin of the Wood of *Chlorophora excelsa* (Benth. and Hook f.). J. Chem. Soc. (London) **1949**, 3151.

95. Plouvier, V.: Sur les hétérosides de l'Hortensia des jardins, *Hydrangea macrophylla* DC. var. *Hortensia* Rehd. (Saxifragacées). C. R. hebd. Séances Acad. Sci. **252**, 312 (1961).

96. Rennerfelt, E.: Die Toxicität der phenolischen Inhaltsstoffe des Kiefernkernholzes gegenüber einigen Fäulnispilzen. Svensk Bot. Tidskr. **37**, 83 (1943).

97. — The Influence of the Phenolic Compounds in the Heartwood of Scots Pine *(Pinus sylvestris)* on the Growth of Some Decay Fungi in Nutrient Solution. Svensk Bot. Tidskr. **39**, 311 (1945).

98. — The Effect of Some Antibiotic Substances on the Germination of the Conidia of *Polyporus annosus* Fr. Acta Chem. Scand. **3**, 1343 (1949).

99. Rennerfelt, E. and G. Nacht: The Fungicidal Activity of Some Constituents from Heartwood of Conifers. Svensk Bot. Tidskr. **49**, 419 (1955).

100. Robinson, R.: The Structural Relations of Natural Products, p. 7. Oxford: Clarendon Press. 1955.

101. Roff, J. W. and J. M. Atkinson: Toxicity Tests of a Water-soluble Phenolic Fraction of Western Red Cedar. Canad. J. Bot. **32**, 308 (1954).

102. RUDLOFF, E. VON and E. JORGENSEN: The Biosynthesis of Pinosylvin in the Sapwood of *Pinus resinosa* AIT. Phytochemistry 2, 297 (1963).

103. SANDERMANN, W. und H. H. DIETRICHS: Untersuchungen über termitenresistente Hölzer. Holz als Roh- und Werkstoff 15, 281 (1957).

104. — — Chemische Studien an Tropenhölzern. 3. Mitt.: Über die Inhaltsstoffe von *Mansonia altissima* und ihre gesundheitsschädigende Wirkung. Holz als Roh- und Werkstoff 17, 88 (1959).

105. SANDERMANN, W., H. H. DIETRICHS und M. PUTH: Über die Trocknungsinhibierung von Lackanstrichen auf Handelshölzern. Holz als Roh- und Werkstoff 18, 63 (1960).

106. SANDERMANN, W. und E. SCHWARZ: Über den Einfluß von Holzinhaltsstoffen auf die Witterungsbeständigkeit und die Trocknung von Öl- und Polyesterlacken. Farbe und Lack 62, 134 (1956) [Chem. Abstr. 50, 9756 (1956)].

107. SCHÜRHOFF, P. N. und G. PLETTNER: Über das Vorkommen von Rhapontizin in *Rheum*-Arten und sein Nachweis bei Verfälschungen des Rhabarberrhizoms. Arch. Pharmaz. 275, 281 (1937).

108. SCHWALBE, C. G. und A. AF EKENSTAM: Beiträge zur Kenntnis der Kernsubstanz des Kiefernholzes. III. Mitt.: Druckkochungen. Cellulosechemie 10, 27 (1929).

109. SHIBATA, S. and M. TAKIDO: Evaluation of Crude Drugs. II. Paperchromatographic Studies of Rhubarb. J. pharmac. Soc. Japan 72, 1311 (1952) [Chem. Abstr. 47, 1335 (1953)].

110. SIESTO, A. J.: Rhubarb Grown in Sila Mountains. Fitoterapia 29, 857 (1958) [Chem. Abstr. 53, 20320 (1959)].

111. SPÄTH, E. und K. KROMP: Über natürliche Stilbene, II. Mitt.: Die Synthese des Pterostilbens. Ber. dtsch. chem. Ges. 74, 189 (1941).

112. — — Über natürliche Stilbene, III. Mitt.: Die Synthese des Resveratrols. Ber. dtsch. chem. Ges. 74, 867 (1941).

113. — — Synthese des Pinosylvinmonomethyläthers (V. Mitteil. über natürliche Stilbene). Ber. dtsch. chem. Ges. 74, 1424 (1941).

114. SPÄTH, E. und F. LIEBHERR: Über natürliche Stilbene, IV. Mitt.: Die Synthese des Pinosylvins. Ber. dtsch. chem. Ges. 74, 869 (1941).

115. SPÄTH, E. und J. SCHLÄGER: Über natürliche Stilbene, I. Mitt.: Die Konstitution des Pterostilbens. Ber. dtsch. chem. Ges. 73, 881 (1940).

116. SPRINSON, D. B.: The Biosynthesis of Aromatic Compounds from *D*-Glucose. Adv. Carbohydrate Chem. 15, 235 (1960).

117. SUZUSHINO, G.: Plant Pigments. IX. Coloring Matter of *Morus alba*. 2. Some Chemical Properties of Cudranin, a New Coloring Principle from the Wood. Misc. Repts. Res. Inst. Nat. Resources (Japan) 35, 8 (1954) [Chem. Abstr. 51, 1396 (1957)].

118. TAKAOKA, M.: Phenolic Substances of White Hellebore *(Veratrum grandiflorum* LOES *fil.).* J. Faculty Sci., Hokkaido Imp. Univ. [III.] 3, 1 (1940) [Chem. Abstr. 34, 7887 (1940)].

119. — Phenolic Substances of White Hellebore *(Veratrum grandiflorum* LOES. *fil.).* II. Synthesis of Resveratrole and its Derivatives. Proc. Imp. Acad. (Tokyo) 16, 405 (1940) [Chem. Abstr. 35, 1398 (1941)].

120. — Constitution of Rhapontigenin (Pontigenin). Proc. Imp. Acad. (Tokyo) 16, 408 (1940) [Chem. Abstr. 35, 1399 (1941)].

121. TASAKI, T.: Absorption Spectra of Benzophenone Derivatives. Acta Phytochim. (Tokyo) 2, 49 (1925) [Chem. Abstr. 20, 1030 (1926)].

122. TSCHIRCH, A. und U. CHRISTOFOLETTI: Über die Rhaponticwurzel. Arch. Pharmaz. 243, 443 (1905).

123. Tsukida, K. and M. Yokota: Constituents of *Polygonum multiflorum* by Paper Chromatography. J. pharmac. Soc. Japan **74**, 230 (1954) [Chem. Abstr. **48**, 7710 (1954)].

124. Ueno, M.: Constitution of Phyllodulcin. J. pharmac. Soc. Japan **51**, 207 (1931) [Chem. Abstr. **25**, 3979 (1931)].

125. Ueno, Y.: Hydrangenol Glucoside. J. pharmac. Soc. Japan **57**, 114 (1937) [Chem. Abstr. **31**, 6245 (1937)].

126. Wilson, A. T.: Carbon-14 from Nuclear Explosions as a Short-term Dating System: Use to Determine the Origin of Heartwood. Nature **191**, 714 (1961).

127. Wolcott, G. N.: The Termite Resistance of Pinosylvin and Other New Insecticides. J. Econ. Entomol. **44**, 263 (1951) [Chem. Abstr. **45**, 8711 (1951)].

128. — Stilbene and Comparable Materials for Drywood Termite Control. J. Econ. Entomol. **46**, 374 (1953) [Chem. Abstr. **48**, 4750 (1954)].

129. Youngken, H. W.: Studies on Indian Rhubarb. II. *Rheum emodi.* J. Amer. Pharm. Assoc. **35**, 148 (1946) [Chem. Abstr. **40**, 6749 (1946)].

(Eingelaufen am 11. Oktober 1963.)

A Pattern of Development in the Chemistry of Pentacyclic Triterpenes.

By **T. G. HALSALL** and **R. T. APLIN**, Oxford.

Contents.

I. The Classical Era of Triterpene Chemistry.

Since the last major review of the chemistry of pentacyclic triterpenes by WHITE (*231*) there has been continuous activity in this field and many new compounds have been isolated and had their structures elucidated. Some of the reasons for these rapid developments are discussed in this article. They are of interest because they illustrate in a particular field what is happening in natural product chemistry in general.

In the period between about 1920 and 1950 the aim of chemists working with triterpenes was to relate them to the limited number of widely occurring parent $C_{30}H_{50}O$ alcohols then known; e. g., oleanolic acid (II) was related to β-amyrin (I), ursolic acid (IV) to α-amyrin (III), and betulin (VI) to lupeol (V), and ultimately to determine the structures

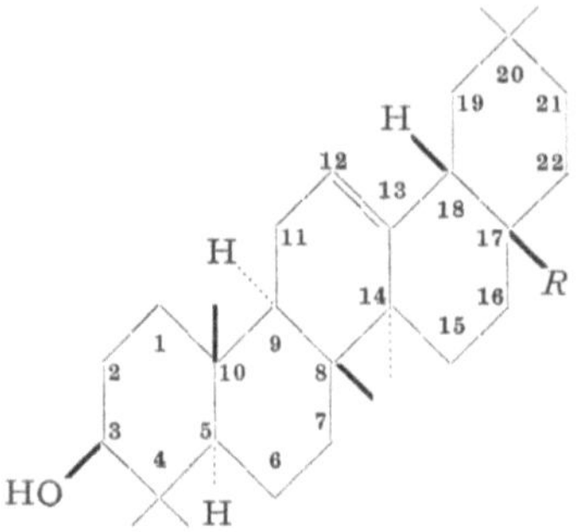

(I; $R = CH_3$). β-Amyrin.
(II; $R = COOH$). Oleanolic acid.

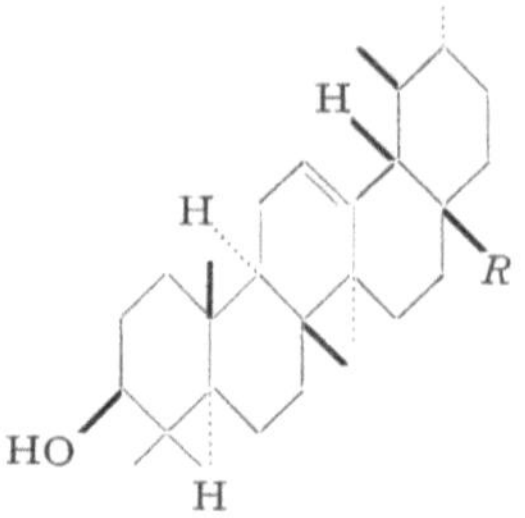

(III; $R = CH_3$). α-Amyrin.
(IV; $R = COOH$). Ursolic acid.

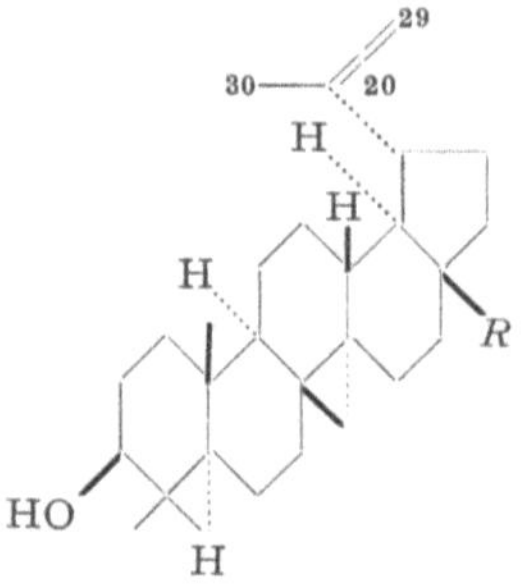

(V; $R = CH_3$). Lupeol.
(VI; $R = CH_2OH$). Betulin.
(VII; $R = COOH$). Betulinic acid.

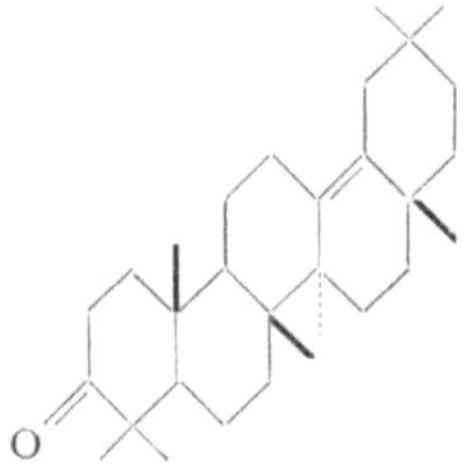

(VIII.) δ-Amyrenone.

of these parent alcohols by painstaking and often tedious degradation of their derivatives and those of related triterpenes. This classical phase of triterpene chemistry was reviewed by Jeger (*134*) in 1950. It may be said to have ended in 1949 when Ruzicka and Jeger (*46*) finally determined the gross structure of oleanolic acid (II) and were able to write:

„Durch die Konstitutionsaufklärung des Abbauproduktes aus den Ringen D und E der Echinocystsäure, welche bekanntlich der Oleanolsäure-Gruppe der Triterpene angehört, sind die letzten zwei Kohlenstoffatome des Gerüstes dieser Verbindung, über die man bisher noch keine Auskunft durch direkte Abbauresultate erhalten konnte, einwandfrei erfaßt worden. Die in unserem Laboratorium vor 20 Jahren begonnenen Arbeiten zur Strukturbestimmung dieser Gruppe der Triterpene gelangten somit zu einem erfolgreichen Abschluß.“

However even at this stage very little was known about the relative, and nothing about the absolute, stereochemistry of the triterpenes.

II. General Developments since 1949.

1. Relationships between the Different Pentacyclic Skeletons.

In 1949 a big step forward was taken by the establishment (*10, 11*) of a relationship between lupeol (V) and β-amyrin (I), the corresponding ketones being both converted by acid to a mixture (*55*) of δ-amyrenone (VIII) (olean-13(18)-en-3-one) and 18-iso-olean-12-en-3-one. Thus knowledge concerning the carbon skeleton of β-amyrin could be applied to that of lupeol. Similarly in the early and middle 1950's suitable derivatives of taraxasterol (IX) (*9, 120*), ψ-taraxasterol (X) (*9, 120*), taraxerol (XI) (*38*), glutinol (XII) (*39*), and friedelin (XIII) (*76, 103, 56*) were converted to olean-13(18)-en-3-one or the corresponding hydrocarbon. More recently the acetate of bauerenol (XIV) has been isomerised (*161*) with boiling hydrochloric acid to a mixture of α-amyrin acetate and the 13(18)-isomer,

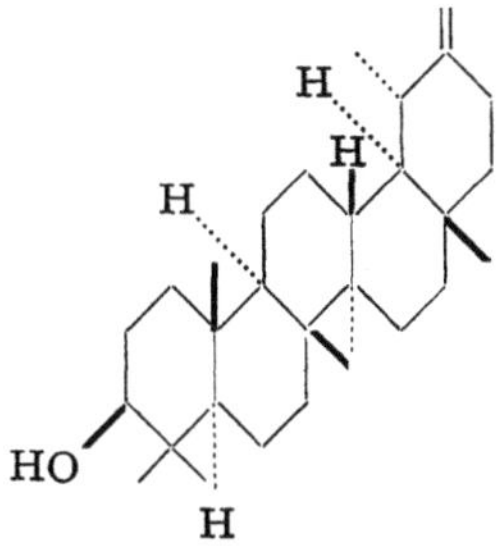

(IX.) Taraxasterol.

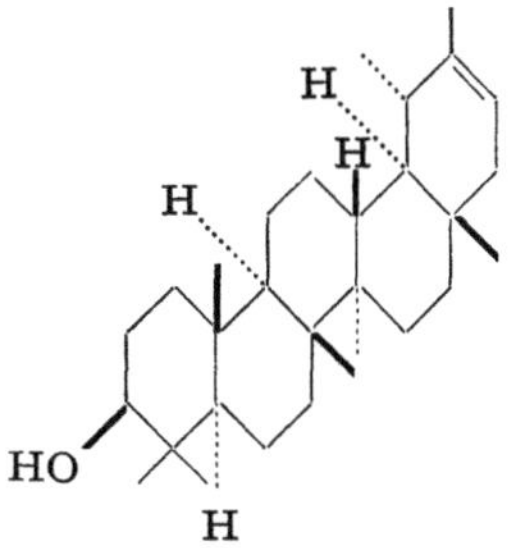

(X.) ψ-Taraxasterol.

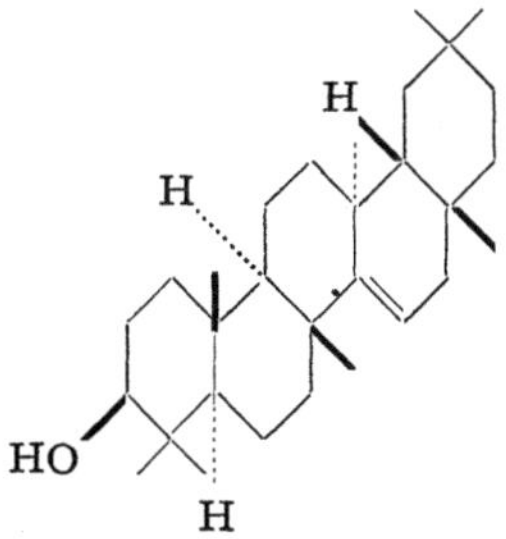

(XI.) Taraxerol.

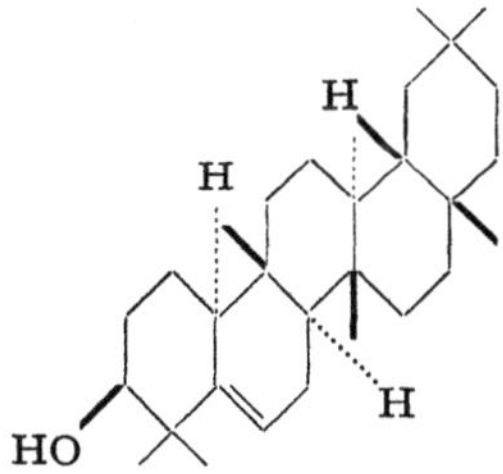

(XII.) Glutinol.

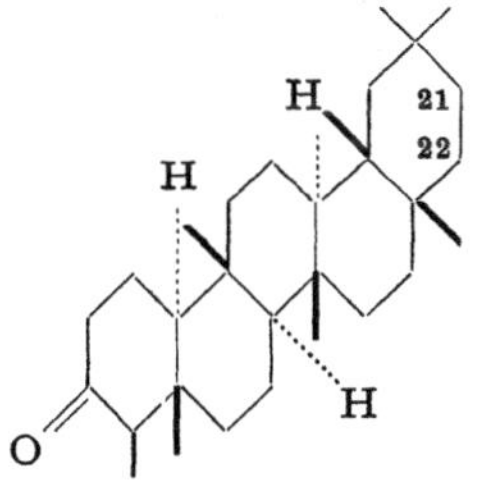

(XIII.) Friedelin.

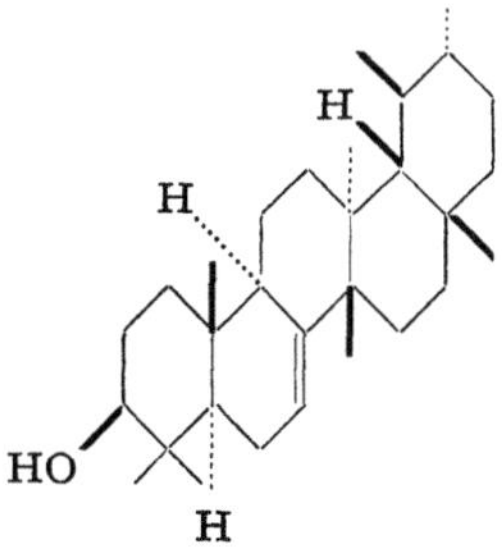

(XIV.) Bauerenol.

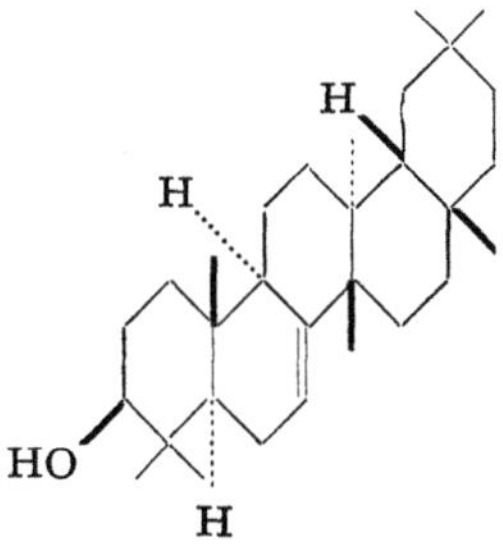

(XV.) Multiflorenol.

urs-13(18)-en-3β-yl acetate, and the oleanane analogue of bauerenol, multiflorenol (XV), has been isomerised (*142*) as its acetate with chloroformic hydrogen chloride to β-amyrin acetate.

2. Stereochemistry.

During the early 1950's the application of conformational analysis to problems of stereochemistry, particularly by BARTON (*23*, *31*) and the utilisation of molecular rotation data by KLYNE (*154*) led to the elucidation of the stereochemistry and absolute configuration of the pentacyclic triterpenes as indicated in the structural formulae. Final confirmation of the relative stereochemistry of oleanolic acid (II) came with the X-ray crystallographic determination of the structure of the iodoacetate of methyl oleanolate (*1*).

3. Biogenesis.

Simultaneously with the chemical developments described above knowledge of the biogenesis of steroids and triterpenes grew rapidly (cf. *202*), leading to the proposal of WOODWARD and BLOCH (*234*) that these compounds came from squalene (XVII) with its terminal isoprenoid units forming their terminal rings (or side-chain). Subsequent work, especially of BLOCH (*47*), CORNFORTH and POPJÁK (*77*, *188*), and LYNEN (*168*), has established the detailed pathway of the biogenesis of squalene and its subsequent transformation into lanosterol and the steroids.

Much less has so far been done on the biosynthesis of pentacyclic triterpenes. Very recently, labelled β-amyrin has been produced from labelled sodium mevalonate in the pea (*65*) while ARIGONI (*16*) has shown that soyasapogenol D (24-hydroxy-22-methoxy-δ-amyrin) (XVI) is produced by sprouting soya beans from 2-^{14}C-mevalonic lactone with the atoms marked arising from $C_{(2)}$ of the lactone. The stereospecificity of the process is indicated by the fact that the terminal methyl groups of squalene, only one of which is labelled at each end of molecule, never become equivalent en route to $C_{(23)}$ and $C_{(24)}$ of soyasapogenol D in which $C_{(23)}$, but not $C_{(24)}$ is labelled.

A similar stereospecificity is found at the other end of the squalene chain in the biosynthesis of lupeol (V), betulin (VI), and betulinic acid (VII). ARIGONI and GUGLIELMETTI (*117*, *202*) have obtained these compounds labelled using 2-^{14}C-mevalonic lactone in *Menyanthes trifoliata* and have shown that the methyl carbon, but not the methylene carbon of their isopropenyl groups is labelled.

This pattern of labelling is in agreement with ESCHENMOSER's theory (*109*, *110*) of the stereochemistry of the oxidative cyclisation of squalene to triterpenes. According to the theory squalene is folded into a series of incipient chair or boat rings, and attack by the equivalent of HO^+ then initiates a completely concerted process leading to the triterpene and elimination of a proton. When the coiling pattern is *chair, chair, chair, boat* (XVII) the intermediate (XVIII) can result. Elimination of a proton from $C_{(29)}$ then affords lupeol (V). If, however, concerted ring *E* enlargement occurs to give the ion (XIX) and a proton is then lost from $C_{(18)}$, germanicol (XX) results. Further concerted Wagner-Meerwein shifts beginning with the ion (XIX) lead to taraxasterol (IX), δ-amyrin, β-amyrin (I), multifluorenol (XV), glutinol (XII) and finally friedelin (XIII). α-Amyrin (III) and bauerenol (XIV) can also be derived via the ion (XVIII).

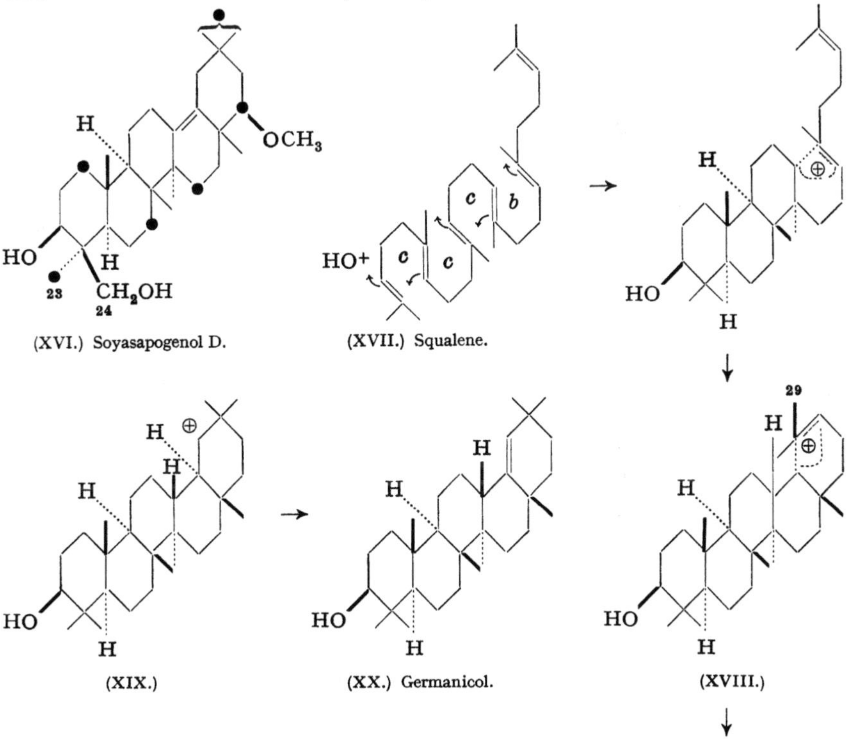

(XVI.) Soyasapogenol D.

(XVII.) Squalene.

(XIX.)

(XX.) Germanicol.

(XVIII.)

(V.) Lupeol (p. 154).

A different pattern of folding *(chair, chair, chair, chair, chair)* leads to the hopane ring system, exemplified by hydroxyhopanone (XXI) (*21, 22, 102, 210*) and hopan-3β,22-diol 3β-monoacetate (XXII) (*66*), the simplest, biogenetically, of the pentacyclic triterpenes, and thence by a non-concerted rearrangement to the carbon skeletons of fernene (XXIII; $R = CH_3$) (*5, 6*) and adiantoxide (XXIV) (*39a*). A slightly different pattern *(chair, chair, chair, chair, boat)* accounts for the 22α (H)-

hopane derivative moretenol (XXV) (*197*) and for adiantoxide and fernene if these are formed by a completely concerted process.

The occurrence in nature of the hydrocarbons fernene (XXIII; $R = CH_3$) (*5, 6, 179*), diploptene (hop-22(29)ene) (*6*), and taraxer-14-ene (*57*) raises an interesting biogenetic point. Are they formed from the corresponding 3β-alcohols by reduction or directly from squalene by a cyclisation process initiated by H+? Although oxidation is a much more common process in this area of natural products, the first suggestion appears more likely to be the correct one. Their occurrence in nature is discussed later (p. 162).

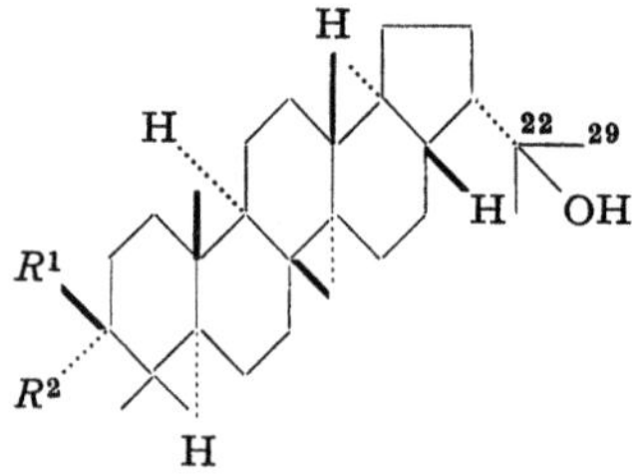

(XXI; R^1, R^2 = O). Hydroxyhopanone.
(XXII; R^1 = O*Ac*; R^2 = H). Hopan-3β,22-diol 3β-monoacetate.

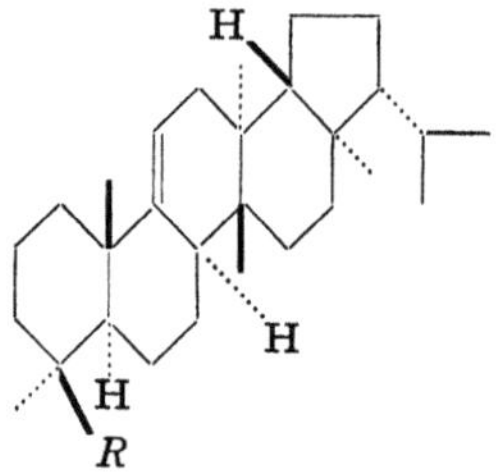

(XXIII; R = CH$_3$). Fernene.
(R = COOH). Davallic acid.

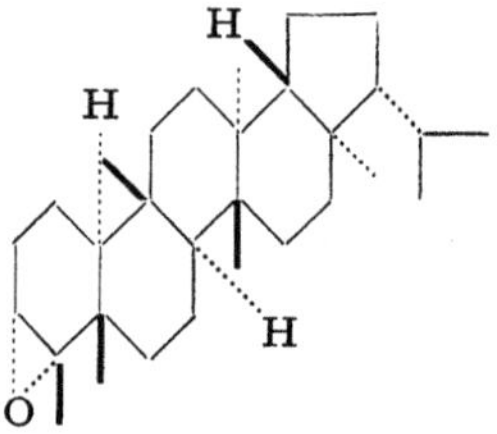

(XXIV.) Adiantoxide.

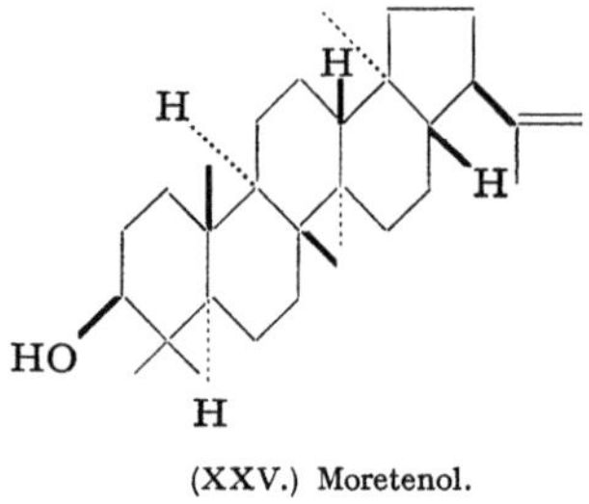

(XXV.) Moretenol.

The most recent new carbon skeleton to be found is that of arborinol and isoarborinol (*184*) which have the partial structures (XXVI) and (XXVII) with two additional rings, *D* and *E*, which may be of the α-amyrin, lupane or hopane type (*230*). The elucidation of the arborane skeleton was greatly assisted by a comparison of the mass spectral cracking patterns of arborene (XXVIII), bauerene (cf. XIV) and multiflorene (cf. XV).

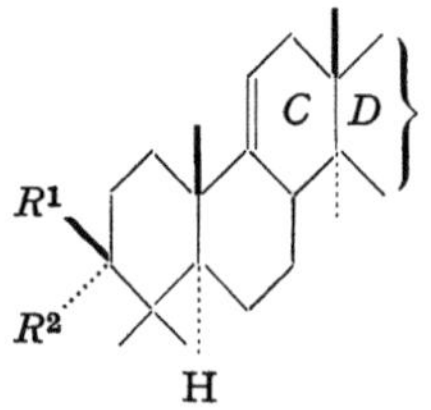

(XXVI; R^1 = H; R^2 = OH). Arborinol.
(XXVII; R^1 = OH; R^2 = H). Isoarborinol.
(XXVIII; R^1 = R^2 = H). Arborene.

Other valuable physical data are provided by the ultraviolet spectrum of arbora-7,9(11)-diene which is similar to that of lanosta-7,9(11)-diene and by the Cotton effects of derivatives of 3-oxo- and 11-oxo-arborane.

The arborane skeleton can arise from the *chair, boat, chair* coiling of squalene which leads to lanosterol, but which has not hitherto been found in the case of pentacyclic triterpenes (excluding triterpenes related to lanosterol containing cyclopropane rings).

One result of the development of the biogenetic theory is that it is now possible, with sufficient imagination and chemical insight, to predict the types of carbon skeletons which may be found. If a new parent $C_{30}H_{50}O$ alcohol or derivative thereof is isolated, the possibility should be considered whether it has one of the potential biogenetic structures found in nature. However, structural determination of this type is now, in a sense, filling in predictable gaps and the question arises as to what lies ahead.

4. New Techniques of Analysis.

The answers are to be found in recent developments in methods of separation of natural products and in the wide range of spectral methods of analysis which advances in instrumentation have made available. Column chromatography has been invaluable since the late 1940's but two new advances have been made recently with gas-liquid chromatography and thin-layer chromatography. In the case of gas-liquid chromatography the use of a packing developed by HORNING (*123*) for the separation of steroids together with the highly sensitive β-ionisation detector (*107*) enables (*14, 15*) compounds as highly oxygenated as methyl platanate, $C_{30}H_{48}O_4$ (methyl ester of XXXI, p. 161) and dimethyl ceanothenate, $C_{31}H_{46}O_4$ (dimethyl ester of LIV, p. 165) to be easily detected. A foreseeable development is the preparative use of gas-liquid chromatography in this field.

In the spectroscopic field the use of ultraviolet and infrared spectroscopy (cf. *73, 214*) was well established in the early and middle 1950's. During the last five years applications of nuclear magnetic resonance spectroscopy have rapidly increased and are illustrated in the discussions of some individual triterpenes later in this chapter. Even more recent has been the application of mass spectrometry, particularly by DJERASSI (*58, 88*) who is systematically studying the cracking patterns of triterpenes.

The most recent developments in this field have been made possible by improved inlet systems which permit the vaporisation of relatively non-volatile substances such as pentacyclic triterpenes in an undecomposed state. As little as 1 mg. of material is required. With unsaturated triterpenes one of the characteristic fragmentations is a retro-Diels-Alder reaction. This is illustrated (*58*) with olean-12-ene (XXIX) which gives the fragments (XXXa) and (XXXb). The cracking pattern and the mass of the fragments therefore provide considerable information

(XXIX.) Olean-12-ene.   (XXXa.)   (XXXb.)

about the position of double bonds and substituents. An application of this technique in the friedelane field is provided by the work of Shannon, Courtney et al. (*79, 212*) on some compounds which were isolated from *Siphonodon australe* Benth, and which were divided into two groups; one related to friedelan-x-one and the other to friedelan-y-one. A study of their cracking patterns together with those of deuterated derivatives has established that the x-carbonyl group is at $C_{(21)}$ or, preferably, $C_{(22)}$ (see XIII, p. 155, for numbering) and that the y-carbonyl group is an aldehyde group situated at $C_{(5)}$ or, preferably, $C_{(9)}$. Further illustrations will be found in the discussion of individual triterpenes.

Advances in instrumentation have also made readily available optical rotatory dispersion data, especially the Cotton effects of carbonyl groups which provide much information about their location (*87*) and, through an application of the Octant Rule, about absolute configurations (*177*). In this same field a commercial instrument has also become available for the measurement of circular dichroism, a technique which in some respects is alternative to optical rotation dispersion but, in others, is complementary (*100, 233*).

III. Current Trends in the Chemistry of Pentacyclic Triterpenes.

The methods of separation and analysis indicated above now permit the search for, and scrutiny of, compounds present in much smaller quantity than it has hitherto been convenient to handle, and also allow more highly oxygenated compounds to be investigated. The systematic examination of plant species is now possible. So often in the past the choice of plants or compounds to be studied has often depended on fortuitous physiological factors—smell, bitterness, colour, toxicity or, in the case of compounds, the ready crystallisation of one component of a mixture. Examination of the structures of compounds recently investigated makes it clear that after the initial oxidative cyclisation together with its accompanying methyl group migrations, further oxidation occurs in the course of biosynthesis and leads not only to simple oxygenated derivatives such as erythrodiol and oleanolic acid from β-amyrin, but also to the loss of carbon atoms and/or further carbon-carbon bond rearrangement or fission.

1. Platanic Acid.

A simple example of the loss of carbon and of the power of the new physical techniques is provided by the chemistry of platanic acid (XXXI). This was isolated by THOMAS and MÜLLER (*219*) from *Platanus occidentalis* and by APLIN, HALSALL and NORIN (*15*) from *P.* × *hybrida* BROT. The simple analytical data were consistent with a $C_{(30)}$-hydroxy-ketoacid, $C_{30}H_{46}O_4$, an intriguing formula implying a pentacyclic structure with no double bond. However, determination of the mass spectra of methyl platanate and its acetate showed that the correct formula was $C_{29}H_{44}O_4$, whilst the N. M. R. spectra of the methyl esters of platanic acid and

(XXXI.) Platanic acid.   (XXXII; R = O). Adiantone.
(XXXIII; R = CH$_2$). Diploptene.

its simple oxidation product (CHOH → CO), which also occurs naturally, were very similar to those of methyl betulinate (methyl ester of VII) and methyl betulonate. The main differences were the presence in the spectra of the platanate series of a band at $\tau = 7.84$ due to the methyl of a $CH_3 \cdot CO$ group and the absence of a characteristic doublet at τ 5.4 found with the olefinic protons of methyl betulinate. These results immediately suggested structure (XXXI) for platanic acid which was confirmed by the partial synthesis of its methyl ester from methyl betulinate.

2. Triterpenes from Ferns.

A similar type of nor-triterpene is adiantone (XXXII) (*40*) which was also shown by mass spectrometry to be a $C_{(29)}$ compound ($C_{29}H_{48}O$) and which is also a methyl ketone, in this case bearing the same relationship to hop-22(29)-ene (diploptene) (XXXIII) (*6*) as methyl platanate (methyl ester of XXXI) does (*15*) to methyl betulinate (methyl ester of VII, p. 154). Both adiantone and diploptene occur in ferns and both are unusual in having no oxygen at $C_{(3)}$. It has been pointed out (*40*) that other compounds lacking oxygen at this carbon such as zeorin and taraxerene also occur in primitive plant families (lichens).

Another fern constituent is the hydrocarbon fernene (XXIII; $R = CH_3$), $C_{30}H_{50}$, from *Dryopteris crassirhizoma* NAKAI (*5, 6*). Isomerisation of fernene with 6% hydrochloric acid in boiling acetic acid gives hopene-II (XXXIV). Oxidation with selenium dioxide gives the diene (XXXV) whose ultraviolet spectrum indicates that the methyl groups at the *C/D* ring junction are 13α and 14β as in euphol. The placing of the double bonds in fernene (XXIII; $R = CH_3$) and the diene (XXXV)

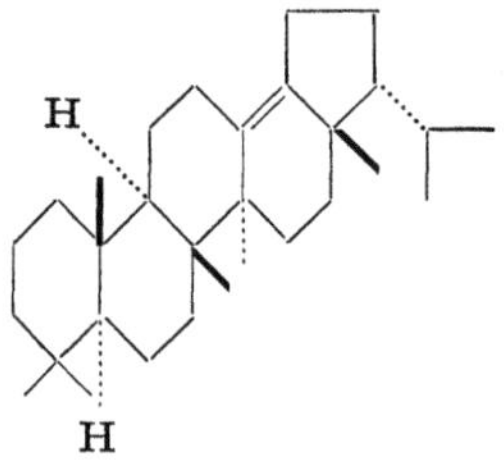

(XXXIV.) Hopene-II. 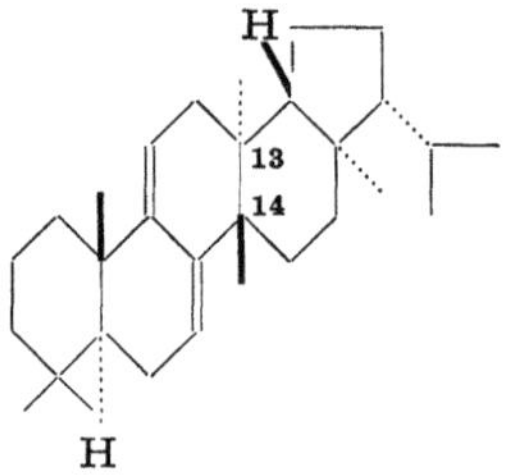   (XXXV.)

is based on their mass spectra in which the same base peaks at m/e 243 and 255 are observed as in the spectra of arborene (XXVIII, p. 158) and arbora-7,9(11)-diene, although in these compounds the *C/D* ring junction methyl groups are 13β and 14α.

A second triterpene with the fernene carbon skeleton is davallic acid (XXIII, p. 153; $R = COOH$), $C_{30}H_{48}O_2$ which has been isolated from the Chinese fern *Davallia divaricata* (*179*). Conversion of the carboxyl group to a methyl group affords fernene (XXIII; $R = CH_3$) (*179*). Another rearranged hopene ring system has been found very recently in the epoxide adiantoxide (XXIV) which also occurs in a fern, *Adiantum capillus* VENERIS (*39 a*).

3. $C_{(28)}$-Nor-triterpenes.

Another group of nor-triterpenes is that in which $C_{(28)}$ has been lost. Examples are albigenin (XXXVI) (*37*), aegiceradienol (XXXVII) (*193, 194*) and "Triterpene B" (XXXVIII) (*53*). The latter is formed in the laboratory by treatment with strong acid of "Triterpene A" (XXXIX) (*53*). The use of similar acidic conditions in the isolation of aegiceradienol (XXXVII) suggests that it and its congener aegiceradiol (XL) (*195*) may be artifacts arising from the accompanying "Genin A" (XLI).

(XXXVI.) Albigenin.

(XXXVII.) Aegiceradienol.

(XXXVIII.) "Triterpene B".

(XXXIX.) "Triterpene A".

(XL.) Aegiceradiol.

(XLI.) "Genin A".

4. A-*Seco*-triterpenes.

An example of simple carbon-carbon bond fission is provided by nyctanthic acid (XLII) (*17, 232*). Its structure was confirmed by the formation of its nitrile by a Beckman rearrangement of the oxime of β-amyrenone (*232*) and by the preparation of dihydronyctanthic acid by irradiation of β-amyrenone (*17*). Recently nyctanthic acid and its α-amyrin analogue, roburic acid, have been found together in red purple galls produced by the insect *Cynips Magri* in common oak, *Quercus robur* (*172*). Just as the initial oxidative cyclisation of squalene involves the equivalent of HO⁺ so may these further oxidations. ARIGONI et al. (*17*) have suggested that nyctanthic acid may be formed via (XLIII) where X is a good leaving group and "OH+" could easily be involved in the formation of such a compound.

Fission of the $C_{(2)}$–$C_{(3)}$ bond on the β-amyrin skeleton is found in an acid (XLIV) isolated by Crowley (*80*) from *Bursera graveolens* (HBK). Tr. et Pl. Its genesis can formally be represented as the oxidative cleavage of a 2,3-diol, two examples of which, maslinic acid (XLV) (*59, 60*) and bredemolic acid (XLVI) (*224*) occur naturally. The recent isolation of the related lupane analogue, aliphitolic acid (XLVII) (*118*) and of an acid which may be (XLVIII) (*42*) suggest that it will only be a matter of time before the corresponding 2,3-*seco*-diacids of the lupane and ursane series are isolated.

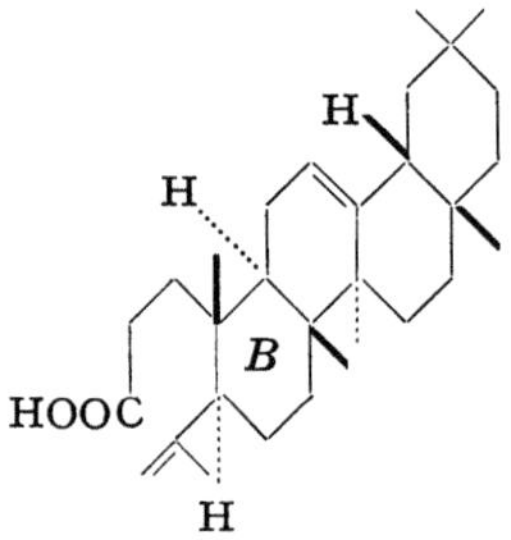

(XLII.) Nyctanthic acid.

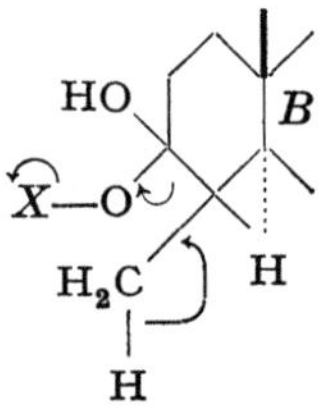

(XLIII.)

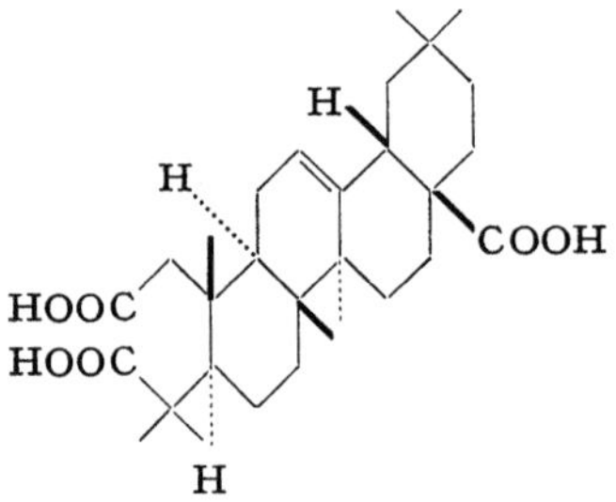

(XLIV.)

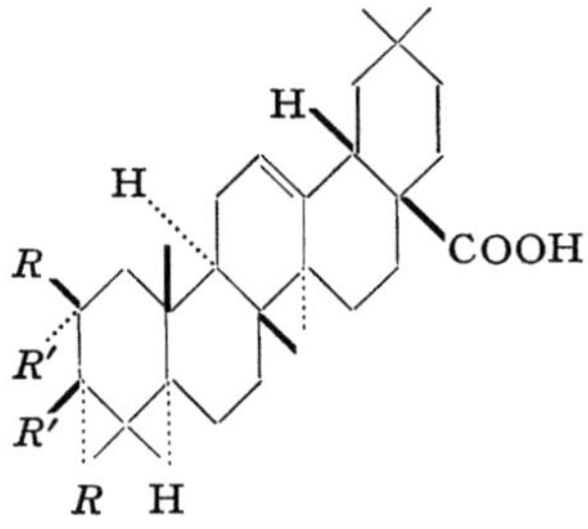

(XLV: R = H; R' = OH). Maslinic acid.
(XLVI; R = OH; R' = H). Bredemolic acid.

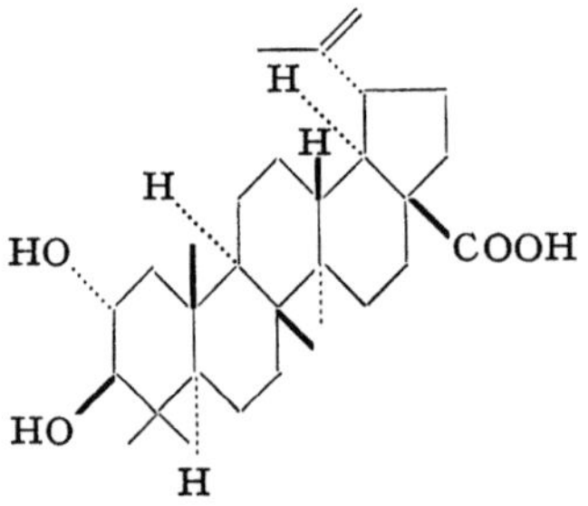

(XLVII.) Alphitolic acid.

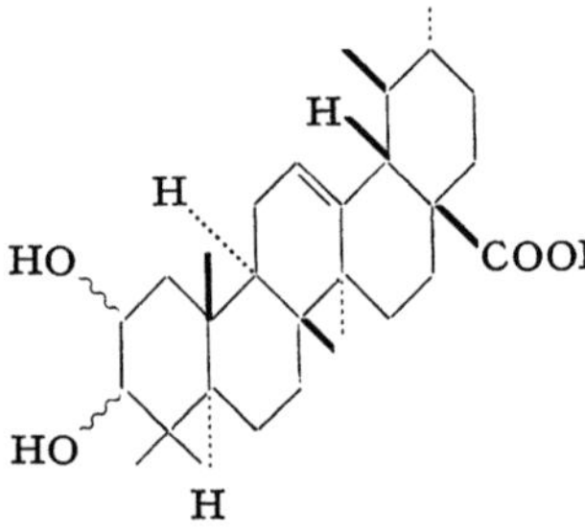

(XLVIII.)

References, pp. 190—202.

5. Ceanothic Acid and Related Compounds.

Carbon-carbon bond rearrangement is exemplified by ceanothic acid which has been shown (*84, 85, 105, 175*) to have structure (XLIX). The co-occurrence of betulinic acid (VII, p. 154), alphitolic acid (XLVII) and ceanothic acid (emmolic acid) (XLIX) in *Alphitonia petriei*, BRAID and WHITE and *A. Whitei*, BRAID, led RITCHIE and his co-workers (*118*) to suggest that ceanothic acid was formed by cyclisation of the dialdehyde (L) resulting from oxidative cleavage of alphitolic acid and subsequent oxidation of the resulting aldehyde. The isolation of the *seco*-acid (XLIV) by CROWLEY (*80*) and the cyclisation of the methyl ester of the dialdehyde (L) with piperidine acetate to give the unsaturated

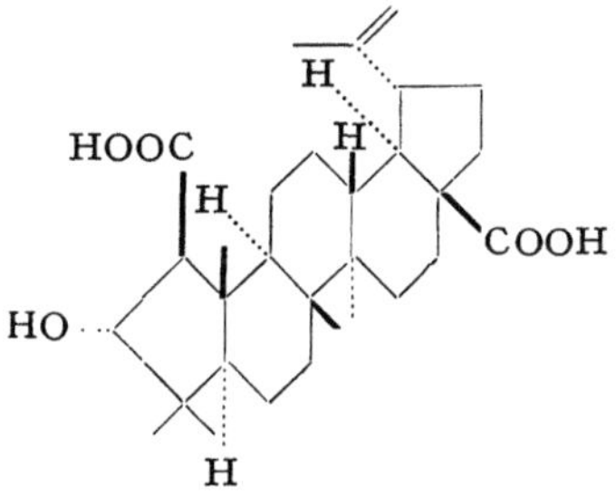

(XLIX.) Ceanothic acid.

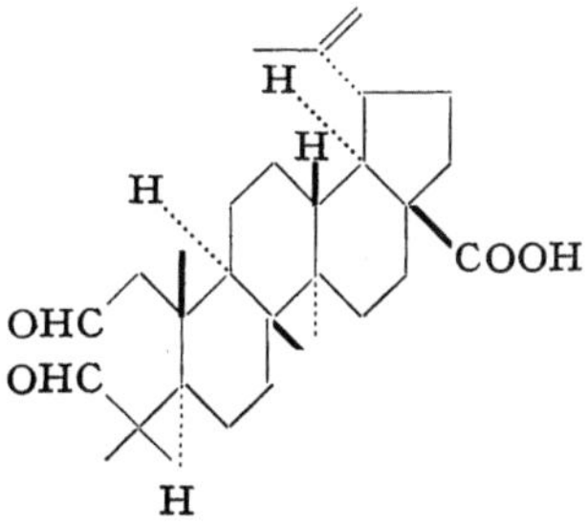

(L.)

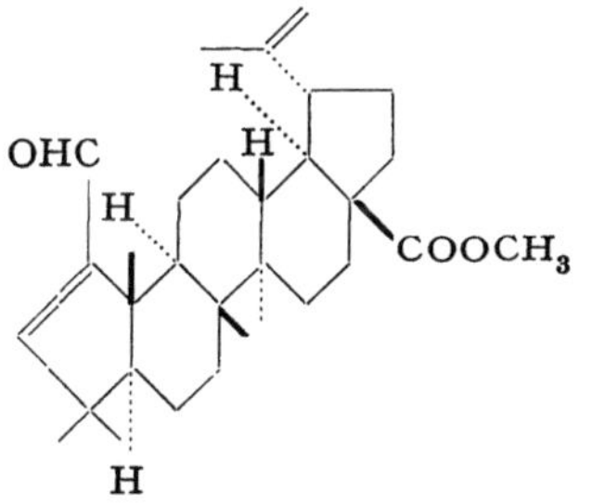

(LI.)

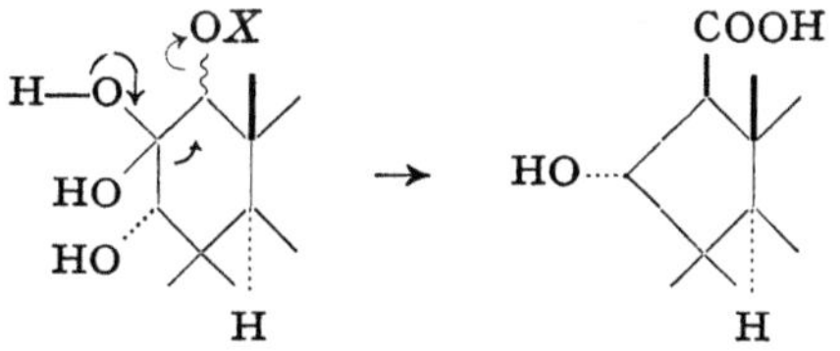

(LII.)

(LIII.)

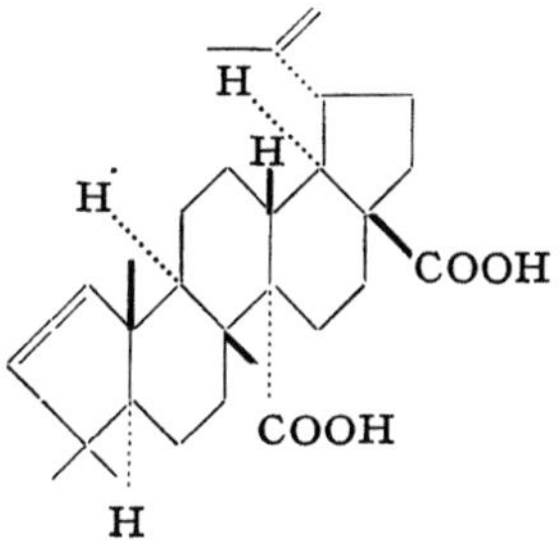

(LIV.)

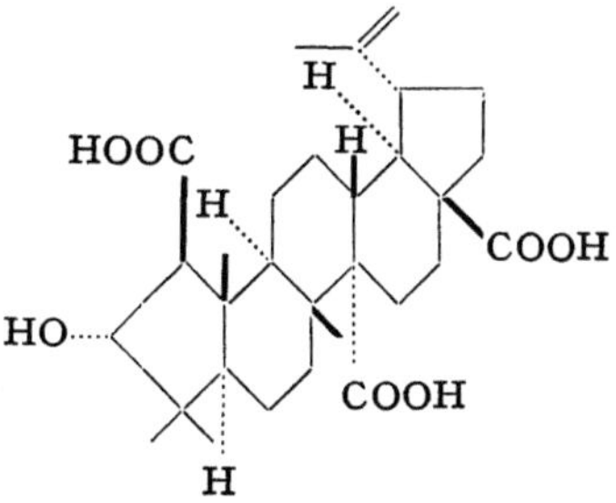

(LV.)

(LVI.)

(LVII.)

(LVIII.)

OCH$_3$

CH$_2$·O·CO—⟨ ⟩—OCH$_3$

(LIX.) Melaleucic acid.

aldehyde (LI) was offered as support for this hypothesis (*118*). De Mayo and Starratt (*84, 85*) have suggested two other modes of formation; either via a benzilic acid rearrangement (*84*) or a pinacolinic glycolaldehyde rearrangement (*85*). A further possibility is represented by (LII) → (LIII); this process is analogous to that proposed by Whitham (*232*) for the formation of nyctanthic acid.

Associated with ceanothic acid in *Ceanothus americanus* L. are a number of other acids including betulinic acid, the A-nor-acid ceanothenic acid (LIV) (*86*), and four other acids which probably have the structures (LV), (LVI), (LVII) and (LVIII) (*14*). A further compound has been obtained (*14*) which, if the structure assignment is correct, is the benzoate of melaleucic acid whose structure (LIX) has recently been determined (*72*).

6. More Highly Oxygenated Pentacyclic Triterpenes.

An indication of the type of more highly oxidised and degraded pentacyclic triterpenes which might yet be found is indicated in the tetracyclic field by limonin (LX) (*18, 19*) which is probably formed from butyrospermol (LXI) by an initial oxidative rearrangement to compound (LXII) and then by a series of oxidations which eventually lead to the degradation of the side-chain and ring fission. Even compounds such as limonin may not represent the final stage of the loss of carbon because it is possible that the group of so-called diterpenes represented by quassin (LXIII) (*63, 229*), chaparrin (LXIV) (*81, 115*), and glaucarubol (LXV) (*81, 115, 185a*) may be formed from 'limonin-type' precursors*. Khivorin (LXVI) for instance, on treatment with base undergoes hydrolysis

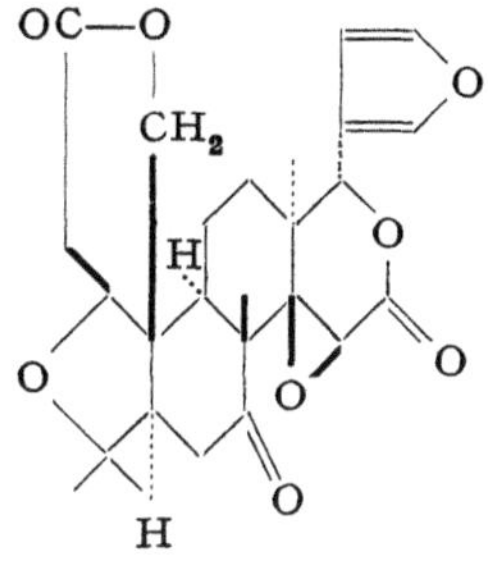

(LX.) Limonin.

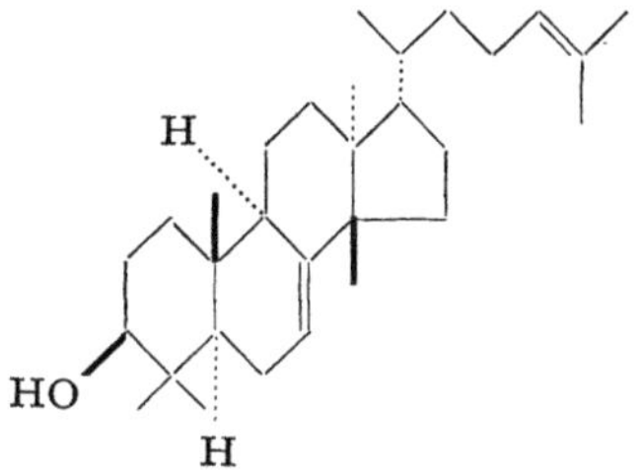

(LXI.) Butyrospermol.

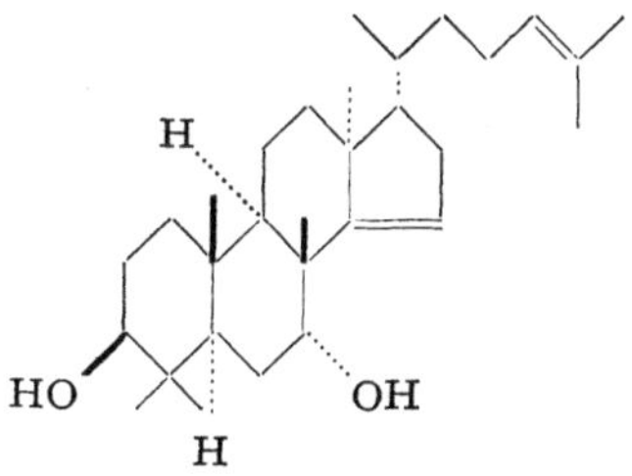

(LXII.)

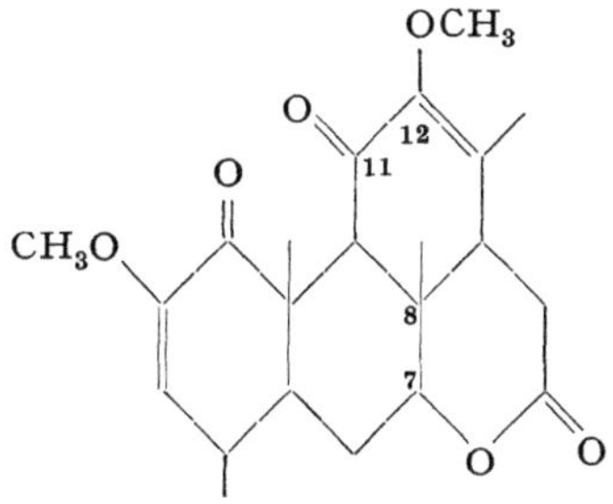

(LXIII.) Quassin.

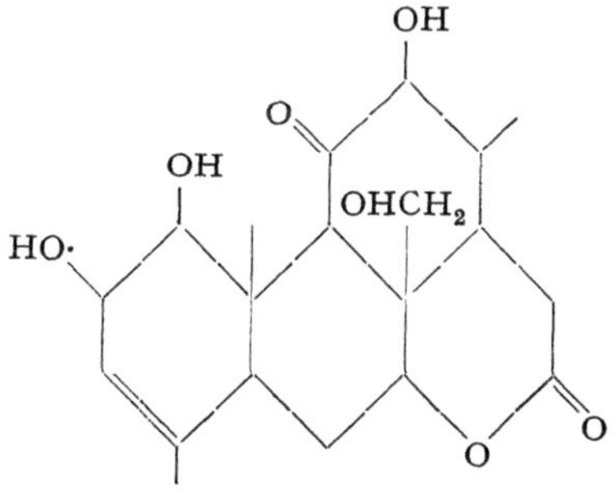

(LXIV.) Chaparrin.

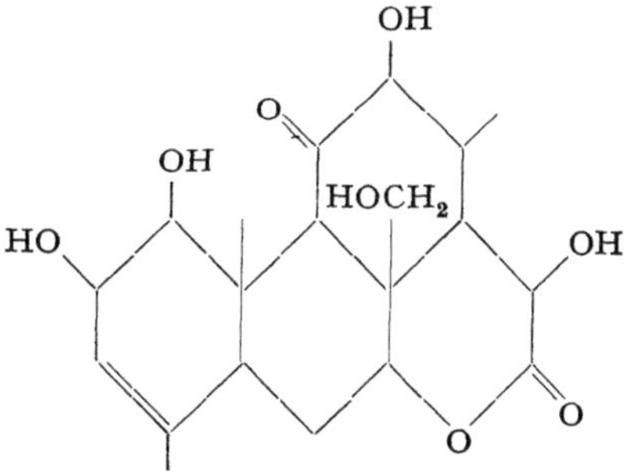

(LXV.) Glaucarubol.

and loses β-furfuraldehyde to give khivol (LXVII) (*43*) which, apart from the extra carbon at $C_{(4)}$ has the same carbon skeleton and the same type of lactone ring and arrangement of atoms in ring C as may be found in glaucarubol. It is interesting to speculate whether the stereochemistry at $C_{(7)}$ and $C_{(8)}$ in these "diterpenes" is the same as in

* One of the authors (T. G. H.) wishes to thank Mr. J. R. HANSON for an interesting discussion on this proposal.

khivol (LXVII) and whether $C_{(11)}$ and $C_{(12)}$ both arise from the carboxyl carbon of acetic acid.

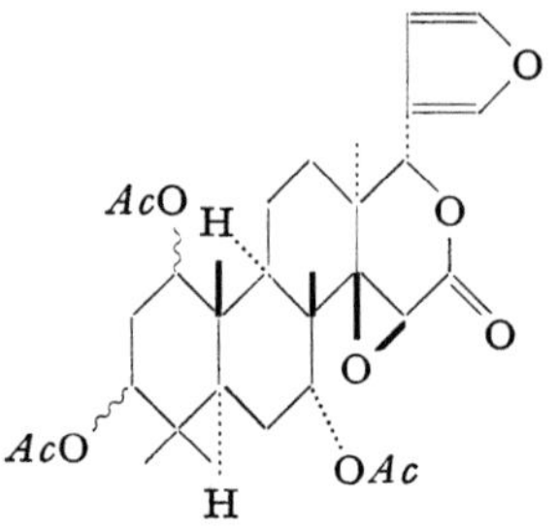

(LXVI.) Khivorin.

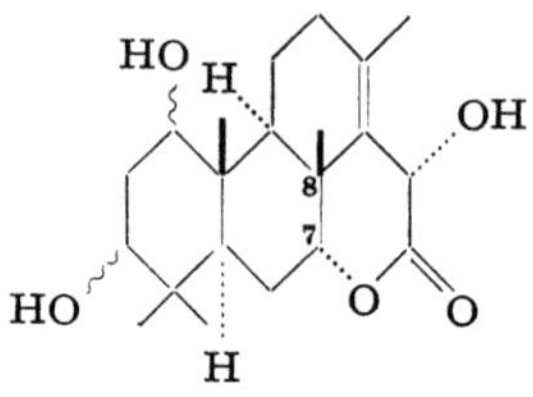

(LXVII.) Khivol.

The most highly oxidised pentacyclic triterpenes so far known to occur in living matter are pristimerin (LXVIII) and its parent acid celastrol (LXIX) (*121, 135*) in which a tertiary methyl group of a friedelin skeleton has been oxidised away and ring *A* has been converted to a quinonoid type of structure. Many of the arguments in favour of the structure (LXVIII) are based on biogenetic grounds and analogy, and on N. M. R. data.

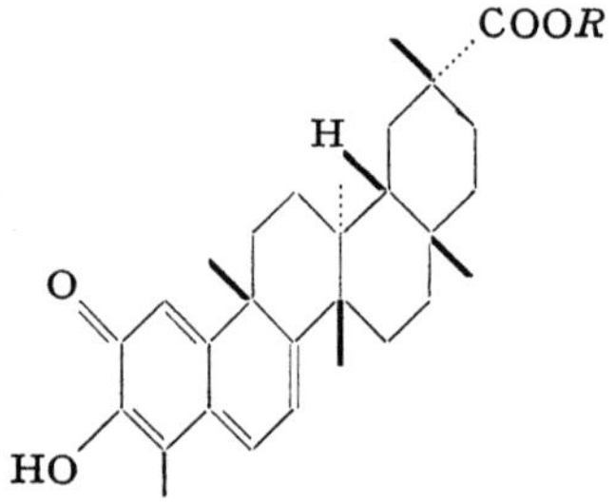

(LXVIII; $R = CH_3$). Pristimerin.
(LXIX; $R = H$). Celastrol.

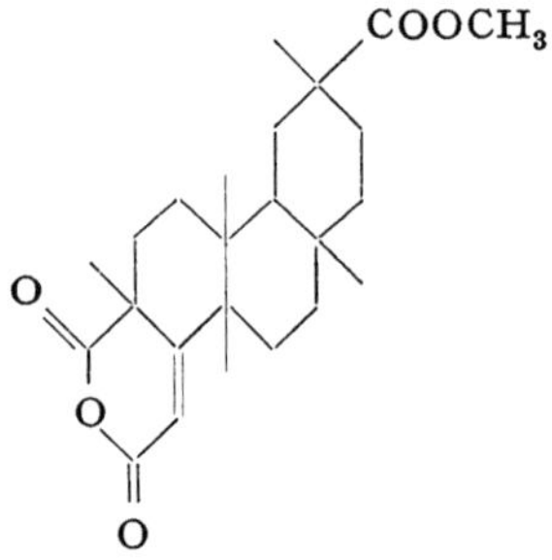

(LXX.)

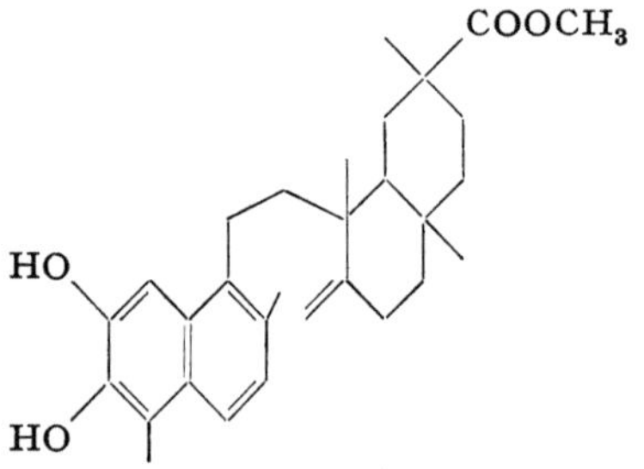

(LXXI.) Iso-pristimerin I.

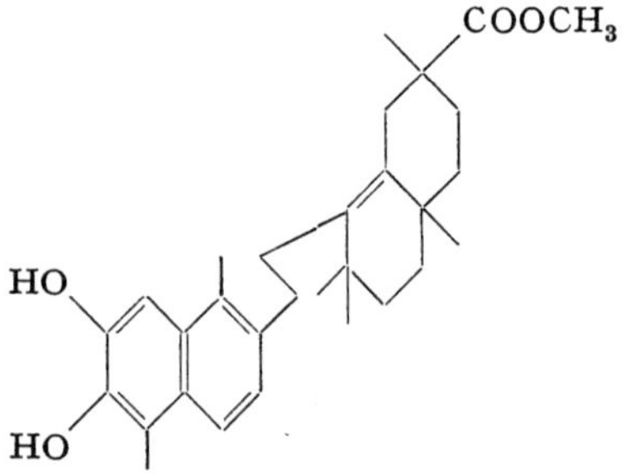

(LXXII.) Iso-pristimerin II.

Some of the more significant experimental facts are as follows. Zinc dust distillation of pristimerin gave an alkylpicene in very small yield (*121*) whilst dehydrogenation of the anhydride (LXX) obtained by the oxidative removal of rings *A* and *B* yielded a 1,2,6-trialkylphenanthrene (*135*). An oleanane type ring *E* was indicated by the fact that the NMR methyl peaks of derivatives of pristimerin appeared as singlets (*121*). Proof of the location of the methyl ester group at $C_{(20)}$ is provided by reduction of pristimerin dimethyl ether to the corresponding primary alcohol. Dehydration of this with phosphorus pentachloride followed by ozonolysis of the product gave acetaldehyde, a result indicative of

the grouping $CH_3 - \overset{|}{\underset{|}{C}} - CH_2OH$ (*135*).

Treatment of pristimerin with 2 N sulphuric acid gave iso-pristimerin I (LXXI) and II (LXXII) in which interesting reactions leading to the opening of ring *C* have occurred (*121, 135;* NAKANISHI, personal communication).

IV. Tabulation of Data.

In order to provide an up to date overall picture of the pentacyclic triterpenes three sets of tables are presented. One lists the constants of pentacyclic triterpenes of known structure. In this table the triterpenes are divided into hydrocarbons, compounds containing only hydroxyl and/or ether oxygen, non-acidic compounds containing carbonyl groups, and acids. Within these sections, where appropriate, the position of each triterpene is determined by the number of carbon and the number of oxygen atoms present and by its melting point. In the second table the known triterpenes are classified according to the carbon skeleton. The final table lists triterpenes of unknown structure which have been isolated subsequent to WHITE's review of triterpenes of unknown structure in 1956 (*231*).

Table 1. Pentacyclic Triterpenes

Name	Formula	M. p. (°)	$[\alpha]_D$ (°)	Acetate M. p. (°)	Acetate $[\alpha]_D$ (°)
(a) *Hydrocarbons.*					
1,2,3,4-Tetrahydro-2,2,9-trimethylpicene	$C_{25}H_{24}$	248–249			
Fernene	$C_{30}H_{50}$	170–171	− 17		
Taraxerene	$C_{30}H_{50}$	238–239	+ 1		
Diploptene	$C_{30}H_{50}$	211–212	+ 61		
(b) *Compounds containing only hydroxyl and/or ether oxygen.*					
Ether from Montan Wax	$C_{26}H_{28}O$	250	+ 151		
Ether from Montan Wax	$C_{28}H_{40}O$	261	+ 8		
Aegiceradienol	$C_{29}H_{46}O$	185–188	+ 74	187–188	+ 62
Germanicol	$C_{30}H_{50}O$	180–181	+ 7	279–280	+ 18
α-Amyrin	$C_{30}H_{50}O$	186	+ 83	225–226	+ 77
Multiflorenol	$C_{30}H_{50}O$	188–190	− 28	227–228	± 0
β-Amyrin	$C_{30}H_{50}O$	199.5–200	+ 88	241	+ 81
epi-Lupeol	$C_{30}H_{50}O$	203	+ 17	161–161.5	− 3
"α-Apoallobetulin"	$C_{30}H_{48}O$	204–207	+ 74		
Dandropanoxide (≡ Campanulin)	$C_{30}H_{50}O$	206–207	+ 68		
Bauerenol	$C_{30}H_{50}O$	207–208	− 30	293–294	− 4
Glutinol	$C_{30}H_{50}O$	211	+ 62	186–187	+ 80
δ-Amyrin	$C_{30}H_{50}O$	213–213.5	− 52	208.5–209.5	− 35
Lupeol	$C_{30}H_{50}O$	215	+ 27	220	+ 47
ψ-Taraxasterol	$C_{30}H_{50}O$	220–221	+ 50	240–241	+ 53
epi-Germanicol	$C_{30}H_{50}O$	221–222	− 35	134–135	− 24
Taraxasterol	$C_{30}H_{50}O$	226–227	+ 108	256–262	+ 100
Adiantoxide	$C_{30}H_{50}O$	229–231	+ 47		
Phyllanthol	$C_{30}H_{50}O$	233–234	+ 43	271	+ 50
Moretenol	$C_{30}H_{50}O$	236–236.5	+ 27	283–285	+ 24
"Δ²-Allobetulen"	$C_{30}H_{48}O$	250–251	+ 73		
Hydroxyhopane (≡ Diplopterol)	$C_{30}H_{52}O$	254–256	+ 44		
Arborinol	$C_{30}H_{50}O$	274–274.5	+ 34	243	+ 13
epi-Friedelinol	$C_{30}H_{52}O$	279–283	+ 24	290–294	+ 45
Taraxerol	$C_{30}H_{50}O$	282–285	± 0	303–305	+ 11
Isoarborinol	$C_{30}H_{50}O$	298–299	+ 47	288–290	+ 56
Friedelinol	$C_{30}H_{52}O$	299–302	+ 18	316–318	− 12
Arundoin	$C_{31}H_{50}O$	235–237, 271–273	− 9		

The following *abbreviations* are used:

Ac. = acetyl derivative.	*M.* = methyl ester.
Bz. = benzoyl derivative.	*Ox.* = oxime.
2,4-*D. N. P.* = 2,4-dinitrophenylhydrazone.	*Semicarb.* = semicarbazone.

References, pp. 190—202.

of Known Structure.

Other derivatives	Table 2 Section*	Plant family**	References
		(Petroleum distillate)	(64)
Isofernene m. p. 184–185°, [α]$_D$ + 15°	H	Polypodiaceae	(5, 6)
	O	Lichen	(57)
Dihydro compound (Hopane) m. p. 206–207°, [α]$_D$ + 42°	H	Polypodiaceae	(6)
	L	(Montan Wax)	(131)
	O	(Montan Wax)	(131)
Bz. m. p. 229–231°, [α]$_D$ + 81°	O	Myrsinaceae	(193, 194)
Bz. m. p. 269–270°, [α]$_D$ + 39°	O	Euphorbiaceae, Loganiaceae	(108, 119)
Bz. m. p. 194°, [α]$_D$ + 95°	U		(108)
Bz. m. p. 217–218°, [α]$_D$ + 27°	O	Euphorbiaceae	(142, 211)
Bz. m. p. 235°, [α]$_D$ + 97°	O		(108)
	L	Burseraceae	(226)
	L	(Montan Wax)	(131)
	O	Ericaceae	(144, 191)
Bz. m. p. 260–261.5°, [α]$_D$ + 26°	U	Euphorbiaceae	(161, 211)
3-Ketone m. p. 242–243°, [α]$_D$ + 29°	O	Fagaceae Betulaceae	(114)
Bz. m. p. 224–225°, [α]$_D$ — 8°	O	Leguminosae	(108)
Bz. m. p. 273–274°, [α]$_D$ + 61°	L		(108)
Bz. m. p. 288–289°, [α]$_D$ + 68°	L	Compositae	(108, 231)
Bz. m. p. 197–198°, [α]$_D$ + 4°	O	Euphorbiaceae	(111)
Bz. m. p. 260–262°, [α]$_D$ + 111°	L	Compositae Polypodiaceae	(108, 231) (39 a)
Bz. m. p. 263–264°, [α]$_D$ + 57°	U	Euphorbiaceae	(8, 32)
3-Ketone, m. p. 202–204°, [α]$_D$ + 54°	H		(197)
	L	(Montan Wax)	(131)
	H	Coniferae	(7, 138)
Bz. m. p. 228–230°	A	Rutaceae	(230)
Bz. m. p. 254–257°, [α]$_D$ + 40°	O	Ericaceae	(132, 133)
Bz. m. p. 282–288°, [α]$_D$ + 34°	O	Compositae	(38, 54)
	A	Rutaceae	(230)
Bz. m. p. 248–249°, [α]$_D$ — 17°	O		(213)
	O	Graminae	(173)

* The nature and positions of the functional groups of compounds listed in Table 1 are to be found in Table 2. In Table 1 the letters "A", "H", "L", "O", or "U" under the heading "Table 2 Sections" indicate the appropriate section (viz. "A" = Arborane section) in Table 2 in which the compound will be found.

** Where no plant family is indicated the compound concerned occurs widely in Nature·

(Table 1, continued.)

Name	Formula	M. p. (°)	$[\alpha]_D$ (°)	Acetate	
				M. p. (°)	$[\alpha]_D$ (°)
Sawamilletin	$C_{31}H_{52}O$	278	+ 8		
Miliacin	$C_{31}H_{52}O$	282	+ 8		
"Triterpene B"	$C_{29}H_{46}O_2$	170	+ 88	170–171	+ 61
Sophoradiol	$C_{30}H_{50}O_2$	219–220	+ 113	215–216	+ 106
Maniladiol	$C_{30}H_{50}O_2$	220–221	+ 68	203–204	+ 189
Brein	$C_{30}H_{50}O_2$	222–223	+ 66	200.5–201.5	+ 78
Uvaol	$C_{30}H_{50}O_2$	223	+ 71	153.6–154.6	+ 54
Zeorin	$C_{30}H_{52}O_2$	223–227, 248–253	+ 54	225–230 (mono)	+ 78
Monogynol-A	$C_{30}H_{52}O_2$	233–234	+ 24	250–253 (mono)	+ 16
Erythrodiol	$C_{30}H_{50}O_2$	235–242	+ 76	184.5	+ 59
Faradiol	$C_{30}H_{50}O_2$	236–237	+ 45	163–167	+ 55
Aegiceradiol	$C_{30}H_{48}O_2$	236–238	+ 40	214–215	+ 53
Soyasapogenol C	$C_{30}H_{48}O_2$	240–241	+ 63	205.7	+ 58
Arnidiol	$C_{30}H_{50}O_2$	257	+ 83	193	+ 80
Betulin	$C_{30}H_{50}O_2$	261	+ 20	223	+ 22
Allobetulin	$C_{30}H_{50}O_2$	265–267	+ 51	280–281	+ 54
ψ-Taraxastandiol	$C_{30}H_{52}O_2$	270–272	— 11	281–284 (mono)	— 2
Myricadiol	$C_{30}H_{50}O_2$	273–274	+ 10	256.5	+ 1
Hopane-3β,22-diol	$C_{30}H_{52}O_2$	284–285	+ 53	231–232 (mono)	+ 39
Longispinogenin	$C_{30}H_{50}O_3$	247–249	+ 53	219–221	+ 73
Primulagenin-A	$C_{30}H_{50}O_3$	254–255.5	+ 52	159–160	— 10
Sorbicortol-II	$C_{30}H_{50}O_3$	257–260	+ 25		
Soyasapogenol-B	$C_{30}H_{50}O_3$	260	+ 83	180–181	+ 92
"Triterpene A"	$C_{30}H_{48}O_3$	295–299	— 65	180–181	— 85
Leucotylin	$C_{30}H_{52}O_3$	333	+ 49	240 (di*Ac*)	
Soyasapogenol D	$C_{31}H_{52}O_3$	298–299	— 61	198	
Barringtogenol	$C_{30}H_{50}O_4$	290–291	+ 18	269–270	+ 15
Barringtogenol-D	$C_{30}H_{48}O_4$	305–310	+ 57	233–234	+ 74
Soyasapogenol-A	$C_{30}H_{50}O_4$	321	+ 102	232	+ 86
Chichipegenin	$C_{30}H_{50}O_4$	321–324	+ 43	280–282	+ 57
A$_1$-Barrigenol	$C_{30}H_{50}O_5$	300–302	+ 4	279–280	
Aescigenin	$C_{30}H_{48}O_5$	311–312	+ 46	206–207	+ 60
7β-Hydroxy-A$_1$-barrigenol	$C_{30}H_{50}O_6$	308–310	+ 32	186–187.5	+ 37
Protoaescigenin	$C_{30}H_{50}O_6$	310	+ 30	139–140	— 3

(c) *Non acidic compounds containing carbonyl groups.*

Name	Formula	M. p. (°)	$[\alpha]_D$ (°)	Acetate	
				M. p. (°)	$[\alpha]_D$ (°)
Adiantone	$C_{29}H_{48}O$	222–224	+ 81		
α-Amyrenone	$C_{30}H_{48}O$	125–126	+ 119		

References, pp. 190—202.

Other derivatives	Table 2 Section	Plant family	References
Isosawamilletin m. p. 247–248°, [α]D + 92°; Oxide m. p. 218.5–219.5°, [α]D + 47°	O	Graminae	(182, 183)
Isomiliacin m. p. 189°, [α]D + 23°, oxide m. p. 285.5–286°, [α]D + 52°	O	Graminae	(2, 3)
DiBz. m. p. 210°, [α]D + 97°	O	Scrophulariaceae	(53)
	O	Leguminosae	(130, 140, 145)
DiBz. m. p. 233–234°, [α]D + 64°	O	Cactaceae	(108)
		Burseraceae	
DiBz. m. p. 209–210°, [α]D + 58°	U	Burseraceae	(162)
	U		(108)
MonoBz. m. p. 236–246°, [α]D + 73°	H	Lichen	(28, 125, 126, 203, 204)
	L	Moraceae	(71, 164, 165)
	O	Cactaceae	(94, 108)
	L	Compositae	(209)
DiBz. m. p. 217°, [α]D + 45°	O	Myrsinaceae	(195)
DiBz. m. p. 188°	O	Leguminosae	(61)
DiBz. m. p. 230°	L	Compositae	(209)
DiBz. m. p. 181°, [α]D + 43°	L		(108)
MonoBz. m. p. 275–276°, [α]D + 70°	L	(Lignite)	(127, 132)
	L	Compositae	(108)
Ketoaldehyde m. p. 254–257°	O	Myricaceae	(4, 205)
	H	Coniferae	(66)
	O	Cactaceae	(94)
	O	Primulaceae	(82, 83, 108)
Dihydrosorbicortol-II m. p. 257–260°, [α]D + 18°	L	Rosaceae	(163)
	O	Leguminosae	(61)
TriBz. m. p. 229–230°, [α]D — 9°	O	Scrophulariaceae	(53)
	H	Lichen	(125, 237)
DiBz. m. p. 240°	O	Leguminosae	(61, 108)
TetraBz. m. p. 236–238°, [α]D + 10°	O	Lecythidaceae	(12)
Acetonide m. p. 233–236°, [α]D + 33°	O	Lecythidaceae	(67)
	O	Leguminosae	(61)
TetraBz. m. p. 245–247°, [α]D + 62°	O	Cactaceae	(208)
TriBz. m. p. 243°, [α]D + 68°	O	Lecythidaceae	(74)
	O	Hippocastanaceae	(62, 220)
TetraBz. m. p. 333.5–334°, [α]D + 24°	O	Lecythidaceae	(155)
	O		(160)
Isoadiantone m. p. 232–233°, [α]D + 2°	H	Polypodiaceae	(40)
Ox. m. p. 233–234°	U	Caprifoliaceae	(169)

(Table 1, continued.)

Name	Formula	M. p. (°)	$[\alpha]_D$ (°)	Acetate M. p. (°)	Acetate $[\alpha]_D$ (°)
Lupenone	$C_{30}H_{48}O$	170.5–171.5	+ 57		
β-Amyrenone	$C_{30}H_{48}O$	178–180	+ 106		
δ-Amyrenone	$C_{30}H_{48}O$	203	— 10		
Glutinone	$C_{30}H_{48}O$	244–245	+ 31		
Taraxerone	$C_{30}H_{48}O$	245–249	+ 12		
Friedelin	$C_{30}H_{50}O$	264–265	— 28		
Albigenin	$C_{29}H_{46}O_2$	226–228	— 114	211–212	— 106
Oleanaldehyde	$C_{30}H_{48}O_2$	112–186		225–228	
Betulinaldehyde	$C_{30}H_{48}O_2$	190–193	+ 19	173–180	+ 30
Neoilexonol	$C_{30}H_{48}O_2$	205–206	+ 99	290–291	+ 97
Allobetulone	$C_{30}H_{48}O_2$	235–236	+ 85		
Cerin	$C_{30}H_{50}O_2$	250–254	— 41	259–261	
Hydroxyhopanone	$C_{30}H_{50}O_2$	255	+ 69		
x(eq.)-Hydroxyfriedelin-3-one	$C_{30}H_{50}O_2$	264–268	— 32	236–238	— 40
x(ax.)-Hydroxyfriedelin-3-one	$C_{30}H_{48}O_2$	272–275	— 15	265–270	— 12
Myricolal	$C_{30}H_{48}O_2$	288		304–305	
y-Hydroxyfriedelin-3-one	$C_{30}H_{50}O_2$	305–308	— 20	175–176	— 25
Friedelin-3,x-dione	$C_{30}H_{48}O_2$	248–250	+ 115		
Friedelin-2,3-dione	$C_{30}H_{48}O_2$	276–282	+ 25		
"α-Apoallobetulenone"	$C_{30}H_{46}O_2$	292–294	+ 79		
Friedelin-3,y-dione	$C_{30}H_{48}O_2$	305–309	— 62		
"Δ^2-Allobetulenone"	$C_{30}H_{46}O_2$	363	+ 75		
Stryphnodendron sapogenin 'B'	$C_{30}H_{46}O_3$	240–243	— 16		
Gummosogenin	$C_{30}H_{48}O_3$	251–252	+ 28	219–221	+ 66
Aegicerin	$C_{30}H_{46}O_3$	254–256	— 24	273–275	— 18
Thurberogenin	$C_{30}H_{46}O_3$	283–285	+ 11	249–252	+ 45
Oxyallobetulin	$C_{30}H_{48}O_3$	345–346	+ 47	350	+ 60
x(eq.)-Hydroxyfriedelin-3,y-dione	$C_{30}H_{48}O_3$	289–292	— 72	276–278	— 69
y-Hydroxy-friedelin-3,x-dione	$C_{30}H_{48}O_3$	304–310	+ 109	205–207	+ 88
Oxyallobetulone	$C_{30}H_{46}O_3$	331–332	+ 84		
Friedelin-3,x,y-trione	$C_{30}H_{46}O_3$	300–303	+ 72		
Gratiogenin	$C_{30}H_{48}O_4$	191–196	+ 168	163–171	+ 171
Pristimerin	$C_{30}H_{40}O_4$	219–220			
Cyclamiretin	$C_{30}H_{48}O_4$	239–240	+ 48	248–250	+ 38
Stryphnodendron sapogenin-'F'	$C_{30}H_{46}O_4$	265–267	+ 5	222–226	— 48
Dumortierigenin	$C_{30}H_{46}O_4$	292–295	— 19	318–321	— 10
12-Hydroxyoleanolic acid lactone	$C_{30}H_{48}O_4$	313–314	+ 34	346–347 (3-mono), 278–284	+ 46 / + 61

Other derivatives	Table 2 Section	Plant family	References
Ox. m. p. 267° d., $[\alpha]_D + 21°$	L	Betulaceae	(*101*)
Ox. m. p. 265–267°	O	Leguminosae	(*108, 169*)
2 : 4 *D. N. P.* m. p. 205°, $[\alpha]_D - 44°$	O	Betulaceae	(*114*)
Ox. m. p. 288–289° d.	O	Betulaceae	(*39*)
	O	Compositae	(*54*)
Ox. m. p. 290–294°	O		(*108*)
Bz. m. p. 312–315°, $[\alpha]_D - 72°$	O	Leguminosae	(*37*)
Ox. Ac. m. p. 189–200° d.	O	Cactaceae	(*211a*)
	L	Platanaceae	(*15, 219*)
Bz. m. p. 277–278°, $[\alpha]_D + 107°$	U	Aquifoliaceae	(*235, 236*)
	L	(Lignite)	(*127, 132*)
Ox. m. p. 266–272°	O	Ericaceae	(*108*)
Ox. m. p. 295–298°	H	Coniferae	(*21, 22, 102, 210*)
Semicarb. m. p. 259–262°	O	Celastaceae	(*79*)
Semicarb. m. p. 322–327° d. (frothing at 281–284°)	O	Celastaceae	(*79*)
	O	Myricaceae	(*174, 205*)
	O	Celastaceae	(*212*)
Mono*semicarb.* m. p. 247° d.	O	Celastaceae	(*79*)
Enol*Ac.* m. p. 308–310°, $[\alpha]_D + 22°$	O	Fagaceae	(*137*)
	O	(Montan Wax)	(*131*)
Mono*semicarb.* m. p. 331° d.	O	Celastaceae	(*212*)
	O	(Montan Wax)	(*25, 131*)
Ketone m. p. 294–294.5°	O	Leguminosae	(*227*)
Semicarb. m. p. 301–302°	O	Cactaceae	(*90*)
Diketone m. p. 258–260°, $[\alpha]_D - 2°$	O	Myrsinaceae	(*192*)
	L	Cactaceae	(*89*)
Ox. m. p. 333–337°	L	(Lignite)	(*127, 132*)
Mono*semicarb.* m. p. 282° d.	O	Celastaceae	(*79, 212*)
Mono*semicarb.* m. p. 270° d.	O	Celastaceae	(*79, 212*)
	L	(Lignite)	(*127, 132*)
Mono*semicarb.* m. p. 320° d.	O	Celastaceae	(*79, 212*)
	O	Scrophulariaceae	(*223*)
M. of Celastrol q. v.	O		(*121, 135*)
Ox. m. p. 275–276°, $[\alpha]_D + 61°$	O	Primulaceae	(*30*)
Diketone $[\alpha]_D + 49°$	O	Leguminosae	(*227*)
Di*Bz.* m. p. 288–291°, $[\alpha]_D + 4°$	O	Cactaceae	(*97*)
		Saxifagaceae	(*69*)

(Table 1, continued.)

Name	Formula	M. p. (°)	$[\alpha]_D$ (°)	Acetate	
				M. p. (°)	$[\alpha]_D$ (°)
Stellatogenin	$C_{30}H_{48}O_4$	317–319	+ 36	327–330 (mono)	+ 53
Gypsogenin lactone	$C_{30}H_{48}O_4$	330–331	+ 30	262	

(d) *Acids.*

Name	Formula	M. p. (°)	$[\alpha]_D$ (°)	Acetate	
				M. p. (°)	$[\alpha]_D$ (°)
Celastrol	$C_{29}H_{38}O_4$	205			
Platanic acid	$C_{29}H_{46}O_4$	285–287	− 51		
Ceanothenic acid	$C_{29}H_{44}O_4$	350–354	+ 39		
Roburic acid	$C_{30}H_{48}O_2$	181–182	+ 78		
Nyctanthic acid	$C_{30}H_{48}O_2$	234–234.5	+ 81		
Davallic acid	$C_{30}H_{48}O_2$	283			
β-Boswellic acid	$C_{30}H_{48}O_3$	228–232	+ 107	275–278	+ 63
Betulonic acid	$C_{30}H_{46}O_3$	253	+ 31		
Ifflaionic acid	$C_{30}H_{48}O_3$	259–260	+ 88		
Morolic acid	$C_{30}H_{48}O_3$	273 d.	+ 33	256–257 d.	+ 44
Vanguerolic acid	$C_{30}H_{46}O_3$	273	+ 306	181	+ 270
Ursonic acid	$C_{30}H_{46}O_3$	284–285	+ 80		
Tomentosolic acid	$C_{30}H_{46}O_3$	285	+ 18	321	+ 6
Katonic acid	$C_{30}H_{48}O_3$	285–287	+ 47	221–223	+ 18
α-Boswellic acid	$C_{30}H_{48}O_3$	289	+ 115	243–245	+ 67
Ursolic acid	$C_{30}H_{48}O_3$	291–292	+ 72	296–297	+ 73
3-*epi*-Oleanolic acid	$C_{30}H_{48}O_3$	297–299	+ 68	265–267	+ 29
Oleanonic acid	$C_{30}H_{46}O_3$	299–300			
Oleanolic acid	$C_{30}H_{48}O_3$	310	+ 80	268	+ 75
Betulinic acid	$C_{30}H_{48}O_3$	320–321	+ 12	295	+ 24
Albigenic acid	$C_{30}H_{48}O_4$	246–248 d.	− 13		
Maslinic acid	$C_{30}H_{48}O_4$	267–269	+ 43	235–239	+ 31
Siaresinolic acid	$C_{30}H_{48}O_4$	279–280	+ 39	282–284	+ 49

Other derivatives	Table 2 Section	Plant family	References
	L	Cactaceae	(89)
	O	Caryphyllaceae	(143)
M. m. p. 219–220°	O	Celastaceae	(121, 135)
M. m. p. 250–251°, $[\alpha]_D$ — 30°; *M. Ac.* m. p. 204–206°, $[\alpha]_D$ — 16°; *M.* ketone m. p. 162–164°, $[\alpha]_D$ + 2°	L	Platanaceae	(15, 219)
Di*M.* $[\alpha]_D$ + 32°; Dilactone m. p. 250–285°, $[\alpha]_D$ — 17°	L	Rhamnaceae	(86)
	U	Fagaceae	(172)
M. m. p. 125–127°, $[\alpha]_D$ + 86°	O	Fagaceae, Oleaceae	(17, 172, 232)
M. m. p. 234°		Polypodiaceae	(179)
M. m. p. 195–196°, $[\alpha]_D$ + 111°; *M. Ac.* m. p. 191–193°, $[\alpha]_D$ + 62°		Burseraceae	(41)
M. m. p. 165°, $[\alpha]_D$ + 31°; *M. Ox.* m. p. 238° d.	L	Platanaceae	(15)
M. m. p. 175°, $[\alpha]_D$ + 59°	U	Rutaceae	(50, 51, 52)
M. m. p. 228–229°, $[\alpha]_D$ + 26°; *M. Ac.* m. p. 263–264°, $[\alpha]_D$ + 38°	O	Leguminosae Ericaceae	(24)
M. m. p. 162°, $[\alpha]_D$ + 308°; *M. Ac.* m. p. 190°, $[\alpha]_D$ + 277°	U	Rubiaceae	(26)
Ox. m. p. 275–276°; *M.* m. p. 192–194°, $[\alpha]_D$ + 84°	U	Coniferae	(108, 176)
M. m. p. 206°, $[\alpha]_D$ + 15°; *M. Ac.* m. p. 235°, 247°, $[\alpha]_D$ + 9°	U	Rubiaceae	(26)
M. m. p. 189–190°, $[\alpha]_D$ + 47°; *M. Ac.* m. p. 201–202°, $[\alpha]_D$ + 14°	O	Meliaceae	(149)
M. m. p. 214–215°, $[\alpha]_D$ + 116°; *M. Ac.* m. p. 229–230°, $[\alpha]_D$ + 69°	O	Burseraceae	(108)
M. m. p. 170.5–171.5°, $[\alpha]_D$ + 58°; *M. Ac.* m. p. 246–247°	U		(75, 108, 116)
M. m. p. 200–201°, $[\alpha]_D$ + 43°; *M. Ac.* m. p. 158–159°, $[\alpha]_D$ + 34°	O	Hamameliodaceae	(124)
M. m. p. 184°, $[\alpha]_D$ + 90°; *M. Ox.* m. p. 244–245° d.	O	Hamameliodaceae	(124)
M. m. p. 201°, $[\alpha]_D$ + 75°	O		(108)
M. m. p. 224–225°, $[\alpha]_D$ + 5°; *M. Ac.* m. p. 200–202°	L		(108)
M. m. p. 225–226°, $[\alpha]_D$ — 10°; *M.* di*Ac.* m. p. 189–190°, $[\alpha]_D$ — 54°	O	Leguminosae	(36)
M. m. p. 227–228°, $[\alpha]_D$ + 60°; *M.* di*Ac.* m. p. 184–186°, $[\alpha]_D$ + 34°	O	Oleaceae	(59, 60)
M. m. p. 182°, $[\alpha]_D$ + 45°; *M.* 3- Mono*Ac.* m. p. 125–127°, $[\alpha]_D$ + 48°	O	Styracaceae	(108)

(Table 1, continued.)

Name	Formula	M. p. (°)	$[\alpha]_D$ (°)	Acetate	
				M. p. (°)	$[\alpha]_D$ (°)
Bredemolic acid	$C_{30}H_{48}O_4$	288–292	+ 101	206–210	+ 84
Sumaresinolic acid	$C_{30}H_{48}O_4$	298–299	+ 54		
Cochalic acid	$C_{30}H_{48}O_4$	303–306	+ 58	308–310	+ 58
Echinocystic acid	$C_{30}H_{48}O_4$	309–310 d.	+ 35	274–276	— 11
Queretaroic acid	$C_{30}H_{48}O_4$	318–323			
Hederagenin.............	$C_{30}H_{48}O_4$	332–334	+ 82	270–275 175	(mono) + 81
Commic acid-C	$C_{30}H_{48}O_4$	343–345			
Alphitolic acid	$C_{30}H_{48}O_4$				
Commic acid-D	$C_{30}H_{48}O_4$				
Machaerinic acid.........	$C_{30}H_{48}O_4$				
Gypsogenin	$C_{30}H_{46}O_4$	274	+ 91	176–177	+ 78
Glycyrrhetic acid	$C_{30}H_{46}O_4$	298–300	+ 163	317–318	+ 145
Machaeric acid	$C_{30}H_{46}O_4$	309–312	+ 20		
Cincholic acid	$C_{30}H_{46}O_5$	265–268	+ 118	251–255	+ 101
Treleasegenic acid	$C_{30}H_{48}O_5$	280–290		270–275	+ 87
Myrtillogenic acid	$C_{30}H_{48}O_5$	288–293	+ 84		
Quillaic acid	$C_{30}H_{46}O_5$	292–293	+ 56	250	
Quinovic acid	$C_{30}H_{46}O_5$	298 d.	+ 87	284 d.	
Asiatic acid	$C_{30}H_{48}O_5$	300–305	+ 51		
Entagenic acid	$C_{30}H_{48}O_5$	310–315 d.		188–189	
Bassic acid..............	$C_{30}H_{46}O_5$	316–319	+ 82	188–189	
Bayogenin	$C_{30}H_{48}O_5$	328–330	+ 98	257–259	+ 86
Commic acid-E	$C_{30}H_{48}O_5$	328–333 d.	+ 104	329–331 d.	+ 63
Arjunolic acid	$C_{30}H_{48}O_5$	337–340	+ 64		

Other derivatives	Table 2 Section	Plant family	References
M. m. p. 254–258°, [α]$_D$ + 98°; *M*. di*Ac*. m. p. 220–223°, [α]$_D$ + 74°	O	Polygalaceae	(*222, 224*)
M. m. p. 220–221°, [α]$_D$ + 47°	O	Styracaceae	(*108*)
M. m. p. 192–194°, [α]$_D$ + 55°; *M*. di*Ac*. m. p. 194–196°, [α]$_D$ + 58°	O	Cactaceae	(*99*)
M. m. p. 210–212°, [α]$_D$ + 37°; *M*. di*Ac*. m. p. 200–201, [α]$_D$ — 15°	O		(*108*)
M. m. p. 223–224°, [α]$_D$ + 67°	O	Cactaceae	(*91*)
M. m. p. 240°, [α]$_D$ + 76°; *M*. di*Ac*. m. p. 193°, [α]$_D$ + 75°	O	Araliaceae, Sapinduceae, Lardizabalaceae	(*108*)
M. m. p. 239–242°, [α]$_D$ + 84°; *M*. di*Ac*. m. p. 189–190°, [α]$_D$ + 46°	O	Burseraceae	(*216*)
M. m. p. 233–235°; *M*. di*Ac*. m. p. 222–224°	L	Rhamnaceae	(*118*)
M. m. p. 268–271°, [α]$_D$ + 76°; *M*. di*Ac*. m. p. 170–171°, [α]$_D$ + 49°	U	Burseraceae	(*216, 217*)
M. m. p. 232–234°, [α]$_D$ + 76°; *M*. di*Ac*. m. p. 278–280°, [α]$_D$ + 86°	O	Cactaceae	(*92*)
Ox. m. p. 264–265°; *M*. m. p. 192°; *M*. *Ac*. m. p. 191°, [α]$_D$ + 80°	O	Caryophyllaceae	(*108*)
M. *Ac*. m. p. 300°, [α]$_D$ + 145°	O	Leguminosae	(*108*)
M. m. p. 197–198°, [α]$_D$ + 23°; *M*. *Ac*. m. p. 256–260°, [α]$_D$ + 17°	O	Cactaceae	(*93*)
Di*M*. m. p. 213–215°, [α]$_D$ + 114°; Di*M*. *Ac*. m. p. 248–251°, [α]$_D$ + 98°	O	Rubiaceae	(*221*)
M. m. p. 222–225°, [α]$_D$ + 77°; *M*. tri*Ac*. m. p. 244–245°, [α]$_D$ + 88°	O	Cactaceae	(*95*)
M. m. p. 249–250°, [α]$_D$ + 85°; *M*. tri*Ac*. m. p. 147–148°, [α]$_D$ + 75°	O	Cactaceae	(*96*)
Ox. m. p. 282°; *M*. m. p. 222–223°, [α]$_D$ + 41°	O	Rosaceae	(*108*)
Bz. m. p. 284°; Di*M*. m. p. 175–176°, [α]$_D$ + 116°	U	Rubiaceae, Zygophyllaceae	(*108*)
M. m. p. 220°, [α]$_D$ + 55°	U	Umbelliferae, Leguminosae, Coniferae	(*187*)
M. m. p. 243–245°	O	Leguminosae	(*33*)
M. m. p. 220°, [α]$_D$ + 55°; *M*. tri*Ac*. m. p. 148–149°	O	Sapotaceae	(*150*)
M. m. p. 242–244°, [α]$_D$ + 84°; *M*. tri*Ac*. m. p. 196–197°, [α]$_D$ + 79°	O	Leguminosae	(*106*)
M. m. p. 293–295°, [α]$_D$ + 72°; *M*. tri*Ac*. m. p. 225–228°, [α]$_D$ + 56°	U	Burseraceae	(*217, 218*)
M. m. p. 248–250°, [α]$_D$ + 68°	O	Combretaceae, Rubiaceae	(*148*)

(Table 1, continued.)

Name	Formula	M. p. (°)	$[\alpha]_D$ (°)	Acetate	
				M. p. (°)	$[\alpha]_D$ (°)
Ceanothic acid	$C_{30}H_{46}O_5$	344–346	+ 38		
Melaleucic acid	$C_{30}H_{46}O_5$	363–364	+ 19	343	+ 12
Olean-2,3-*seco*-2,3,28-trioic acid	$C_{30}H_{46}O_6$	296 d.	+ 65		
Polygalacic acid	$C_{30}H_{48}O_6$	300–305	+ 60		
Tomentosic acid	$C_{30}H_{48}O_6$	328–330	+ 64		
Terminolic acid	$C_{30}H_{48}O_6$	347	+ 42	217	— 13
Barringtogenic acid	$C_{30}H_{46}O_6$	334	+ 72	334–336 d.	+ 45
Medicagenic acid	$C_{30}H_{46}O_6$	349–350	+ 111	210–212	+ 94
Lantadene B	$C_{35}H_{52}O_5$	293–294 d.	+ 85		
Rehmannic acid	$C_{35}H_{52}O_6$	295–300	+ 84		
Dihydrorehmannic acid	$C_{35}H_{54}O_5$	296–298	+ 70	254–256	+ 63
Icterogenin	$C_{35}H_{52}O_6$	239–241	+ 64	140–143	+ 56
Dihydroicterogenin	$C_{35}H_{54}O_6$	294–298	+ 73	240–242	+ 63

Table 2. Classified List of Pentacyclic Triterpenes.

	C=C	—COOH	=O	—OH
Arborane System.				
Alcohol:				
Arborinol	9 (11)			3 α
Isoarborinol	9 (11)			3 β
Hopane System.				
I. Compounds with unchanged hopane skeleton.				
Hydrocarbons:				
Diplotene (Hopene-b)	22 (29)			
Alcohols:				
Hydroxyhopane (Diplopterol)				22
Hopane-3β,22-diol 3β-acetate				3β**, 22
Leucotylin				6α, 16, 22
Zeorin				6α, 22
Oxo Compounds:				
Adiantone*			22	
Hydroxyhopanone			3	22

* 30-nor.   ** 3β O*Ac*.

Other derivatives	Table 2 Section	Plant family	References
Di*M*. m. p. 223–224°, [α]D + 45°; Di*M*. *Ac*. m. p. 167–168°, [α]D + 28°	L	Rhamnaceae	(*52, 85, 136, 215*)
Di*M*. *Ac*. m. p. 207°, [α]D + 16°	L	Myrtaceae	(*72*)
Tri*M*. m. p. 170–171°, [α]D + 56°	O	Burseraceae	(*80*)
M. m. p. 250–252°, [α]D + 45°; *M*. Tetra*Ac*. m. p. 168–170°, [α]D + 13°	O	Polygalaceae	(*186, 198*)
M. m. p. 221–222°, [α]D + 72°	O	Combretaceae	(*199, 201*)
M. m. p. 165–168°, [α]D + 40°; *M*. tetra*Ac*. m. p. 184–187°	O	Combretaceae	(*146, 147*)
Di*M*. m. p. 253–254°, [α]D + 63°; Di*M*. di*Ac*. m. p. 239–240°, [α]D + 32°	O	Lecythidaceae	(*12*)
Di*M*. m. p. 221.5–224°, [α]D + 94°; Di*M*. di*Ac*. m. p. 235–238°, [α]D + 87°	O	Leguminosae	(*98, 106, 178*)
Ox. m. p. 268–289° d.; *M*. m. p. 234–236°, [α]D + 89°	O	Verbenaceae	(*29*)
Ox. m. p. 270–272° d.; *M*. m. p. ca. 140°, [α]D + 86°	O	Verbenaceae	(*27*)
	O	Verbenaceae	(*13*)
M. m. p. ca. 160°, [α]D + 102°; *M*. *Ac*. m. p. 161–163°, [α]D + 59°	O	Verbenaceae	(*27*)
M. m. p. 202–205°, [α]D + 72°	O	Verbenaceae	(*13*)

(Table 2, continued.)

	C＝C	—COOH	＝O	—OH

II. Compound with Iso-hopane (21αH) skeleton.

Moretenol	22 (29)			3β

III. Compounds with rearranged hopane skeleton.

(a) *E : C-friedo-(fernane) derivatives:*

Hydrocarbon:

Fernene	9 (11)			

Oxo Compounds:

Davallic acid	9 (11)	24		

(b) *E : A-friedo-(filicane) derivative:*

Epoxide:

Adiantoxide.				3α, 4α (epoxy)

(Table 2, continued.)

	C=C	—COOH	=O	—OH
Lupane System.				
I. Compounds with unchanged lupane skeleton.				
Alcohols:				
Betulin................	20 (29)			3β, 28
Lupeol	20 (29)			3β
3-*epi*-Lupeol	20 (29)			3α
Lupenyl acetate........	20 (29)			3β*
Monogynol-A				3β, 20
Sorbicortol-II	20 (29)			3β, 23, 28
Oxo Compounds:				
Alphitolic acid	20 (29)		28	2α, 3β
Betulinaldehyde........	20 (29)		28	3β
Betulinaldehyde acetate..	20 (29)		28	3β*
Betulinic acid..........	20 (29)	28		3β
Betulonic acid	20 (29)	28	3	
Lupenone..............	20 (29)		3	
Melaleucic acid.........	20 (29)	27, 28		3β
3-Oxoplatinic acid**.....		28	3, 20	
Platinic acid**..........		28	20	3β
Stellatogenin...........		28***		3β, 19β***, 20
Thurbergogenin	20 (29)	28***		3β, 19β***

  * 3β-O*Ac*.   ** 30-nor.   *** 19β, 28-lactone.

II. Compounds with rearranged lupane skeleton.

(a) *Allobetulin derivatives.*

	C=C	—COOH	=O	—OH
Alcohol and ethers:				
Allobetulin				3β, 19β*
"Δ²-Allobetulen"	2			19β*, 28*
"α-Apoallobetulin"	3 (5)***			19β*, 28*
Oxo Compounds:				
Allobetulone			3	19β*, 28*
"Apooxyallobetulin"	3 (5)***	28**		19β**
Oxyallobetulin		28**		3β, 19β**
Oxyallobetulone		28**	3	19β**
"Δ²-Oxyallobetulen"	2	28**		19β**

  * 19β,28-oxide.   ** 19β,28-lactone.   *** [5(4 → 3)abeo].

(b) *Taraxastane derivatives.*

	C=C	—COOH	=O	—OH
Alcohols:				
Arnidiol	20 (30)			3β, 12
Faradiol...............	20			3β, 12
Taraxasterol	20 (30)			3β
ψ-Taraxasterol	20			3β
ψ-Taraxastandiol				3β, 20α (or 20β)

References, pp. 190—202.

(Table 2, continued.)

	C=C	—COOH	=O	—OH

(c) $1(2 \rightarrow 3)$Abeo-lupane (ceanothane) derivatives.

Oxo Compounds:

	C=C	—COOH	=O	—OH
Ceanothenic acid*	1 (3), 20 (29)	27, 28		
Ceanothic acid (Emmolic acid, Hovenic acid)	20 (29)	2β, 28		3α

* 2-nor.

Oleanane System.

I. Compounds with unchanged oleanane skeleton.

Alcohols:

	C=C	—COOH	=O	—OH
β-Amyrin	12			3β
β-Amyrin acetate	12			3β*
δ-Amyrin	13			3β
Aegiceradienol°	12, 17 (18)			3β
Aegiceradiol	12, 15			3β, 28
Aescigenin**	12			3β, 22β, 24, 28, (16α**, 21α**)
A$_1$-Barrigenol	12			3β, 15β, 16β, 27, 28
7β-Hydroxy-A$_1$-barrigenol	12			3β, 7β, 15β, 16β, 27, 28
Barringtogenol	12			2α, 3β, 23, 28
Barringtogenol D**	12			3β, 22β, 28, (16α**, 21α**)
Chichipegenin	12			3β, 16β, 22α, 28
Erythrodiol	12			3β, 28
Germanicol	18			3β
epi-Germanicol	18			3α
Longispinogenin	12			3β, 16β, 28
Maniladiol	12			3β, 16β
Miliacin	18			3β***
Primulagenin-A	12			3β, 16α, 28
Protoaescigenin	12			3β, 16α, 21α, 22β, 24, 28
Sophoradiol	12			3β, 7α (or 22β)
Soyasapogenol-A	12			3β, 21α, 22α (or 21β, 22β), 24
Soyasapogenol-B	12			3β, 22β, 24
Soyasapogenol-C	12, 21			3β, 24
Soyasapogenol-D	13 (18)			3β, 22β°°, 24
"Triterpene-A"	11, 13 (18)			3β, 23, 28
"Triterpene-B"°	12, 17			3β, 23

* 3β-O*Ac*. ** 16α,21α-oxide. *** 3β-OCH$_3$. ° 28-nor. °° —OCH$_3$.

(Table 2, continued.)

	C=C	—COOH	=O	—OH
Oxo Compounds:				
Aegicerin			16	3β (13β**, 28**)
Albigenic acid	13 (18)	28		3β, 16α
Albigenin*	13 (18)		16	3β
β-Amyrenone	12		3	
δ-Amyrenone	13 (18)		3	
Arjunolic acid	12	28		2α, 3β, 23
Barringtogenic acid	12	23, 28		2α, 3β
Bassic acid	5, 12	28		2β, 3β, 23
Bayogenin	12	28		2β, 3β, 23
α-Boswellic acid	12	24		3α
Bredemolic acid	12	28		2β, 3α
Cincholic acid	12	27, 28		3β
Cochalic acid	12	28		3β, 16β
Commic acid-C	12	24		2β, 3β
Cyclamiretin	12		25	3β, 16α, 28
Dihydroicterogenin	12	28		3β, 22β***, 24
Dihydrorehmannic acid	12	28		3β, 22β***
Dumortierigenin	12	28°		3β, 15β°
Echinocystic acid	12	28		3β, 16α
Entagenic acid	12	28		3, 15, 16 (or 3, 21, 22)
Gratiogenin	12		21	3, 19α, 29 (30)
Glycyrrhetic acid	12	30	11	3β
Gummosogenin	12		28	3β, 16β
Gypsogenin	12	28	23	3β
Gypsogenin lactone		28°°	23	3β, 13β°°
12-H,13α-Hydroxy-gypsogenin		28	23	3β, 13α
Hederagenin	12	28		3β, 23
Icterogenin	12	28	3	22β***, 24
Katonic acid	12	29		3α
Lantadene-B	12	28	3	22β°°°
Machaeric acid	12	28	21	3β
Machaerinic acid	12	28		3β, 21β
Maslinic acid	12	28		2α, 3β
Medicagenic acid	12	23, 28		2α, 3β
Morolic acid	18	28		3β
Myrtillogenic acid	12	29		3β, 16β, 28
Nyctanthic acid	4 (23), 12	3[+]		
Oleanaldehyde	12	3	28	
Oleanolic acid	12	28		3β
Oleanolic acid acetate	12	28		3β[++]
Oleanonic acid	12	28	3	
Olean-2,3,28-trioic acid	12	2, 3[+++], 28		

* 28-nor. ** 13β,28-oxide. *** angeloyloxy-. ° 15β,28-lactone.
°° 13β,28-lactone. °°° β,β-dimethylacryloxy-. + 3,4-*seco*. ++ —O*Ac*.
+++ 2,3-*seco*.

References, pp. 190—202.

(Table 2, continued.)

	C=C	—COOH	=O	—OH
3-*epi*-Oleanolic acid......	12	28		3α
12-Hydroxyoleanolic lactone acetate........		28**		3β*, 12β, 13β**
Polygalacic acid.........	12	28		2β, 3β, 16α, 23
Queretaroic acid	12	28		3β, 30
Quillaic acid	12	28	23	3β, 16α
Rehmannic acid.........	12	28	3	22β***
Siaresinolic acid.........	12	28		3β, 19α
Stryphnodendron sapogenin-'B'	12	28°		3β, 21β°
Stryphnodendron sapogenin-'F'	12	28°		2α, 3β, 21β°
Sumaresinolic acid	12	28		3β, 6β
Terminolic acid	12	28		2α, 3β, 6β, 23
Treleasegic acid	12	28		3β, 21β, 30
Tomentosic acid.........	12	28		2α, 3β, 19β, 23

* —O*Ac*.   ** 13β,28-lactone.   *** angeloyloxy-.   ° 21β,28-lactone.

II. Compounds with rearranged oleanane skeleton.

(a) D-*friedo*-(*taraxerane*) derivatives.

Hydrocarbons:

	C=C	—COOH	=O	—OH
Taraxerene	14			

Alcohols:

	C=C	—COOH	=O	—OH
Myricadiol..............	14			3β, 28
Taraxerol..............	14			3β
Taraxerol acetate	14			3β*
Sawamilletin...........	14			3β**

* 3β-O*Ac*.   ** 3β-OCH$_3$.

Oxo Compounds:

	C=C	—COOH	=O	—OH
Myricolal	14		28	3β
Taraxerone	14		3	

(b) D : C-*friedo*-(*multiflorane*) derivatives.

Alcohols:

	C=C	—COOH	=O	—OH
Arundoin	9 (11)			3β*
Multiflorenol...........	7			3β

* 3β-OCH$_3$.

(c) D : B-*friedo*-(*glutane*) derivatives.

Alcohol and Ether:

	C=C	—COOH	=O	—OH
Dandropanoxide (≡ campanulin)				3β*, 5β*
Glutinol...............	5			3β

* 3β,5β-oxides.

(Table 2, continued.)

	C=C	—COOH	=O	—OH
Oxo Compounds:				
Celastrol*.............	1 (10), 3, 5, 7	29	2	3
Glutinone (alnusone).....	5		5	
Pristimerin*	1 (10), 3, 5, 7	29**	2	3

    * 23-nor.   ** 29-carbomethoxy.

(d) D : A-friedo-(friedelane) derivatives.

	C=C	—COOH	=O	—OH
Alcohols:				
Friedelinol..............				3α
epi-Friedelinol..........				3β
epi-Friedelinol acetate ...				3β*

    * 3β-OAc.

	C=C	—COOH	=O	—OH
Oxo Compounds:				
Cerin...................			3	2β
Friedelin			3	
Friedelin-2,3-dione.......			2, 3	
Friedelin-3,x-dione.......			3, (22)	
Friedelin-3,y-dione.......			3, (25)	
Friedelin-3,x,y-trione.....			3, (22), (25)	
x(ax.)-Hydroxyfriedelin-3-one			3	(22α)
x(eq.)-Hydroxyfriedelin-3-one			3	(22β)
x(eq.)-Hydroxyfriedelin-3,y-dione			3, (25)	(22β)
y-Hydroxyfriedelin-3-one			3	(25)
y-Hydroxyfriedelin-3,x-dione			3, (22)	(25)

Ursane System.

I. Compounds with unchanged ursane skeleton.

	C=C	—COOH	=O	—OH
Alcohols:				
α-Amyrin...............	12			3β
α-Amyrin acetate........	12			3β
Brein	12			3β, 16β
Phyllanthol.............	*			3β
Uvaol..................	12			3β, 28

    * 13α,17α-cyclo.

	C=C	—COOH	=O	—OH
Oxo Compounds:				
α-Amyrenone	12		3	
Asiatic acid.............	12	28		2α, 3β, 23

(Table 2, continued.)

	C=C	—COOH	=O	—OH
β-Boswellic acid.........	12	24		3α
Commic acid-D	12	23		2β, 3β
Commic acid-E	12	23		1β, 2β, 3β
Ifflaionic acid..........	12	30		3α
Neoilexonol	12		11	3β
Quinovic acid..........	12	27, 28		3β
Roburic acid...........	4 (23), 12	3*		
Tomentosolic acid	12, 19	28		3β
Ursolic acid	12	28		3β
Ursolic acid acetate	12	28		3β**
Methylursolate	12	28***		3β
Ursonic acid	12	28	3	
Vanguerolic acid	12, 18	28		3β

* 3,4-*seco*.   ** 3β-O*Ac*.   *** 28-carboxymethyl.

II. Compounds with rearranged ursane skeleton.

D : C-friedo-(bauerane) derivatives.

Alcohol:

	C=C	—COOH	=O	—OH
Bauerenol	7			3β

Table 3. Pentacyclic Triterpenoids

Name	Formula	M. p. (°)	$[\alpha]_D$ (°)	Acetate M. p. (°)	Acetate $[\alpha]_D$ (°)
(a) Alcohols.					
Acaciol	$C_{30}H_{50}O$	160–161	± 0	174–175	± 0
Genin-A	$C_{30}H_{50}O$	170	+ 76	171–175	
	$C_{30}H_{50}O$	182	+ 27	194–197	+ 36
	$C_{30}H_{50}O$	186–190	+ 57	217–218	+ 64
Simiarol	$C_{30}H_{50}O$	204–205	+ 52		
	$C_{30}H_{50}O$	210–211	+ 64	210.5-211.5	
Leuconol................	$C_{30}H_{50}O$	214–215	+ 54	211–212	
Motiol	$C_{30}H_{50}O$	217	— 27	256	— 12
Tetrahymanol	$C_{30}H_{52}O$	312.5–314.5		303–305	
	$C_{30}H_{50}O$			188–190	+ 60
Substance C............	$C_{25}H_{40-42}O_2$	209–210.5	+ 11		
	$C_{30}H_{52}O_2$	214–215	+ 60		
Genin-B	$C_{30}H_{50}O_2$	216–220	+ 34		
Loranthol..............	$C_{30}H_{50}O_2$	224–226	+ 5	220–221	
Veratrum triterpene B ...	$C_{32}H_{54}O_2$	231–233	+ 7	215–218 (mono)	
Veratrum triterpene A ...	$C_{30}H_{50}O_2$	244–246	+ 5	226	
	$C_{30}H_{50}O_2$	270			
Serratenediol	$C_{30}H_{50}O_2$	300		338	+ 19
	$C_{30}H_{52}O_3$	212–214			
	$C_{30}H_{50}O_3$	308–310		197–198	— 49
	$C_{30}H_{48}O_4$	258–260	— 53		
Cimigenol	$C_{30}H_{48}O_5$	227.5–228.5	+ 38	202–204	+ 46
Coriandrinol............	$C_{29}H_{50}O_5$	290–291 and 302–304	— 43	158–160	— 36
Acutagenol-B (Barringtogenol-C)............	$C_{30}H_{50}O_5$	315–320	+ 39	222–224	+ 18
	$C_{30}H_{52}O_6$	280–284	+ 21		
R_1-Barrigenol............	$C_{30}H_{50}O_6$	296–297	+ 39	190–191	+ 29
(b) Non acidic compounds containing carbonyl groups.					
Al'ninkanone	$C_{30}H_{50-52}O_2$	172–172.5	+ 52		
	$C_{30}H_{48}O_3$	255–270	+ 7		
	$C_{30}H_{46}O_3$	290–295			
Lancamarone...........	$C_{28}H_{48}O_4$	280	+ 8		
Genin-D	$C_{30}H_{48}O_4$	293–295	+ 11	210–213	— 38
Lycoclavarin	$C_{30}H_{48}O_5$	344–346		236–237	— 32
(c) Acids.					
Commic acid B	$C_{30}H_{48}O_3$				
Motic acid	$C_{30}H_{48}O_3$	283–284	— 73	191–192	
	$C_{30}H_{48}O_4$	289–290	— 72		
Anemosapogenin	$C_{30}H_{48}O_4$	300–302	+ 19	265	+ 33

of Unknown Structure.

Other derivatives	Plant family	References
Ketone m. p. 170–171°, [α]D ± 0°	Leguminosae	(*113*)
	Theophrastaceae	(*82*)
	Leguminosae	(*180*)
Ketone m. p. 160–162°, [α]D + 57°	Compositae	(*48*)
	Ericaceae	(*20*)
	Ericaceae	(*157*)
Bz. m. p. 224°	Apocyanaceae	(*70*)
	Ericaceae	(*139*)
Ketone m. p. 289–290°	(Protozoan)	(*171*)
	Ericaceae	(*158*)
	Liliaceae	(*185*)
	Compositae	(*159*)
	Theophrastaceae	(*82*)
Di-*Bz.* m. p. 340° d.	Loronthaceae	(*141*)
Ketone m. p. 164–167°	Liliaceae	(*185*)
Diketone m. p. 172–176°	Liliaceae	(*185*)
	Aroidaceae	(*44*)
	Lycopodiaceae	(*128*)
	Leguminosae	(*49*)
	Lycopodiaceae	(*129*)
	Leguminosae	(*49*)
Di-*Bz.* m. p. 292–295°, [α]D + 83°	Lichen	(*78*)
	Umbelliferae	(*228*)
Penta-*Bz.* m. p. 315–317°, [α]D + 31°	Lecythidaceae	(*34, 35, 170*)
	Apocyanaceae	(*190*)
Bz. m. p. 317–323°, [α]D + 39°; acetonide m. p. 183–184, [α]D + 16°	Lecythidaceae	(*166*)
Semicarb. m. p. 282–283°	Betulaceae	(*206, 207*)
Mono-*Ox.* m. p. 290–295°	Hippocrataceae	(*122, 238*)
Mono-*Ox.* m. p. 276–284° d.	Hippocrataceae	(*122, 238*)
	Verbenaceae	(*181*)
D. N. P. m. p. 255–256°	Theophrastaceae	(*82, 83*)
	Lycopodiaceae	(*129*)
M. m. p. 239–241°, [α]D + 39°; *M. Ac.* m. p. 236–237°, [α]D + 39°	Burseraceae	(*218*)
	Ericaceae	(*139*)
M. m. p. 212–213°, [α]D — 68°	Combretaceae	(*200*)
Di-*Bz.* m. p. 138–139°; *M.* m. p. 235–236°, [α]D + 5°; *M.* di-*Ac.* m. p. 165–166°, [α]D + 28°	Ranunculaceae	(*239*)

(Table 3, continued.)

Name	Formula	M. p. (°)	$[\alpha]_D$ (°)	Acetate	
				M. p. (°)	$[\alpha]_D$ (°)
	$C_{30}H_{46}O_4$	304–306	+ 133		
Macedonic acid	$C_{30}H_{46}O_4$	340–343			
Meristotropic acid	$C_{32}H_{48}O_4$	355–356.5	— 67		
Neotaegolic acid	$C_{30}H_{48}O_4$				
Acutagenic acid	$C_{30}H_{48}O_4$				
Acantholic acid..........	$C_{30}H_{48}O_5$	279–282	+ 25	185–190 (mono)	+ 14
Acacinoic acid..........	$C_{30}H_{48}O_5$	281			
Echinatic acid..........	$C_{30}H_{46}O_5$	298–300		287–289	
Isobrahmic acid	$C_{30}H_{48}O_6$	263			
Indocentoic acid........	$C_{30}H_{48}O_6$	272	+ 38	145–150	
Brahmic acid............	$C_{30}H_{48}O_6$	285–290	+ 16	172 (tri)	+ 20
Thankunic acid..........	$C_{30}H_{48}O_6$	314–318	+ 24		
Acid-B	$C_{30}H_{46}O_7$	232–234			
Lucernic acid	$C_{30}H_{46}O_7$		+ 12	297–299	+ 8
Tenuifolic acid..........	$C_{30}H_{44-46}O_8$	254–256	+ 37	260–265 (di)	+ 46
Commic acid-A	$C_{31}H_{50}O_4$				
Indicic acid	$C_{60}H_{92}O_6$	254–255	+ 70		

References.

1. ABD EL RAHIM, A. M. and C. H. CARLISLE: Structure of Methyl Oleanolate Iodoacetate. Chem. and Ind. **1954**, 279.

2. ABE, S.: Chemical Structure of Miliacin. Bull. Chem. Soc. Japan **33**, 271 (1960).

3. — Miliacin. Nippon Kaguku Zasshi **1961**, 1051, 1054, 1057.

4. AGARWAL, K. P., A. C. ROY and M. L. DHAR: Triterpenes from the Bark of *Myrica esculenta*, Buch.-Ham. Indian J. Chem. **1**, 28 (1963).

5. AGETA, H., K. IWATA and S. NATORI: A Fern Constituent, Fernene. A Triterpenoid Hydrocarbon of a New Type. Tetrahedron Letters **1963**, 1447.

6. AGETA, H., K. IWATA and K. YONEZAWA: Fernene and Diploptene, Triterpenoid Hydrocarbons Isolated from *Dryopteris crassirhizoma*, Nakai. Chem. Pharm. Bull. Japan **11**, 408 (1963).

7. — — — Fern Constituent: Diplopterol, a Triterpene Isolated from *Diplopterygium glaucum* Nakai. Chem. Pharm. Bull. Japan **11**, 407 (1963).

8. ALBERMAN, K. B. and F. B. KIPPING: Phyllanthol. A New Alcohol from the Root Bark of *Phyllanthus engleri* (Pax). J. Chem. Soc. (London) **1951**, 2296.

9. AMES, T. R., J. L. BETON, A. BOWERS, T. G. HALSALL and E. R. H. JONES: The Chemistry of the Triterpenes and Related Compounds. Part XXIII. The Structure of Taraxasterol, ψ-Taraxasterol (Heterolupeol), and Lupenol-I. J. Chem. Soc. (London) **1954**, 1905.

Other derivatives	Plant family	References
Di-*M*. m. p. 135–136°, $[\alpha]_D$ + 122°	Meliaceae	(*149*)
M. m. p. 253–255°	Leguminosae	(*152*)
	Leguminosae	(*151*)
M. m. p. 285–288°, $[\alpha]_D$ + 64°	Rosaceae	(*225*)
M. m. p. 301–303°	Lycanthaceae	(*170*)
M. m. p. 158–160°, $[\alpha]_D$ + 26°	Rosaceae	(*225*)
Di-*Ac*. lactone m. p. 235–236°, $[\alpha]_D$ + 5°; *M*. m. p. 223–224°, $[\alpha]_D$ ± 0°; M. di-*Ac*. m. p. 208–209°	Leguminosae	(*112*)
M. m. p. 285–286.5°, $[\alpha]_D$ + 20° (in Py.)	Leguminosae	(*153*)
	Umbelliferae	(*196*)
M. m. p. 173–175°; Di-isopropylidene-*M*. m. p. 213°	Umbelliferae	(*45*)
M. m. p. 213°, $[\alpha]_D$ + 34°; *M*. tri-*Ac*. m. p. 127–130°	Umbelliferae	(*196*)
M. m. p. 227–228°, $[\alpha]_D$ + 30°	Umbelliferae	(*104*)
	Polygalaceae	(*222*)
M. m. p. 347–350°, $[\alpha]_D$ + 26°; *M*. tri-*Ac*. m. p. 273–275°, $[\alpha]_D$ — 6°	Leguminosae	(*167*)
Di-*M*. m. p. 130–133°, $[\alpha]_D$ + 32°	Polygalaceae	(*222*)
M. m. p. 200–201°, $[\alpha]_D$ + 77°; *M. Ac*. m. p. 175–176°, $[\alpha]_D$ + 34°	Burseraceae	(*218*)
Di-*M*. m. p. 190–191°, $[\alpha]_D$ + 73°	Meliaceae	(*149*)

10. AMES, T. R., T. G. HALSALL and E. R. H. JONES: The Chemistry of the Triterpenes. Part VII. An Inter-relationship between the Lupeol and β-Amyrin Series. Elucidation of the Structure of Lupeol. J. Chem. Soc. (London) **1951**, 450.

11. AMES, T. R. and E. R. H. JONES: Structure of the Triterpenes: an Inter-relationship between the Lupeol and the β-Amyrin Series. Nature **164**, 1090 (1949).

12. ANANTARAMAN, R. and K. S. M. PILLAI: Barringtogenol and Barringtogenic Acid, Two New Triterpenoid Sapogenins. J. Chem. Soc. (London) **1956**, 4369.

13. ANDERSON, L. P., W. T. DE KOCK and P. R. ENSLIN: The Constitution of Physiologically Active Triterpenoids from *Lippia rehmanni* Pears. J. South African Chem. Inst. **14**, 58 (1961).

14. APLIN, R. T., T. G. HALSALL and Sir EWART JONES: Unpublished.

15. APLIN, R. T., T. G. HALSALL and T. NORIN: The Chemistry of Triterpenes and Related Compounds. Part XLIII. The Constituents of the Bark of *Platanus* × *hybrida* Brot. and the Structure of Platanic Acid. J. Chem. Soc. (London) **1963**, 3269.

16. ARIGONI, D.: Zur Biogenese pentazyklischer Triterpene in einer höheren Pflanze. Experientia **14**, 153 (1958).

17. ARIGONI, D., D. H. R. BARTON, R. BERNASCONI, C. DJERASSI, J. S. MILLS and R. E. WOLFF: The Constitutions of Dammarenolic and Nyctanthic Acids. J. Chem. Soc. (London) **1960**, 1900.

18. ARIGONI, D., D. H. R. BARTON, E. J. COREY, O. JEGER, L. CAGLIOTI, S. DEV, P. G. FERRINI, E. R. GLAZIER, A. MELERA, S. K. PRADHAN, K. SCHAFFNER, S. STERNHELL, J. F. TEMPLETON and S. TOBINAGA: The Constitution of Limonin. Experientia **16**, 41 (1960).

19. ARNOTT, S., A. W. DAVIE, J. M. ROBERTSON, G. A. SIM and D. G. WATSON: The Structure of Limonin. Experientia **16**, 49 (1960).

20. ARTHUR, H. R., S. W. TAM and V. ANGSUSINGH: Triterpenoid Constituents of the Hong Kong Ericaceae. Austral. J. Chem. **13**, 506 (1960).

21. BADDELEY, G. V., T. G. HALSALL and E. R. H. JONES: The Chemistry of Triterpenes and Related Compounds. Part XL. Final Clarification of the Stereochemistry of Hydroxyhopanone. J. Chem. Soc. (London) **1961**, 3891.

22. — — — The Chemistry of Triterpenes and Related Compounds. Part XXXVII. The Stereochemistry of the D/E Ring Junction of Hydroxyhopanone. J. Chem. Soc. (London) **1960**, 1715.

23. BARTON, D. H. R.: The Stereochemistry of *cyclo*Hexane Derivatives. J. Chem. Soc. (London) **1953**, 1027.

24. BARTON, D. H. R. and C. J. W. BROOKS: Triterpenoids. Part I. Morolic Acid, a New Triterpenoid Sapogenin. J. Chem. Soc. (London) **1951**, 257.

25. BARTON, D. H. R., W. CARRUTHERS and K. H. OVERTON: Triterpenoids. Part XXI. A Triterpenoid Lactone from Petroleum. J. Chem. Soc. (London) **1956**, 788.

26. BARTON, D. H. R., H. T. CHEUNG, P. J. L. DANIELS, K. G. LEWIS and J. F. McGHIE: Triterpenoids. Part XXVI. The Triterpenoids of *Vangueria tomentosa*. J. Chem. Soc. (London) **1962**, 5163.

27. BARTON, D. H. R. and P. DE MAYO: Triterpenoids. Part XV. The Constitution of Icterogenin, a Physiologically Active Triterpenoid. J. Chem. Soc. (London) **1954**, 887.

28. BARTON, D. H. R., P. DE MAYO and J. C. ORR: Triterpenoids. Part XXIV. Further Investigations of the Constitution of Zeorin. J. Chem. Soc. (London) **1958**, 2239.

29. BARTON, D. H. R., P. DE MAYO, E. W. WARNHOFF, O. JEGER and G. W. PEROLD: Triterpenoids. Part XIX. The Constitution of Lantadene B. J. Chem. Soc. (London) **1954**, 3689.

30. BARTON, D. H. R., A. HAMEED and J. F. McGHIE: The Constitution and Stereochemistry of Cyclamiretin. J. Chem. Soc. (London) **1962**, 5176.

31. BARTON, D. H. R. and N. J. HOLNESS: Triterpenoids. Part V. Some Relative Configurations in Rings C, D, and E of the β-Amyrin and the Lupeol Group of Triterpenoids. J. Chem. Soc. (London) **1952**, 78.

32. BARTON, D. H. R., J. E. PAGE and E. W. WARNHOFF: Triterpenoids. Part XVIII. The Constitutions of Phyllanthol and *cyclo*Artenol. J. Chem. Soc. (London) **1954**, 2715.

33. BARUA, A. K.: Triterpenoids. III: The Constitution of Entagenic Acid. Naturwiss. **43**, 250 (1956).

34. BARUA, A. K., S. K. CHAKRABORTI, P. CHAKRABARTI and P. C. MAITI: Triterpenoids. Part XIV. Studies on the Structure of Barringtogenol C — A New Triterpenoid Sapogenin from *Barringtonia Acutangula* Gaertn. J. Indian Chem. Soc. **40**, 483 (1963).

35. BARUA, A. K., P. C. MAITI and S. K. CHAKRABORTI: Triterpenoids. Part XI. New Triterpenoid Sapogenins from the Fruits of *Barringtonia acutangula*. J. Pharm. Sci. (Washington) **50**, 937 (1961).

36. Barua, A. K. and S. P. Raman: Triterpenoids. X. The Constitution of Albigenic Acid — A New Triterpenoid Sapogenin from *Albizzia Lebbeck* Benth. Tetrahedron **7**, 19 (1959).

37. — — The Constitution of Albigenin — A New Triterpene from *Albizzia Lebbeck* Benth. Tetrahedron **18**, 155 (1962).

38. Beaton, J. M., F. S. Spring, R. Stevenson and J. L. Stewart: Triterpenoids. Part XXXVII. The Constitution of Taraxerol. J. Chem. Soc. (London) **1955**, 2131.

39. — — — — Triterpenoids. LIV. The Constitution of Alnusenone (Glutinone). Tetrahedron **2**, 246 (1958).

39a. Berti, G., F. Bottari and A. Marsili: The Structure of Adiantoxide, a Triterpenoid Epoxide with a New Type of Carbon Skeleton. Tetrahedron Letters **1964**, 1.

40. Berti, G., F. Bottari, A. Marsili, J.-M. Lehn, P. Witz et G. Ourisson: Structure de l'adiantone, un nor-triterpène naturel. Tetrahedron Letters **1963**, 1283.

41. Beton, J. L., T. G. Halsall and E. R. H. Jones: The Chemistry of Triterpenes and Related Compounds. Part XXVIII. β-Boswellic Acid. J. Chem. Soc. (London) **1956**, 2904.

42. Bevan, C. W. L., J. H. C. Blasdale, T. G. Halsall and D. A. H. Taylor: Unpublished.

43. Bevan, C. W. L., T. G. Halsall, M. N. Nwaji and D. A. H. Taylor: West African Timbers. Part V. The Structure of Khivorin, a Constituent of *Khaya ivorensis*. J. Chem. Soc. (London) **1962**, 768.

44. Bhakuni, D. S. and J. D. Tewari: Chemical Examination of Fruits of *Scindapsus officinalis* Schott. Part I. Isolation and Chemical Examination of the Constituents. J. Sci. Indust. Res. (India) **18 B**, 427 (1959).

45. Bhattacharyya, S. C.: Constituents of *Centalla asiatica*. Part III. Examination of the Indian Variety. J. Indian Chem. Soc. **33**, 893 (1956).

46. Bischof, B., O. Jeger und L. Ruzicka: Über die Lage der zweiten sekundären Hydroxylgruppe in Echinocystsäure, Quillajasäure, Maniladiol und Genin A (aus *Primula officinalis* Jacquin). Über die Konstitution der Oleanolsäure. Helv. Chim. Acta **32**, 1911 (1949).

47. Bloch, K.: Biogenesis and Transformations of Squalene. Ciba Found. Sympos., Biosynthesis of Terpenes and Sterols, p. 1. London: Churchill Ltd. 1958.

48. Bonner, W. A. and J. I. DeGraw, Jr.: Ketones from "White Snakeroot" *Eupatorium urticaefolium*. Tetrahedron **18**, 1295 (1962).

49. Bose, J. L.: Glucosidic Constituents of Chick Peas (*Cicer arietinium* L.). Part I. Isolation of Three New Crystalline Glycosidic Fractions. J. Sci. Indust. Res. (India) **17 B**, 494 (1958).

50. Bosson, J. A., M. N. Galbraith, E. Ritchie and W. C. Taylor: The Chemical Constituents of Australian *Flindersia* Species. XVIII. The Structure of Ifflaionic Acid. Austral. J. Chem. **16**, 491 (1963).

51. Bosson, J. A., M. Rasmussen, E. Ritchie, A. V. Robertson and W. C. Taylor: The Chemical Constituents of Australian *Flindersia* Species. XVII. The Structure of Ifflaiamine. Austral. J. Chem. **16**, 480 (1963).

52. Boyer, J. P., R. A. Eade, H. Locksley and J. J. H. Simes: Extractives of Australian Timbers. II. Emmolic Acid, a New Triterpene Acid from *Emmenospermum alphitonioides* F. Muell. Austral. J. Chem. **11**, 236 (1958).

53. Breton, J. T. and A. G. Gonzalez: Glucosides and Aglycones from Canary Scrophulariaceae. Part VI. Structure of Two New Triterpenes from *Scrophularia smithii* Wydler. J. Chem. Soc. (London) **1963**, 1401.

54. Brooks, C. J. W.: Observations on Taraxerol (Skimmiol). J. Chem. Soc. (London) **1955**, 1675.

55. Brownlie, G., M. B. E. Fayez, F. S. Spring, R. Stevenson and W. S. Strachan: Triterpenoids. Part XLVIII. Olean-13(18)-ene: Isomerisation of Olean-12-ene and Related Hydrocarbons with Mineral Acid. J. Chem. Soc. (London) **1956**, 1377.

56. Brownlie, G., F. S. Spring, R. Stevenson and W. S. Strachan: Triterpenoids. Part LII. The Constitution and Stereochemistry of Friedelin and Cerin. J. Chem. Soc. (London) **1956**, 2419.

57. Bruun, T.: Triterpenoids in Lichens. II. Taraxerene, a Naturally Occurring Triterpene. Acta Chem. Scand. **8**, 1291 (1954).

58. Budzikiewicz, H., J. M. Wilson and C. Djerassi: Mass Spectrometry in Structure and Stereochemical Problems. XXXII. Pentacyclic Triterpenes. J. Amer. Chem. Soc. **85**, 3688 (1963).

59. Caglioti, L. and G. Cainelli: A Partial Synthesis of Maslinic Acid. Tetrahedron **18**, 1061 (1962).

60. Caglioti, L., G. Cainelli e F. Minutilli: Constituzione dell' acido maslinico. Gazz. chim. ital. **91**, 1387 (1961).

61. Cainelli, G., J. J. Britt, D. Arigoni und O. Jeger: Zur Kenntnis der Triterpene. 196. Mitt. Zur Konstitution der Sojasapogenole A, B, C und D. Helv. Chim. Acta **41**, 2053 (1958).

62. Cainelli, G., A. Melera, D. Arigoni und O. Jeger: Zur Kenntnis der Triterpene. 194. Mitt. Konstitution des Äscigenins. Helv. Chim. Acta **40**, 2390 (1957).

63. Carman, R. M. and A. D. Ward: Comments on the Structure of Quassin. Tetrahedron Letters **1961**, No. 10, 317.

64. Carruthers, W. and D. A. M. Watkins: Identification of 1,2,3,4-Tetrahydro-2,2,9-trimethylpicene in an American Crude Oil. Chem. and Ind. **1963**, 1433.

65. Castle, M., G. Blondin and W. R. Nes: Evidence for the Origin of the Ethyl Group of β-Sitosterol. J. Amer. Chem. Soc. **85**, 3306 (1963).

66. Černý, J., A. Vystrčil und S. Huneck: Über ein neues Triterpen aus Dammar-Harz. Chem. Ber. **96**, 3021 (1963).

67. Chakraborti, S. K. and A. K. Barua: Triterpenoids. XIII. The Constitution of Barringtogenol-D. Experientia **18**, 66 (1962).

68. Chakravarti, D., R. N. Chakravarti and R. Ghose: Triterpenes of *Alstonia scholaris* (Dita-Bark). Experientia **13**, 277 (1957).

69. Chan, R., T. G. Halsall and Sir Ewart Jones: Unpublished.

70. Chatterjee, A., B. Das and S. K. Roy: Triterpene Composition of *Leuconotis eugenifolia*, D. C. J. Indian Chem. Soc. **36**, 92 (1959).

71. Chatterjee, S. K., N. Anand and M. L. Dhar: Chemical Examination of *Melodinus monogynus* Roxb. Part II. Identification of Monogynol A and Monogynol B. J. Sci. Indust. Res. (India) **18 B**, 262 (1959).

72. Chopra, C. S., M. W. Fuller, K. J. L. Thieberg, D. C. Shaw, D. E. White, S. R. Hall and E. N. Maslen: Triterpenoid Compounds. VI. The Constitution of Melaleucic Acid. II. Tetrahedron Letters **1963**, 1847.

73. Cole, A. R. H.: Infrared Spectra of Natural Products. Fortschr. Chem. organ. Naturstoffe **13**, 1 (1956).

74. Cole, A. R. H., D. T. Downing, J. C. Watkins and D. E. White: The Constitution of A_1-Barrigenol. Chem. and Ind. **1955**, 254.

75. Corbett, R. E. and M. A. McDowall: Extractives from New Zealand Myrtaceae. Part III. Triterpene Acids from the Bark of *Leptospermum scoparium*. J. Chem. Soc. (London) **1958**, 3715.

76. COREY, E. J. and J. J. URSPRUNG: The Structure of Friedelin. Degradative Studies. J. Amer. Chem. Soc. **77**, 3667 (1955).

77. CORNFORTH, J. W., R. H. CORNFORTH, G. POPJÁK and J. Y. GORE: Biosynthesis of Cholesterol. 5. Biosynthesis of Squalene from DL-3-Hydroxy-3-methyl-[2-14C]-pentano-5-lactone. Biochem. J. **66**, 10 P (1957); **69**, 146 (1958).

78. CORSANO, S. and G. SPANO: Structure of Cimigenol, a New Triterpene Extracted from *Actea racemosa*. Atti. Accad. Nac. Lincei, Rend., classe sci. Fis. Mat. Nat. **32**, 674 (1962).

79. COURTNEY, J. L. and J. S. SHANNON: Studies in Mass Spectrometry. Triterpenoids; Structure Assignment to some Friedelane Derivatives. Tetrahedron Letters **1963**, 13.

80. CROWLEY, K. J.: A 2,3-Seco-triterpene in Nature. Proc. Chem. Soc. (London) **1962**, 27.

81. DAVIDSON, T. A., T. R. HOLLANDS and P. DE MAYO: Chaparrin, the Bitter Principle from *Castela Nicholsoni*. Tetrahedron Letters **1962**, 1089.

82. DE MAHEAS, M. R.: Sur quelques nouveaux alcools triterpéniques isolés du *Jacquinia armillaris* Jacq. C. R. hebd. Séances Acad. Sci. **249**, 1799 (1959).

83. — Structure des alcools triterpéniques isolés de *Jacquinia armillaris* Jacq. C. R. hebd. Séances Acad. Sci. **252**, 805 (1961).

84. DE MAYO, P. and A. N. STARRATT: The Constitution of Ceanothic Acid, a Ring-Contracted Triterpenoid. Tetrahedron Letters **1961**, 259.

85. — — Terpenoids. I. The Constitution and Stereochemistry of Ceanothic Acid. Canad. J. Chem. **40**, 788 (1962).

86. — — Terpenoids. II. Ceanothenic Acid: A C_{29} A-Norlupane Derivative. Canad. J. Chem. **40**, 1632 (1962).

87. DJERASSI, C.: Optical Rotatory Dispersion. New York: McGraw-Hill. 1960.

88. DJERASSI, C., H. BUDZIKIEWICZ and J. M. WILSON: Mass Spectrometry in Structural and Stereochemical Problems. Part VIII. Unsaturated Pentacyclic Triterpenoids. Tetrahedron Letters **1962**, 263.

89. DJERASSI, C., E. FARKAS, L. H. LIU and G. H. THOMAS: Terpenoids. XVII. The Cactus Triterpenes Thurberogenin and Stellatogenin. J. Amer. Chem. Soc. **77**, 5330 (1955).

90. DJERASSI, C., L. E. GELLER and A. J. LEMIN: Terpenoids. VIII. The Structures of the Cactus Triterpenes Gummosogenin and Longispinogenin. J. Amer. Chem. Soc. **76**, 4089 (1954).

91. DJERASSI, C., J. A. HENRY, A. J. LEMIN, T. RIOS and G. H. THOMAS: Terpenoids. XXIV. The Structure of the Cactus Triterpene Queretaroic Acid. J. Amer. Chem. Soc. **78**, 3783 (1956).

92. DJERASSI, C. and A. E. LIPPMAN: Terpenoids. XIII. The Structures of the Cactus Triterpenes Machaeric Acid and Machaerinic Acid. J. Amer. Chem. Soc. **77**, 1825 (1955).

93. DJERASSI, C., L. H. LIU, E. FARKAS, A. E. LIPPMAN, A. J. LEMIN, L. E. GELLER, R. N. MCDONALD and B. J. TAYLOR: Terpenoids. XI. Investigation of Nine Cactus Species. Isolation of Two New Triterpenes, Stellatogenin and Machaeric Acid. J. Amer. Chem. Soc. **77**, 1200 (1955).

94. DJERASSI, C., R. N. MCDONALD and A. J. LEMIN: Terpenoids. III. The Isolation of Erythrodiol, Oleanolic Acid and a New Triterpene Triol, Longispinogenin, from the Cactus *Lemaireocereus longispinus*. J. Amer. Chem. Soc. **75**, 5940 (1953).

95. DJERASSI, C. and J. S. MILLS: Triterpenoids. XXXII. The Structure of the Cactus Triterpene Treleasegenic Acid. Ring Conformational Alterations in a Pentacyclic Triterpene. J. Amer. Chem. Soc. **80**, 1236 (1958).

96. DJERASSI, C. and H. G. MONSIMER: Triterpenoids. XXVII. The Structure of the Cactus Triterpene Myrtillogenic Acid. J. Amer. Chem. Soc. **79**, 2901 (1957).

97. DJERASSI, C., C. H. ROBINSON and D. B. THOMAS: Terpenoids. XXV. The Structure of the Cactus Triterpene Dumortierigenin. J. Amer. Chem. Soc. **78**, 5685 (1956).

98. DJERASSI, C., D. B. THOMAS, A. L. LIVINGSTON and C. R. THOMPSON: Triterpenoids. XXXI. The Structure and Stereochemistry of Medicagenic Acid. J. Amer. Chem. Soc. **79**, 5292 (1957).

99. DJERASSI, C., G. H. THOMAS and H. MONSIMER: Terpenoids. XVI. The Constitution of the Cactus Triterpene Cochalic Acid. Partial Reductions of Methyl Diketoechinocystate. J. Amer. Chem. Soc. **77**, 3579 (1955).

100. DJERASSI, J., H. WOLF and E. BUNNENBERG: Optical Rotatory Dispersion Studies. LXXVIII. Comparative Studies of Circular Dichroism and Rotatory Dispersion Curves. J. Amer. Chem. Soc. **84**, 4552 (1962).

101. DOMAREVA, T. V., V. F. LOPUNOVA, A. A. RYABININ and I. S. SALTYKOVA: Triterpenes of the Bark of *Alnaster fruticosus* Ledeb. Zhurn. Obschei Khimii **31**, 2434 (1961) [Engl. transl. **31**, 2270 (1961)].

102. DUNSTAN, W. J., H. FAZAKERLEY, T. G. HALSALL and E. R. H. JONES: The Chemistry of Triterpenes and Related Compounds. Part XXXII. The Chemistry of Hydroxyhopanone. Croat. Chem. Acta **29**, 173 (1957).

103. DUTLER, H., O. JEGER und L. RUZICKA: Zur Konstitution und Konfiguration von Friedelin und Cerin; ein Beitrag zur Biogenese pentacyclischer Triterpene. Helv. Chim. Acta **38**, 1268 (1955).

104. DUTTA, T. and U. P. BASU: Triterpenoids. Part I. Thankuniside and Thankunic Acid. A New Triterpene Glycoside and Acid from *Centella asiatica* L. J. Sci. Indust. Res. (India) **21 B**, 239 (1962).

105. EADE, R. A., G. KORNIS and J. J. H. SIMES: Stereochemistry of Ceanothic Acid. Chem. and Ind. **1962**, 1195.

106. EADE, R. A., J. J. H. SIMES and B. STEVENSON: Extractives of Australian Timbers. Part 4. Castanogenin (Medicagenic Acid) and Bayogenin, $C_{30}H_{48}O_5$, from *Castanospermum Australe* Cunn. et Fras. Austral. J. Chem. **16**, 900 (1963).

107. EGLINTON, G., R. J. HAMILTON, R. HODGES and R. A. RAPHAEL: Gas-Liquid Chromatography of Natural Products and their Derivatives. Chem. and Ind. **1959**, 955.

108. *Elsevier's Encyclopaedia of Organic Chemistry.* Vol. 14, p. 526; Vol. 14 Supplement, p. 939 S. New York and Amsterdam: Elsevier. 1940 and 1952.

109. ESCHENMOSER, A., D. FELIX, M. GUT, J. MEIER and P. STADLER: Some Aspects of Acid-Catalysed Cyclizations of Terpenoid Polyenes. Ciba Found. Sympos., Biosynthesis of Sterols and Terpenes, p. 217. London: Churchill Ltd. 1959.

110. ESCHENMOSER, A., L. RUZICKA, O. JEGER und D. ARIGONI: Eine stereochemische Interpretation der biogenetischen Isoprenregel bei den Triterpenen. Helv. Chim. Acta **38**, 1890 (1955).

111. ESTRADA, H.: Isolation of Epigermanicol from *Euphorbia candelilla* var. *luxurians*. Bol. Inst. Quím. Univ. nacl. autón. México **8**, 45 (1956).

112. FAROOQ, M. O., I. P. VARSHNEY und Z. NAIM: Saponine und Sapogenine. VI: Über das aus *Acacia intsia* Willd. isolierte Säure-Sapogenin (Acacinsäure). Arch. Pharmaz. **294**, 134 (1961).

113. — — — Saponine und Sapogenine, Teil VIII. Isolierung eines neuen Triterpenalkohols, Acaciol, aus *Acacia intsia* Willd. Arch. Pharmaz. **294**, 197 (1961).

114. FISCHER, F. G. und N. SEILER: Die Triterpene der Blätter der Schwarzerle. Liebigs Ann. Chem. **644**, 162 (1961).

115. GEISSMAN, T. A. and G. A. ELLESTAD: The Structure of Chaparrin, and a Note on Glaucarubol. Tetrahedron Letters **1962**, 1083.

116. GOPINATH, K. W., P. A. MOHAMED and A. R. KIDWAI: Chemical Investigation of *Vallaris solanacea* Kuntze. Indian J. Chem. **1**, 98 (1963).

117. GUGLIELMETTI, L.: Dissert., E. T. H., Zürich. 1963.

118. GUISE, G. B., E. RITCHIE and W. C. TAYLOR: Further Constituents of *Alphitonia* Species. Austral. J. Chem. **15**, 314 (1962).

119. HALSALL, T. G., E. R. H. JONES and G. D. MEAKINS: The Chemistry of Triterpenes. Part XI. The Conversion of Lupeol into Germanicol (*iso*Lupeol). The Structure of Lupeol Hydrochloride. J. Chem. Soc. (London) **1952**, 2862.

120. HALSALL, T. G., E. R. H. JONES and R. E. H. SWAYNE: The Chemistry of Triterpenes and Related Compounds. Part XXII. The Conversion of Lupeol into ψ-Taraxasterol (Heterolupeol). J. Chem. Soc. (London) **1954**, 1902.

121. HARADA, R., H. KAKISAWA, S. KOBAYASHI, M. MUSYA, K. NAKANISHI and Y. TAKAHASHI: Structure of Pristimerin, A Quinonoid Triterpene. Tetrahedron Letters **1962**, 603, and references cited therein.

122. HEYMANN, H., S. S. BHATNAGAR and L. F. FIESER: Characterization of Two Substances Isolated from an Indian Shrub. J. Amer. Chem. Soc. **76**, 3689 (1954).

123. HORNING, E. C., W. J. A. VANDENHEUVEL and B. G. CREECH: Separation and Determination of Steroids by Gas Chromatography. Methods Biochem. Analysis **11**, 69 (1963).

124. HUNECK, S.: Triterpene. IV. Die Triterpensäuren des Balsams von *Liquidamar orientalis* Miller. Tetrahedron **19**, 479 (1963).

125. — Zur Struktur von Zeorin und Leucotylin. Chem. Ber. **94**, 614 (1961).

126. HUNECK, S. et J.-M. LEHN: Triterpènes de la série du Hopane. Structure et stéréochimie de la Zéorine. Bull. soc. chim. France **1963**, 1702.

127. IKAN, R. and J. McLEAN: Triterpenes from Lignite. J. Chem. Soc. (London) **1960**, 893.

128. INUBUSHI, Y., Y. TSUDA, H. ISHII, M. HOSAKAWA and T. SANO: Constituents from *Lycopodium serratum* Thunb. var. Thunbergii Makino (from Mt. Hira). J. pharmac. Soc. Japan **82**, 1339 (1962).

129. INUBUSHI, Y., Y. TSUDA and T. SANO: Isolation of Two New Triterpenes from *Lycopodium clavatum* L. J. pharmac. Soc. Japan **82**, 1083 (1962).

130. ISHIMASA, S.: Studies on the Components of *Sophora japonica* L. III. On the Stereochemistry of Sophoradiol. J. pharmac. Soc. Japan **80**, 304 (1960).

131. JAROLÍM, V., K. HEJNO und F. ŠORM: Über die Zusammensetzung der Braunkohle. VIII. Struktur einiger aus Montanwachs isolierter triterpenischer Verbindungen. Coll. Czech. Chem. Comm. **28**, 2443 (1963).

132. JAROLÍM, V., M. STREIBL, M. HORÁK and F. ŠORM: Isolation of Triterpenes from North Bohemian Brown Coal. Chem. and Ind. **1958**, 1142.

133. JEFFERIES, P. R.: Friedelin and *epi*Friedelinol from *Ceratopetalum apetalum* D. Don. J. Chem. Soc. (London) **1954**, 473.

134. JEGER, O.: Über die Konstitution der Triterpene. Fortschritte Chem. organ. Naturstoffe **7**, 1 (1950).

135. JOHNSON, A. W., P. F. JUBY, T. J. KING and S. W. TAM: Pristimerin. Part IV. Total Structure. J. Chem. Soc. (London) **1963**, 2884, and references cited therein.

136. JULIAN, P. L., J. PIKL and R. DAWSON: The Constituents of *Ceanothus Americanus*. I. Ceanothic Acid. J. Amer. Chem. Soc. **60**, 77 (1938).

137. Kane, V. V. and R. Stevenson: Friedelin and Related Compounds. III. The Isolation of Friedelane-2,3-dione from Cork Smoker Wash Solids. J. Organ. Chem. (USA) **25**, 1394 (1960).

138. Kariyone, T. and H. Ageta: Chemical Constituents of Plants of Coniferae and Allied Orders. XXIII. Plant Waxes. 10. A Component from the Leaflets of *Diplopterygium glaucum.* J. pharmac. Soc. Japan **79**, 105 (1959).

139. Kariyone, T., Y. Hashimoto and S. Tobinaga: Triterpenoids. IX. The Chemical Constituent of Bird Lime Extracted from *Rhododendron lineari-folium* Sieb. et Zucc. var. *macrosepalum* Makino. Pharm. Bull. (Japan) **5**, 369 (1957).

140. Kariyone, T., S. Ishimasa and T. Shiomi: Studies on Triterpenoids. VIII. Studies on the Triterpenoids contained in *Sophora japonica* L. J. pharmac. Soc. Japan **76**, 1210 (1956).

141. Khan, N. H., M. Ameem and S. Siddiqui: Chemical Examination of *Loranthus grewingkii* Boiss. and Bunge. Pakistan J. Sci. Indust. Res. **1**, 191 (1958).

142. Khastgir, H. N. and P. Sengupta: Structure of Multiflorenol. Chem. and Ind. **1961**, 1077.

143. Khorlin, A. Ya., Yu. S. Ovodov and N. K. Kochetkov: Triterpenic Saponins. II. The Saponins from the Roots of Pacific Ocean *Gypsophylia.* Zhurn. Obschei Khimii **32**, 782 (1962) [Engl. transl. **32**, 778 (1962)].

144. Kimura, K., Y. Hashimoto and I. Agata: Structure of Dendropanoxide, a new Triterpenoid from the leaves of *Dendropanax trifidus* Makino. Chem. and Pharm. Bull. (Japan) **8**, 1145 (1960).

145. Kimura, K., M. Takahashi, S. Ishimasa and Y. Kodama: Studies on the Constituents of *Sophora japonica* L. II. On the Structure of Sophoradiol. J. pharmac. Soc. Japan **78**, 1090 (1958).

146. King, F. E. and T. J. King: The Chemistry of Extractives from Hardwoods. Part XXVII. The Structure of Terminolic Acid. J. Chem. Soc. (London) **1956**, 4469.

147. King, F. E., T. J. King and J. M. Ross: The Chemistry of Extractives from Hardwoods. Part XXIII. The Isolation of a New Triterpene (Terminolic Acid) from *Terminalia ivorensis.* J. Chem. Soc. (London) **1955**, 1333.

148. King, F. E., T. J. King and J. D. White: The Stereochemistry of Arjunolic Acid. J. Chem. Soc. (London) **1958**, 2830.

149. King, F. E. and J. W. W. Morgan: The Chemistry of Extractives from Hardwoods. Part XXX. The Constitution of Katonic Acid, a Triterpene from *Sandoricum indicum.* J. Chem. Soc. (London) **1960**, 4738.

150. King, T. J. and J. P. Yardley: The Structure of Bassic Acid. Proc. Chem. Soc. (London) **1959**, 393.

151. Kir'yalov, N. P. and T. N. Naugol'naya: New Triterpene Acid (Meristotropic Acid) from *Glycyrrhiza triphylla* Fisch. et Mey. Zhurn. Obschei Khimii **33**, 694 (1963) [Engl. transl. **33**, 686 (1963)].

152. — — New Triterpene Acid (Macedonic Acid) from *Glycyrrhiza macedonica* Boiss. et Orph. Zhurn. Obschei Khimii **33**, 697 (1963) [Engl. transl. **33**, 689 (1963)].

153. — — Triterpene Acid (Echinatic Acid) from *Glycyrrhiza echinata* L. Zhurn. Obschei Khimii **33**, 700 (1963) [Engl. transl. **33**, 692 (1963)].

154. Klyne, W.: The Molecular Rotations of Polycyclic Compounds. Part I. General Principles and the Correlation of the Triterpenoids with the Steroids. J. Chem. Soc. (London) **1952**, 2916.

155. Knight, J. O. and D. E. White: Triterpenoid Compounds. 7β-Hydroxy-A_1-Barrigenol. Tetrahedron Letters **1961**, 100.

156. KOCHETKOV, N. K., A. YA. KHORLIN, V. E. VAS'KOVSKII and V. E. ZHVIRBLIS: Triterpene Saponins. I. Saponins from the Root of *Aralia mandschurica*. Zhurn. Obschei Khimii **31**, 658 (1961) [Engl. transl. **31**, 607 (1961)].

157. KONDO, Y., T. NAGAYA, Y. TAKEUCHI and T. TAKEMOTO: Studies on the Constituents of Ericaceae. VIII. Constituents of *Tripetaleia paniculata*. J. pharmac. Soc. Japan **83**, 674 (1963).

158. KONDO, Y. and T. TAKEMOTO: Studies on the Constituents of Ericaceae. VII. Triterpenoids of the Flowers of *Pieris japonica*. J. pharmac. Soc. Japan **83**, 671 (1963).

159. KŘEPINSKÝ, J. and V. HEROUT: Plant Substances. XVIII. Isolation of Terpenic Compounds from *Solidago canadensis* L. Coll. Czech. Chem. Comm. **27**, 2459 (1962).

160. KUHN, R. und I. LÖW: Über Protoäscigenin, die Stammsubstanz der Äscine. Liebigs Ann. Chem. **669**, 183 (1963).

161. LAHEY, F. N. and M. V. LEEDING: A New Triterpene Alcohol, Bauerenol. Proc. Chem. Soc. (London) **1958**, 342.

162. LAIRD, W., F. S. SPRING and R. STEVENSON: Pentacyclic Triterpenoid Backbone Rearrangement: Constitution of Brein. J. Amer. Chem. Soc. **82**, 4108 (1960).

163. LAWRIE, W., J. McLEAN and G. R. TAYLOR: Triterpenes in the Bark of Mountain Ash (*Sorbus aucuparia* L.). J. Chem. Soc. (London) **1960**, 4303.

164. LEWIS, K. G.: Triterpene Constituents of the Fruits of Osage Orange (*Maclura pomifera*). J. Chem. Soc. (London) **1959**, 73.

165. — Triterpene Constituents of the Fruits of Osage Orange (*Maclura pomifera*). Part II. Synthesis of the Natural Diol, Lupane-3β,20-diol. J. Chem. Soc. (London) **1961**, 2330.

166. LIN, Y. T., T. B. LO and S. C. SU: Triterpenoids. II. Isolation of Triterpenoid Sapogenins from the Fruits of *Barringtonia racemosa* Blume. J. Chinese Chem. Soc. (Taiwan) **4**, 77 (1957).

167. LIVINGSTON, A. L.: Lucernic Acid, A new Triterpene from Alfalfa. J. Organ. Chem. (USA) **24**, 1567 (1959).

168. LYNEN, F., H. EGGERER, U. HENNING und I. KESSEL: Zur Biosynthese der Terpene. III. Farnesyl-pyrophosphat und 3-Methyl-Δ^3-butenyl-1-pyrophosphat, die biologischen Vorstufen des Squalens. Angew. Chem. **70**, 738 (1958).

169. McLEAN, J. and W. LAWRIE: Personal Communication.

170. MAITI, P. C. and A. K. BARUA: Triterpenoids. IV. Isolation of New Triterpenes from *Barringtonia acutangula* Gaertn. Science and Cult. (India) **22**, 516 (1957).

171. MALLORY, F. B., J. T. GORDON and R. L. CONNER: The Isolation of a Pentacyclic Triterpenoid Alcohol from a Protozoan. J. Amer. Chem. Soc. **85**, 1362 (1963).

172. MANGONI, L. and M. BELARDINI: Roburic Acid, A New Triterpene 3,4-seco-Acid. Tetrahedron Letters **1963**, 921.

173. MARTIN-SMITH, M., G. EGLINTON, R. J. HAMILTON, S. J. SMITH, G. SUBRAMANIAN and I. WILSON: Personal Communication.

174. MATYUKHINA, L. G. and A. A. RYABININ: A New Triterpene — Myricolal. Doklady Akad. Nauk (USSR) **131**, 316 (1959).

175. MECHOULAM, R.: Stereochemistry of Ceanothic (Emmolic) Acid. Chem. and Ind. **1961**, 1835.

176. MILLS, J. S. and A. E. A. WERNER: The Chemistry of Dammar Resin. J. Chem. Soc. (London) **1955**, 3132.

177. MOFFITT, W., R. B. WOODWARD, A. MOSCOWITZ, W. KLYNE and C. DJERASSI: Structure and the Optical Rotatory Dispersion of Saturated Ketones. J. Amer. Chem. Soc. **83**, 4013 (1961).

178. Morris, R. J., W. B. Dye and P. S. Gisler: Isolation, Purification and Structural Identity of an Alfalfa Root Saponin. J. Organ. Chem. (USA) **26**, 1241 (1961).

179. Nakanishi, K., Y.-Y. Lin, H. Kakisawa, H.-Y. Hsü and H. C. Hsiu: Davallic Acid, a Triterpene with a Novel Skeleton. Tetrahedron Letters **1963**, 1451.

180. Nigam, S. K., G. R. Mitra and K. N. Kaul: Chemical Examination of *Acacia caesia* Bark. J. Sci. Indust. Res. (India) **21 B**, 345 (1962).

181. Nigam, S. K., V. N. Sharma and K. N. Kaul: Chemistry of Indian Lantanas. J. Sci. Indust. Res. (India) **16 B**, 514 (1957).

182. Obara, T. and S. Abe: Structure of Sawamilletin from Sawamillet (Barnyard Grass) Oil. Bull. Agric. Chem. Soc. Japan **21**, 388 (1957).

183. — — Studies on the New Substance from Sawamillet Grain Oil. I. Isolation and Chemical Properties of New Substance from Sawamillet Oil. J. Chem. Soc. Japan **80**, 1, 677 (1959); II. Structure of Sawamilletin. J. Chem. Soc. Japan **80**, 1, 1487 (1959); III. Synthesis of Sawamilletin. J. Chem. Soc. Japan **80**, 1, 1491 (1959).

184. Pakrashi, S. C. and S. K. Roy: Studies on Indian Medicinal Plants. Part II. Chemical Investigation of *Glycosmis arborea* Correa. J. Sci. Indust. Res. (India) **20 B**, 186 (1961).

185. Poethke, W. und H. Gerlach: Über einige stickstofffreie Bestandteile von *Veratrum album* L. Arch. Pharmaz. **293**, 103 (1960).

185a. Polonsky, J., C. Fouquey and A. Gaudemer: Structural Studies on Glaucarubin. Abstracts A, p. 330, XIXth International Congress of Pure and Applied Chemistry (1963).

186. Polonsky, J., H. Pourrat et J. Seiligmann: Étude de constituants des racines de *Polygala paenea* L. Sur la structure d'une nouvelle sapogénine: l'acide polygalacique. C. R. hebd. Séances Acad. Sci. **251**, 2374 (1960).

187. Polonsky, J. et J. Zylber: Détermination de la configuration de l'hydroxyle primaire de l'acide asiatique. Bull. soc. chim. France **1961**, 1586, and references cited therein.

188. Popják, G., DeW. S. Goodman, J. W. Cornforth, R. H. Cornforth and R. Ryhage: Mechanism of Squalene Biosynthesis from Mevalonate and Farnesyl Pyrophosphate. Biochem. Biophys. Res. Commun. **4**, 138 (1961).

189. Rakhit, S., M. M. Dhar, N. Anand and M. L. Dhar: Chemical Investigation on *Daemia extensia* R. Br. J. Sci. Indust. Res. (India) **18 B**, 422 (1959).

190. Rangaswami, S. and E. V. Rao: Chemical Components of *Plumiera alba* L. Proc. Indian Acad. Sci. **52 A**, 173 (1960).

191. Rangaswami, S. and K. Sambamurthy: Constitution of Campanulin. Proc. Indian Acad. Sci. **54 A**, 132 (1961).

192. Rao, K. V.: Structure of the Triterpene Aegicerin. Chem. and Ind. **1963**, 1523; and personal communication.

193. Rao, K. V. and P. K. Bose: Aegiceradienol, a New Triterpene Alcohol from *Aegiceras majus* Gaertn. Science and Cult. (India) **24**, 486 (1959).

194. — — Chemistry of *Aegiceras majus* Gaertn. II b. Isolation of 28-Norolean-12,17-dien-3β-ol. J. Organ. Chem. (USA) **27**, 1470 (1962).

195. — — Chemistry of *Aegiceras majus* Gaertn. III. Structure of Aegiceradiol. Tetrahedron **18**, 461 (1962).

196. Rastogi, R. P. and M. L. Dhar: Chemical Examination of *Centalla asiatica* Linn. Part II. Brahmoside and Brahminoside. Indian J. Chem. **1**, 267 (1963).

197. Ritchie, E.: Personal Communication.

198. Rondest, J. et J. Polonsky: Structure de l'acide polygalacique, nouvel acid triterpénique, isolé de *Polygala paenea* L. Bull. soc. chim. France **1963**, 1253.

199. Row, L. R. and G. S. R. S. Rao: A New Triterpene Carboxylic Acid from *Terminalia tomentosa* Wight et Arn. Tetrahedron Letters **1960**, No. 27, 12.

200. — — Chemistry of *Terminalia* Species. III. Chemical Examination of *Terminalia paniculata* Roth. Tetrahedron **18**, 357 (1962).

201. — — Tomentosic Acid from *Terminalia tomentosa* Wight et Arn. Tetrahedron **18**, 827 (1962).

202. Ruzicka, L.: Perspektiven der Biogenese und der Chemie der Terpene. Pure and Applied Chem. **6**, No. 4, 493 (1963).

203. Ryabinin, A. A. and L. G. Matyukhina: Study of the Structure of the Triterpene Alcohol Zeorin. Zhurn. Obschei Khimii **27**, 277 (1957) [Engl. transl. **27**, 311 (1957)].

204. — — The Investigations of Triterpenes. II. The Structure of Zeorin. Zhurn. Obschei Khimii **28**, 2595 (1958).

205. — — Triterpenes: Myricadiol from the Bark of *Myrica gale*. Doklady Akad. Nauk (USSR) **129**, 125 (1959) [Engl. transl. **1957**, 955].

206. — — Triterpenes in some Plant Species. Zhurn. Obschei Khimii **31**, 1033 (1961) [Engl. transl. **31**, 954 (1961)].

207. Ryabinin, A. A., L. G. Matyukhina and T. V. Domareva: Investigation of the Structure of Al'ninkanone ($C_{30}H_{50-52}O_2$). Zhurn. Obschei Khimii **32**, 2056 (1962) [Engl. transl. **32**, 2036 (1962)].

208. Sandoval, A., A. Manjarrez, P. R. Leeming, G. H. Thomas and C. Djerassi: Terpenoids. XXX. The Structure of the Cactus Triterpene Chichipegenin. J. Amer. Chem. Soc. **79**, 4468 (1957).

209. Santer, J. O. and R. Stevenson: Arnidiol and Faradiol. J. Organ. Chem. (USA) **27**, 3204 (1962).

210. Schaffner, K., L. Caglioti, D. Arigoni, O. Jeger, H. Fazakerley, T. G. Halsall and E. R. H. Jones: The Structure of Hydroxyhopanone. Proc. Chem. Soc. (London) **1957**, 353.

211. Sengupta, P. and H. N. Khastgir: Terpenoids and Related Compounds. Part 3. Bauerenol and Multiflorenol from *Gelonium multiflorum* A. Juss. Structure of Multiflorenol. Tetrahedron **19**, 123 (1963).

211a. Shamma, M. and P. D. Rosenstock: The Triterpenes of *Heliabravoa chende*. J. Organ. Chem. (USA) **24**, 726 (1959).

212. Shannon, J. S., C. G. Macdonald and J. L. Courtney: Studies in Mass Spectrometry. Triterpenoids: Structure Assignment to Friedelan-y-one (y-al) and Derivatives. Tetrahedron Letters **1963**, 173.

213. Shoppee, C. W., M. E. H. Howden and G. A. R. Johnston: Constituents of the Bark of *Balanops australiana* F. Muell. J. Chem. Soc. (London) **1962**, 498.

214. Snatzke, G., F. Lampert und R. Tschesche: Über Triterpene. VIII. Zuordnung von Triterpenen zu den Grundtypen durch IR-Spektroskopie. Tetrahedron **18**, 1417 (1962).

215. Takahashi, K., Y. Tanabe and T. Fukuyama: Constituents of the Wood of *Hovenia dulcis* Thunberg. J. pharmac. Soc. Japan **79**, 500 (1959).

216. Thomas, A. F.: Triterpenes from the Commiphora. II. The Structures of Commic Acids C and D. Tetrahedron **15**, 212 (1961).

217. Thomas, A. F., K. Heusler and J. M. Müller: Triterpenes from the Commiphora. III. The Structure of Commic Acid E. Tetrahedron **16**, 264 (1961).

218. Thomas, A. F. and J. M. Müller: Triterpene Acids from *Commiphora glandulosa* Schinz. Experientia **16**, 62 (1960).

219. — — Some Constituents of Plane Tree Bark (*Platanus occidentalis* L.). Chem. and Ind. **1961**, 1794.

220. TSCHESCHE, R., U. AXEN und G. SNATZKE: Über Triterpene. XI. Die Konstitution des Äscins. Liebigs Ann. Chem. **669**, 171 (1963).

221. TSCHESCHE, R., I. DUPHORN und G. SNATZKE: Über Triterpene. IX. Über die Konstitution der Cincholsäure und die sauren Triterpenglykoside der Chinarinde. Liebigs Ann. Chem. **667**, 151 (1963).

222. TSCHESCHE, R. und A. K. S. GUPTA: Über Triterpene. VI. Über die Sapogenine von *Bredemeyera floribunda* Willd. Chem. Ber. **93**, 1903 (1960).

223. TSCHESCHE, R. und A. HEESCH: Über Triterpene, II. Mitteil.: Gratiosid, ein Triterpenglykosid aus *Gratiola officinalis* L. Chem. Ber. **85**, 1067 (1952).

224. TSCHESCHE, R., E. HENCKEL und G. SNATZKE: Über Triterpene. X. Die Struktur der Bredemolsäure und die Partialsynthese ihres Methylesters aus Oleanolsäuremethylester. Tetrahedron Letters **1963**, 613.

225. TSCHESCHE, R. und G. POPPEL: Über Triterpene, V. Zur Kenntnis der Crataegolsäure und über zwei neue Triterpencarbonsäuren aus *Crataegus oxyacantha* L. Chem. Ber. **92**, 320 (1959).

226. TURSCH, B. et E. TURSCH: Triterpènes du latex de Bursera. Bull. soc. chim. Belges **70**, 585 (1961).

227. TURSCH, B., E. TURSCH, I. T. HARRISON, G. B. C. T. DE C. B. DA SILVA, H. J. MONTEIRO, B. GILBERT, W. B. MORS and C. DJERASSI: Terpenoids. LIII. Demonstration of Ring Conformational Changes in Triterpenes of the β-Amyrin Class Isoláted from *Stryphnodendron coriaceum*. J. Organ. Chem. (USA) **28**, 2390 (1963).

228. VAGHANI, D. D. and V. M. THAKOR: Chemical Investigation of *Coriandrum sativum*, I. Indian J. Pharm. **21**, 324 (1959).

229. VALENTA, Z., S. PAPADOPOULOS and C. PODEŠVA: Quassin and Neoquassin. Tetrahedron **15**, 100 (1961).

230. VORBRÜGGEN, H., S. C. PAKRASHI und C. DJERASSI: Arborinol, ein neuer Triterpen-Typus. Liebigs Ann. Chem. **668**, 57 (1963).

231. WHITE, D. E.: The Pentacyclic Triterpenoids. Rev. Pure and Applied Chem. **6**, 191 (1956).

232. WHITHAM, G. H.: The Structure of Nyctanthic Acid. J. Chem. Soc. (London) **1960**, 2016.

233. WITZ, P., H. HERRMANN, J.-M. LEHN et G. OURISSON: Étude de cétones cycliques (XIII). Dichroïsme circulaire de cétones stéroïdes et triterpéniques. Conformation du cycle A des céto-3 triterpènes 8β-méthylés. Bull. soc. chim. France **1963**, 1101.

234. WOODWARD, R. B. and K. BLOCH: The Cyclization of Squalene in Cholesterol Synthesis. J. Amer. Chem. Soc. **75**, 2023 (1953).

235. YAGISHITA, K. and M. NISHIMURA: The Chemical Structure of Neoilexonol. I. Some Properties of a New Oxo-alcohol Isolated from the Bark of *Ilex goshiensis* Hayata. Agric. and Biol. Chem. (Japan) **25**, 517 (1961).

236. — — The Chemical Structure of Neoilexonol. II. Oxidation and Reduction of Neoilexonol and its Derivatives. Agric. and Biol. Chem. (Japan) **25**, 844 (1961).

237. YOSIOKA, I. and T. NAKANISHI: Structure of Leucotylin. Chem. and Pharm. Bull. Japan, **11**, 1468 (1963).

238. YUAN, H. W.: Further Characterisation of Two Compounds Isolated from *Salacia prinoides* (de Candolle). Acta Chim. Sinica **28**, 371 (1962).

239. YUAN, H. W., C. W. KÁN, C. Y. LEE and C. J. HUNG: Saponine of Chinese Drug Pai-To'n-Wung, *Anemone chinensis* Bunge. Part 2. Composition of Anemosapogenin. Acta Chim. Sinica **28**, 126 (1962).

(Received, January 13, 1964.)

Griseofulvin and Some Analogues.

By JOHN FREDERICK GROVE, London.

(With 1 Figure.)

Contents.

Acknowledgement. I am indebted to Dr. T. P. C. Mulholland for the photographs in Fig. 1.

I. Introduction.

Griseofulvin (I; $R = \text{Cl}$), a neutral antifungal antibiotic, which since 1958 has found important applications in the systemic treatment of mycoses, both in man and in the veterinary field, was first isolated in 1939 by Raistrick and his collaborators (*94*) from the mycelium of *Penicillium griseofulvum* Dierckx; but its unique biological action on fungi was not then noticed. Some years later, a substance, provisionally called "curling factor", which caused stunting and malformation of the germ-tubes of *Botrytis allii* and, in lower concentrations, helical curling and waving of the hyphae, was isolated (*18*) from both mycelium and culture filtrate of *P. janczewskii* Zal. [*P. nigricans* (Bainer) Thom] and was identified as griseofulvin (*61*).

The early degradative study of griseofulvin (*94*) was continued in a series of papers, published between 1952 and 1959, by a group of workers at the Akers Research Laboratories of Imperial Chemical Industries Ltd.; the structure (*64*) and absolute configuration (*81*) of the antibiotic were elucidated and have recently been confirmed by X-ray crystallographic analysis of 5-bromogriseofulvin (*27*). The intense research effort which followed the publication of the chemical constitution has led to the total synthesis of griseofulvin by four different laboratories in Switzerland (*25, 26*), Great Britain (*38, 39*) and the U. S. A. (*72, 111, 109, 110*). Many analogues have been described (see Section III, p. 242) but none has surpassed griseofulvin in commercial importance.

The chemistry and biological properties of griseofulvin have been reviewed, briefly, by Grove (*58*) and by Brian (*17*). The purpose of this review is to integrate the earlier work with recent developments in the chemistry of griseofulvin and its analogues with particular reference to the synthetic field. For the essential references to work on structure-activity relationships and to applications of griseofulvin in agriculture and medicine the earlier reviews (*58*, *17*) should be consulted.

II. The Chemistry of the Grisans.

1. Nomenclature.

The systematic nomenclature (*64*) is based on the trivial name grisan for the tricyclic system (II), numbered as shown. The absolute configuration of griseofulvin, (2 S, 6′ R)-7-chloro-4,6,2′-trimethoxy-6′-methylgris-2′-en-3,4′-dione (I; $R = Cl$), has been determined (p. 212): but since correlation of configuration in a series of transformation products is not always readily evident on the nomenclature system of Cahn, Ingold and Prelog (*28*), the configuration at the two asymmetric centres 2 and 6′

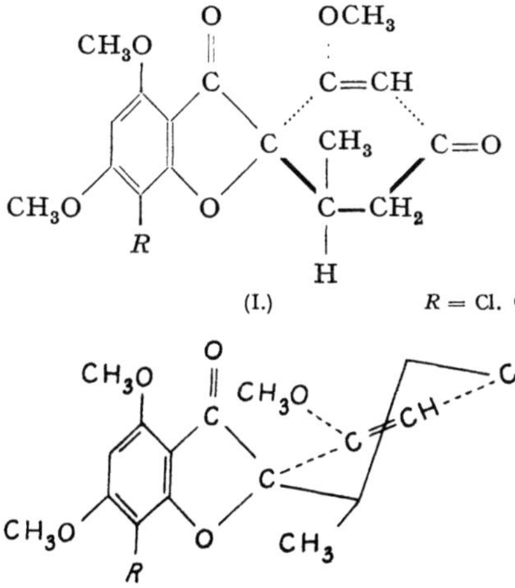

(I.) $R = Cl$. Griseofulvin.   (Ia.)

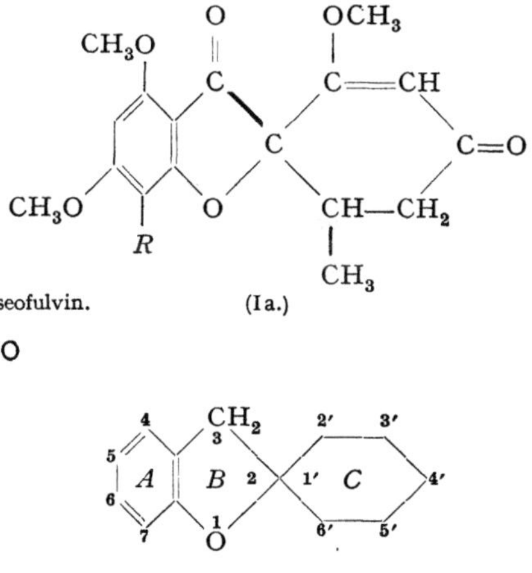

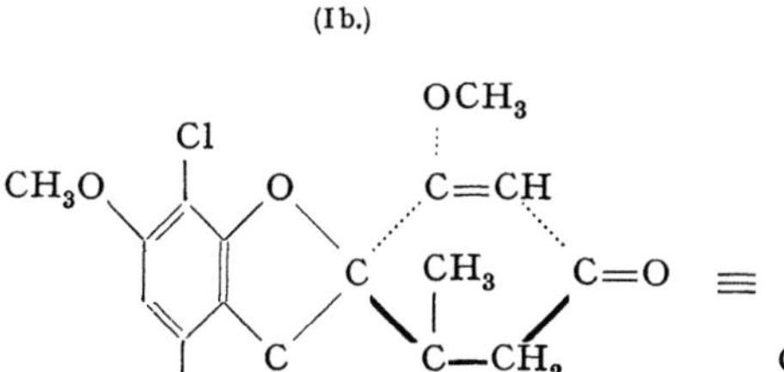

(Ib.) 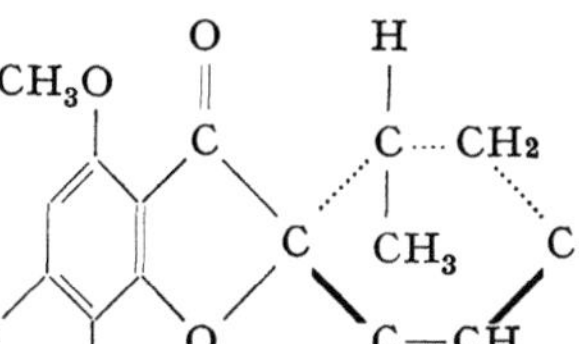   (II.) Grisan.

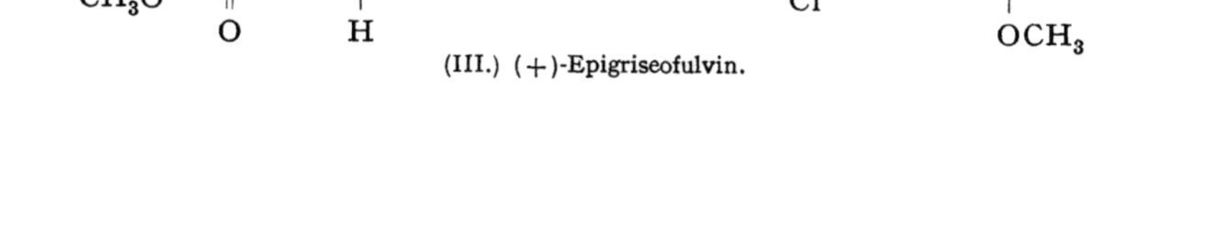

(III.) (+)-Epigriseofulvin.

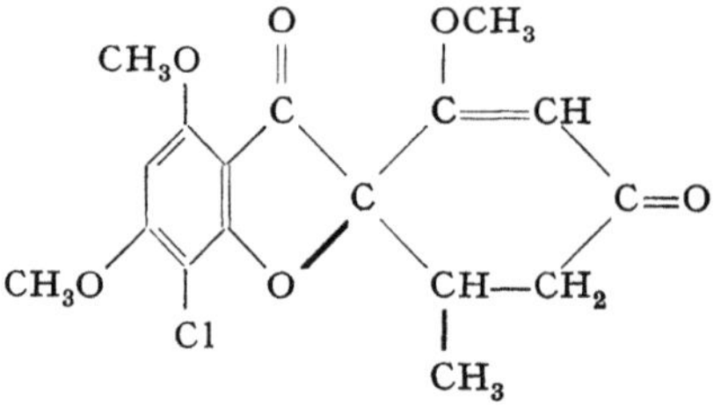

(IIIa.)

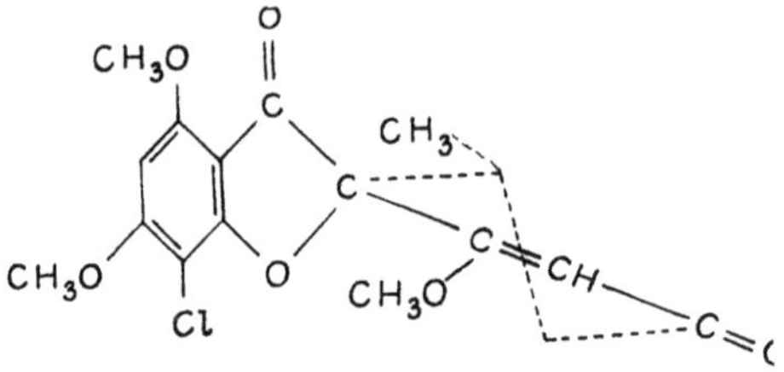

(IIIb.)

is designated by *d* or *l*. Thus, griseofulvin is prefixed by (*d,d*)-, the optical antipode by (*l,l*)-, and the diastereoisomer epimeric at position 2 (III, abs. configuration) by (*l,d*)-, the spiran centre being that first mentioned (*81*). In an alternative system (*25*) the natural isomer, represented as (Ia), is called (+)-griseofulvin, the optical antipode (—)-griseofulvin and the diastereoisomer (IIIa) either (+)-epigriseofulvin or, more loosely, epigriseofulvin. This system is less cumbersome than the (*d,d*)-notation but can lead to confusion when naming transformation products of griseofulvin and, like that of CAHN, INGOLD and PRELOG, cannot be used to correlate configuration in these products.

For convenience, the second system is frequently used in this review but only when there is no possibility of ambiguity. When grisan formulae are written without thick bonds (e. g. IV), the (*d,d*)-configuration (I) is implied. Compounds in the (*l,d*)-series are indicated by formulae of type (IIIa).

Ring *C* substituents are numbered according to the rules applying to cycloalkanes. Substituents lying above the plane of ring *C* *when*

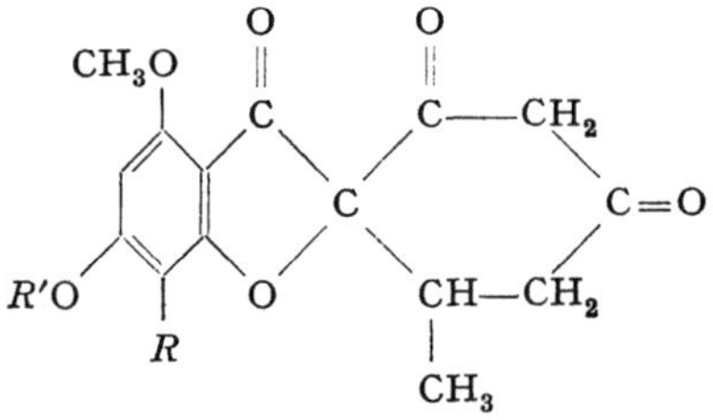

(IV.)

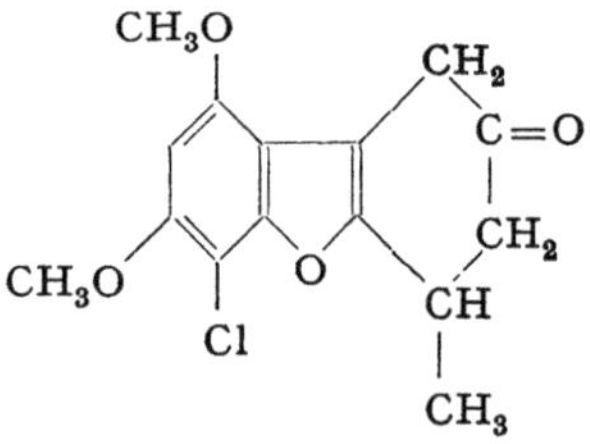

(V.)

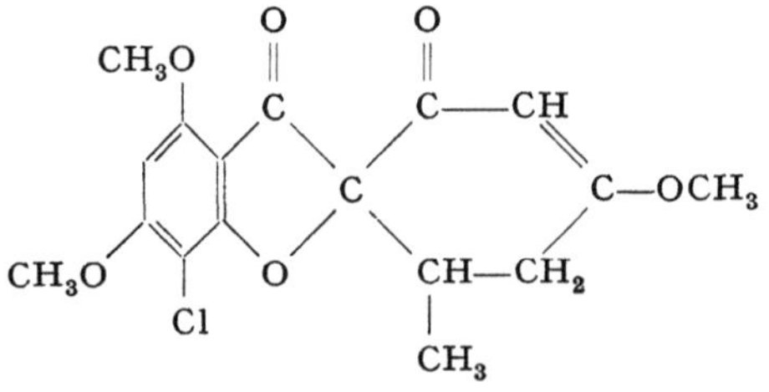

(VI.) Isogriseofulvin.

grisan is written in the usual fashion (II) are called β-oriented while those below the plane are called α. The 6'-methyl group, which is β-oriented in griseofulvin, thus becomes an α-substituent in (+)-epigriseofulvin (III).

The acidic trione (IV; R = Cl, R' = CH_3), the phenolic derivative (IV; R = Cl, R' = H) and the tetrahydrodibenzofuran (V) were named griseofulvic acid, norgriseofulvic acid and decarboxygriseofulvic acid respectively in the early work (*94*) before the structures of the triones (IV) had been elucidated. These names have now been discarded. The trivial name isogriseofulvin (*94*) for the gris-3'-en-3,2'-dione (VI) has been retained by some workers, and is used in the present review.

2. Isolation of Fungal Grisans.

a. Griseofulvin.

Organisms. Griseofulvin has been recognised as a metabolic product of many species of *Penicillium* (*68, 20, 117, 21*) including, in addition to those already mentioned, *P. urticae* BAIN (*68*), *P. raistrickii* SMITH (*20*), *P. raciborskii* ZAL. (*21*), *P. kapuscinskii* ZAL. (*17*), *P. albidum* SOPP. (*21*), *P. melinii* THOM (*21*), *P. brefeldianum* DODGE (*41*) and mutant strains of *P. patulum* BAINIER-THOM (*22*).

For the isolation of griseofulvin (*94*), *P. griseofulvum* was grown in surface culture at 30° on a modified Czepek-Dox medium. After 65–85 days the mycelium was harvested and, after a preliminary extraction with light petroleum, was continuously extracted with ether.

The product consisted of a mixture of griseofulvin, $C_{17}H_{17}O_6Cl$, (I; R = Cl), and mycelianamide (VII) (*92, 14, 10a*), $C_{22}H_{28}N_2O_5$, from which griseofulvin (200 mg/l) was obtained by fractional crystallisation from benzene.

(VII.) Mycelianamide.

A similar yield of griseofulvin was obtained (*18, 19*), free from mycelianamide, by chloroform extraction of fermentation broths of *P. nigricans* (BAIN.) THOM grown at 25° on a similar medium but harvested after 11–14 days. Media containing nitrogen as nitrate were more favourable to griseofulvin production than those containing nitrogen as ammonium salts or peptone and the optimum concentrations of glucose and chloride ion were found to be 7.5% and 0.01% respectively.

Stirred Culture. Good aeration and control both of pH and of available nitrogen were important factors in the commercial production of griseofulvin by submerged fermentation (1800 l) (*21, 23*) using mutant strains of *P. patulum* (*22*). The pH of the medium rose rapidly after inoculation but the addition of carbohydrate to the fermentation produced an immediate fall and this device was used to maintain the pH at the optimum value of 7.0 ± 0.2. The best results were obtained at $25°$ with corn-steep liquor and, once the optimum pH had been reached, an air flow of about $2.3 \, \mathrm{m^3/min}$. A typical griseofulvin titre was $1.0 \, \mathrm{g/l}$ after 100 hr. rising to 5.8–6.8 g/l after about 10 days.

b. Griseofulvin Analogues.

In surface culture in chloride-deficient and to some extent in normal media both *P. nigricans* and *P. griseofulvum* produced (*79*) the dechloro-analogue (I; $R = H$) of griseofulvin. Dechlorogriseofulvin was isolated only from culture filtrates and in low yield (3–50 mg/l). When potassium bromide was added to the chloride-deficient medium the product (*80*) contained traces (1–2 mg/l) of the bromo-analogue (I; $R = Br$). Attempts to make other halogen-containing analogues by fermentation failed (*102*); the racemic fluoro- (*112*) (I; $R = F$) and iodo-analogues (*54*) (I; $R = I$)

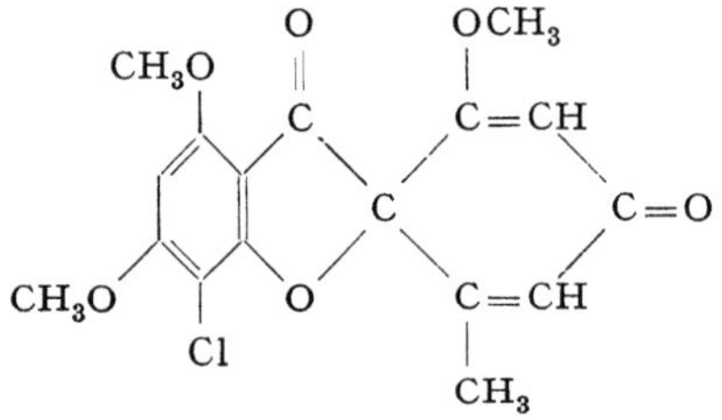

(VIII.) Dehydrogriseofulvin.

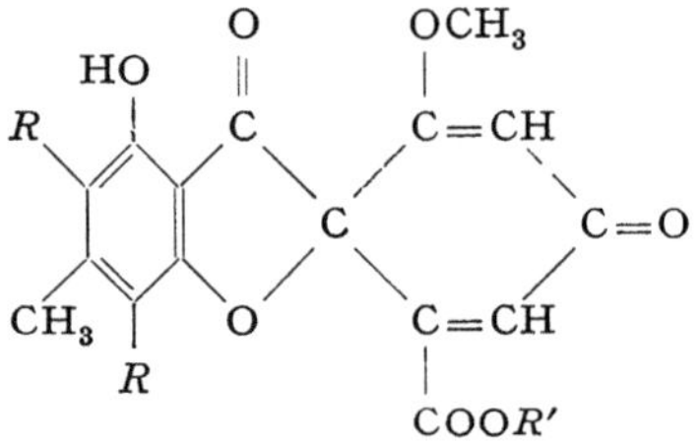

(IX.) $R = Cl$, $R' = CH_3$. (+)-Geodin.

have been obtained by total synthesis and the (*d,d*)-fluoro-analogue (*112*) by transformation from griseofulvin. (—)-Dehydrogriseofulvin (VIII) and the dechloro-analogue (IV; $R = H$, $R' = CH_3$) of the acidic trione (IV; $R = Cl$, $R' = CH_3$) have also been isolated (*78*) from fermentation broths of *P. patulum*, although the latter compound may be an artefact derived from dechlorogriseofulvin.

The fungal metabolic products (+)-geodin (IX; $R = Cl$, $R' = CH_3$) and (±)-erdin (IX; $R = Cl$, $R' = H$) (*99, 9*) from *Aspergillus terreus*, and the (—)- and (+)-bisdechloro-analogues (IX; $R = H$, $R' = CH_3$) of geodin, from *Oospora sulphurea-ochracea* (*33, 89*) and *Penicillium frequentans* (*108*), respectively, are also based on the grisan ring-system: they are not dealt with in detail in this review.

3. Structure and Absolute Configuration of Griseofulvin.

a. Structure.

Oxygen Function. Griseofulvin, $C_{17}H_{17}O_6Cl$, a colourless compound with three methoxyl but no free hydroxyl groups, was shown to contain an ethylenic double bond (*94*) by catalytic hydrogenation over palladium-charcoal to a dihydro-compound (XVIII; $R = OCH_3$) which was obtained together with a hydrogenolysis product $C_{17}H_{21}O_5Cl$ (X; $R = OCH_3$, $R' = H$). The presence of a reactive carbonyl group was shown by the formation of an oxime. Oxidation of griseofulvin to an acid (XV; $R = COOH$) which on methylation afforded methyl 3-chloro-2,4,6-trimethoxybenzoate revealed the presence of a phloroglucinol ether nucleus.

Although one methoxyl group in griseofulvin was labile to both dilute aqueous acid and alkali (*94*) giving an acidic product $C_{16}H_{15}O_6Cl$ (IV; $R = Cl$, $R' = CH_3$; p. 206), pK 4.5 (*63*), the hydrogenolysis product (X; $R = OCH_3$, $R' = H$) was stable to vigorous alkaline hydrolysis. This difference in behaviour, coupled with infrared spectroscopic evidence (*62*) for the absence of the carboxylic ester group postulated earlier (*94*), led to the suggestion (*62*) that griseofulvin was the methyl enol ether of a β-diketone (IV; $R = Cl$, $R' = CH_3$). Confirmation of this hypothesis was obtained (*63*) by the catalytic reduction of the acidic product (IV; $R = Cl$, $R' = CH_3$) (see *Chart I*, p. 211) to a neutral, non-lactonic alcohol $C_{16}H_{19}O_6Cl$ (X; $R = R' = OH$).

The presence in griseofulvin of a second, chemically unreactive, carbonyl group, conjugated with the aromatic ring system, was shown (*63*) by the infrared spectrum (ν_{max} 1700, 1650 cm.$^{-1}$) of the antibiotic and by the infrared and ultraviolet spectra of reduction products, [e. g., alcohol (X; $R = R' = OH$), (ν_{max} 1685 cm.$^{-1}$; λ_{max} 288, 323 mμ log ε 4.32, 3.71)] in which the reactive carbonyl group had been removed but the characteristic phloroacetophenone-type chromophore of griseofulvin (*62*) had been retained. Degradation of the molecule established that the sixth oxygen atom was present in an ether linkage.

Oxidative Degradation. Oxidative degradation of ring C (Chart I, p. 211) of the trione (IV; $R = Cl$, $R' = CH_3$, p. 206) with alkaline hydrogen peroxide (*59*) gave, instead of the expected dicarboxylic acid, a monobasic acid $C_{14}H_{15}O_6Cl$ (XII; $R = Cl$, $R' = R'' = H$), [methyl ester (*36*), m. p. 96–98°, $[\alpha]_D$ — 19°] which was oxidised further by alkaline potassium permanganate to a hydroxy-acid $C_{14}H_{15}O_7Cl$ (XII; $R = Cl$, $R' = OH$, $R'' = H$), m. p. 204° decomp., $[\alpha]_D$ — 19°, previously obtained (*94*), together with the salicylic acid, (XV; $R = COOH$) by permanganate oxidation of griseofulvin in acetone at room temperature. The constitution of the salicylic acid was proved (*65*) to be 3-chloro-2-hydroxy-4,6-dimethoxybenzoic acid (XV; $R = COOH$) by decarboxylation to 2-chloro-3,5-dimethoxyphenol (XV; $R = H$), which was synthesised from a phloroglucinol derivative of established orientation.

The hydroxy-acid $C_{14}H_{15}O_7Cl$ was shown (*65*) to be 7-chloro-2-hydroxy-4,6-dimethoxy-3-oxo-coumaran-2β-butyric acid (XII; $R = Cl$,

$R' = $ OH, $R'' = $ H) by quantitative cleavage with periodate to the acid (XV; $R = $ COOH) and (+)-methylsuccinic acid (XVI). The methyl substituent in the acid (XII; $R = $ Cl, $R' = $ OH, $R'' = $ H) was placed in the β-position to the carboxyl group, initially (64), by analogy with the structures of the griseofulvin degradation products (see below) which retain ring C intact; but later (36), conclusively, by the synthesis, by Michael condensation of 7-chloro-4,6-dimethoxycoumaranone and methyl crotonate, of the ester (XII; $R = $ Cl, $R' = $ H, $R'' = $ CH₃). A mixture of two racemates, α, m. p. 152–154° and β, m. p. 83–86°, separable by fractional crystallisation, was obtained, and the solution infrared spectrum of the more soluble β-ester was identical with that of the griseofulvin degradation product, m. p. 96–98°.

Two diastereoisomeric $C_{14}H_{13}O_6Cl$ lactones (XIII), A, m. p. 220°, $[\alpha]_D$ 0° (94, 59) and B, m. p. 178–180°, $[\alpha]_D$ — 15° (59) were obtained by the action of acetic anhydride in pyridine on the hydroxy-acid (XII; $R = $ Cl, $R' = $ OH, $R'' = $ H) which is probably an equilibrium mixture of diastereoisomers, having undergone racemisation at position 2 during the isolation procedure, since the optical rotation was unaltered by solution in sodium hydroxide and recovery (81). Only racemic lactone A resulted from acetic anhydride-pyridine treatment of synthetic hydroxy-acid (XII; $R = $ Cl, $R' = $ OH, $R'' = $ H) obtained by acid hydrolysis of both α and β esters (XII; $R = $ Cl, $R' = $ H, $R'' = $ CH₃) and oxidation of the product.

The hydroxy-acid (XII; $R = $ Cl, $R' = $ OH, $R'' = $ H, Chart 1), sometimes isolated as lactone A (XIII), was made in a variety of ways including (59) oxidation of the trione (IV; $R = $ Cl, $R' = $ CH₃) with cold alkaline permanganate, hot chromic acid or cold alkaline hypobromite; and the yield from griseofulvin was much improved by the use of zinc

CH₃O

CO—CO—CH—CH₂—COOH

CH₃

CH₃O   OH

Cl

(XIIa.)

permanganate in neutral solution. It did not form carbonyl derivatives, but the existence of an open-chain diketo-form (XIIa) in alkaline solution was demonstrated (65) by ultraviolet spectroscopy. It was stable to acid hydrolysis, but in boiling 2 N-sodium hydroxide it underwent benzilic acid rearrangement (65) to a neutral dilactone isomeric with lactones A and B and assigned structure (XVII).

The overall loss of C_2 incurred in the formation of the $C_{14}H_{15}O_6Cl$ acid (XII; $R = $ Cl, $R' = R'' = $ H) from the trione (IV; $R = $ Cl, $R' = $ CH₃)

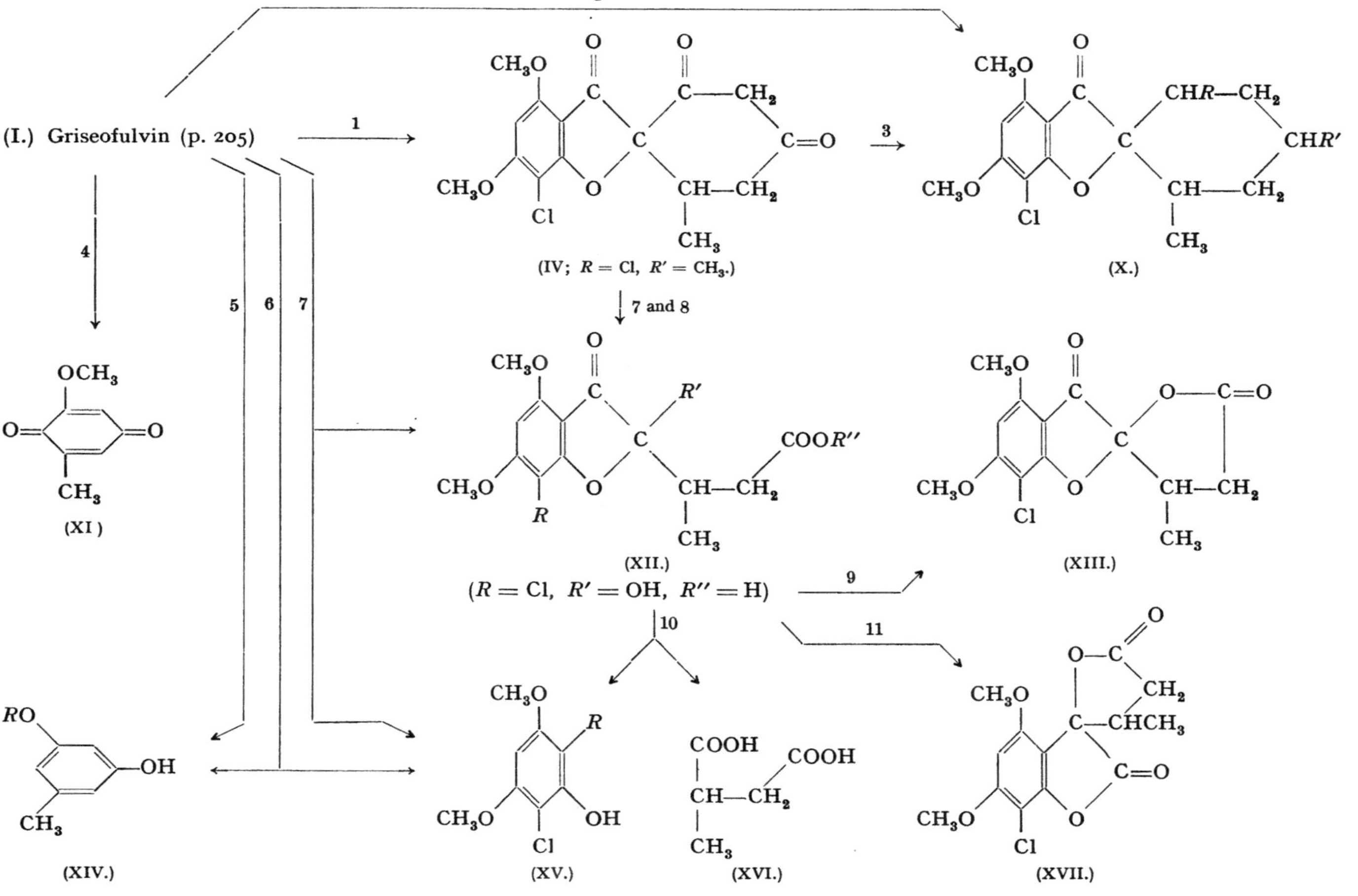

Chart 1. Degradation of Griseofulvin.

(Reagents: 1. H⁺; 2. Pd/H₂; 3. Pt/H₂; 4. CrO₃; 5. KOH; 6. NaOCH₃; 7. KMnO₄; 8. H₂O₂-NaOH; 9. *Ac₂*O; 10. NaIO₄; 11. OH⁻.)

14*

was ascribed to the presence of the 3,2',4'-trione partial structure which permitted loss of CO_2 from the intermediate β-keto-acid (XII; $R = Cl$, $R' = COOH$, $R'' = H$). The methyl ester (XII; $R = R'' = H$, $R' = COOCH_3$) was isolated, together with 2-hydroxy-4,6-dimethoxy-benzoic acid and the lactone of the acid (XII; $R = R'' = H$, $R' = OH$), by zinc permanganate oxidation (79) of dechlorogriseofulvin.

Fission Giving Rings A and C. The existence of a second six-membered carbocyclic ring (C) in griseofulvin was shown by the isolation of orcinol (XIV; $R = H$, p. 211) in high yield after fusion with potassium hydroxide (94) and by the action of boiling 2 N-sodium methoxide (64) which caused fission of griseofulvin in significant yield into orcinol mono-methyl ether (XIV; $R = CH_3$) and the acid (XV; $R = COOH$), fragments which contain all the carbon atoms of the parent compound. The manner in which the two partial structures (XIV) and (XV; $R = COOH$) are linked in griseofulvin is unequivocally determined by the structures of the oxidation products (XII; $R = Cl$, $R' = H$ and OH, $R'' = H$).

The formation of 3-methoxy-2,5-toluquinone (XI, p. 211) on chromic oxide oxidation (59) indicated that griseofulvin had structure (I; $R = Cl$) rather than the alternative enol ether structure (VI) which would be expected to yield an unstable quinone under these conditions (64). Structure (VI) was then allocated to isogriseofulvin, an isomer of griseo-fulvin formed both on acid-catalysed methylation of the trione (IV; $R = Cl$, $R' = CH_3$) (63) and, together with griseofulvin, on methylation of the trione with diazomethane (94). On mild alkaline hydrolysis of the ether (VI) the trione (IV; $R = Cl$, $R' = CH_3$) was regenerated. The allocation of structures (I; $R = Cl$) and (VI) to griseofulvin and isogriseofulvin, respectively, was confirmed by reductive transformation of the ring C enol ether system (87, 88) according to the sequence in *Chart 2*, p. 213. Catalytic hydrogenation of isogriseofulvin gave only the alco-hol (X; $R = OH$, $R' = OCH_3$) which was oxidised back to the desired ketone (XIX; $R = OCH_3$) by chromic oxide. The dihydro-compounds (XVIII; $R = OCH_3$) and (XIX; $R = OCH_3$) lost the elements of methanol on treatment with acid giving the unsaturated ketones (XXI; $R = H$) and (XXII; $R = H$) respectively. The corresponding saturated ketones (XVIII; $R = H$) and (XIX; $R = H$), obtained by hydrogenation in the presence of Raney nickel and a small amount of chloroform, were subjected to alkaline hydrolysis: the ketone derived from griseofulvin was stable but the 3,2'-diketone (XIX; $R = H$) underwent cleavage to the acid (XX).

b. Absolute Configuration.

An equilibrium mixture, separable into its components by chromatographic analysis on alumina, of griseofulvin (ca. 40%) and

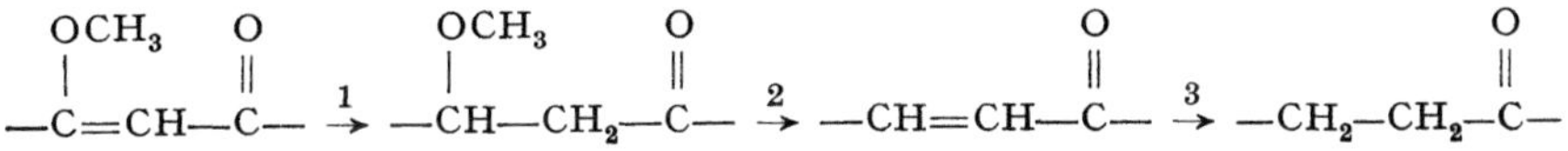

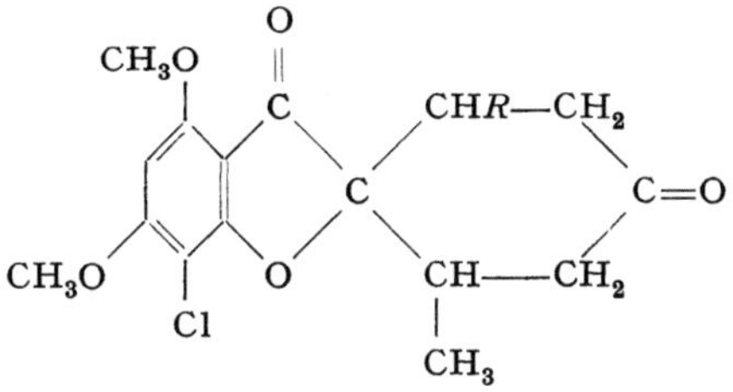

$$\underset{\text{OCH}_3\ \ \ \ \text{O}}{-\text{C}=\text{CH}-\text{C}-} \ \xrightarrow{1} \ \underset{\text{OCH}_3\ \ \ \ \text{O}}{-\text{CH}-\text{CH}_2-\text{C}-} \ \xrightarrow{2} \ \underset{\text{O}}{-\text{CH}=\text{CH}-\text{C}-} \ \xrightarrow{3} \ \underset{\text{O}}{-\text{CH}_2-\text{CH}_2-\text{C}-}$$

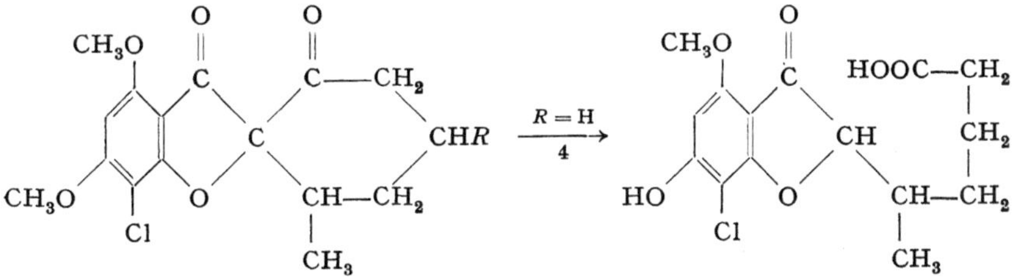

(XVIII.)

(XIX.) $\xrightarrow[4]{R\,=\,\text{H}}$ (XX.)

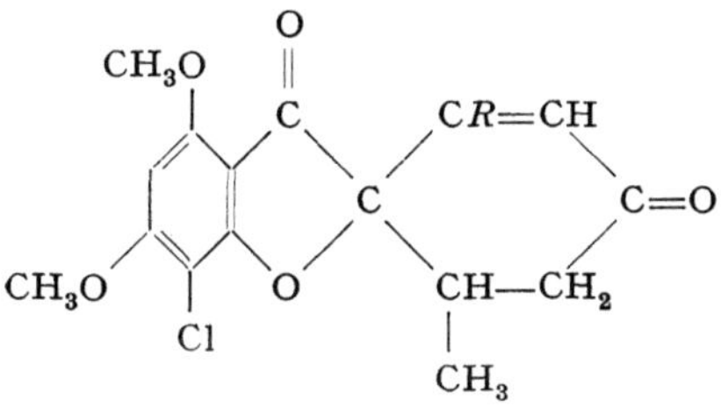

(XXI.) 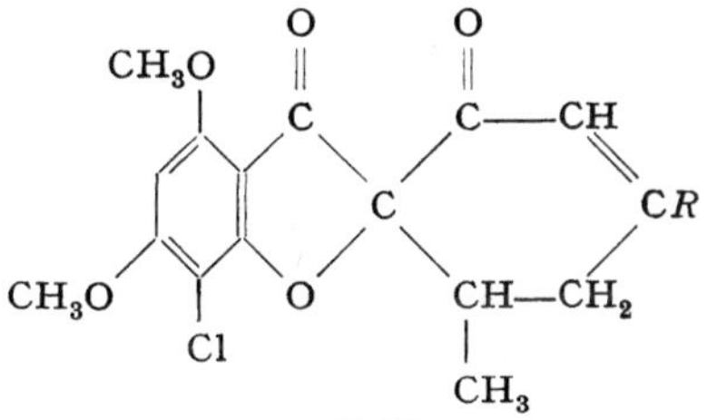   (XXII.)

Chart 2. Transformation Products of Ring *C* of Griseofulvin.
(Reagents: 1. Pd/H$_2$; 2. H$^+$; 3. H$_2$/Ni; 4. OH$^-$.)

the diastereoisomer (III), resulted from the action of boiling 0.5 N-sodium methoxide on griseofulvin (*81*). The original estimation, based on optical rotation and preparative separation, of the composition of this equilibrium mixture, has been confirmed (*74*) by thin-layer chromatographic analysis. As with griseofulvin, oxidative degradation of (+)-epigriseofulvin (III, p. 205) gave (+)-methylsuccinic acid and it followed that the spiran centre and not the 6'-centre was inverted in the formation of this diastereoisomer. The 7-chloro-2-hydroxy-4,6-dimethoxy-3-oxocoumaran-2β-butyric acid (XXIII) obtained by zinc permanganate oxidation of (+)-epigriseofulvin had m. p. 181–184° (decomp.), and [α]$_D$ — 29° lowered to — 19° by solution in sodium hydroxide and recovery.

(XXIII.)   (XXIV.)

(XXV.)

Several mechanisms have been proposed for the epimerisation of griseofulvin. Since all three methyl ether groups exchange in the presence of methoxide ion, experiments (74) carried out in [^{14}C]-CH$_3$OH to determine the initial point of attack have so far yielded little information. Attack at position 2′ is unlikely since it implies rupture of ring C and this ring has been shown to survive as orcinol monomethyl ether in the cleavage of griseofulvin by 2 N-sodium methoxide. Moreover, the

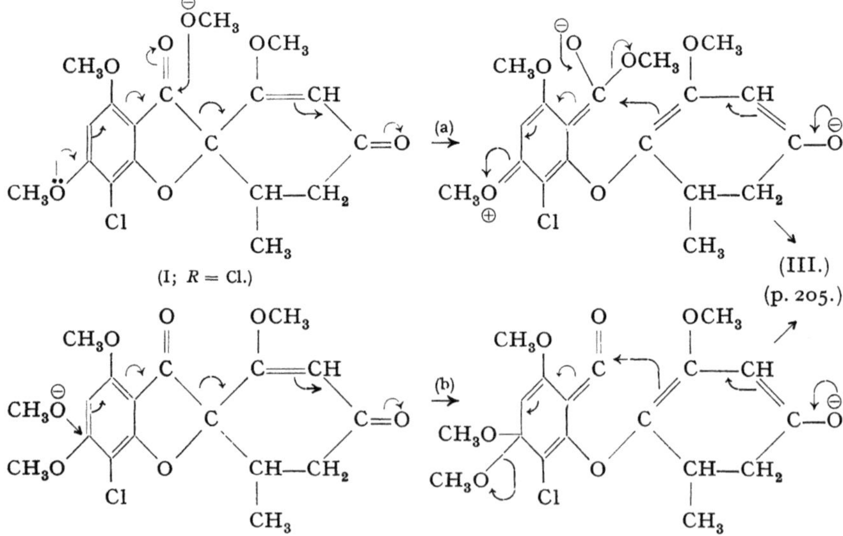

Chart 3. Mechanisms for the Epimerisation of Griseofulvin.

References, pp. 258—264.

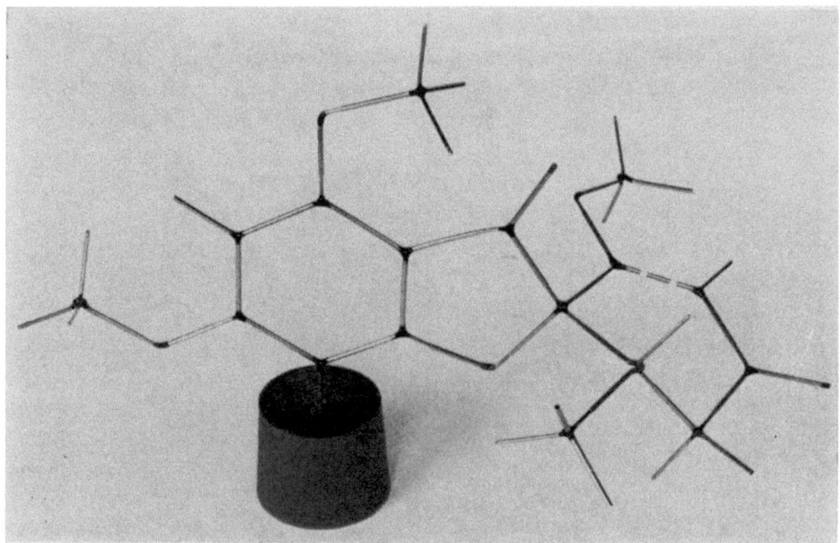

Griseofulvin.

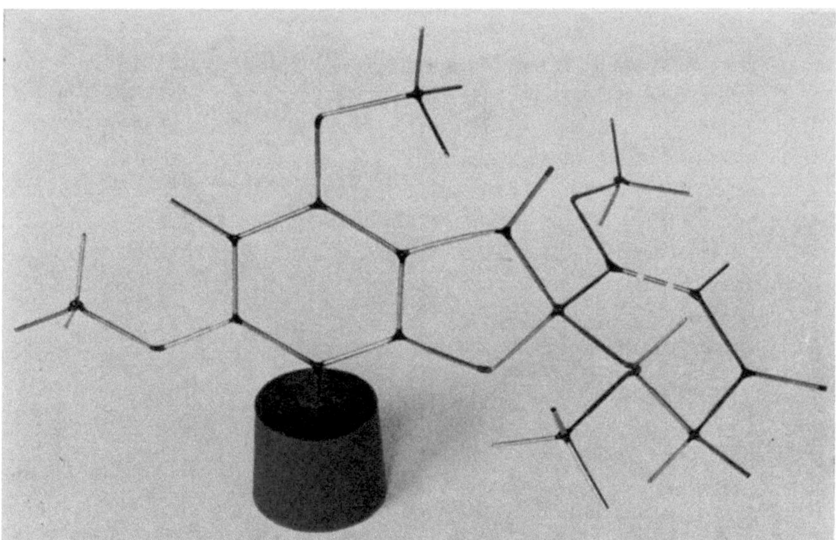

(—)-Epigriseofulvin.

Fig. 1. Dreiding models of griseofulvin and (—)-epigriseofulvin.

acid (XXIV) was isolated (*26*) as a by-product of the epimerisation of (±)-epigriseofulvin. Two plausible suggestions (a) and (b) involving nucleophilic attack at positions 3 and 6 respectively are outlined in *Chart 3* (*81, 74, 26*). Route (b), initiated by attack at the more accessible 6-position, involves a ketene intermediate analogous to that suggested (*9*) for the epimerisation of geodin (IX; $R = Cl$, $R' = CH_3$, p. 208); but the stability, under identical conditions, of the trione (IV; $R = Cl$, $R' = CH_3$, p. 206), which bears a formal negative charge on ring C, favours route (a).

Since (+)-methylsuccinic acid has been related to D-glyceraldehyde, the absolute configuration at position 6′ in griseofulvin is fixed as in (I). The configuration at the spiran centre was deduced (*81*) from the observation that the equilibrium mixture of griseofulvin and its diastereoisomer contained only 40% griseofulvin; griseofulvin was therefore assigned the sterically less favoured configuration (I) in which the bulky 3-carbonyl and 6′-methyl groups are *cis* related.

This relative configuration of the asymmetric centres was supported by the nuclear magnetic resonance spectra of griseofulvin and (+)-epigriseofulvin (*2*) and was conclusively established by X-ray crystallographic examination of 5-bromogriseofulvin (*27*) which showed, as expected, that ring C adopted the conformation in which the 6′-methyl group was equatorial and the 3-keto substituent quasi-axial (see I b on p. 205, and *Fig. 1*). The latter substituent is quasi-equatorial to ring C in (+)-epigriseofulvin. Models (Fig. 1) show that in griseofulvin the 5′β-proton is close to the 3-ketone. Under these conditions a distinct chemical shift between the two 5′-protons might be anticipated, and in griseofulvin (*2*) the resonance attributed to the —CH_2—CH— group at $\tau = \sim 7.3$ was complex and relatively broad. (+)-Epigriseofulvin*, on the other hand, showed a sharp two-proton peak at $\tau = 7.41$ consistent with the near-equivalence of the 5′-protons.

Structure (I; $R = Cl$) for griseofulvin has been confirmed by total synthesis (p. 242).

c. *Structures of Griseofulvin Analogues.*

The structure of dechlorogriseofulvin was established (*79*) by oxidative degradation, which took a course similar to the degradation of griseofulvin, and catalytic reduction to the alcohol (XXV, p. 214) obtained by reductive dechlorination of griseofulvin (*87*). Dechlorogriseofulvin has been synthesised (p. 250).

The bromo-derivative was assigned the structure (I; $R = Br$) by analogy with griseofulvin, since chromic oxide oxidation gave 3-methoxy-

---

* For convenience a model of the mirror image, (—)-epigriseofulvin, is shown in Fig. 1, p. 215.

2,5-toluquinone whilst permanganate oxidation yielded 3-bromo-2-hydroxy-4,6-dimethoxybenzoic acid whose structure was proved by synthesis (*80*).

4. General Reactions.

Oxidative degradation of griseofulvin and the chemistry of the degradation products has, with a few exceptions (see pp. 221, 234), been dealt with in Section II 3 above. The remaining chemical reactions of griseofulvin and related grisans have been grouped together as follows:

Group A. Reactions characteristic of the coumaranone nucleus.

Group B. Reactions characteristic of the cyclohexane-2′,4′-dione enol ether system, and its transformation products, particularly the derived 2′,4′-dione. Whereas the former is prone to nucleophilic substitution, the latter is disposed to electrophilic substitution.

Group C. Reactions of ring *C*, the course of which is profoundly altered by the presence of the 3-ketone group in a rigid molecular structure and is influenced in turn by the nature of the ring *A* substituents. These reactions may be said to be characteristic of the grisan-3-one nucleus.

Reactions in Group A are more conveniently considered together with similar reactions in Group B since, in griseofulvin, both the coumaranone and cyclohexane rings carry similar substituents.

Griseofulvin has been shown to have the ring *C* conformation (Ib) (see p. 205). On the other hand the 6′-demethyl analogues of griseofulvin are likely to adopt the alternative flattened half-chair ring *C* conformation, corresponding to that of (+)-epigriseofulvin (IIIb). This difference in ring *C* conformation will almost certainly persist in the reduction products of griseofulvin and 6′-demethylgriseofulvin.

Reactions in Group A (and Similar Reactions in Group B).

a. Functional Derivatives of Carbonyl Groups.

3-One. The 3-ketone is hindered and is chemically unreactive in griseofulvin (*d,d*)-analogues (*63*). Since it reacted normally in some 6′-demethyl synthetic analogues (*71, 77*) and in some compounds with the (*l,d*)-configuration, the configuration at the spirocarbon atom probably has a greater steric influence than the presence of a 4-methoxyl group.

2′- and 4′-Ones. In the absence of a 3′-substituent (*57*) the 4′-ketone readily formed derivatives (Section II 3, p. 209) but, owing to steric hindrance, the 2′-ketone in isogriseofulvin and its transformation products was unreactive (*63, 88, 3*). Consequently, Girard's reagent P has frequently been used to separate mixtures of isomeric 2′- and 4′-ketones (*3*). Exceptionally, the dechlorotrione (IV; $R = H$, $R' = CH_3$) formed a dioxime (*79*), the trione (IV; $R = Cl$, $R' = CH_3$) a bisethyleneketal (XXVI; $R = R' = OCH_3$) (*3*), and the ketone (XIX; $R = H$) a thioketal (*73*).

Selective hydrolysis of the bisketal (XXVI; $R = R' = OCH_3$) in aqueous acetic acid gave the 2'-ketal, attack taking place at the less hindered 4'-position. The corresponding 4'-ketal was obtained, in low yield, during ketalisation of the trione (3). Hydrolysis of the ketals with dilute mineral acid regenerated the trione (IV; $R = Cl$, $R' = CH_3$).

b. Reduction of the Carbonyl Groups and Their Regeneration.

3-One. The 3-ketone in grisanones carrying a 4-substituent was not reduced either catalytically or by alkali metal hydrides; and in ring *A*-substituted 6'-methylgrisanones reduction of 2'- and 4'-ketones was stereospecific giving only one product (88). In less heavily substituted

(XXVI.)

(XXVII.)

(XXVIII.)

(XXIX.)

(XXX.)

(X a; $R = H$, OH or OCH_3, $R' = OH$)
(X b; $R = OH$, $R' = H$ or OCH_3)

molecules the course of the reduction was more complex. With sodium borohydride (77) grisan-3,4'-dione (XXVII; $R = R' = H$) underwent selective reduction of the 4'-ketone to give a mixture of the equatorial α-ketol (XXVIII) (85%) and the less stable axial β-ketol (XXIX) (8%). Reduction of these ketols with excess borohydride gave the corresponding $(\pm)$-α- and β-grisan-3,4'-diols (XXX) also obtained, as a mixture, by reduction of grisan-3,4′-dione with lithium aluminium hydride. With the chromic oxide-pyridine reagent selective oxidation of the 3-hydroxy group in the diols (XXX) took place regenerating the ketols (XXVIII) and (XXIX) (77).

(XXXI.)

(XXXII.)

(XXXI A.)

(XXXII A.)

2′- and 4′-Ones. Reduction of the ketone (XVIII; $R = H$, p. 213) with alkali metal hydrides has not been reported but griseofulvin and isogriseofulvin yielded the corresponding alcohols (XXXI; $R = OH$) and (XXXII) respectively with sodium borohydride (73). The configuration of the hydroxyl group in these allylic alcohols is unknown but it is likely that both have the quasi-equatorial β-configuration indicated in diagrams (XXXI A) and (XXXII A). Oxidation of the alcohols with manganese dioxide in chloroform regenerated the parent ketones.

Catalytic reduction (63, 88, 87) of the 2′- and 4′-carbonyl groups in griseofulvin, isogriseofulvin, the trione (IV; $R = Cl$, $R' = CH_3$, p. 206) and the ketones (XVIII; $R = H$) and (XIX; $R = H$. p. 213) may be assumed to take place from the less hindered α-face; and the derived alcohols (X; $R = H$, OCH_3 or OH, $R' = OH$) and (X; $R = OH$, $R' = H$ or OCH_3) have the β-equatorial configuration (X a) and (X b) (p. 218). Oxidation of these alcohols with chromic oxide gave the corresponding ketones.

Both 2′- and 4′-ketones were converted to methylene groups by Raney nickel treatment of the respective thioketals (73).

c. Hydrolysis and Alcoholysis of Ether Linkages: O-Alkylation.

2′- and 4′-Ethers. The enol ether linkage in griseofulvin, and in related compounds which retain the 4′- (or 2′-) carbonyl group (vinylogous ester system), was labile to both dilute acid and alkali. The best yield of the trione (IV; $R = Cl$, $R' = CH_3$, p. 206) was obtained using a mixture of sulfuric and acetic acids (3).

Acid-catalysed O-alkylation of the 2',4'-dione grouping with an alcohol in the presence of hydrogen chloride or toluene-p-sulfonic acid gave 4'-ethers (XXXIII; $R = $ O-alkyl, $R' = R'' = CH_3$) (63, 64, 49).

The more accessible 4'-ether linkage is more readily hydrolysed and this fact has been used to separate mixtures of isomeric 2'- and 4'-ethers of the racemic epitrione (XXXVI) (26).

With diazoalkanes, O-alkylation of the trione (IV; $R = Cl$, $R' = CH_3$) predominated giving homologues (XXXIV and XXXIII; $R = $ O-alkyl, $R' = R'' = CH_3$) of griseofulvin and isogriseofulvin, respectively (49). The best yield of the homologues (XXXIV) was obtained using the diazohydrocarbon in toluene: in more polar solvents the yield of the homologue (XXXIII) was progressively higher. Polarisation of the 3-carbonyl group may be a factor in determining the location of the negative charge in the mesomeric anion (XXXVII): in a hydrocarbon

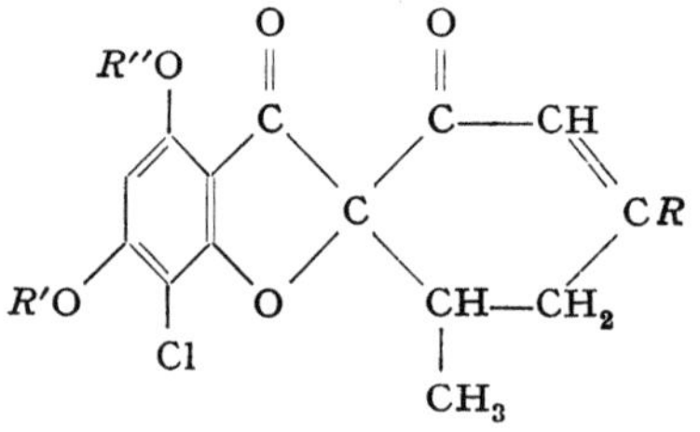

(XXXIII.)

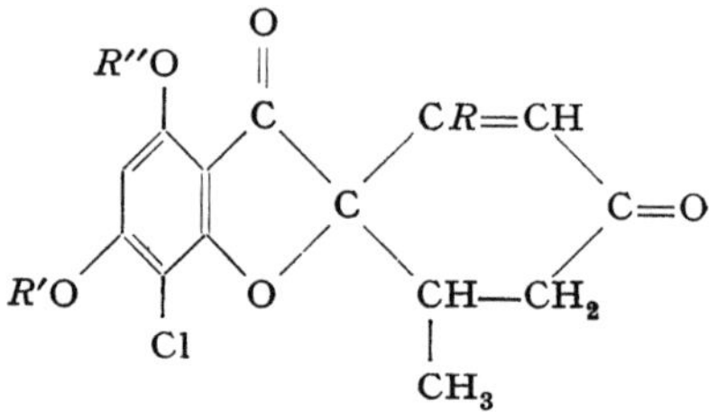

(XXXIV.)

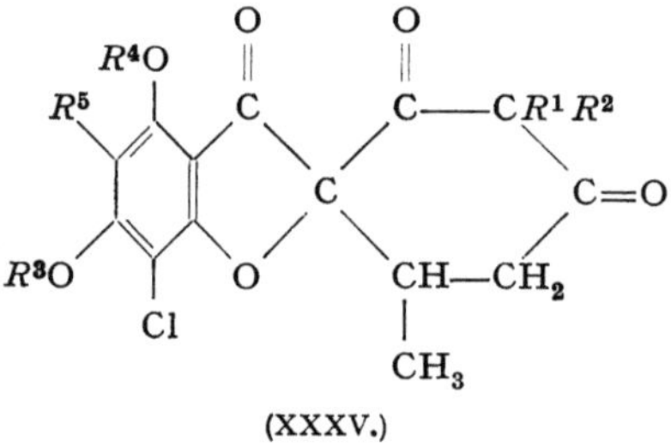

(XXXV.)

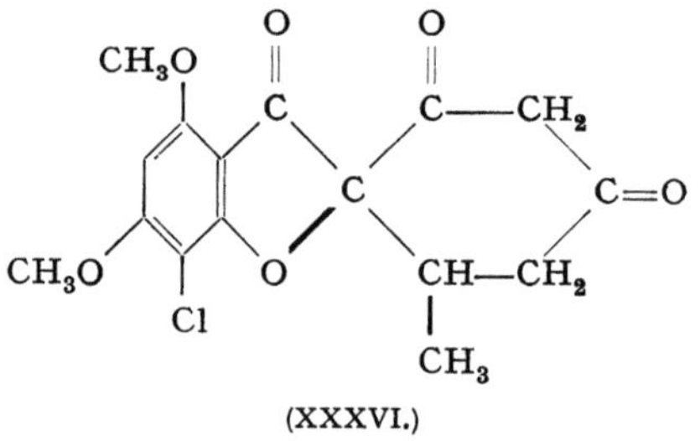

(XXXVI.)

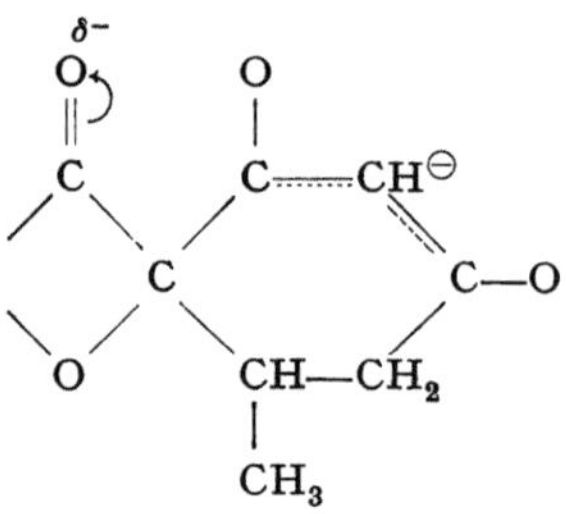

(XXXVII.)

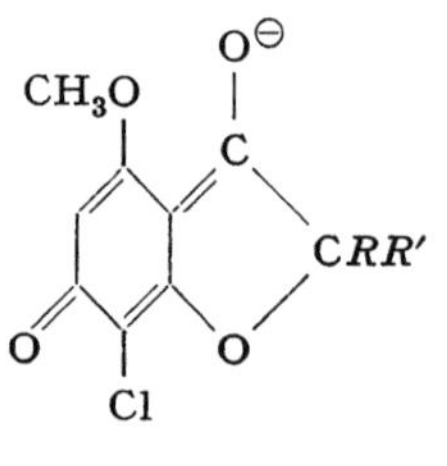

(XXXVIII.)

solvent this polarisation will be a minimum and reaction at the 4'-position least favoured. With diazobutane some C-alkylation at 3' also occurred (*49*) (see p. 228). Satisfactory O-alkylation was obtained when the triethylamine salt of the trione (IV; $R = Cl$, $R' = CH_3$) in acetone was treated with the diazoalkane in ether (*3, 57*). Compounds (XXXIII and XXXIV; $R' = R'' = CH_3$, $R = OCH_2C_6H_5$ and O-allyl) and (XXXIV; $R = OPr^i$) resulted (*3, 57*) from treatment of (IV; $R = Cl$, $R' = CH_3$) with the alkyl halide in acetone in the presence of potassium carbonate, conditions wherein C-alkylation generally predominates.

Reductive removal of the 4'- (or 2'-) carbonyl group diminishes the electrophilic character at 2'- (or 4'-) and whilst the ethers became stable to alkali, the lability to dilute acid is retained or enhanced giving the corresponding ketones (*88*). Nevertheless, the ether (XXXI; $R = H$), though stable in 25% sodium hydroxide, underwent exchange in 20% ethanolic potassium hydroxide (*88*) by nucleophilic attack at position 2'.

In ethanol, acid-catalysed ether exchange took place in the ketone (XVIII; $R = OCH_3$, p. 213) (*88*). β-Elimination of the elements of methanol from this ketone, a reaction catalysed by both acid and base (*88*), has been recorded on p. 212, and the exchange presumably took place via the unsaturated ketone (XXI; $R = H$) by reversal of the step indicated in Chart 2 (p. 213).

6-Ethers. This linkage was labile to dilute aqueous alkali, though stable to 6 N-sulphuric acid (*63*), in those derivatives and degradation products which retained the 7-chloro-grisan-3,2'-dione nucleus: it was stable in dechlorogriseofulvin (*79*), showing the part played by the inductive effect of the 7-chloro substituent, and in the ketone (XVIII; $R = H$) (*88*); and in the bisethyleneketal (XXVI; $R = R' = OCH_3$) (*3*), showing that a 2'-ketone has some influence in assisting nucleophilic attack on ring *A*. The 6-ether in 7-chloro-4,6-dimethoxycoumaranone, though labile to alkali, was much less readily hydrolysed than in the trione (IV; $R = Cl$, $R' = CH_3$, p. 206) (*50*).

Simultaneously with undergoing the molecular rearrangement outlined in Section II 4 j (p. 233), the trione (IV; $R = Cl$, $R' = CH_3$) gave a phenolic trione (IV; $R = Cl$, $R' = H$) (*94, 63*), oriented on spectroscopic evidence (*50*) (see Section II 5 a and b, p. 238) and by oxidation of the ethyl ether to synthetic 3-chloro-4-ethoxy-2-hydroxy-6-methoxybenzoic acid. Alkaline hydrolysis of the acid (XII; $R = Cl$, $R' = R'' = H$, p. 211) likewise (*59, 50*) afforded the phenolic acid (XXXIX), obtained by oxidation of the trione (IV; $R = Cl$, $R' = H$, p. 206) with hydrogen peroxide or alkaline permanganate at 0°. Both phenols gave red-brown colours with ferric chloride and titrated as dibasic acids to phenolphthalein. With acetic anhydride (XXXIX) formed a neutral lactone acetate (XL) (*59*).

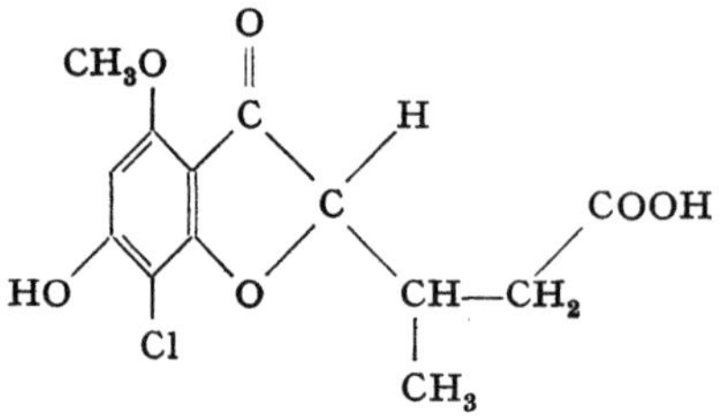

(XXXIX.)

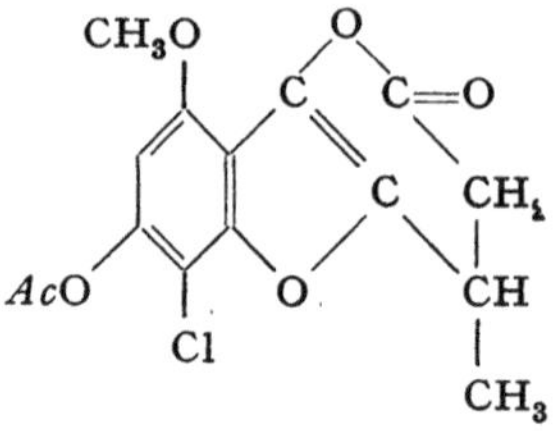

(XL.)

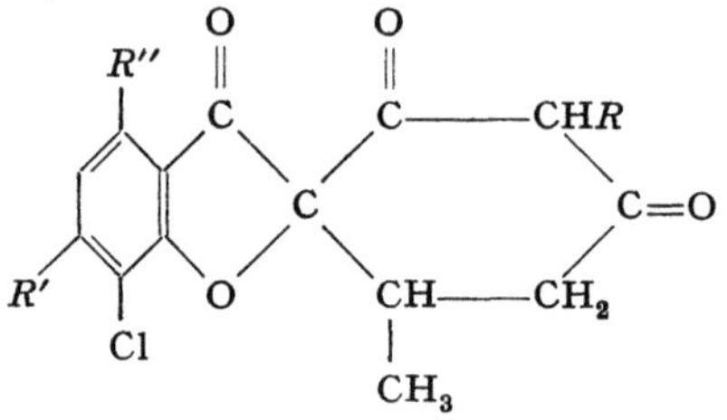

(XLI.)

The best yield (65%) of the phenolic trione (IV; $R = Cl$, $R' = H$, p. 206) was obtained on treating the trione (IV; $R = Cl$, $R' = CH_3$) in dimethyl-acetamide containing triethylamine and potassium hydroxide with methanethiol. The reaction possibly proceeds via the 6-methylthio-analogue (see p. 223) followed by replacement of the methylthio group by hydroxyl (56).

Both 6-hydroxy compounds (IV; $R = Cl$, $R' = H$) and (XXXIX) showed anomalous properties: the former was stable to alkali and did not undergo fission of the 2′,4′-dione system (see p. 233) (64), whilst the latter was stable to permanganate oxidation and did not form a 2-hydroxy derivative (59). These properties may be attributed to contributions from tautomeric dienone structures of type (XXXVIII) which inhibit nucleophilic attack both on ring C and at position 2. The anomalous nuclear magnetic resonance spectrum of the ether (XXXIII; $R = OPr^i$, $R' = H$, $R'' = CH_3$, p. 220) (2) in which the protons associated with the aromatic ring, and particularly that at position 5, hold atypical high-field positions, supports the view that the 6-hydroxy compounds have some dienone character.

The 6-hydroxyl group was unaffected by acid-catalysed O-alkylation which, with the phenol (IV; $R = Cl$, $R' = H$), selectively gave 4′-ethers. The 6-hydroxyl group in the products (XXXIII; $R = O$-alkyl, $R' = H$, $R'' = CH_3$) was alkylated, without attack at the 3′-position, by a diazo-alkane; or with an alkyl halide in acetone in the presence of silver oxide; or with the more reactive benzyl of allyl halides, in the presence of potassium carbonate (3). These ethers (XXXIII; $R = O$-alkyl, $R' = $ alkyl, $R'' = CH_3$) were converted into homologues (XXXIV) of griseofulvin by acid hydrolysis and methylation of the derived triones (XXXV; $R^1 = R^2 = R^5 = H$, $R^3 = $ alkyl, $R^4 = CH_3$, p. 220) with diazomethane. The 6-benzyl ether (XXXIV; $R = OCH_3$, $R' = CH_2Ph$, $R'' = CH_3$) underwent hydrogenolysis in the presence of palladium to the 6-hydroxy compound (XXXIV; $R = OCH_3$, $R' = H$, $R'' = CH_3$) (3) which was also prepared by incubation of griseofulvin with rat liver slices (8).

4-Ethers. Selective fission of the 4-ether linkage in griseofulvin was achieved with the magnesium iodide-ether complex in benzene (3). The 4-phenol was readily O-alkylated (3), by the procedures used for the preparation of 6-ethers, to griseofulvin homologues (XXXIV; $R = OCH_3$, $R' = CH_3$, $R'' = $ alkyl, p. 220). Rearrangement of the 4-allyl ether, followed by methylation and selective hydrogenation of the 5-allyl residue provided a route to 5-propylgriseofulvin.

The 4-hydroxy and 4,6-dihydroxy compounds were obtained when 5,3'-dibromogriseofulvin and 5-nitrogriseofulvin, respectively, were boiled with lithium bromide or iodide in acetone (*119, 4*).

d. Nucleophilic Substitution.

Ether Exchange. All the ether linkages in griseofulvin were labile to alkoxide (*81*), ether exchange to give (with boiling 0.04 N-sodium ethoxide) the triethyl ether (XXXIV; $R = OC_2H_5$, $R' = R'' = C_2H_5$) being accompanied by epimerisation at the spiran centre and (with 2 N-sodium methoxide) (see p. 212) by fission of the molecule into fragments derived from rings A and C. With 0.5 N-sodium ethoxide both methoxyl groups in the trione (IV; $R = Cl$, $R' = CH_3$) were replaced by ethoxyl without epimerisation at position 2. The O-alkylation of the trione (XXXV; $R^1 = R^2 = R^5 = H$, $R^3 = R^4 = C_2H_5$) by standard methods gave homologues of griseofulvin and isogriseofulvin.

Amino Compounds. Griseofulvin with ammonia in methanol gave the basic griseofulvamine (XXXIV; $R = NH_2$, $R' = R'' = CH_3$) which yielded a neutral N-acetyl derivative (*63*). Although methylamine and pyrrolidine readily gave the corresponding derivatives (XXXIV; $R = NHCH_3$ and NC_4H_8, $R' = R'' = CH_3$), only a low yield was obtained with ethylamine and no reaction took place with higher homologous amines (*56*). By contrast, treatment of isogriseofulvin and 3'-substituted isogriseofulvins under the same conditions with a wide variety of primary and secondary bases readily gave the corresponding 4'-derivatives (*56, 107*).

Enol Chlorides. Only the 4'-chloride (XXXIII; $R = Cl$, $R' = R'' = CH_3$, p. 220) was obtained when the trione (IV; $R = Cl$, $R' = CH_3$, p. 206) reacted with phosphoryl chloride in dimethylformamide (*107*). Since such chlorinations probably proceed through a bulky phosphorus-

containing intermediate, the absence of the 2'-chloride may be attributed
to steric hindrance. With phosphoryl chloride in the presence of water
and lithium chloride the trione was converted into a mixture of the
2'- (60%) and 4'- (40%) chloride, separated by treatment with Girard's
reagent P. Only 4'-chlorides were obtained from the 3'-substituted triones
(XXXV; $R^1 = R^5 =$ H, $R^2 =$ Br and $CH_2C_6H_5$, $R^3 = R^4 = CH_3$).

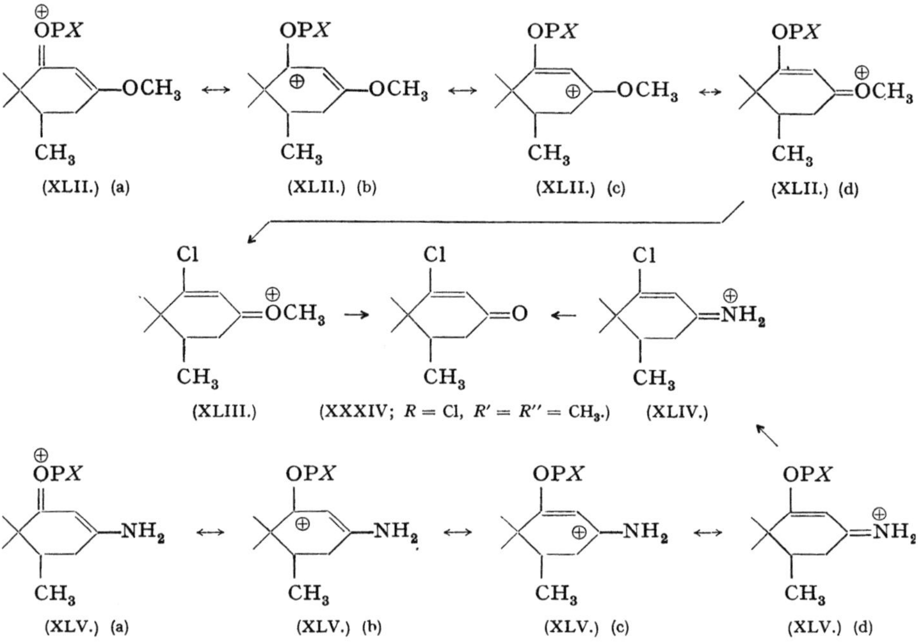

$\overset{\oplus}{O}PX$ —OCH$_3$ ↔ OPX ⊕ —OCH$_3$ ↔ OPX ⊕ —OCH$_3$ ↔ OPX $=\overset{\oplus}{O}CH_3$

(XLII.) (a)   (XLII.) (b)   (XLII.) (c)   (XLII.) (d)

Cl $=\overset{\oplus}{O}CH_3$ → Cl $=O$ ← Cl $=\overset{\oplus}{N}H_2$

(XLIII.)   (XXXIV; $R =$ Cl, $R' = R'' = CH_3$.)   (XLIV.)

$\overset{\oplus}{O}PX$ —NH$_2$ ↔ OPX ⊕ —NH$_2$ ↔ OPX ⊕ —NH$_2$ ↔ OPX $=\overset{\oplus}{N}H_2$

(XLV.) (a)   (XLV.) (b)   (XLV.) (c)   (XLV.) (d)

Chart 4. Formation of Enol Chlorides.
(PX represents the phosphorus-containing reagent.)

Under the same conditions 4'-amines and ethers (XXXIII; $R =$ NH$_2$
and O-alkyl, $R' = R'' = CH_3$) gave the 2'-chloride by a mechanism
(Chart 4) in which attack on the 2'-carbonyl group, giving a
phosphate ester [(XLV) and (XLII) respectively], is followed by
substitution by chloride ion yielding the cations (XLIV) and (XLIII).
With 4'-amines a final acid hydrolysis step was advantageous, confirming
participation of the intermediate imine cation (XLIV). With 4'-ethers
elimination of the 4'-substituent may take place simultaneously with
the initial attack or subsequent to the ester replacement step by loss
of CH$_3$Cl after further nucleophilic attack. The amine (XXXIII;
$R =$ NH$_2$, $R' = R'' = CH_3$, p. 220) was more reactive than isogriseofulvin as predicted by an examination of the resonance structures
(XLVa–d) and (XLIIa–d) respectively, for the ionic intermediates

(Chart 4). Structure (XLVd) contributes more to the stability of the hybrid than (XLIId) and is consequently more easily available for further reaction. For the same reason the course of the reaction with 4′-amines was less sensitive to the effect of 3′-substituents; and whereas 3′-halogeno- (or alkyl-) 4′-amines were converted into 2′-chlorides, the inductive effect of the 3′-chloro-substituent in 3′-chloroisogriseofulvin led to attack at the 4′-position and only the 4′-chloride was obtained.

2′-Amines and ethers gave 4′-chlorides and since attack by the phosphorus-containing reagent is faster at the 4′-position, griseofulvin and the amine (XXXIV; $R = NH_2$, $R' = R'' = CH_3$, p. 220) reacted more rapidly than isogriseofulvin and the amine (XXXIII; $R = NH_2$, $R' = R'' = CH_3$), respectively.

Both 2′- and 4′-chlorides readily underwent base-catalysed nucleophilic substitution (*107*) to give amino-compounds with primary and secondary amines, S-aryl and S-alkyl derivatives with thiols in the presence of triethylamine, and phenyl- and alkyl-ethers with sodium phenoxide or alcohols in the presence of potassium carbonate. These reactions provided a more convenient route to some 2′-ethers which are difficult to prepare by the diazohydrocarbon method (p. 220). Some aryl ethers and some novel 2′-amines also resulted from it. In general, 4′-chlorides were more reactive than 2′-chlorides but were more extensively decomposed under strongly alkaline conditions.

Ring A. When griseofulvin was left in pyrrolidine (*56*) the 4- and 6-methoxyl groups were replaced in addition to that at position 2′. The dipyrrolidinyl compounds were oriented on spectroscopic evidence and by selective acid hydrolysis of the 4,2′-dipyrrolidinyl derivative to the 4-pyrrolidinyltrione (XLI; $R = H$, $R' = OCH_3$, $R'' = NC_4H_8$) obtained when the ketal (XXVI; $R = R' = OCH_3$) was allowed to react with pyrrolidine and the protecting groups were then removed by acid hydrolysis. The 4-methoxy group in the ketal (XXVI; $R = R' = OCH_3$, p. 218) was slowly replaced by primary and secondary amines. Hydrogenolysis of the benzylamino-derivative gave the 4-aminoketal (XXVI; $R = OCH_3$, $R' = NH_2$).

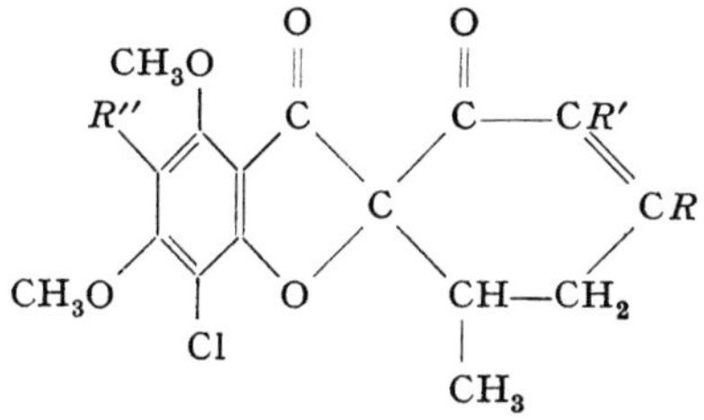

(XLVI.) 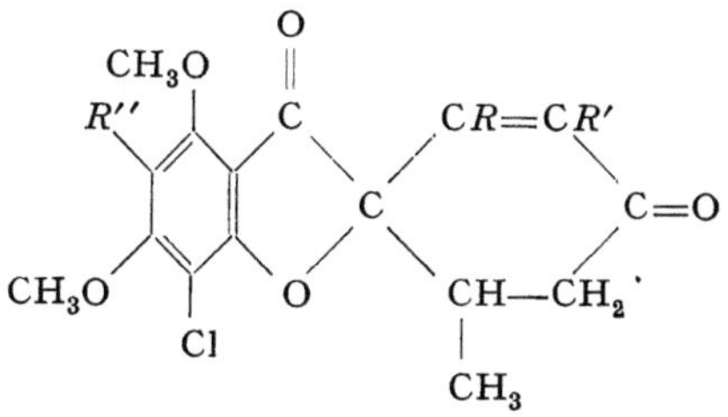   (XLVII.)

Treatment of the ketal (XXVI; $R = R' = OCH_3$) with sodium methyl sulfide and sodium t-butoxide yielded the 4,6-bisalkylthio derivative (XXVI; $R = R' = SCH_3$) (56). Another substitution reaction probably involving an alkylthio-intermediate has been mentioned on p. 222.

The 4- (but not the 6-) methoxyl group was replaced with an alkyl group by means of the Grignard reagent; and treatment of the ketal (XXVI; $R = R' = OCH_3$) with methyl magnesium bromide in ether gave the 4-methyl analogue (XXVI; $R = OCH_3$, $R' = CH_3$) (56).

Acid hydrolysis of the above ketals gave the triones (XLI; $R = H$, $R' = R'' = SCH_3$) and (XLI; $R = H$, $R' = OCH_3$, $R'' = CH_3$) from which analogues of griseofulvin and isogriseofulvin were prepared by methylation.

e. Halogenation and Dehalogenation.

The initial point of attack on the grisan nucleus by electrophilic reagents depends both on the nature of ring C and on the substitution pattern of ring A.

2',4'-Diones. Cyclic β-diketones are readily halogenated and selective halogenation of ring C of the trione (IV; $R = Cl$, $R' = CH_3$, p. 206) giving 3'-halogeno derivatives (XXXV; $R^1 = R^5 = H$, $R^2 = $ halogen, $R^3 = R^4 = CH_3$, p. 220) was achieved (119) by 1 mol. halogen in dimethyl-formamide containing potassium acetate. A better yield of the 3'-iodo-derivative was obtained with iodine monochloride. More drastic conditions, with 3 mol. chlorine in carbon tetrachloride in the absence of potassium acetate or with bromine in acetic acid in the presence of excess mercuric acetate, gave neutral 5,3',3'-trihalogeno derivatives (XXXV; $R^1 = R^2 = R^5 = $ halogen, $R^3 = R^4 = CH_3$).

3'-Chloro substituents could be removed in a stepwise manner with potassium iodide in acetic acid giving, at room temperature, the 5,3'-dichlorotrione (XXXV; $R^1 = H$, $R^2 = R^5 = Cl$, $R^3 = R^4 = CH_3$, p. 220) and, at 100°, the 5-chlorotrione. Although the 5,3'-dibromo compound was smoothly reduced to the 5-bromotrione by this reagent, the method failed with the 5,3',3'-tribromo derivative. The 3'-monohalogenated triones were converted by standard methods into 2'- and 4'-ethers.

2',4'-Dione Enol Ethers. This system is relatively inert to electrophilic substitution, and, in griseofulvin, Ring A was attacked first. Griseofulvin did not react with bromine in acetic acid; but (119) in the presence of mercuric acetate, 2 mol. were consumed and the product (XLIX), after β-elimination of the acetoxyl residue, yielded 5,3'-dibromo-griseofulvin (XLVII; $R = OCH_3$, $R' = R'' = Br$). The product (XLIX) is considered to arise by electrophilic displacement of the acetoxymercuri-group in the intermediate (XLVIII) resulting from the addition of mercuric acetate to the 2'-ene. Chlorination of griseofulvin with 1 mol. chlorine in methylene chloride afforded 5-chlorogriseofulvin (XLVII; $R =$ OCH$_3$, $R' =$ H, $R'' =$ Cl) (*113*). With 2 mol. chlorine the 5,3'-dichloro derivative (XLVII; $R =$ OCH$_3$, $R' = R'' =$ Cl) (*119*) was obtained (*113*).

The 2'- and 4'-chlorides of 3'-halogeno griseofulvin and isogriseofulvin analogues underwent nucleophilic substitution at 2'- or 4'- (see p. 223) without reaction taking place at the 3'-position.

Hydrogenolysis of the C$_{(7)}$–Cl bond to give the trione (IV; $R =$ H, $R' =$ CH$_3$, p. 206) without simultaneous reduction of the functional groups in ring C (see p. 231) took place when the trione (IV; $R =$ Cl, $R' =$ CH$_3$) was reduced in alkaline solution with a palladium-carbon catalyst (*4*).

Chlorination of ($\pm$)-dechlorogriseofulvin with 1 mol. chlorine in methylene chloride produced essentially equal amounts of ($\pm$)-griseofulvin and its 5-chloro-isomer (*113*). Selective 7-halogenation of the racemic grisan-3,4'-dione (XXVII; $R =$ H, $R' =$ OCH$_3$, p. 218) took place with N-bromosuccinimide, chloramine T or t-butyl hypochlorite (*71*). Bromination of the products (XXVII; $R =$ Cl, Br, $R' =$ OCH$_3$) in methylene chloride gave the 3'-bromoketones.

Treatment of the ether (XXXIII; $R =$ OPr^i, $R' =$ H, $R'' =$ CH$_3$, p. 220) with perchloryl fluoride yielded a mixture of the dienones (L) and (LI). Reduction of (L) with zinc and acetic acid gave the 7-fluoro-6-hydroxy compound which after methylation, hydrolysis of the iso-

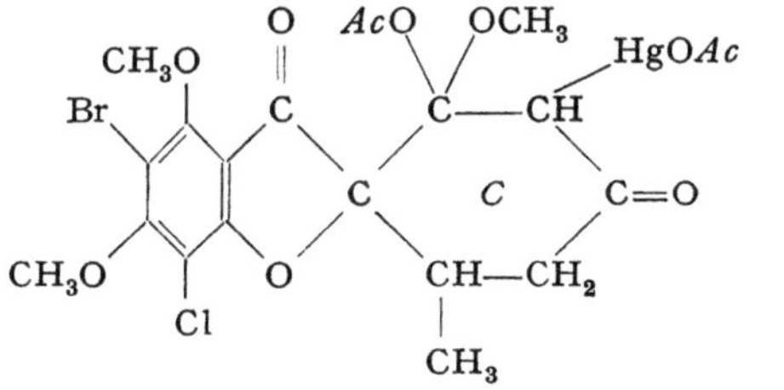

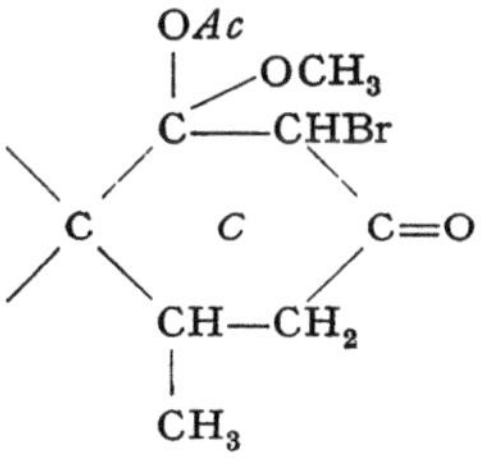

propyl residue and remethylation with diazomethane yielded the 7-fluoro analogue (I; $R =$ F, p. 205) of griseofulvin (*112*).

The attempted preparation of (I; $R =$ F) from the 7-amino analogue (I; $R =$ NH$_2$) was unsuccessful (*4*).

f. Nitration.

As with the halogenation reactions, attack at the 5-position replaced that at 3' when the enol ethers were used instead of the 2',4'-dione. Nitration of the trione (IV; $R =$ Cl, $R' =$ CH$_3$, p. 206) with fuming nitric acid in acetic acid gave the 3'-nitro derivative in high yield (*4*). The methyl ethers (XLVI and XLVII; $R =$ OCH$_3$, $R' =$ NO$_2$, $R'' =$ H,

p. 225) were exceptionally labile and reverted to the 3'-nitrotrione on alumina.

Nitration of griseofulvin (*4, 54*) gave the 5-nitro derivative. Under the same conditions dechlorogriseofulvin gave mixtures, separable by chromatography, of the 5- and 7-nitro compounds, oriented by their nuclear magnetic resonance spectra (p. 241) or by transformation of the 5-nitro compound to the 5-benzamido derivative, obtained by reductive dechlorination of the 5-nitrotrione (XXXV; $R^1 = R^2 = H$, $R^3 = R^4 = = CH_3$, $R^5 = NO_2$, p. 220) and methylation.

Reduction of the nitro derivatives, either with a palladium catalyst in alkaline solution or with iron in acetic acid gave the corresponding amino compounds (*4*) often conveniently isolated as the N-benzoyl derivatives.

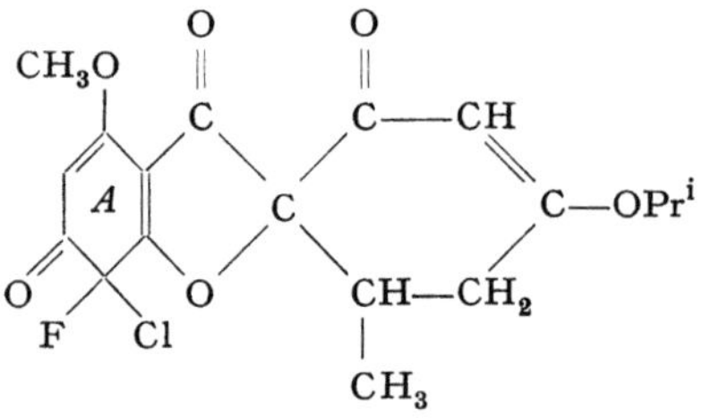

(L.) 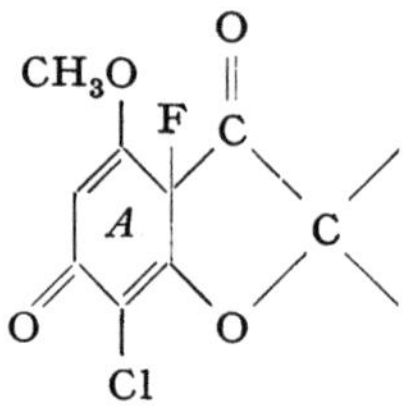   (LI.)

Reactions in Group B, other than those already dealt with in Section II 4a–f.

g. C-Alkylation.

With alkyl and alkenyl halides the potassium salt of the trione (IV; $R = Cl$, $R' = CH_3$, p. 206) gave 3'-derivatives in yields which fell from moderate for the 3'-methyl compound to poor for the 3'-propyl analogue (*57*). The latter was more conveniently prepared by hydrogenation of the 3'-allyl derivative. According to the reaction conditions the corresponding O-ethers (XLVI and XLVII; $R = O$-alkyl, $R' = $ alkyl, $R'' = H$) sometimes accompanied the triones. The 3'-alkyl analogues of griseofulvin did not react with Girard's reagent P and this could not be used to separate mixtures of isomeric 3'-alkyl-2'- and -4'-ethers.

Further base-catalysed electrophilic alkylation of the 3'-alkyltriones with excess alkyl halide afforded 3',3'-dialkyl derivatives (XXXV; $R^1 = R^2 = CH_3$, $CH_2C_6H_5$, $R^3 = R^4 = CH_3$, $R^5 = H$, p. 220), differing markedly in optical rotation from the 3'-alkyltriones.

The 3'-(γ-oxobutyl)-derivative of the trione (IV; $R = Cl$, $R' = CH_3$) was obtained by base-catalysed Michael condensation with methyl vinyl ketone.

References, pp. 258—264.

h. Olefin-forming Eliminations and Dehydrogenation.

Elimination of a 4'-sulfonic ester residue in boiling collidine introduced a 3'-ene (*71*). Introduction of a 2'-ene in conjugation with a 4'-keto group was also achieved by standard methods (*71*).

Dehydrogenation of griseofulvin with selenium dioxide gave (—)-dehydrogriseofulvin (VIII, p. 208) (*39*, *111*). Removal from the product of 10% unreacted griseofulvin presented difficulties and was achieved either by using Girard's reagent P (*39*) or by a second cycle with fresh selenium dioxide (*111*). Dehydrogenation of racemic epigriseofulvin under similar conditions proceeded more readily (*26*).

i. Catalytic Reduction.

(d,d)-2'-Ene. In griseofulvin access to the 2'-ene is restricted and selective reduction in the presence of a palladium-charcoal catalyst of the side-chain double bond in 5-allylgriseofulvin has been reported (*3*). With griseofulvin, under the same conditions (*87*), hydrogenation of the 2'-ene and reduction of the 4'-ketone from the less-crowded α-face occurred simultaneously at comparable rates and appreciable hydrogenolysis of the intermediate allylic alcohol took place. Two competing pathways, followed in the ratio 2 : 1, can be discerned (*Chart 5*, p. 230): In the first, hydrogenation of the 2'-ene to give the dihydro-compound (XVIII; $R = OCH_3$, p. 213) is followed by reduction of the 4'-keto group yielding the tetrahydro-derivative (X; $R = OCH_3$, $R' = OH$, p. 211), further reduction of which led only to dechlorination without hydrogenolysis of any C—O linkages. In the second, reduction of the 2'-ene in the hydrogenolysis product (XXXI; $R = H$, p. 219) of the allylic alcohol (XXXI; $R = OH$) led to the tetrahydro-deoxy compound (X; $R = OCH_3$, $R' = H$). The different ratios of compounds (XXXI; $R = H$) and (X; $R = OCH_3$, $R' = H$) obtained in the reduction of griseofulvin with different catalyst preparations (*87*) can be attributed solely to differences in the rate of hydrogenation in this second step of the second pathway. In the half-chair conformation (XXXI A, p. 219), the 2'-ene is less accessible than in the flattened half-chair of griseofulvin (I b) and is more difficult to reduce. In confirmation of this scheme, reduction under the same conditions of the intermediate (XXXI; $R = OH$), isolated after borohydride reduction of griseofulvin, gave the 2'-ene (XXXI; $R = H$) (*73*).

With a platinum catalyst, initial hydrogenation of the 2'-ene in griseofulvin (*87*) and dechlorogriseofulvin (*79*) predominated giving, by the first of the above pathways, the alcohols (X; $R = OCH_3$, $R' = OH$) and (XXV), respectively (pp. 211, 214).

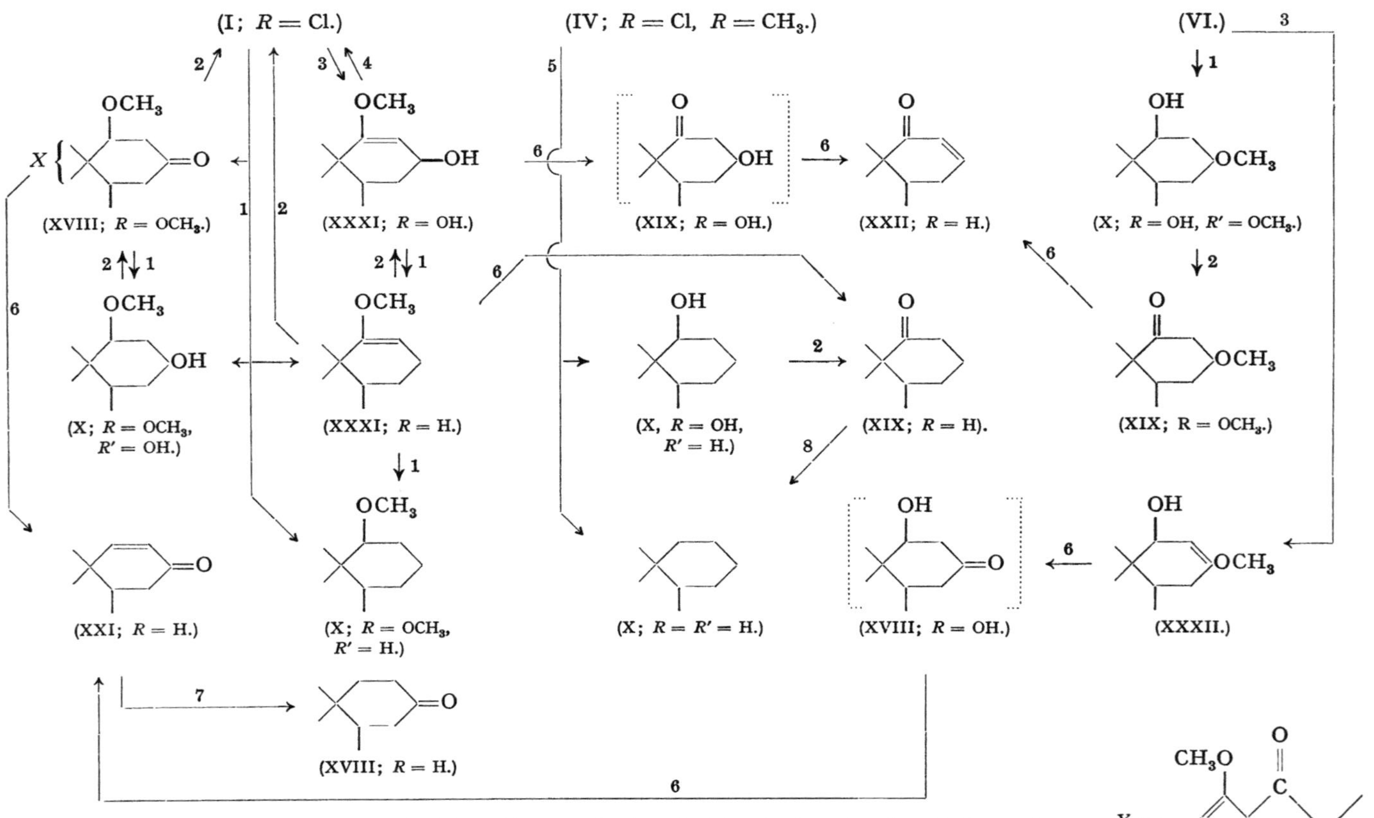

Chart 5. Interrelationships between the Reduction Products of Griseofulvin, Isogriseofulvin and the Trione (IV; $R = Cl$, $R' = CH_3$).

(Reagents: 1. Pd/H_2; 2. CrO_3; 3. $NaBH_4$; 4. MnO_2; 5. Pt/H_2; 6. H^+; 7. Raney Ni/H_2; 8. $(CH_2SH)_2$, Raney Ni.)

(l,d)-2'-Ene. Similar results were observed *(35)* when (+)-epigriseofulvin was reduced in the presence of a palladium catalyst, but there was a small change in the ratio (3 : 2) of the products (LII; $R = OCH_3$) and (LIV) arising from the two pathways. The steric course of this reduction is not obvious from a study of molecular models, since, with

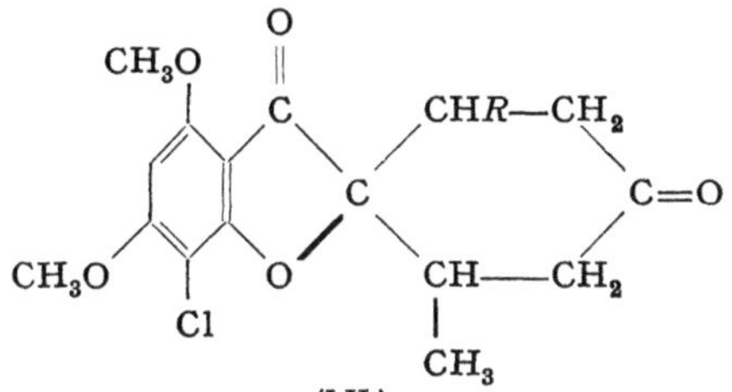

(LII.) 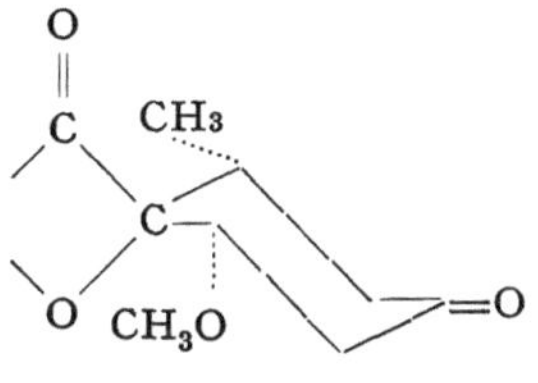   (LII A.)

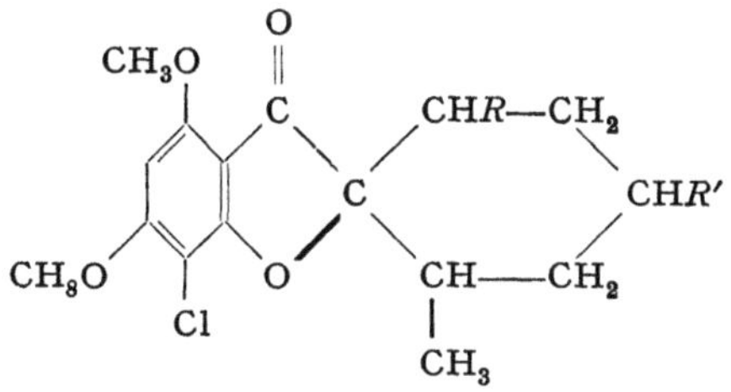

(LIII.) 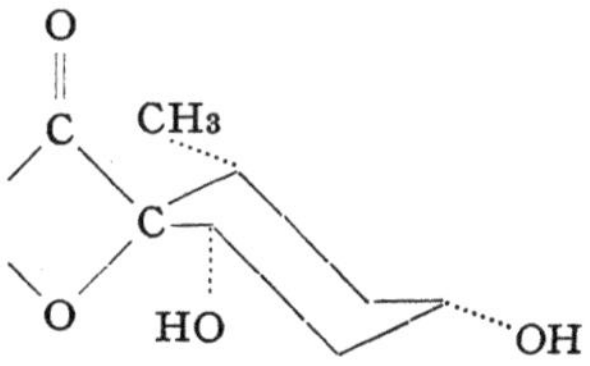   (LIII A.)

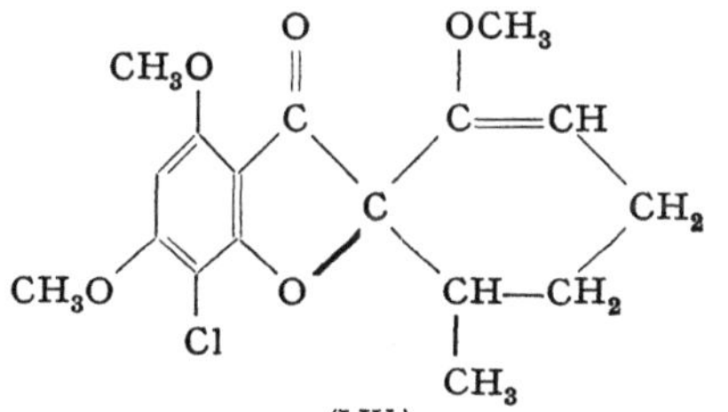

(LIV.) 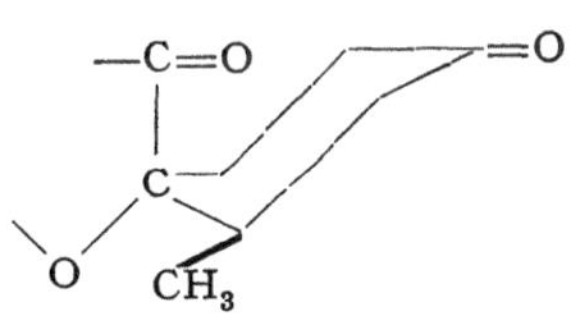   (XVIII A.)

the 3-keto group in the quasi-equatorial configuration, the β-face (III b) is less crowded than in griseofulvin (I b). The close agreement between the course of the two reductions suggests that reduction occurs exclusively from the β-face to give dihydro- (LII; $R = OCH_3$) and [from the trione (XXXVI)] tetrahydro- (LIII; $R = R' = OH$) derivatives in which the 2'-, 4'- and 6'-substituents are all α-equatorial as in (LII A) and (LIII A) respectively. Support for this assignment of configuration comes from the resistance to chromic acid oxidation of the alcohol (LIII; $R = OH$, $R' = H$) in which access to an axial 2'-hydrogen atom is restricted by the bulky *cis* 3-keto group.

Reduction of a 2'-ene in the synthetic 2'-methylgris-2'-en-4'-one (LV; $R = OCH_3$, $R' = Cl$) *(37)* apparently took place from both faces of ring C

giving, from the α-face, in a reaction where hydrogenation of the 2'-ene preceeded that of the 4'-ketone, the racemic *(d,d)*-ketone (XVIII; $R = H$) (conformation XVIII A, p. 231); and from the β-face, after hydrogenolysis of the intermediate alcohol (LVI; $R'' = OH$) derived by initial reduction of the 4'-ketone, the racemic *(l,d)*-cyclohexane (LIII; $R = R' = H$). These interesting results, which deserve more detailed investigation, probably arise from the enhanced steric restriction of the α-face associated with the replacement of the flattened half-chair (LV A) by the half-chair conformation (LVI A) in the hypothetical intermediate (LVI; $R'' = H$).

3'-Ene. With isogriseofulvin *(87)* the rate of hydrogenation of the 3'-ene was very appreciably faster than the rate of reduction of the hindered 2'-ketone, the allylic alcohol was not formed, no hydrogenolysis took place and the sole product was the tetrahydro-alcohol (X; $R = OH$, $R' = OCH_3$, p. 211).

(LV.)

(LVI.)

(LV A.)

(LVI A.)

(LVII.)

2'- and 4'-Ones. Hydrogenolysis occurred during the reduction of the trione (IV; $R = Cl$, $R' = CH_3$) over a platinum catalyst, and the deoxy products (X; $R = OH$, $R' = H$) and (X; $R = R' = H$) were obtained in addition to the 2′,4′-diol (X; $R = R' = OH$) (*63*). The course of this reaction is obscure: dehydration of the intermediate β-keto-alcohols (XVIII; $R = OH$) and (XIX; $R = OH$) (see Chart 5, p. 230) to the unsaturated ketones (XXI; $R = H$) and (XXII; $R = H$) followed, by analogy with the two pathways outlined above, by hydrogenolysis of the former to give the cyclohexane derivative (X; $R = R' = H$) and by hydrogenation of the latter to give the alcohol (X; R = OH, $R' = H$), cannot be excluded. The unsaturated ketone (XXI; $R = H$) was isolated from the crude reduction product of the trione (IV; $R = Cl$, $R' = CH_3$) with a palladium catalyst (*88*), but the reduction of the unsaturated ketones (XXI; $R = H$) and (XXII; $R = H$) over a noble metal catalyst has not yet been investigated. With Raney nickel, hydrogenation of these unsaturated ketones predominated and the corresponding saturated ketones (XVIII and XIX; $R = H$) (or alcohols) were obtained. With the *(l,d)*-stereoisomer (LVII) of the ketone (XXI; $R = H$, p. 213), where, however, the 2′-ene is possibly less accessible, some hydrogenolysis occurred both with Raney nickel and with platinum catalysts giving the cyclohexane (LIII; $R = R' = H$).

Oxidation with chromic oxide of the allylic methylene group in the 2′-ene (XXXI; $R = H$) regenerated griseofulvin. A by-product was the unsaturated ketone (XXII; $R = H$) assumed to arise by the oxidation, acid catalysed hydrolysis and dehydration steps (XXXI; $R = H$) →
→ (XXXI; $R = OH$) → (XIX; $R = OH$) → (XXII; $R = H$).

5′-Ene. Selective and stereospecific catalytic reduction of the 5′-ene in dehydrogriseofulvin (VIII) is dealt with on p. 252.

Reactions in Group C.

j. Molecular Rearrangement Leading to Substituted Dibenzofurans.

Formation. The triones (IV; $R = H$ or Cl, $R' = CH_3$, p. 206) with dilute aqueous alkali (*Chart 6*, p. 234) underwent (*94, 63, 64, 79*) fission of the 2′,4′-dione grouping followed by loss of carbon dioxide, intramolecular aldol condensation and dehydration, (IV; $R = H$ or Cl, $R' = CH_3$) →
→ (LVIII; $R' = H$) → (LIX) → (LXII) → (LXI), to give the tetrahydrodibenzofuran (LXI; $R = H$) (*79*) and the 8-chloro derivative (LXI; $R = Cl$) λ_{max} 265 mμ; log ε 4.20 (*94, 63*). The latter was accompanied (*63*) by the alternative dehydration product, (LXIII), λ_{max} 250, 342 mμ; log ε 4.00, 4.38, also obtained (*64*) by decomposition of an iron complex formed by the ketone (LXI; $R = Cl$). The ketones (LXI) were shown to be tetrahydro-dibenzofuran derivatives on spectroscopic evidence (*62*) and by dehydrogenation over palladium-charcoal (*79*) or aerial oxidation in alkaline solution (*59*) to the dibenzofurans (LX; $R = H$ and Cl) which showed phenolic properties and were also obtained

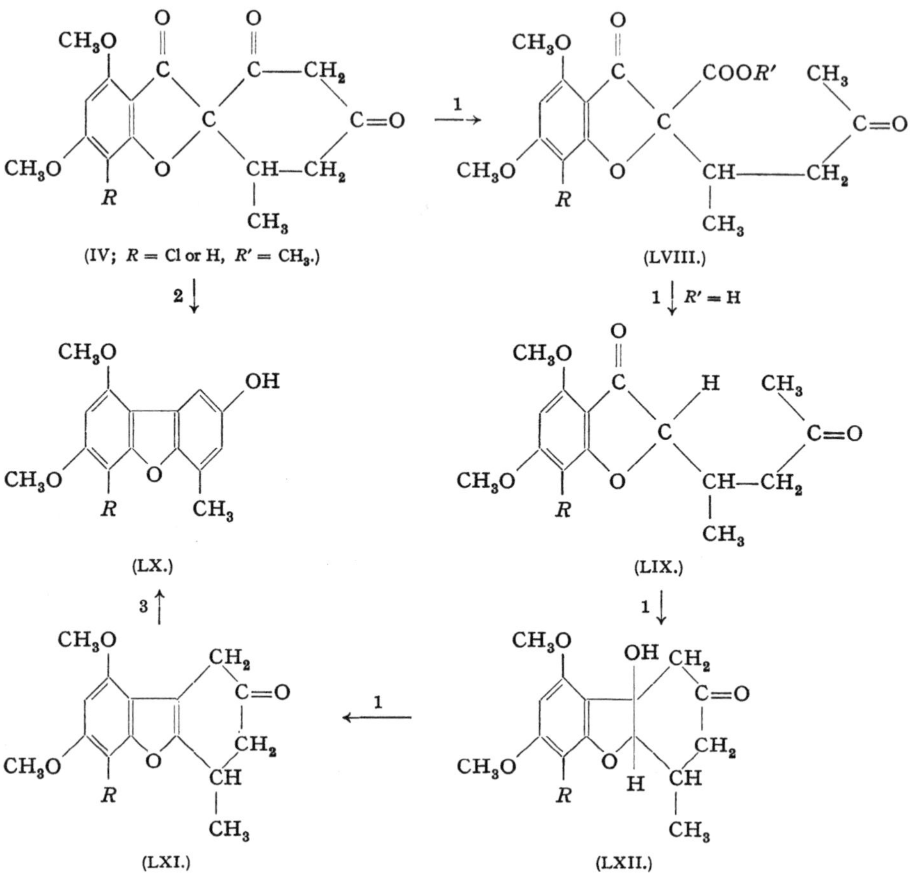

(IV; R = Cl or H, R' = CH_3.) (LVIII.) (LX.) (LIX.) (LXI.) (LXII.)

Chart 6. Base-catalysed Rearrangement of Grisan-3,2′,4′-triones.
(Reagents: 1. OH^-; 2. HgO-NaOH; 3. NaOH-O_2.)

directly from the respective triones (IV; $R' = CH_3$) by oxidation with mercuric oxide in sodium hydroxide (*79*, *59*).

Synthesis. The structures of the degradation products (LX) and (LXI) (Chart 6) were confirmed by synthesis (*82*). 7-Chloro-4,6-dimethoxy-coumaran-3-one, prepared from 2-chloro-3,5-dimethoxyphenol by ring closure of the intermediate ω,3-dichloro-2-hydroxy-4,6-dimethoxy-acetophenone, was condensed with pent-3-en-2-one giving the Michael adduct (LIX; R = Cl). Two racemates, arising from the creation of two centres of asymmetry, were isolated, each affording the (±)-form of (LXI; R = Cl) on ring closure with aqueous alkali. Resolution by means of (—)-menthyl N-aminocarbamate gave the (—)-form of (LXI; R = Cl). In the dechloro-series, the intermediate (LIX; R = H) was not isolated

References, pp. 258—264.

and the ($\pm$)-form of (LXI; $R = $ H) was obtained directly from 4,6-dimethoxycoumaranone and pent-3-en-2-one or by the action of aqueous alkali on the ($\pm$)-ester (LVIII; $R = $ H, $R' = C_2H_5$). Catalytic dehydrogenation gave the phenol (LX; $R = $ H). The methyl ether was obtained (79) by catalytic dehalogenation of the methyl ether of the phenol (LX; $R = $ Cl) and was also synthesised (82) by an independent route in which reduction of the diphenyl ether (LXIV; $R = NO_2$), prepared by heating 3,5-dimethoxyphenol and 2-chloro-5-methoxy-3-nitrotoluene in the presence of potassium carbonate/copper bronze, and ring closure of the amine (LXIV; $R = NH_2$) via the diazonium salt, afforded the dibenzofuran.

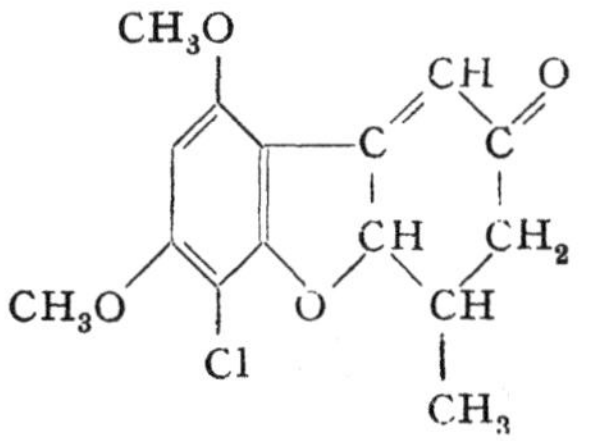

(LXIII.) 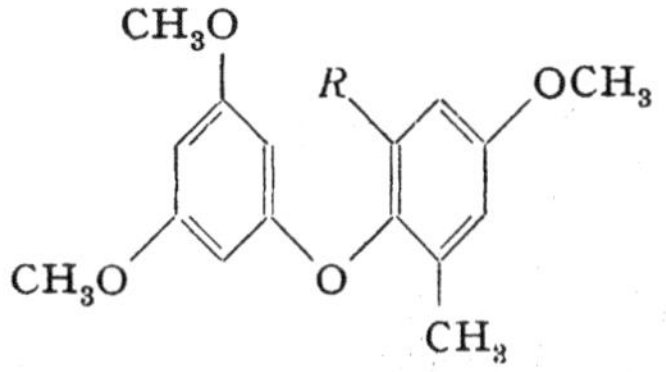 (LXIV.)

Related Systems. With aqueous alkali the *(l,d)*-trione (XXXVI) gave the (—)-ketone (LXI; $R = $ Cl), but in very low yield. In contrast to griseofulvin, which also gave the (—)-ketone (LXI; $R = $ Cl) under the same conditions, (+)-epigriseofulvin (III) yielded the salicylic acid (XV; $R = $ COOH, p. 211) (81). This result reflects the greater accessibility of the 3-carbonyl group in epigriseofulvin (see Fig. 1, p. 215).

The rearrangement of the trione (IV; $R = $ Cl, $R' = CH_3$) could be blocked, when desired, by the formation of the ketal (XXVI; $R = R' = $ $= OCH_3$) (3).

k. Other Ring C Fissions.

With sodium hydroxide, grisan-3,2'-diones undergo fission of the 2-2' bond and in the specific example (XIX; $R = $ H) → (XX) (88) (Chart 2, p. 213) no intramolecular aldol condensation of the product (XX) followed.

Although ring C in the ($\pm$)-epitrione (XXXVI) was stable to sodium methoxide, the intermediate (LXV) in its formation from the ester (LVIII; $R = $ Cl, $R' = CH_3$) by base catalysed intramolecular condensation underwent fission (26) to give as by-products, after intramolecular aldol condensation (see preceding Section) of the coumaranone (LXVIII) and fission of the intermediate acetoacetic ester (LXVII), the 2,3-disubstituted benzofurans (LXVI; $R = $ H and CH_3) (*Chart 7*, p. 236).

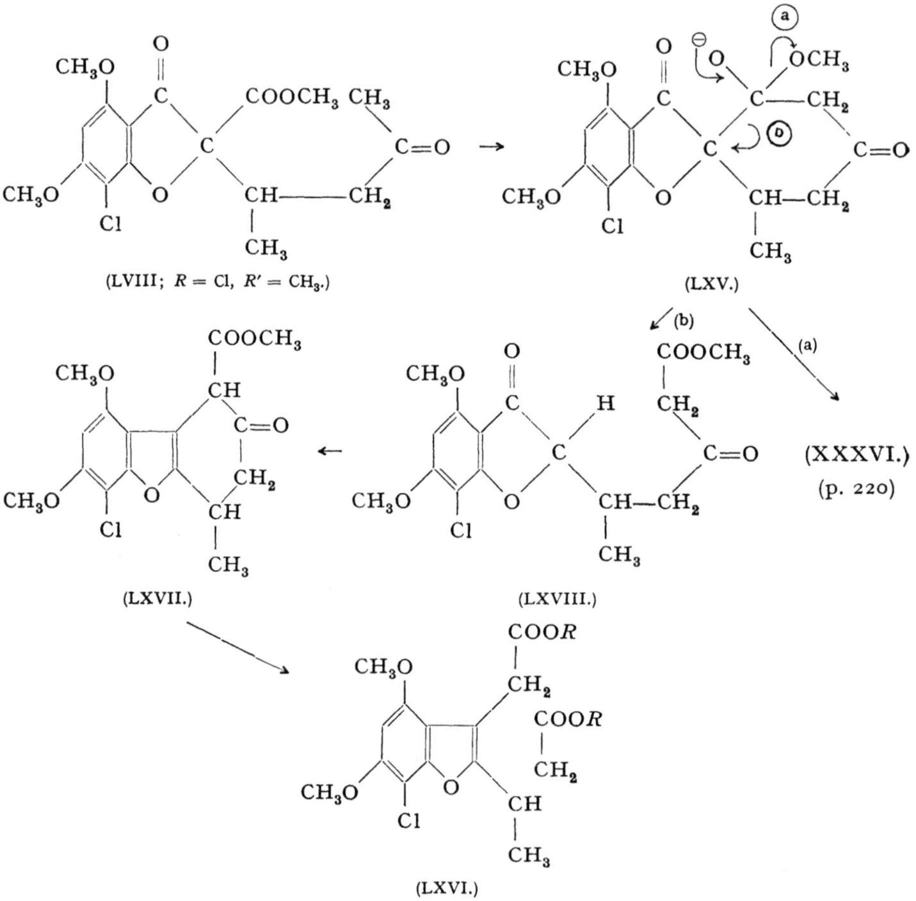

(LVIII; $R = Cl$, $R' = CH_3$.)

(LXV.)

(LXVII.)

(LXVIII.)

(XXXVI.)
(p. 220)

(LXVI.)

Chart 7. Products of Base-catalysed Intramolecular Condensation in the Keto-ester (LVIII; $R = Cl$, $R' = CH_3$).

l. Fission of Ring B.

$2',5'$-Dien-$3,4'$-diones. (—)-Dehydrogriseofulvin (VIII, p. 208) was racemised on irradiation in acetonitrile with ultraviolet light (III). The stability of griseofulvin under the same conditions suggested a homolytic mechanism (Chart 8, p. 237). The participation of species derived from electron delocalisation in the radical (LXIX) or the corresponding phenol radical, species which are not available in the hypothetical radical derived similarly from griseofulvin, contribute to the stability of the former and to the overall process (VIII) ⇌ (LXIX) (Chart 8). Catalytic hydrogenolysis of dehydrogriseofulvin to the benzophenone (LXX; $R = Cl$, $R' = CH_3$) predominated in a polar solvent under standard conditions (39, III)

References, pp. 258—264.

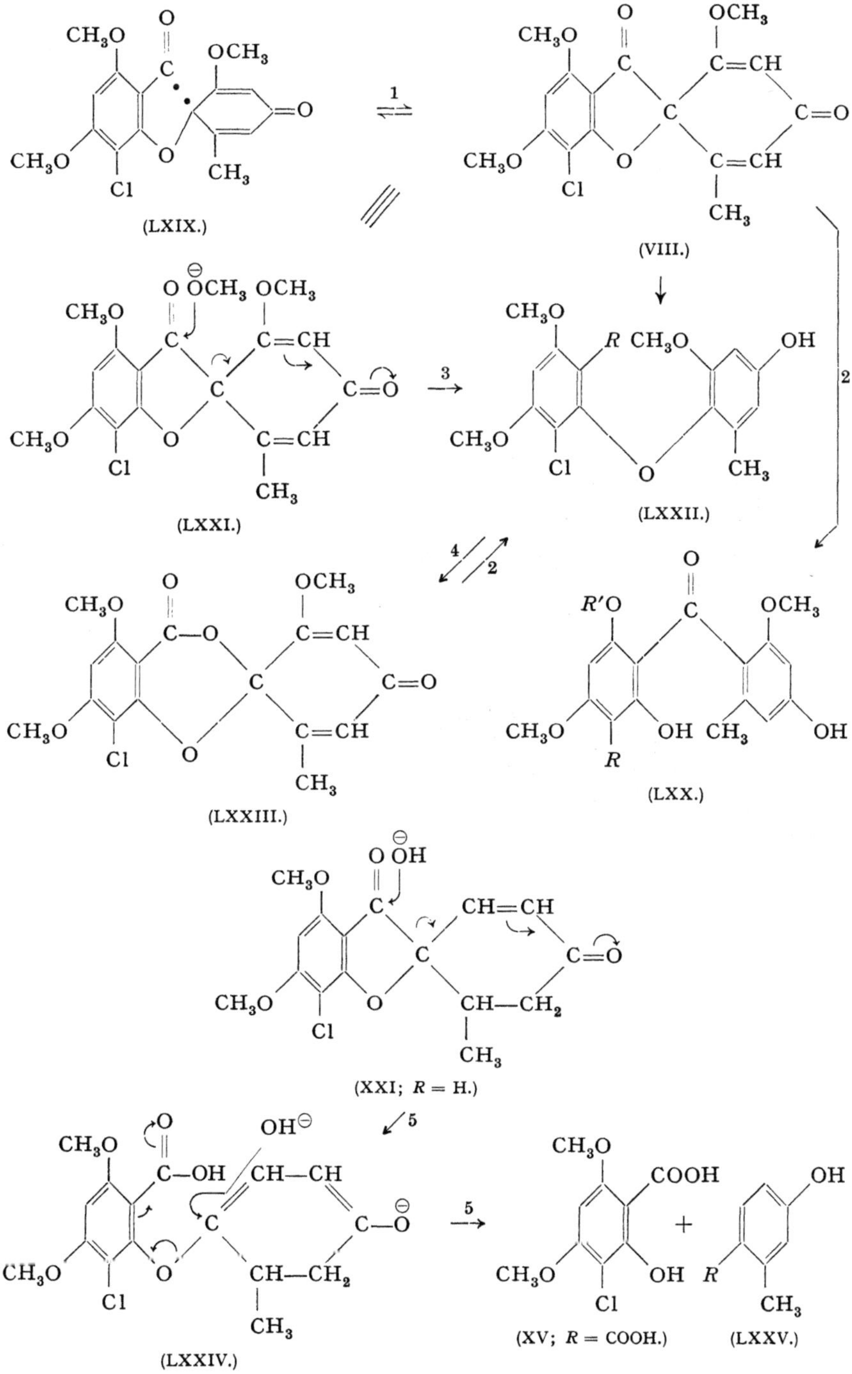

Chart 8. Fission of Ring *B* in Dehydrogriseofulvin and the Ketone (XXI; R = H).
(1. *hν*; 2. Zn/HO*Ac*; 3. NaOCH₃; 4. PbO₂; 5. NaOH.)

(see p. 250). This reductive fission was also affected by chromous chloride or, in quantitative yield, by zinc in acetic acid (*111*).

2'-En-3,4'-diones. These compounds contain an extended (vinylogous) β-diketone system and are prone to hydrolytic cleavage of ring *B* following nucleophilic attack at position 3. With coumaranone-spirocyclohexadienones (e. g., VIII) this leads in one step to stable diphenyl ethers, but with simple gris-2'-en-3,4'-diones [e. g., the ketone (XXI; $R = $ H)] the initial product (LXXIV) resulting from the action of sodium hydroxide was unstable and underwent further nucleophilic attack leading to scission of the molecule into the salicylic acid (XV; $R = $ COOH) and *m*-cresol (LXXV; $R = $ H) containing 10% 2,5-dihydroxytoluene (LXXV; $R = $ OH) (*88*). The formation of the latter phenol was probably due to the presence of sufficient oxygen to effect oxidative aromatisation of ring *C* in place of dehydration to *m*-cresol. The fission by 2 N-sodium methoxide of griseofulvin into the salicylic acid (XV; $R = $ COOH) and orcinol monomethyl ether (p. 212) takes a similar course.

The mechanism of these base-catalysed reactions is given in Chart 8. In acid-catalysed fission, protonation of the 4'-ketone is followed by migration of the bonds as shown and attack of the nucleophile OH_2 at position 3. With sodium methoxide (*74*), potassium hydroxide or methanolic hydrogen chloride (*111*) the product from (—)-dehydrogriseofulvin was the ester (LXXII; $R = $ COOCH$_3$), but with acetic acid-sulphuric acid, at room temperature, a reagent which causes decarboxylation of related model compounds, the diphenylether (LXXII; $R = $ H) was formed.

Oxidation of the acid (LXXII; $R = $ COOH) with lead dioxide (*111*) or manganese dioxide (*75*) afforded the spiranic lactone (LXXIII) which regenerated the parent acid (LXXII; $R = $ COOH) on catalytic hydrogenolysis (*75*) or with zinc and acetic acid (*111*).

5. Optical Properties.

a. Ultraviolet Spectra.

Substitution of ring *A* of coumaranone (*100*) causes a characteristic displacement of the position of the absorption bands. The spectra of grisan-3-ones lacking a chromophoric group in ring *C* are closely similar to those of the parent coumaranones, and isomeric 5- and 7-substituted dechlorogriseofulvins (*63, 113*) can frequently be oriented by their ultraviolet spectra.

Molecular rearrangements involving ring *B* of a grisan-3-one (see above and pp. 233–236) destroy the coumaranone chromophore and are accompanied by a profound alteration in the ultraviolet spectrum.

When both coumaranone and ring C chromophores occur in the same molecule, the R-band (55) of the latter is obscured by the B-band of the former whereas the K-band of the latter is often partially masked by the E or K bands of the former. With the exception of the grisan-3,2'-diones, there is little or no interaction in grisan-3-ones between the coumaranone and ring C chromophores, which are separated by the saturated carbon atom at position 2. The gris-2'-en-3-one (XXXI; $R = H$, p. 219) and the grisan-3-one (X; $R = OCH_3$, $R' = OH$, p. 211) gave almost identical spectra, indistinguishable from that of the gris-3,4'-dione (XVIII; $R = H$, p. 213). In the gris-2'-en-3,4'-diones, griseofulvin and (XXI; $R = H$, p. 213), there was a small but significant shift in the position of the coumaranone K-band and a possible slight shift in the B-band compared with the dihydro-derivatives (XVIII; $R = OCH_3$) and (XVIII; $R = H$, p. 213), respectively. The β-alkoxy-α,β-unsaturated ketone chromophore is responsible for an inflection at 252 mμ in the spectrum of griseofulvin. Subtraction of absorption due to the coumaranone chromophore [(I; $R = Cl) - ($XVIII; $R = OCH_3)$] gave the ring C contribution as λ_{max} 250 mμ, log ε 4.2, in good agreement with that found for dimedone methyl ether (50, 84). By contrast, the 2'-ketone (XIX; $R = H$, p. 213) showed a small bathochromic shift, compared with the isomeric 4'-ketone (XVIII; $R = H$, p. 213), due to interaction between the coumaranone and 2'-carbonyl groups. A more striking effect was seen in the gris-3'-en-3,2'-dione isogriseofulvin (VI, p. 2c6) where, although the bathochromic shift of the coumaranone K-band was comparable with that found in griseofulvin, the ring C chromophore was responsible for a peak at 263 mμ giving, after subtraction of the coumaranone contribution [(VI)–(XIX; $R = OCH_3$)], λ_{max} 259 mμ, log ε 4.2, a bathochromic shift of 10 mμ compared with the same chromophore in dimedone methyl ether. This interaction effect served to distinguish between isomeric homologous 2'- and 4'-ethers (XXXIV and XXXIII; $R' = R'' = CH_3$, p. 22ɔ) (50, 3).

Ring C homologues of isogriseofulvin derived from secondary alcohols showed a small bathochromic shift together with an intensification of the 263 mμ band compared with homologues derived from isomeric primary alcohols (49). These effects were not observed with dimedone ethers and were attributed to an enhancement of the chromophoric interaction arising from small sterically-induced changes in the conformation of ring C.

Consistent with the bathochromic shift of 16 mμ caused by 2-alkylation of the dimedone ether chromophore, 3'-alkylation of grisandiones led to a shift in the ring C K-band of ca. 20 mμ so that in the isogriseofulvin homologue (XLVI; $R = OBu^n$, $R' = Bu^n$, $R'' = H$, p. 225) there was an overlap of the two K-bands giving a single, broad, intense peak at 285 mμ (49).

4- and 6-hydroxygrisan-3-ones can be distinguished from their spectra by comparison with the spectra of 4- and 6-hydroxycoumaranones which behave similarly to *o*- and *p*-hydroxyacetophenones in ionising and non-ionising media (*50*). These characteristic changes have been used to orient several ring *A* phenols (*50, 3, 8, 95*). In ethanol the absorption of the 6-, but not the 4-hydroxy coumaranones, was concentration-dependent: the enolised 2′,4′-dione chromophore in the triones (IV) also showed concentration-dependent absorption (*50*) (cf. *84*).

b. Infrared Spectra.

4- and 6-Hydroxycoumaranones can also be distinguished by their infrared spectra. In dilute chloroform solution, a 4-hydroxy substituent lowers the 3-carbonyl stretching frequency by about 20 cm.$^{-1}$ due to weak intramolecular hydrogen bonding (*50, 3*).

Most of the original data on griseofulvin transformation products was obtained using Nujol mulls, where intermolecular hydrogen bonding, particularly with hydroxylated compounds, is not conducive to the establishment of reliable correlation rules. The stretching frequencies of the polar C=O groups vary with the solvent, and much of the early work has now been superseded by a comprehensive study (*95, 96*) in which the spectra have been measured under standard conditions in bromoform

Table 1. C=O Stretching Frequencies in Griseofulvin Transformation Products (bromoform solution) (*95*).

Group	ν (cm.$^{-1}$)
3-one	1708–1694
2′-one	1726
4′-one	1718–1708
3′-en-2′-one	1684
2′-en-4′-one	1675
4′-alkoxy-3′-en-2′-one	1664–1658
2′-alkoxy-2′-en-4′-one	1656–1650
3′-alkyl-4′-alkoxy-3′-en-2′-one	1658–1652
3′-alkyl-2′-alkoxy-2′-en-4′-one	1670–1664

(Table 1). The 3-ketone stretching frequency varies with the nature of the ring *A* substituents, and the ranges quoted are for griseofulvin transformation products only.

The presence of a 2′-ketone had small but characteristic effects, attributed to changes in bond-angle at position 2, on the absorption band of the 3-ketone, and isomeric 2′- and 4′-ethers can be distinguished by their infrared spectra.

All griseofulvin derivatives in the *(d,d)*-series showed a strong band at 1000 cm.$^{-1}$ which shifted to 948 cm.$^{-1}$ in the spectrum of (+)-epi-griseofulvin (III, p. 205); but whether this correlation is of general applicability in distinguishing isomers in the *(d,d)*- and *(l,d)*-series is not known.

References, pp. 258—264.

c. Nuclear Magnetic Resonance Spectra.

The NMR spectra of relatively few griseofulvin transformation products have been recorded, but the results obtained (*54, 2*) indicate the scope and power of the method. The differences associated with the 5′-protons in the spectra of griseofulvin and (+)-epigriseofulvin which lead to the assignment of configuration for the 6′-methyl group and to the ring C conformation in these compounds have been discussed (see p. 216) as has the evidence for the dienone character of some 6-hydroxy-grisan-3-ones (see p. 222).

Long-range shielding of ring A by a 2′-ketone causes characteristic shifts in the resonance of the protons in the 4-methoxyl group and at position 5. These shifts, taken with changes in the 3′-hydrogen and 6′-methyl resonances, served to distinguish 2′- and 4′-ethers (*2*); and the selective shielding of the 4-methoxyl group assisted in the assignment of specific resonance peaks to the 4- and 6-methoxyl substituents.

The significant difference (0.3–0.4 τ unit) between the 5- and 7-hydrogen resonances in ring A tri-substituted grisan-3-ones of known structure has been used to orient isomeric 7- and 5-substituted derivatives of dechlorogriseofulvin (*54*). Only 0.2 τ unit separated the 5- and 7-proton resonances in dechlorogriseofulvin (*54, 2*).

d. Optical Rotatory Dispersion.

The optical rotatory dispersion curves for griseofulvin, (+)-epigriseofulvin and their optical antipodes, have been measured between 300–700 mμ (*24*). Epimerisation at position 2 causes a change from a positive (griseofulvin) to a negative [(+)-epigriseofulvin] Cotton effect curve, but since the latter is still superimposed on a plain positive curve the resultant is an imperfect curve.

The specific optical rotation at the Sodium D line has been recorded for the majority of griseofulvin transformation products, but since many of these contain a polarisable enone grouping adjacent to the asymmetric centres, no structural correlations or additivity rules have emerged. In the simple homologues (**XXXIV** and **XXXIII**; $R = $ O-alkyl, $R' = R'' = CH_3$, p. 220) the specific rotations were inversely proportional to the number of carbon atoms in the alkyl radical (*49*) and, comparing isomers, the magnitude of the rotation of the griseofulvin homologue was the greater. The last rule broke down with 3′-substituted grisendiones where the situation was frequently reversed (*57*).

In contrast to the large (+ ve) rotations of the grisendiones, the rotations of the ring C reduction products were small and usually (— ve).

When enolisation of the 2′,4′-dione system was prevented by di-substitution at position 3′, there was a large (— ve) shift in optical rotation.

e. X-ray Data.

The unit cell (*63*) of griseofulvin (d, 1.462) was tetragonal, contained four molecules and had a = 8.93, c = 19.83 Å. The 5-bromo derivative belonged to the monoclinic system, space group $P\,2_1$ (C_2^2) with two molecules (d, 1.54) in a unit cell, a = 10.96, b = 8.61, c = 10.27 Å, $\beta = 108°\ 30'$ (*27*).

6. Detection and Estimation.

The bioassay (*18*), involving observation of morphological changes in the germ-tubes of *B. allii* spores, is widely used but suffers from a degree of imprecision inherent in all such X 2 serial dilution bioassays. It is not specific for griseofulvin; many analogues, derivatives and transformation products can interfere (*32*). A cylinder-plate diffusion assay, in which a well-defined zone of inhibition of growth of *Microsporum gypseum* can be accurately measured, has recently been developed for use in pharmaceutical preparations and body fluids (*69*).

Many investigators have preferred to use physical methods, particularly ultraviolet spectrophotometry (*29, 30*), by utilising the strong absorption band at 291 mμ in griseofulvin, and the more sensitive but temperature-dependent spectrophotofluorimetry (*11*), by measuring the emission at 450 mμ which results from activation at 295 mμ. The ultraviolet method is relatively non-specific since all griseofulvin relatives containing the alkoxyl-substituted coumaranone chromophore absorb strongly near 285 mμ. Depending on the accuracy required, various mathematical procedures have been adopted for correcting for background absorption due to the impurities present when griseofulvin is estimated in fermentation broth (*6, 7, 34*) or plant tissue extracts (*29, 30*). The fluorimetric method is rather more specific and, coupled with a suitable extraction procedure has been used extensively for detecting and estimating griseofulvin in biological fluids (*11*).

Spectrophotometric measurement of the extinction at 495 mμ due to the azo-dye produced when the product of alkaline hydrolysis of griseofulvin was coupled with a stable diazonium salt (*85*) and an isotope dilution assay (*5*), involving griseofulvin labelled with ^{36}Cl, have also been described.

III. Synthesis.

(+)-Epigriseofulvin (III, p. 2c5) and its racemate had no antifungal activity (*32, 24*) while racemic griseofulvin had half the activity of the natural isomer (*72, 24*). Stereospecific synthesis of compounds with the *(d,d)*-absolute configuration is therefore of some importance.

References, pp. 258—264.

Six routes to the 3-oxocoumaran-spirocycloalkane system have been developed and products with a 5- and a 6-membered ring C and with alkyl-, alkoxyl-, and halogen-substituted ring A have been prepared. The methods fall into two groups: (A) Stepwise formation or addition of ring C to the preformed coumaranone system, and (B) condensation (two steps) of the preformed rings A and C to form ring B.

Ring C cyclisations carried out under equilibrium conditions with intermediates carrying a potential 6'-methyl substituent lead to racemates in the biologically inactive, thermodynamically more stable, (d,l)-series derived from (III). Exceptionally (109, 110), formation of ring C by intramolecular Michael addition to an α,β-unsaturated ketone gives products in the (d,d)-series. It has been suggested that orbital overlap of the π-electrons of the coumaranone 3-ketone with those of the enone system makes some contribution towards determining the stereochemistry of the product; this overlap is at a maximum in the transition state corresponding to the (d,d)-series.

Compounds in the (d,d)-series have been produced in two ways from (l,d)-racemates: (a) Inversion at the spiran centre with sodium methoxide (Section II 3, p. 213) followed by chromatographic separation of the resulting equilibrium mixture. This method applies only to racemic epigriseofulvin and its close analogues. (b) Via a gris-5'-ene, catalytic reduction of which takes place predominantly from the α-face to give grisans in the (d,d)-series.

For optical resolution, racemic griseofulvin was hydrolysed to the $(\pm)$-trione (IV; $R = Cl$, $R' = CH_3$, p. 206). This with brucine (26), quinine methohydroxide (39), or cinchonine methohydroxide (111) was converted to a mixture of diastereoisomeric salts from which the $(+)$-salt separated and was decomposed under acidic conditions to give the (d,d)-trione (IV; $R = Cl$, $R' = CH_3$). Remethylation gave griseofulvin. The filtrate, after separation of the $(+)$-cinchonine salt, was acidified to yield (111) the (l,l)-trione, methylation of which gave the (l,l)-isomer. The latter was also obtained (24) by epimerisation with sodium methoxide of the (d,l)-isomer. The (d,l)-isomer was prepared by resolution of the racemic epitrione (XXXVI, p. 220) with $(+)$-α-phenylethylamine. After separation of the $(+)$-salt, from which the (l,d)-trione (XXXVI) was obtained, the residue was hydrolysed and treated with $(-)$-α-phenylethylamine. The pure $(-)$-salt separated and yielded the (d,l)-trione.

Group A.

a. Condensation of Coumaranones with Dihalogenoalkanes (36). The reaction is carried out in benzene in the presence of potassium t-butoxide. The compounds listed in *Table 2*, including the racemic (l,d)-diastereoisomer (LIII; $R = R' = H$) of the griseofulvin hydrogenolysis product (X; $R = R' = H$), have been prepared by this general method.

Attempts to extend the method to the synthesis of ring C oxygen-substituted grisans failed.

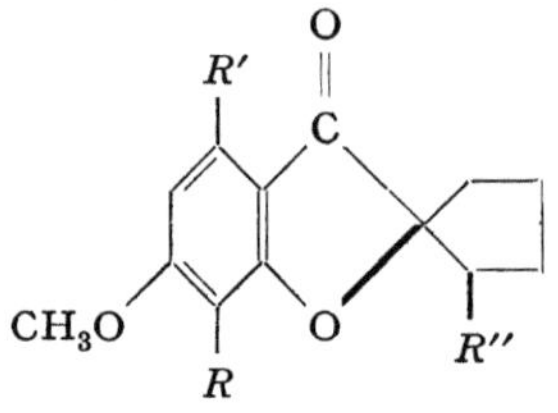

(LXXVI.) 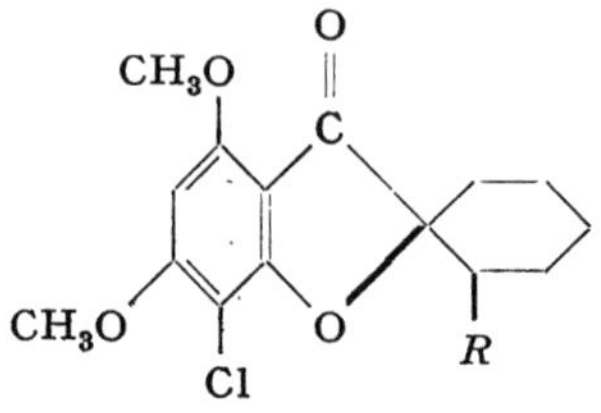   (LXXVII.)

Table 2. Coumaranone-Spirocycloalkanes from Coumaranones and Dihalogenoalkanes.

Coumaranone	Halide	Product
6-Methoxy-	1,4-Dibromopentane	(LXXVI; $R = R' = H$, $R'' = CH_3$)
7-Chloro-4,6-	1,4-Dibromobutane	(LXXVI; $R = Cl$, $R' = OCH_3$, $R'' = H$)
dimethoxy-	1,5-Dibromopentane	(LXXVII; $R = H$)
	1,5-Dibromohexane	(LXXVII; $R = CH_3$) $\equiv$ (LIII; $R = R' = H$)

b. Double Michael Addition of Ethynyl Vinyl Ketones to Coumaranones (*109, 110*). Reaction of 7-chloro-4,6-dimethoxycoumaranone with methoxyethynyl propenyl ketone (LXXIX) in the presence of potassium *t*-butoxide in diethyleneglycol dimethyl ether-*t*-butanol gave racemic griseofulvin in 5% yield.

The ketone (LXXIX) was obtained by manganese dioxide oxidation of the unstable carbinol (LXXVIII) which resulted from reacting crotonaldehyde with the lithium salt of methoxyacetylene.

The possibility of forming a six-membered ring by double Michael addition with ethynyl vinyl ketones requires that the initial attack shall take place at the triple bond (*Chart 9*, p. 245). Should addition start at the double bond, the second addition would involve nucleophilic attack on an ion which derives no resonance stabilisation from the carbonyl group; and reaction, if it took place at all, might be expected to follow a different course giving a five-membered ring.

The probable explanation for the formation of $(\pm)$- (I; $R = Cl$) as opposed to $(\pm)$- (III) has been given on p. 243. This important stereo-specific synthesis of griseofulvin is likely to serve as a model for the preparation of racemic *(d,d)*-2'-alkoxygris-2'-en-3,4'-diones.

c. Cyclisation of 2,2-Disubstituted Coumaranones (Ester Synthesis). Grisan-3,4'-dione (XXVII; $R = R' = H$, p. 218) was prepared (77) from the dinitrile (LXXX; $R = H$), obtained by Michael condensation

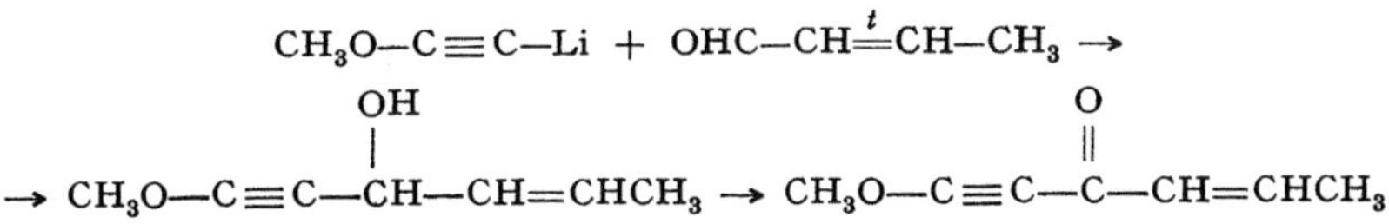

$$CH_3O-C\equiv C-Li \; + \; OHC-\overset{t}{CH}=CH-CH_3 \; \rightarrow$$

$$\rightarrow CH_3O-C\equiv C-\underset{OH}{CH}-CH=CHCH_3 \; \rightarrow \; CH_3O-C\equiv C-\overset{O}{C}-CH=CHCH_3$$

(LXXVIII.) (LXXIX.)

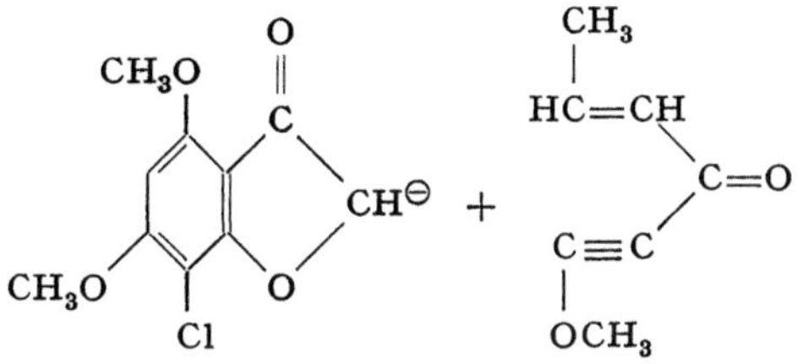

(LXXIX.) Methoxyethynyl propenyl ketone.

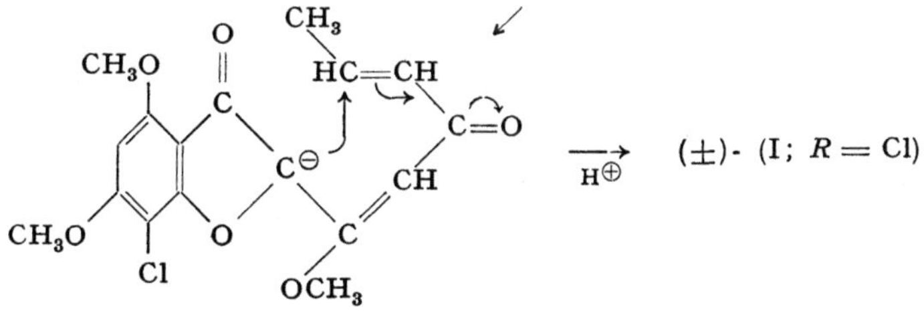

$$\xrightarrow{H^{\oplus}} \quad (\pm)\text{-}\;(I;\; R=Cl)$$

Chart 9. Double Michael Addition of Methoxyethynyl Vinyl Ketones to Coumaranones.

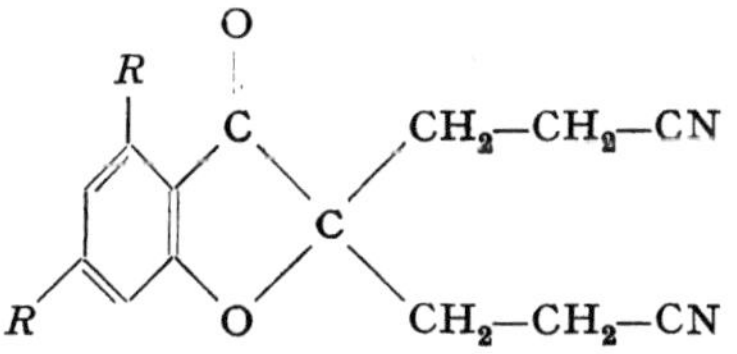

(LXXX.)

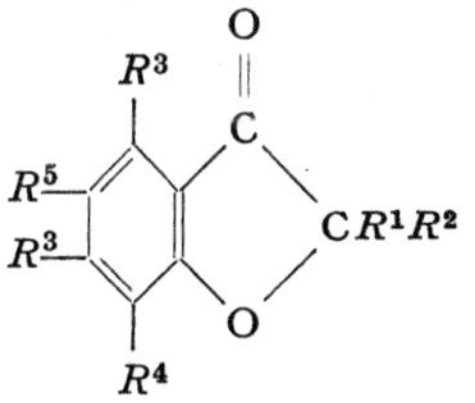

(LXXXI.)

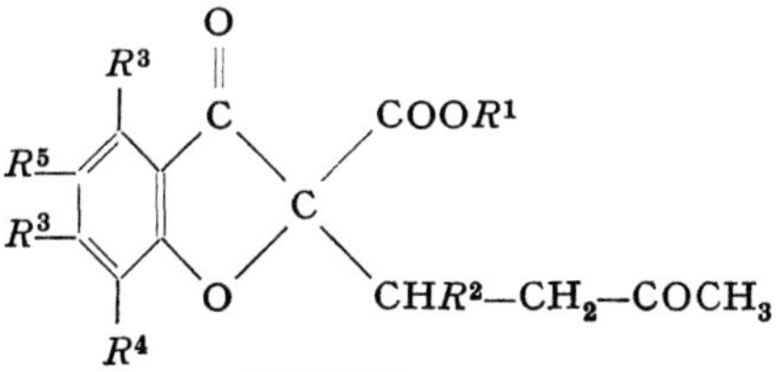

(LXXXII.)

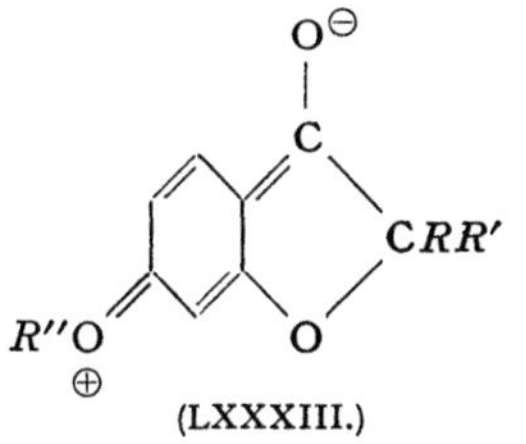

(LXXXIII.)

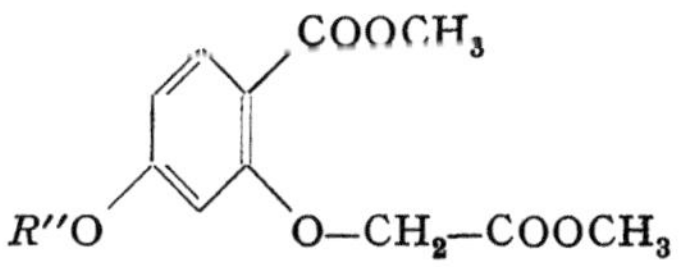

(LXXXIV.)

of coumaranone and vinyl cyanide, by hydrolysis, esterification and Dieckmann cyclisation of the diester.

Stepwise preparation from the coumaranone (LXXXI; $R^1 = R^2 = H$) of 2,2-disubstituted intermediates (LXXXI; $R^1 \neq R^2 \neq H$), suitable for cyclisation to grisan-2′,4′-diones and 2′-methylgrisans, is more difficult when $R^3 =$ alkoxyl, since participation of molecular species of type (LXXXIII; $R = R' = H$) reduces the nucleophilic character at position 2. This difficulty was overcome (*36, 47, 26, 54*) by using intermediates of type (LXXXIII; $R = COOCH_3$ or $COCH_3$, $R' = H$), obtained by cyclisation of esters of type (LXXXIV) or by rearrangement of coumaranone enol acetates, which were then submitted to Michael condensation with selected α,β-unsaturated esters, ketones or nitriles.

The keto-esters (LXXXII; $R^1 = CH_3$, $R^2 = H$, $R^3 = OCH_3$, $R^4 R^5 = H$, halogen, CH_3), obtained from 4,6-dimethoxy-3-oxocoumaran-2-carboxylates and methyl vinyl ketone, underwent cyclisation in sodium methoxide (*54*) to give the racemic triones (LXXXV; $R = H$) in 35–40% yield, with the corresponding tetrahydrodibenzofurans (LXXXVI; $R = H$) as major by-products. The triones (LXXXV; $R = H$) were converted to analogues of $(\pm)$-6′-demethylgriseofulvin in the usual way.

The nature of the ring A substituents exercised a subtle and little understood influence over the course of these ring C reactions. Dieckmann cyclisation of the esters derived from (LXXX; $R = CH_3$ and OCH_3) unaccountably failed (*47*); and attempted cyclisation of the keto-esters (LXXXII; $R^1 = CH_3$, $R^2 = H$, $R^3 = OCH_3$, $R^4 = R^5 = Cl$) and (LXXXII; $R^1 = CH_3$, $R^2 = R^3 = R^4 = R^5 = H$) gave the corresponding tetrahydrodibenzofurans only (*54*). Condensation of the coumaranone (LXXXI; $R^1 = COOCH_3$, $R^2 = R^5 = H$, $R^3 = OCH_3$, $R^4 = NO_2$) with methyl vinyl ketone did not take place.

The configuration of the α-methyl group in keto-esters of type (LXXXII; $R^1 = CH_3$, $R^2 = CH_3$, $R^3 = OCH_3$, $R^4 R^5 = H$, halogen, CH_3), resulting from condensation of the 3-oxocoumaran-2-carboxylates with pent-3-en-2-one, was of importance in determining the course of the subsequent cyclisation step (*26, 54*). Of the two synthetic racemates (LXXXII; $R^1 = CH_3$, $R^2 = CH_3$, $R^3 = OCH_3$, $R^4 = Cl$ or H, $R^5 = H$) the less stable (α-methyl and 3-keto groups *cis*-related), gave only low or negligible yields of the racemic triones (IV; $R = Cl$ or H, $R' = CH_3$, p. 206) in 2 N-sodium methoxide; and the predominant reactions gave, by the reverse Michael process, the parent 3-oxocoumarancarboxylates and, by the alternative cyclisation, the racemic tetrahydrodibenzofurans (LXI; $R = Cl$ or H, p. 234). But the more stable racemates (α-methyl and 3-keto groups *trans* related), underwent cyclisation to give in 30–40% yield the racemic epitriones (LXXXV; $R = CH_3$). The by-products (LXVI) are discussed on p. 235).

Analogues of griseofulvin were obtained from the racemic epitriones by standard methods.

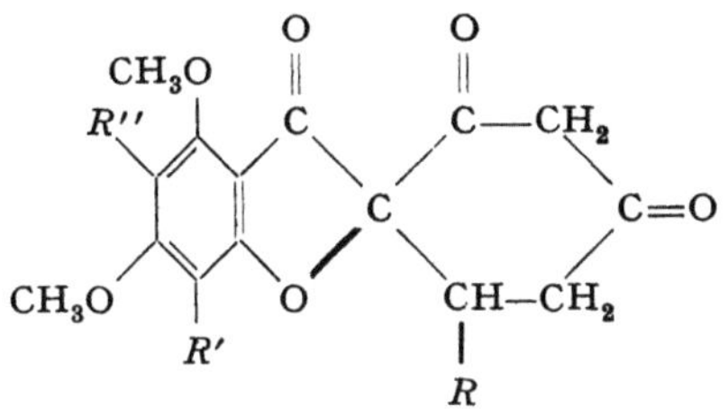

$$\text{(LXXXV.)} \qquad \text{(LXXXVI.)}$$

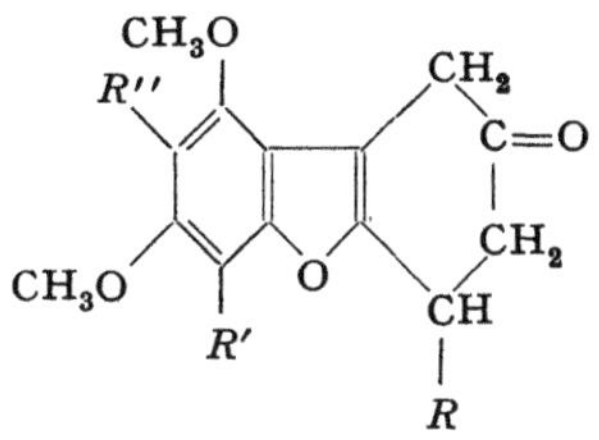

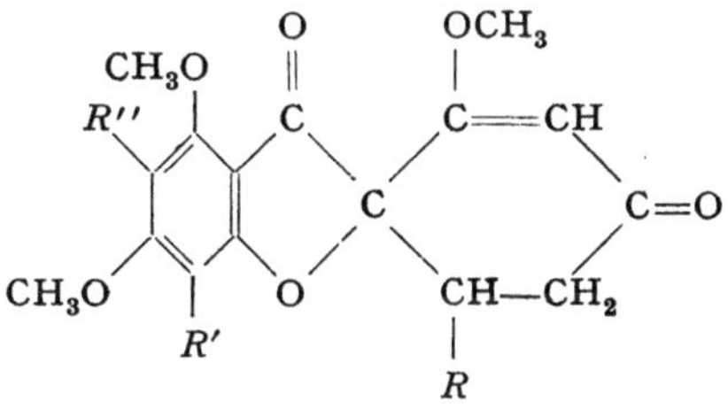

$$\text{(LXXXVII.)}$$

The stereochemical requirements of the reaction thus precluded the possible use of the grisan-3,2′,4′-trione degradation products (LVIII; $R = Cl$ or H, p. 234) as "relays". Single racemates (LXXXII; $R' = C_2H_5$, $R^2 = CH_3$, $R^3 = H$ and OCH_3, $R^4 = R^5 = H$) only were obtained from coumaranone and 4,6-dimethoxycoumaranone. They were presumably in the more stable series, but cyclisation failed with a wide variety of reagents (36); in general the reverse Michael reaction occurred in basic conditions whilst acidic reagents were ineffective. Because of the ubiquity of the reverse Michael reaction in these cyclisations and the possibility of loss of the 2-acetyl residue, basic conditions were not used to effect cyclisation of the triones (LXXXI; $R^1 = COCH_3$, $R^2 = CH_2 \cdot CH_2 \cdot CO \cdot$ $\cdot CH_3$) (47). Acidic reagents gave compounds assumed to be the 4′-methyl-gris-3′-en-2′-ones (LXXXVIII; $R = CH_3$ and OCH_3) and not the hoped-for 2′-methylgris-2′-en-4′-ones (LV; $R = CH_3$ and OCH_3, $R' = H$;

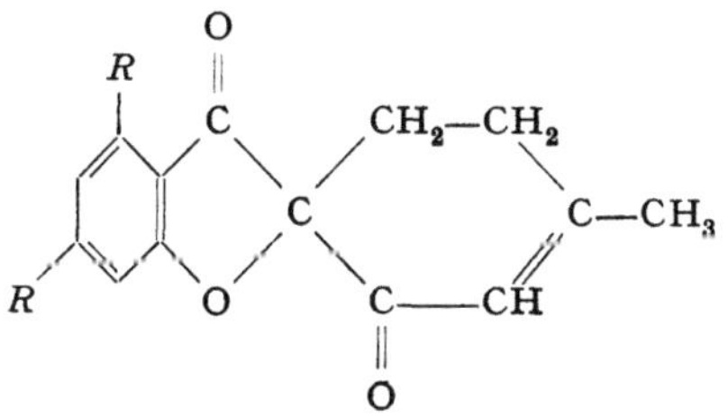

$$\text{(LXXXVIII.)} \qquad \text{(LXXXIX.)}$$

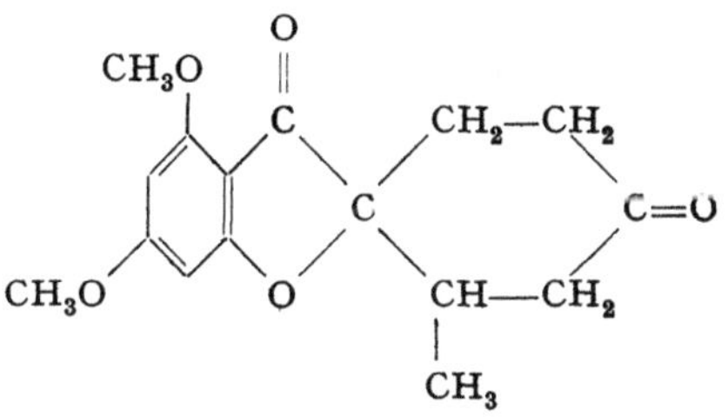

p. 232) (*47*, *83*), since (LV; $R = CH_3$, $R' = H$) became available by the usnolic acid route (below) and the saturated ketone obtained on catalytic reduction of (LXXXVIII; $R = OCH_3$) was labile to alkali. As expected, it was not identical with the ketone (LXXXIX) obtained (*83*) by ring C transformation of dechlorogriseofulvin.

d. Usnolic Acid Route. The synthesis (*44*) of the usnolic acid analogue (XCII; $R' = H$) by acid-catalysed cyclisation of the ester (XCI; $R = CH_3$), obtained from the benzofuran-2-yl-acetic acid (XC; $R = CH_3$) and ethyl magnesioacetoacetate, was adapted, by means of an ozonolysis step to the preparation of the coumaranone-spirocyclopentenone (XCIII; $R = COOC_2H_5$, $R' = R'' = OCH_3$). The ring A analogue (XCIII; $R = COOC_2H_5$, $R' = OCH_3$, $R'' = H$) was also prepared (*37*): hydrolysis and decarboxylation gave the unsaturated ketone (XCIII; $R = R'' = H$, $R' = OCH_3$) which on catalytic hydrogenolysis furnished the coumaranone-spirocyclopentane (LXXVI; $R = R' = H$, $R'' = CH_3$) prepared by the method described on p. 243.

For the synthesis of grisans (*37*), phenoxyacetates (XCVI; $R = CH_3$), were hydrolysed and dehydrated to the 3-methylcoumarones (XCVII; $R = H$) which gave the required 2β-propionic acids (XCVII; $R = CH_2 \cdot CH_2 \cdot COOH$) directly by condensation with β-propiolactone or via the 2-formyl derivatives (XCVII; $R = CHO$). Cyclisation of the keto-ester (XCVIII) with concentrated sulphuric acid or polyphosphoric acid was successful with (XCVIII; $R' = R'' = H$) but failed with (XCVIII; $R' = Cl$, $R'' = OCH_3$) from which the desired methylenespiran ester (XCIV; $R^1 = R^2 = H$, $R^3 = Cl$, $R^4 = R^5 = OCH_3$) could only be obtained by the action of polyphosphoric acid on the copper chelates under conditions where accurate control of temperature was critical.

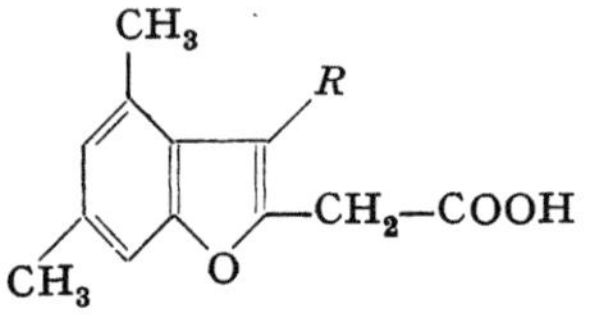

(XC.) 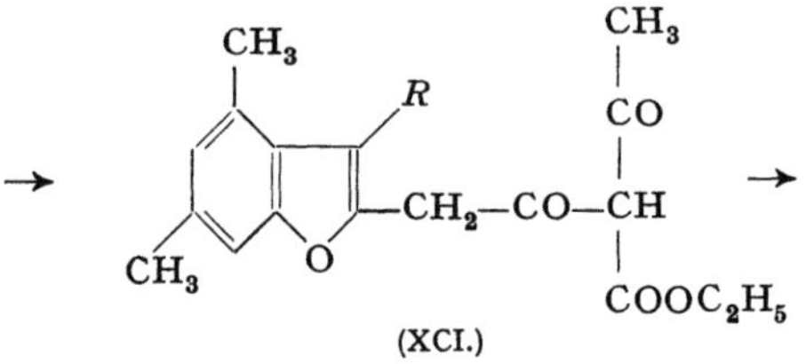 → (XCI.) →

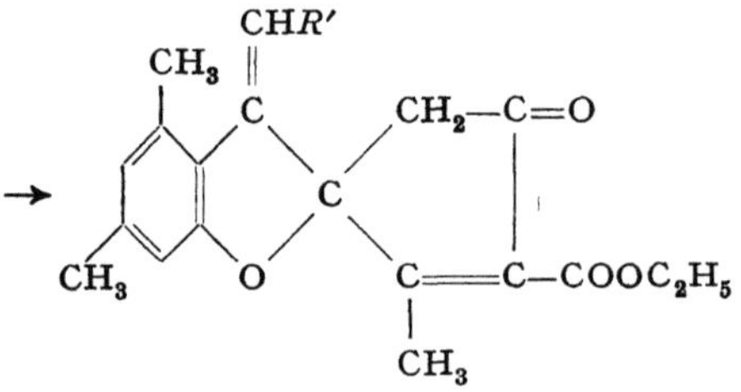

(XCII.) 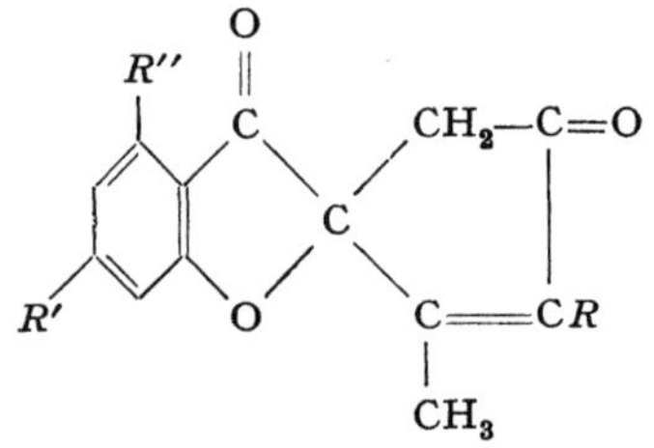 (XCIII.)

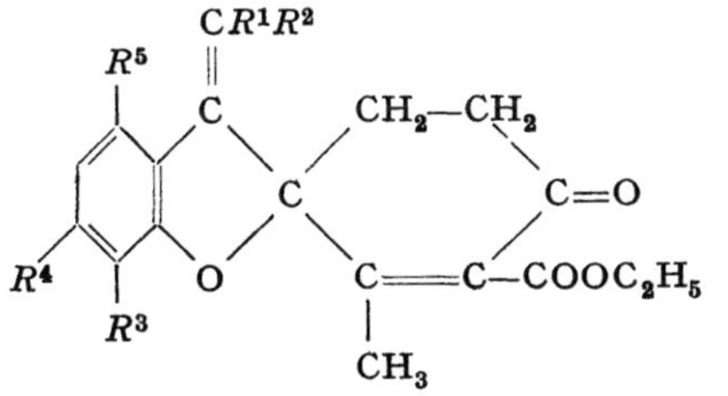

(XCIV.)

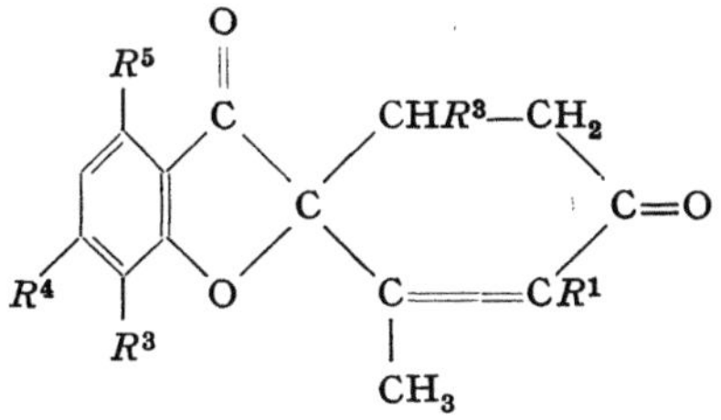

(XCV.)

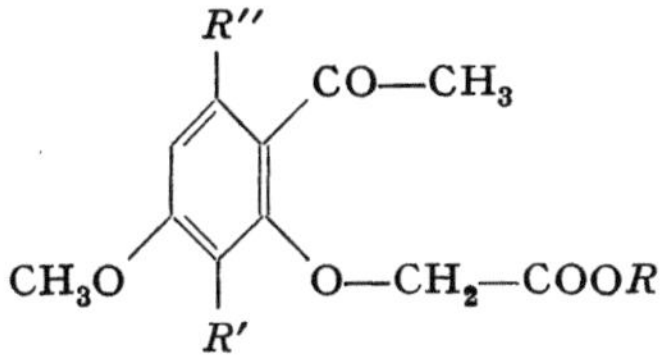

(XCVI.)

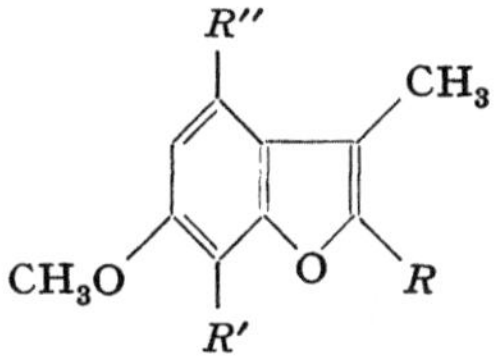

(XCVII.)

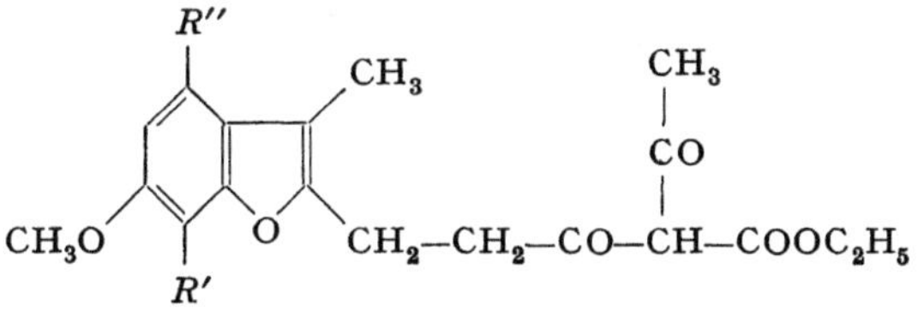

(XCVIII.)

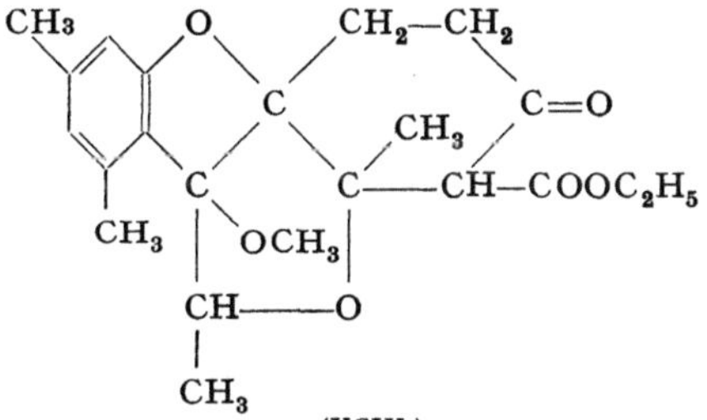

(XCIX.)

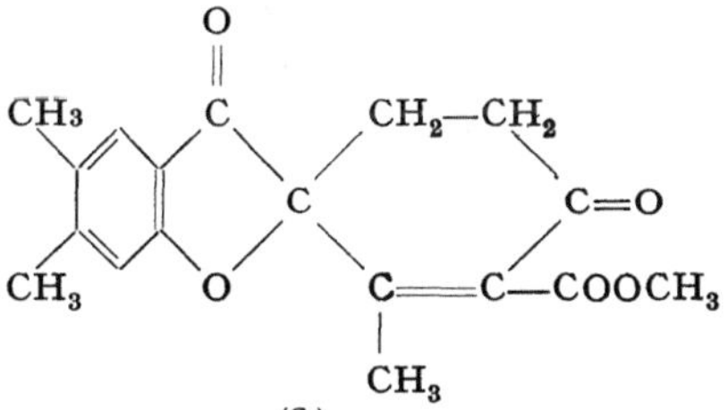

(C.)

Although ozonolysis of the methylenespiran ester (XCIV; $R^1 = R^2 = R^3 = R^5 = H$, $R^4 = OCH_3$) was straightforward (*37*) and led to the gris-2′-en-3,4′-diones (XCV; $R^1 = COOC_2H_5$ and H, $R^2 = R^3 = R^5 = H$, $R^4 = OCH_3$), the ring *A* analogues (XCV; $R^1 = COOC_2H_5$ and H, $R^2 = H$, $R^3 = Cl$, $R^4 = R^5 = OCH_3$) were only obtained in low yield. Whilst ozonolysis of the 3-alkylidene derivatives (XCII; $R' = H$ or CH_3), with a 5-membered ring *C*, gave the expected coumaranones, the 3-ethylidene-grisenone (XCIV; $R^1 = R^4 = R^5 = CH_3$, $R^2 = R^3 = H$) gave anomalous results and the difuranoid structure (XCIX) was obtained (*43*, *40*). The desired grisen-3-one (XCV; $R^1 = R^2 = R^3 = H$, $R^4 = R^5 = CH_3$) resulted from oxidation of the 3-ethylidene compound with ruthenium tetroxide (45). Oxidation of the corresponding 3-methylene-grisen gave the same product but in lower yield: the best yields were obtained with fully alkylated olefines, e. g., (XCIV; $R^1 = R^2 = CH_3$) and the gris-2′-en-3,4′-diones (XCV; $R^1 = COOC_2H_5$ and H, $R^2 = CH_3$, $R^3 = H$, $R^4 = R^5 = OCH_3$) and (C) were obtained.

Catalytic reduction of the gris-2′-en-3,4′-dione (XCV; $R^1 = R^2 = H$, $R^3 = Cl$, $R^4 = R^5 = OCH_3$) to give the racemic ketone (XVIII; $R = H$, p. 213) and the racemic (l,d)-cycloalkane (LIII; $R = R' = H$, p. 231) is described on p. 229.

Group B.

e. Intramolecular Phenol Radical Coupling. The benzophenones (CVI; $Y = H$) undergo oxidative C—O coupling of the derived diradicals (CV) to the grisa-2′,5′-diene-3,4′-diones (CIV). This method, which has become

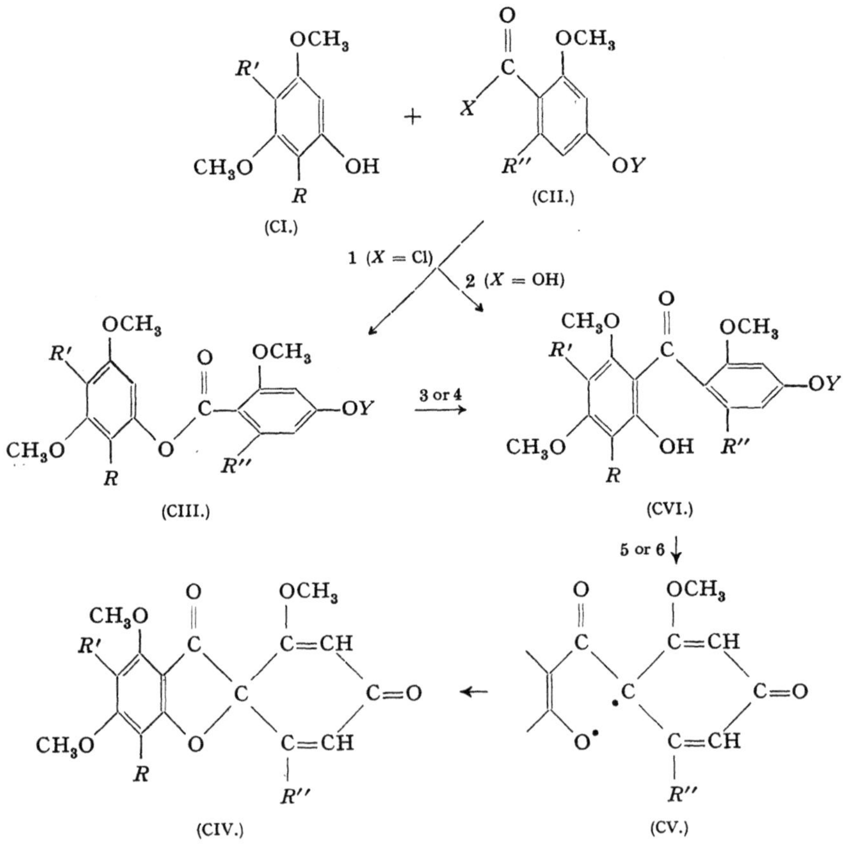

Chart 10. Synthesis of Griseofulvin Analogues by Phenol Radical Coupling. (Reagents: 1. $AlCl_3$; 2. $(CF_3CO)_2O$; 3. *hν*; 4. $TiCl_4$; 5. $K_3Fe(CN)_6$; 6. PbO_2.)

general for preparing analogues of $(\pm)$-dehydrogriseofulvin (CIV; $R =$ Cl, $R' =$ H, $R'' =$ CH$_3$) $\equiv$ (VIII, p. 208) from the corresponding benzophenones, has been used to obtain the $(\pm)$-dehydro intermediates in the synthesis of racemic griseofulvin (*105, 72, 111*), dechlorogriseofulvin (*113*), the 7-fluoro- (I; $R =$ F) (*112*) and 5-chloro- (LXXXVII; $R =$ CH$_3$, $R' =$ H, $R'' =$ Cl) (*113*) derivatives of the latter, and of 6'-demethyl-griseofulvin (*114*).

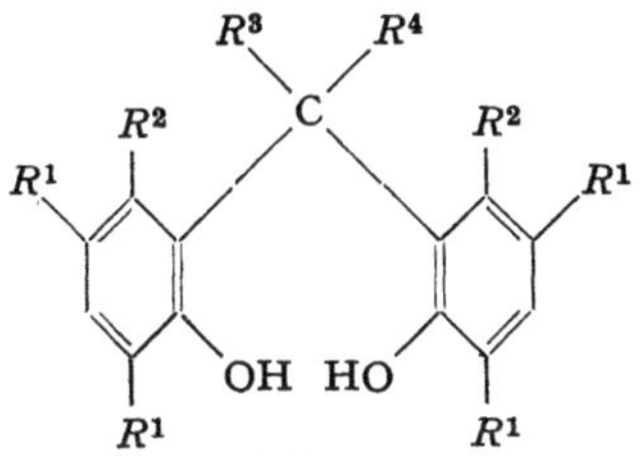

(CVII.)

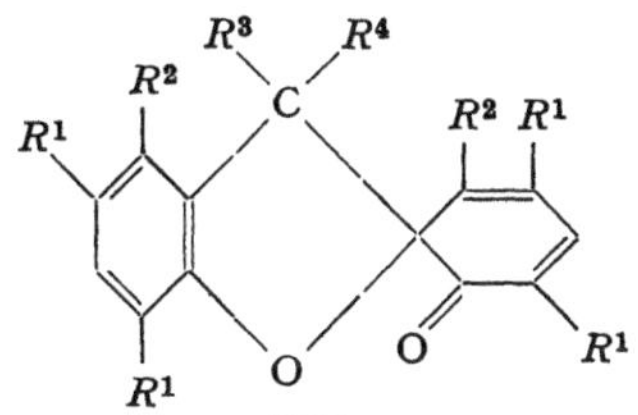

(CVIII.)

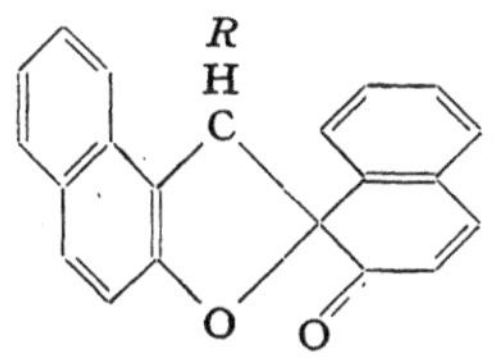

(CIX.)

Alkaline potassium ferricyanide (*105, 39*), was a satisfactory reagent (*111*) in all cases except that of the benzophenone (CVI; $Y =$ H, $R =$ Cl, $R' = R'' =$ H) which was smoothly converted to the dienone (CIV; $R =$ Cl, $R = R'' =$ H) in a heterogenous reaction employing lead dioxide in ether-acetone (*114*). This reagent and manganese dioxide were equally effective in the preparation of $(\pm)$-dehydrogriseofulvin.

Some difficulties were encountered in the synthesis of the benzophenones (CVI; $Y =$ H). Friedel-Crafts coupling in nitrobenzene of 2-chloro-3,5-dimethoxyphenol (CI; $R =$ Cl, $R' =$ H) (*Chart 10*) with the acid chloride (CII; $X =$ Cl, $Y = Ac$, $R'' =$ CH$_3$) afforded only the ester (CIII; $Y = Ac$, $R =$ Cl, $R' =$ H, $R'' =$ CH$_3$) (*72*), although subsequently (*111*) it was found that, in more concentrated solution, nuclear acylation to give the benzophenone (CVI; $Y = Ac$, $R =$ Cl, $R' =$ H, $R'' =$ CH$_3$) did occur in accordance with the earlier experience of DAY et al. (*39*), who used $Y =$ COOCH$_3$ as protecting group. The benzophenone was however obtained from the half-ester (CIII; $Y =$ H, $R =$ Cl, $R' =$ H, $R'' =$ CH$_3$) by photo-induced Fries rearrangement (*72*) or, with titanium tetrachloride in nitrobenzene (*111*). A better method (*111, 112, 113, 114*), used to prepare all the benzophenones required for synthesis of the griseofulvin analogues listed above, was to react the acid (CII; $X =$ OH, $Y = Ac$) with the phenolic component (CI) in trifluoroacetic anhydride.

Differing results have been reported for the critical stereospecific catalytic hydrogenation of the 5'-ene in (±)-dehydrogriseofulvin (VIII, p. 208). DAY et al. (*39*) found that hydrogenolysis to the corresponding benzophenone (CVI; $Y = H$) predominated under all the conditions of catalytic reduction which they employed but a 30% yield of neutral product, separated into (±)-dihydrogriseofulvin (10%), and racemic griseofulvin (8%), was obtained using a selenium-poisoned 5% rhodium-charcoal (1 mol. uptake). Later work by the Merck group (*111*) emphasised the importance of a high catalyst-substrate ratio (2 : 1) and the use of a relatively non-polar solvent such as ethyl acetate (*111*) or dimethoxyethane (*112*). With 10% palladium-charcoal under these conditions and 1 mol. uptake, hydrogenolysis did not exceed 20%. After conversion of unchanged (±)-dehydrogriseofulvin (5–10%) to the corresponding benzophenone by zinc and acetic acid at 20°, the neutral fraction was separated chromatographically into (±)-dihydrogriseofulvin (10–15%) and (±)-griseofulvin (55–60%). Similar results were obtained (*112, 113, 114*) for the conversion of the (±)-dehydro-intermediates (CIV; $R = F$, H, $R' = H$, Cl, $R'' = CH_3$, H) to the corresponding racemic griseofulvin analogues.

Oxidation of 2,2'-dihydroxydiphenylmethanes, e. g. (CVII; $R^1 = t$-Bu, $R^2 = H$, CH_3, $R^3 = R^4 = H$, CH_3, C_6H_5), in which the derived radicals are stabilised by electron delocalisation either through alkylation (hyperconjugation) (*86*) or by extended conjugation as in the dinaphthylmethanes (*46*), with a wide variety of oxidising agents (*97, 46*) leads to grisa-2',4'-dien-6'-ones (CVIII) and (CIX; $R = H$, C_6H_5).

f. Cyclisation of 1-Aryloxycycloalkane Carboxylic Acids (71). The acids (CX), prepared from the phenol and 1-trichlormethylcyclohexanol in potassium hydroxide, were cyclised on treatment with boron trifluoride

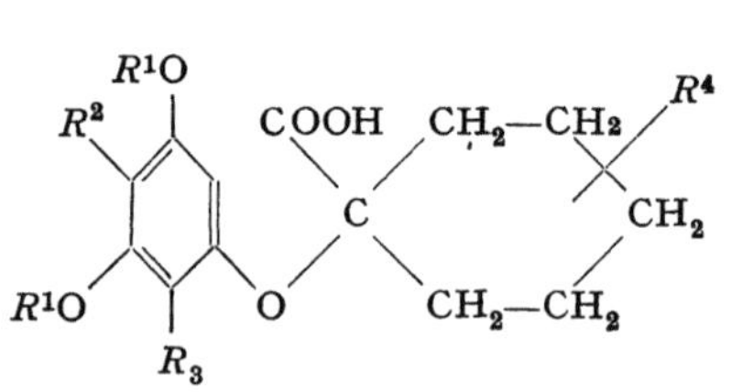

(CX.)

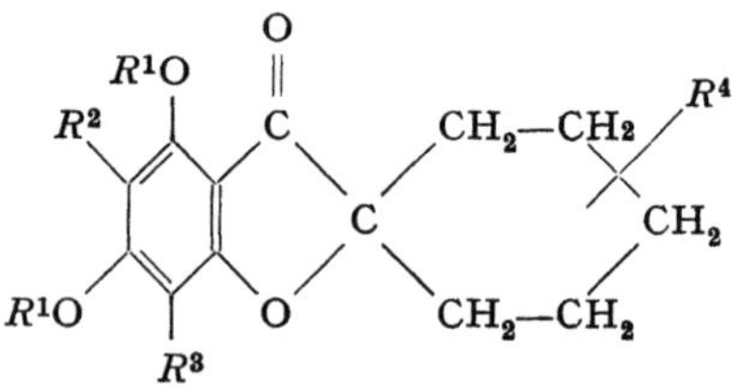

(CXI.)

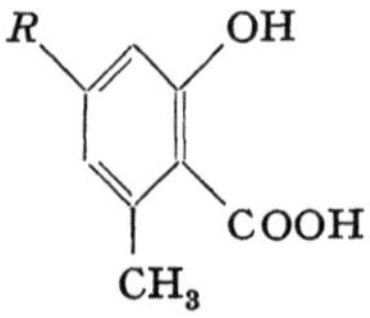

(CXII.) $R = OH$. Orsellinic acid. 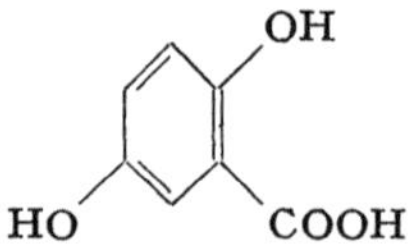   (CXIII.) Gentisic acid.

etherate or polyphosphoric acid to give the corresponding grisan-3-ones
(CXI). Good yields were obtained with $R^1 = $ alkyl, $R^2 = R^3 = $ H, Cl or
Br and $R^4 = $ H, alkyl or alkoxyl. 4'-Hydroxygrisan-3-ones (CXI;
$R^4 = $ OH), prepared via the benzylethers, were oxidised by chromic
oxide to grisan-3,4'-diones.

IV. Biosynthesis.

The hypothesis that griseofulvin results from cyclisation of a linear
polyketomethylene chain formed by head-to-tail linkage of seven "acetate"

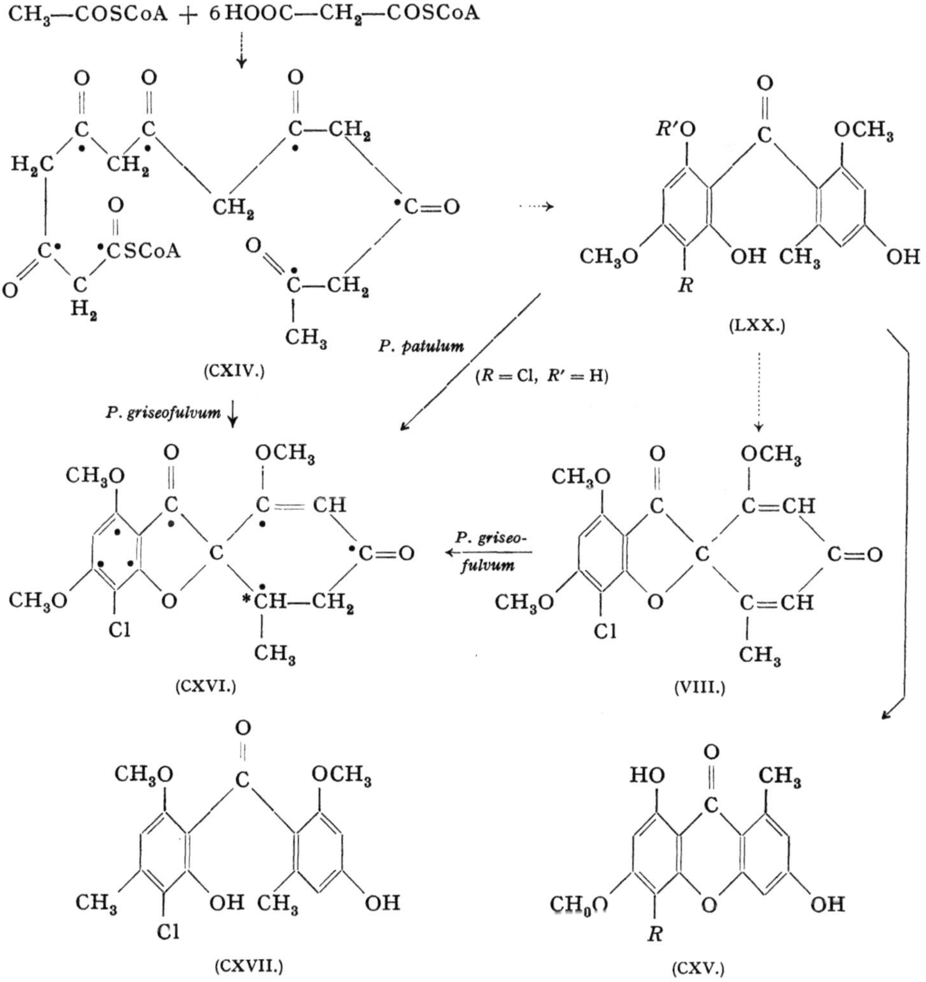

$$CH_3\text{---}COSCoA + 6\,HOOC\text{---}CH_2\text{---}COSCoA$$

(CXIV.)

P. patulum $(R = Cl,\ R' = H)$

(LXX.)

P. griseofulvum

(CXVI.)

P. griseo-fulvum

(VIII.)

(CXVII.)

(CXV.)

Chart 11. Biosynthesis of Griseofulvin.

(• Denotes atom derived from ^{14}COOH of an "acetate" unit; for * see text.)

units, was supported by the discovery that griseofulvin isolated from surface cultures of *P. griseofulvum* grown on $CH_3 \cdot {}^{14}COOH$ as substrate had the labelling pattern shown in (CXVI), *Chart 11* (p. 253) (*15, 13*). The acetic acid derived from the 6′-methyl group by Kuhn-Roth oxidation carried a small excess of activity (*) over that required for uniform labelling of the molecule, whilst the remaining atoms marked • in structure (CXVI) were equally labelled. There is abundant evidence (*12*) that polyketomethylene chains are derived by the initial condensation of molecules of acetylcoenzyme A and malonylcoenzyme A (with simultaneous decarboxylation), and this step is followed by further condensations with malonylcoenzyme A; but results for the degradation of griseofulvin obtained from *P. griseofulvum* grown in the presence of 2-[${}^{14}C$]-malonate have not yet been reported.

Until recently (*104*), little use had been made of labelled precursors in investigating the pathways between "acetate" and griseofulvin. With the intention of isolating intermediates, the residual material, after extraction of griseofulvin, from large-scale submerged fermentations with mutant strains of *P. patulum*, has been extensively investigated (*78, 102*). In addition to (—)-dehydrogriseofulvin (VIII) and the trione (IV; $R = H$, $R' = CH_3$, p. 206), six new metabolic products were identified of which three, the benzophenones (LXX; $R = R' = H$), (LXX; $R = Cl$, $R' = H$) and (LXX; $R = Cl$, $R' = CH_3$) were likely intermediates while three, the xanthone (CXV; $R = H$), the benzophenone (CXVII) and the 5-chloro derivative (*103*) of the benzophenone (LXX; $R = Cl$, $R' = CH_3$) were clearly by-products. Other metabolic products, including an unidentified "substance P" and a second xanthone, probably (CXV; $R = Cl$), were detected by paper chromatography of extracts from shake-flask fermentations using the same mutant strains.

The hypothesis was then advanced that griseofulvin biosynthesis proceeded by the pathway: "acetate" → (CXIV) → (LXX) → (VIII) → → (CXVI); it received support from the fact that the reactions (LXX; $R = Cl$, $R' = CH_3$) → (VIII), and (VIII) → (I; $R = Cl$) had already been achieved in vitro (p. 250). The validity of the final step was shown by the 30% incorporation by *P. griseofulvum* of [${}^{14}C$]-labelled (VIII, p. 208) into griseofulvin (*12*). Although no evidence has yet been reported for the labelling pattern found in the benzophenones (LXX) isolated from a *P. patulum* fermentation in the presence of $CH_3 \cdot {}^{14}COOH$ or 2-[${}^{14}C$]-

---

Chart 12. Hypothetical Scheme for the Biogenesis of Mould Products Formally Derived from Seven "Acetate" Units.

   • Denotes atom derived from COOH of an "acetate" unit,
   ψ denotes atom derived from CH_3 of acetate, and
   $\varDelta$ denotes atom derived from CH_2 of malonate.

(CXVIII.) Patulin.

(CXIX.) Javanicin.

(CXX.) Purpurogenone.

(LXX, p. 237; R = R′ = H.)

(CXXI.) Fulvic acid.

(CXXII.) Palitantin.

(CXXIII.)

(CXXIV.)

(CXXV.)

(CXXVI.) Fusarubin.

(CXXVII.) Alternariol.

(CXXVIII.) Citromycetin.

(CXXIX.) R = H. Sulochrin.

(CXXX.) Emodin-5-methyl ether.

(CXXXI.)

malonate, [^{14}C]-labelled (LXX; $R = R' = $ H), isolated from a 1-[^{14}C]-acetate fermentation, was incorporated into griseofulvin to the extent of 20%, when returned to the fermentation as substrate (*104*). With the benzophenone (LXX; $R = $ Cl, $R' = $ H) labelled with ^{36}Cl, 70% of the radioactivity was incorporated in griseofulvin; but incorporation of [^{36}Cl]-benzophenone (LXX; $R = $ Cl, $R' = $ CH$_3$) was negligible and this compound is unlikely to be an intermediate in the biosynthesis of griseofulvin by *P. patulum*.

These results suggested (*104*) an alternative hypothesis in which the benzophenone (LXX; $R = $ Cl, $R' = $ H), in association with a multi-enzyme complex, undergoes simultaneous oxidation-reduction and methylation, and the benzophenone (LXX; $R = $ Cl, $R' = $ CH$_3$) and (—)-dehydrogriseofulvin are regarded as by-products released when their "enzyme-bound' analogues are not utilised in unison.

P. griseofulvum and *P. patulum* have many metabolic products in common and in addition to griseofulvin, 6-methylsalicylic acid (CXII; $R = $ H) (*93*), gentisic acid (CXIII) (*98, 10*) and patulin (CXVIII) (*10*) which are derived from "acetate" units (*13, 76*), and a number of inter-related simple phenolic acids, which presumably arise from glucose by the shikimic acid route, have been isolated from both organisms (*10, 106*). Mycelianamide (VII, p. 207), orsellinic acid (CXII, $R = $ OH) (*101*) and fulvic acid (CXXI) (*93, 42*) have also been isolated from *P. griseofulvum*, the last compound being produced at the expense of griseofulvin when the Czapek-Dox medium was replaced by Raulin-Thom.

Biosynthetic routes to mould-product skeletons more complex than the multiple cyclisation of a polyketomethylene chain may also exist; and much speculation has been devoted to the elaboration of unified theories of biogenesis which aim to account for the formation of all mould products formally derived from seven "acetate" units. A hypothetical sequence (*Chart 12*, p. 255) which involves ring-closure of the skeleton of an orsellinic acid relative of type (CXXII), followed by fission as shown in (CXXV), re-disposition of the side-chains and ring closure, has been suggested (*120*) for the biogenesis of citromycetin [labelling pattern from CH$_3 \cdot$ ^{14}COOH as shown in (CXXVIII)] which is produced together with palitantin (CXXII) by *P. frequentans*. The intermediate compound (CXXIV) could also give rise as shown in Chart 12 to fulvic acid (CXXI) and to the benzophenones (LXX) by closure of the second ring; and it has been pointed out (*115*) that the appropriate condensations and cyclisations can also lead to alternariol (CXXVII) and to fusarubin (CXXVI) and its relatives javanicin (CXIX) and purpurogenone (CXX).

The evidence (*15, 13*) from the degradation of acetate-labelled griseofulvin does not support this scheme which requires the acetate-derived chain-initiating unit [carboxyl carbon marked o in (CXXII)] to become part of ring A of griseofulvin (see structure CXXIII), while the 6'-carbon has to come from the fourth unit [marked * in (CXXII)], which is malonate derived, of the keto-methylene chain.

The same evidence also invalidates a suggestion (*118*) that the biosynthesis of griseofulvin does not take place by the cyclisation of a linear chain but from the condensation of two shorter chains made up of three or four "acetate" units. However, it has recently been shown (*53*) that the methyl and carboxyl groups in citromycetin biosynthesised by *P. frequentans* in the presence of 2-[^{14}C]-malonate carry only $\sim 30\%$ of the activity of the other five labelled atoms,—compelling evidence that citromycetin can be formed by the condensation of two short chains (e. g., CXXXI).

In the *P. patulum* fermentation, the methoxyl groups of griseofulvin were shown to arise through transfer by the biochemical C_1 donor systems (*66*). The uniform distribution of isotope labelling between the three groups suggested that methylation occurred late in the biosynthesis from a stabilised methyl pool, but more recent work (*102, 104*) has shown that the methylation process is vital to the biosynthesis of (LXX; $R = R' = H$) and that methylation of the benzophenone hydroxyl groups occurs in a stepwise manner, methyl transfer to the potential 4-hydroxyl group taking place last. *P. griseofulvum* mutants grown (*67*) in the presence of [^{14}C]-labelled ethionine synthesised only the 2'-ethoxy compound (XXXIV; $R = OC_2H_5$, $R' = R'' = CH_3$) out of all the possible griseofulvin homologues.

Although there is evidence (*102*) that chlorination takes place at the benzophenone step, and is a key reaction in griseofulvin biosynthesis in shake culture, chlorination of a grisan intermediate occurs in the biogenesis of geodin (IX, p. 208) (*103*). The mechanism may be similar to that operating in the chlorination of the tetracycline nucleus by *Streptomyces aureofaciens* (*48*).

The xanthones (CXV) were formed whenever the benzophenones (LXX; $R = H$ or Cl, $R' = H$) reached a high concentration in the fermentation broth (*102*). The benzophenone (LXX; $R = R' = H$) readily eliminated methanol in vitro giving (CXV; $R = H$), a reaction which might account for the formation of the xanthones. The benzophenone (CXVII) is structurally related to sulochrin (CXXIX; $R = H$) from *Oospora sulphurea-ochracea* (*90, 91*), and its dichloro-derivative (CXXIX; $R = Cl$), a hydrogenolysis product of geodin (IX; $R = Cl$, $R' = CH_3$, p. 208), from *Penicillium paxillii* var. *echinulatum* (*70*). The biosynthesis of sulochrin, which has been converted to dechlorogeodin (IX; $R = H$, $R' = CH_3$) both in vitro (*33*) and by *Aspergillus terreus* (*103*), is not fully understood but the co-occurrence of sulochrin and emodin-5-methyl ether (CXXX) (*108*) in cultures of a strain of *P. frequentans* lends support to an earlier suggestion (*51*) that the benzophenone arose by fission (as shown in CXXX) of a 2-methylanthraquinone which in turn results from intramolecular condensation in a polyketomethylene chain made up of 1 acetate- and 7 malonate-derived C_2 units (*52*).

V. Metabolism.

Little is known of the metabolic fate of griseofulvin in plants and animals.

The slow disappearance of griseofulvin from media supporting growth of *Botrytis allii* and *Mucor ramannianus* was attributed to enzymic degradation on the hyphal surface (*1*). A phenolic degradation product isolated from *M. ramannianus*, remained unidentified (*60*); but demethylation was shown to be the first step in the break-down of griseofulvin by fungi since the trione (IV; $R = Cl$, $R' = CH_3$, p. 206) and the phenols (XXXIV; $R = OCH_3$, $R' = H$, $R'' = CH_3$, p. 220) and (XXXIV; $R = OCH_3$, $R' = CH_3$, $R'' = H$) have been isolated (*16*) after incubation of griseofulvin with *B. allii*, *Cercospora melonis* and *Microsporum canis*, respectively. The quantitative liberation of chloride ion following the decomposition of griseofulvin by a *Pseudomonas* species (*121*) suggested that rupture of the aromatic ring is a feature of microbial degradation.

Griseofulvin was slowly degraded in higher plants, the half-life in bean tissue being about four days (*31*). It was relatively stable in roots but isogriseofulvin (VI) was rapidly degraded, the salicylic acid (XV; $R = COOH$) being a major product (*30*).

The salicylic acid (XV; $R = COOH$, p. 211) (*116*) and the phenol (XXXIV; $R = OCH_3$, $R' = H$, $R'' = CH_3$) (*8*) have been isolated from the urine of mammals after oral administration of griseofulvin. In man the amount of griseofulvin in the urine was never greater than 1% of the dose administered, but larger amounts of the phenol (XXXIV; $R = OCH_3$, $R' = H$, $R'' = CH_3$) were present (*8*).

References.

1. ABBOT, M. T. J. and J. F. GROVE: Uptake and Translocation of Organic Compounds by Fungi. II. Griseofulvin. Exptl. Cell. Res. **17**, 105 (1959).

2. ARISON, B. H., N. L. WENDLER, D. TAUB, R. D. HOFFSOMMER, C. H. KUO, H. L. SLATES and N. R. TRENNER: The Delineation of Griseofulvin and Related Systems by Nuclear Magnetic Resonance Spectroscopy. J. Amer. Chem. Soc. **85**, 627 (1963).

3. ARKLEY, V., J. ATTENBURROW, G. I. GREGORY and T. WALKER: Griseofulvin Analogues. Part I. Modification of the Aromatic Ring. J. Chem. Soc. (London) **1962**, 1260.

4. ARKLEY, V., G. I. GREGORY and T. WALKER: Griseofulvin Analogues. Part VI. Dechlorogriseofulvin and some of its Derivatives. J. Chem. Soc. (London) **1963**, 1603.

5. ASHTON, G. C.: Determination of Griseofulvin in Fermentation Samples. Part II. Isotope-dilution Assay. Analyst **81**, 228 (1956).

6. ASHTON, G. C. and A. P. BROWN: Determination of Griseofulvin in Fermentation Samples. Part I. Spectrophotometric Assay. Analyst **81**, 220 (1956).

7. ASHTON, G. C. and J. P. R. TOOTILL: Determination of Griseofulvin in Fermentation Samples. Appendix to Part I: Seven-point Correction Procedure. Analyst **81**, 225 (1956).

8. BARNES, M. J. and B. BOOTHROYD: The Metabolism of Griseofulvin in Mammals. Biochem. J. **78**, 41 (1961).

9. BARTON, D. H. R. and A. I. SCOTT: The Constitutions of Geodin and Erdin. J. Chem. Soc. (London) **1958**, 1767.

10. BASSETT, E. W. and S. W. TANENBAUM: The Metabolic Products of *Penicillium patulum* and their Probable Interrelationship. Experientia **14**, 38 (1958), and references therein.

10a. BATES, R. B., J. H. SCHAUBLE and M. SOUČEK: The $C_{10}H_{17}$ Side Chain in Mycelianamide. The Stereochemistry of Bergamottin and Umbelliprenin. Tetrahedron Letters **1963**, 1683.

11. BEDFORD, C., K. J. CHILD and E. G. TOMICH: Spectrophotofluorometric Assay of Griseofulvin. Nature **184**, 364 (1959).

12. BIRCH, A. J.: Some Pathways in Biosynthesis. Proc. Chem. Soc. (London) **1962**, 3.

13. BIRCH, A. J., A. CASSERA and R. W. RICKARDS: Intermediates in Biosynthesis from Acetic Acid Units. Chem. and Ind. **1961**, 792.

14. BIRCH, A. J., R. A. MASSY-WESTROPP and R. W. RICKARDS: Studies in Relation to Biosynthesis. Part VIII. The Structure of Mycelianamide. J. Chem. Soc. (London) **1956**, 3717.

15. BIRCH, A. J., R. A. MASSY-WESTROPP, R. W. RICKARDS and H. SMITH: Studies in Relation to Biosynthesis. Part XIII. Griseofulvin. J. Chem. Soc. (London) **1958**, 360.

16. BOOTHROYD, B., E. J. NAPIER and G. A. SOMERFIELD: The Demethylation of Griseofulvin by Fungi. Biochem. J. **80**, 34 (1961).

17. BRIAN, P. W.: Griseofulvin. Trans. Brit. Mycol. Soc. **43**, 1 (1960).

18. BRIAN, P. W., P. J. CURTIS and H. G. HEMMING: A Substance causing Abnormal Development of Fungal Hyphae produced by *Penicillium Janczewskii* Zal. I. Biological Assay, Production and Isolation of 'Curling Factor'. Trans. Brit. Mycol. Soc. **29**, 173 (1946).

19. — — — A Substance causing Abnormal Development of Fungal Hyphae produced by *Penicillium Janczewskii* Zal. III. Identity of 'Curling Factor' with Griseofulvin. Trans. Brit. Mycol. Soc. **32**, 31 (1949).

20. — — — Production of Griseofulvin by *Penicillium Raistrickii*. Trans. Brit. Mycol. Soc. **38**, 305 (1955).

21. British Patent 784,618 (1957).

22. British Patent 788,118 (1957).

23. British Patent 868,958 (1961).

24. BROSSI, A., M. BAUMANN und F. BURKHARDT: Syntheseversuche in der Griseofulvinreihe. 5. Mitt. Zur Synthese von (—)- und (+)-Griseofulvin und ihrer Diastereomeren. Helv. Chim. Acta **45**, 1292 (1962).

25. BROSSI, A., M. BAUMANN, M. GERECKE und E. KYBURZ: Syntheseversuche in der Griseofulvinreihe. Vorl. Mitt. Totalsynthese von Griseofulvin. Helv. Chim. Acta **43**, 1444 (1960).

26. BROSSI, A., M. BAUMANN, M. GERECKE und E. KYBURZ: Syntheseversuche in der Griseofulvinreihe. 1. Mitt. Eine Totalsynthese von Griseofulvin. Helv. Chim. Acta **43**, 2071 (1960).

27. BROWN, W. A. C. and G. A. SIM: Fungal Metabolites. Part I. The Stereochemistry of Griseofulvin: X-ray Analysis of 5-Bromogriseofulvin. J. Chem. Soc. (London) **1963**, 1050.

28. CAHN, R. S., C. K. INGOLD and V. PRELOG: The Specification of Asymmetric Configuration in Organic Chemistry. Experientia **12**, 81 (1956).

29. CROWDY, S. H., D. GARDNER, J. F. GROVE and D. PRAMER: The Translocation of Antibiotics in Higher Plants. 1. Isolation of Griseofulvin and Chloramphenicol from Plant Tissue. J. exp. Bot. **6**, 371 (1955).

30. CROWDY, S. H., A. P. GREEN, J. F. GROVE, P. McCLOSKEY and A. MORRISON: The Translocation of Antibiotics in Higher Plants. 3. The Estimation of Griseofulvin Relatives in Plant Tissue. Biochem. J. **72**, 230 (1959).

31. CROWDY, S. H., J. F. GROVE, H. G. HEMMING and K. C. ROBINSON: The Translocation of Antibiotics in Higher Plants. 2. The Movement of Griseofulvin in Broad Bean and Tomato. J. exp. Bot. **7**, 42 (1956).

32. CROWDY, S. H., J. F. GROVE and P. McCLOSKEY: The Translocation of Antibiotics in Higher Plants. 4. Systemic Fungicidal Activity and Chemical Structure in Griseofulvin Relatives. Biochem. J. **72**, 241 (1959).

33. CURTIS, R. F., C. H. HASSALL, S. NATORI and H. NISHIKAWA: Relationship of the Osoic Acids to Asterric Acid. Chem. and Ind. **1961**, 1360.

34. DALY, C.: A Simplified Spectrophotometric Assay of Griseofulvin in Fermentation Samples. Analyst **86**, 129 (1961).

35. DAWKINS, A. W. and T. P. C. MULHOLLAND: Griseofulvin. Part XV. Some Derivatives of the (l,d)-Stereoisomer of Griseofulvin. J. Chem. Soc. (London) **1959**, 1830.

36. — — Griseofulvin. Part XVI. Synthesis of Compounds related to Griseofulvin. J. Chem. Soc. (London) **1959**, 2203.

37. — — Griseofulvin. Part XVII. Synthesis of 7-Chloro-4,6-dimethoxy-2'-methylgrisan-3,4'-dione. J. Chem. Soc. (London) **1959**, 2211.

38. DAY, A. C., J. NABNEY and A. I. SCOTT: The Total Synthesis of Griseofulvin. Proc. Chem. Soc. (London) **1960**, 284.

39. — — — Oxidative Pairing of Phenolic Radicals. Part I. The Total Synthesis of Griseofulvin. J. Chem. Soc. (London) **1961**, 4067.

40. DEAN, F. M., D. S. DEORHA, J. C. KNIGHT and T. FRANCIS: Spirans. Part III. The Structure and Stereochemistry of the Ozonolysis Products of 3-Alkylidenegris-2'-en-4'-ones. J. Chem. Soc. (London) **1961**, 327.

41. DEAN, F. M., R. A. EADE, R. MOUBASHER and A. ROBERTSON: Fulvic Acid: its Structure and Relationship to Citromycetin and Fusarubin. Nature **179**, 366 (1957).

42. — — — — The Chemistry of Fungi. Part XXVII. The Structure of Fulvic Acid from *Carpenteles brefeldianum*. J. Chem. Soc. (London) **1957**, 3497.

43. DEAN, F. M., T. FRANCIS and K. MANUNAPICHU: Spirans. Part II. The Preparation and Ozonolysis of Derivatives of 3-Ethylidenegris-2'-ene. Anomalous Enolisation in β-Oxo-esters. J. Chem. Soc. (London) **1958**, 4551.

44. DEAN, F. M., P. HALEWOOD, S. MONGKOLSUK, A. ROBERTSON and W. B. WHALLEY: Usnic Acid. Part IX. A Revised Structure for Usnolic Acid and the Resolution of ($\pm$)-Usnic Acid. J. Chem. Soc. (London) **1953**, 1250.

45. DEAN, F. M. and J. C. KNIGHT: Spirans. Part IV. The Oxidation of 3-Alkylidenegrisans to Grisen-3-ones by Ruthenium Tetroxide. J. Chem. Soc. (London) **1962**, 4745.

46. DEAN, F. M. and H. D. LOCKSLEY: Spirans. Part V. Diastereoisomeric Grisenones obtained by Oxidative Cyclisation. J. Chem. Soc. (London) **1963**, 393, and references therein.

47. DEAN, F. M. and K. MANUNAPICHU: Spirans. Part I. The Preparation of Compounds Related to 3,2'-Dioxogrisan. J. Chem. Soc. (London) **1957**, 3112.

48. DI MARCO, A. and P. PENNELLA: The Fermentation of the Tetracyclines. Progr. Industr. Microbiol. **1**, 47 (1959).

49. DUNCANSON, L. A., J. F. GROVE and P. W. JEFFS: Griseofulvin. Part XIII. Homologues of Griseofulvin and 7-Chloro-4,6,4'-trimethoxy-6'-methylgris-3'-ene-3,2'-dione. J. Chem. Soc. (London) **1958**, 2929.

50. DUNCANSON, L. A., J. F. GROVE, J. MACMILLAN and T. P. C. MULHOLLAND: Griseofulvin. Part XII. Position of the Aryl Methyl Ether Linkage Labile to Aqueous Alkali. J. Chem. Soc. (London) **1957**, 3555.

51. GATENBECK, S.: Studies on the Biosynthesis of Anthraquinones in Lower Fungi. Svensk. Kem. Tidskr. **72**, 188 (1960).

52. — The Mechanism of the Biological Formation of Anthraquinones. Acta Chem. Scand. **16**, 1053 (1962).

53. GATENBECK, S. and K. MOSBACH: The Mechanism of the Biosynthesis of Citromycetin. Biochem. Biophys. Res. Comm. **11**, 166 (1963).

54. GERECKE, M., E. KYBURZ, C. v. PLANTA et A. BROSSI: Synthèses dans la série de la griséofulvine. 4ème comm. Synthèse d'analogues de la griséofulvine. Helv. Chim. Acta **45**, 2241 (1962).

55. GILLAM, A. E. and E. S. STERN: An Introduction to Electronic Absorption Spectroscopy in Organic Chemistry. 2nd. Ed. London: Edward Arnold. 1957.

56. GOODALL, S. R., G. I. GREGORY and T. WALKER: Griseofulvin Analogues. Part VII. Replacements in the Aromatic Ring. J. Chem. Soc. (London) **1963**, 1610.

57. GREGORY G. I., P. J. HOLTON, H. ROBINSON and T. WALKER: Griseofulvin Analogues. Part II. Some 3'-Alkylgriseofulvic Acids and their Enol Ethers. J. Chem. Soc. (London) **1962**, 1269.

58. GROVE, J. F.: Griseofulvin. Quart. Rev. (Chem. Soc. London) **1963**, 1.

59. GROVE, J. F., D. ISMAY, J. MACMILLAN, T. P. C. MULHOLLAND and M. A. T. ROGERS: Griseofulvin. Part II. Oxidative Degradation. J. Chem. Soc. (London) **1952**, 3958.

60. GROVE, J. F., P. W. JEFFS and D. W. RUSTIDGE: Griseofulvin. Part X. The Orientation of some Derivatives of 5-Methoxyresorcinol. J. Chem. Soc. (London) **1956**, 1956.

61. GROVE, J. F. and J. C. MCGOWAN: Identity of Griseofulvin and 'Curling Factor'. Nature **160**, 574 (1947).

62. — — Some Applications of Physical Chemistry to the Study of Certain Biologically Active Compounds. Chem. and Ind. **1949**, 647.

63. GROVE, J. F., J. MACMILLAN, T. P. C. MULHOLLAND and M. A. T. ROGERS: Griseofulvin. Part I. J. Chem. Soc. (London) **1952**, 3949.

64. — — — — Griseofulvin. Part IV. Structure. J. Chem. Soc. (London) **1952**, 3977.

65. GROVE, J. F., J. MACMILLAN, T. P. C. MULHOLLAND and J. ZEALLEY: Griseofulvin. Part III. The Structure of the Oxidation Products $C_9H_9O_5Cl$ and $C_{14}H_{15}O_7Cl$. J. Chem. Soc. (London) **1952**, 3967.

66. HOCKENHULL, D. J. D. and W. F. FAULDS: Origin of the Methoxy Group of Griseofulvin. Chem. and Ind. **1955**, 1390.

67. JACKSON, M., E. L. DULANEY, I. PUTTER, H. M. SHAFER, F. J. WOLF and H. B. WOODRUFF: Production of the 2'-Ethoxy Analogue of Griseofulvin by Biosynthesis. Biochem. Biophys. Acta **62**, 616 (1962).

68. Jeffreys, E. G., P. W. Brian, H. G. Hemming and D. Lowe: Antibiotic Production by the Microfungi of Acid Heath Soils. J. Gen. Microbiol. 9, 314 (1953).

69. Knoll, E. W., F. W. Bowman and A. Kirshbaum: Plate Assays for Griseofulvin in Pharmaceutical Preparations and Body Fluids. J. Pharm. Sci. 52, 586 (1963).

70. Komatsu, E.: Biochemistry of Geodin. VIII. Presence of Dihydrogeodin and the Absence of the Oxidising System of Dihydrogeodin (to Geodin) in the Copper-deficient Mycelium of *Penicillium estinogenum*. J. Agric. Chem. Soc. Japan 31, 909 (1957), and earlier papers.

71. Korger, G.: Über die Synthese von Grisanonen-(3). Chem. Ber. 96, 10 (1963).

72. Kuo, C. H., R. D. Hoffsommer, H. L. Slates, D. Taub and N. L. Wendler: A Total Synthesis of Racemic Griseofulvin. Chem. and Ind. 1960, 1627.

73. Kyburz, E., H. Geleick, J. R. Frey und A. Brossi: Syntheseversuche in der Griseofulvinreihe. 2. Mitt. Abwandlungen im Ring C von Griseofulvin. Helv. Chim. Acta 43, 2083 (1960).

74. Kyburz, E., J. Würsch und A. Brossi: Syntheseversuche in der Griseofulvinreihe. 3. Mitt. Eine neue Ringöffnung bei Dehydrogriseofulvin. Helv. Chim. Acta 45, 813 (1962).

75. Lewis, J. R. and J. A. Vickers: Oxidative Coupling: Synthesis of Racemic Dehydrogriseofulvoxin. Chem. and Ind. 1963, 779.

76. Lynen, F. und M. Tada: Die biochemischen Grundlagen der „Polyacetat-Regel". Angew. Chem. 73, 513 (1961).

77. McCloskey, P.: The Preparation of $(\pm)$-α- and $(\pm)$-β-Grisan-3,4'-diol and the Resolution of the α-Isomer. J. Chem. Soc. (London) 1958, 4732.

78. McMaster, W. J., A. I. Scott and S. Trippett: Metabolic Products of *Penicillium patulum*. J. Chem. Soc. (London) 1960, 4628.

79. MacMillan, J.: Griseofulvin. Part VII. Dechlorogriseofulvin. J. Chem. Soc. (London) 1953, 1697.

80. — Griseofulvin. Part IX. Isolation of the Bromo-analogue from *Penicillium griseofulvum* and *Penicillium nigricans*. J. Chem. Soc. (London) 1954, 2585.

81. — Griseofulvin. Part XIV. Some Alcoholytic Reactions and the Absolute Configuration of Griseofulvin. J. Chem. Soc. (London) 1959, 1823.

82. MacMillan, J., T. P. C. Mulholland, A. W. Dawkins and G. Ward: Griseofulvin. Part VIII. Syntheses of the Alkaline Rearrangement Products. J. Chem. Soc. (London) 1958, 429.

83. MacMillan, J. and P. J. Suter: Griseofulvin. Part XI. 4,6-Dimethoxy-2'-methylgrisan-3,4'-dione. J. Chem. Soc. (London) 1957, 3124.

84. Meek, E. G., J. H. Turnbull and W. Wilson: Alicyclic Compounds. Part III. Ultraviolet Absorption, Acidity, and Ring Fission of *cyclo*Hexane-1,3-diones. J. Chem. Soc. (London) 1953, 2891.

85. Mirsei, A. and A. Szabo: Quantitative Determination of Griseofulvin. Nature 196, 1199 (1962).

86. Müller, E., R. Mayer, B. Narr, A. Rieker und K. Scheffler: Über Sauerstoffradikale. XVII. Dehydrierung von Bis-phenolen unter Bildung „innerer" spirocyclischer Chinoläther. Liebigs Ann. Chem. 645, 25 (1961).

87. Mulholland, T. P. C.: Griseofulvin. Part V. Catalytic Reduction. J. Chem. Soc. (London) 1952, 3987.

88. — Griseofulvin. Part VI. Chemistry of the Reduction Products. J. Chem. Soc. (London) 1952, 3994.

89. Natori, S. and H. Nishikawa: Structures of Osoic Acids and Related Compounds, Metabolites of *Oospora sulphurea-ochracea* v. Beyma. Chem. Pharm. Bull. 10, 117 (1962).

90. NISHIKAWA, H.: Über Sulochrin, einen Bestandteil des Myceliums von *Oospora sulphurea-ochracea*. Acta Phytochim. (Tokyo) **11**, 167 (1939).

91. — Biochemistry of the Filamentous Fungi. VI. Mycelial Constituents of *Oospora sulphurea-ochracea*. 3. Trimethylsulochrin and its Fission Products. Bull. Agr. Chem. Soc. Japan **16**, 97 (1940) [Chem. Abstr. **34**, 6936 (1940)], and earlier papers.

92. OXFORD, A. E. and H. RAISTRICK: Studies in the Biochemistry of Microorganisms. 76. Mycelianamide, $C_{22}H_{28}O_5N_2$, a Metabolic Product of *Penicillium griseofulvum* Dierckx. Part I. Preparation, Properties and Breakdown Products. Biochem. J. **42**, 323 (1948).

93. OXFORD, A. E., H. RAISTRICK and P. SIMONART: Studies in the Biochemistry of Microorganisms. XLIV. Fulvic Acid, a new Crystalline Yellow Pigment, a Metabolic Product of *P. griseofulvum* Dierckx, *P. flexuosum* Dale and *P. brefeldianum* Dodge. Biochem. J. **29**, 1102 (1935).

94. — — — Studies in the Biochemistry of Microorganisms. LX. Griseofulvin, $C_{17}H_{17}O_6Cl$, a Metabolic Product of *Penicillium griseofulvum* Dierckx. Biochem. J. **33**, 240 (1939).

95. PAGE, J. E. and S. STANIFORTH: Griseofulvin Analogues. Part V. Infrared Absorption. J. Chem. Soc. (London) **1962**, 1292.

96. — — Griseofulvin Analogues. Part VIII. Infrared Absorption of Griseofulvic Acid and Related Compounds. J. Chem. Soc. (London) **1963**, 1814.

97. PUMMERER, R. und E. CHERBULIEZ: Über die Oxydation der Phenole. II. Dehydromethylnaphthol, ein Beitrag zur Kenntnis der Aroxyle und Methylenchinone. Ber. dtsch. chem. Ges. **47**, 2957 (1914).

98. RAISTRICK, H. and P. SIMONART: Studies in the Biochemistry of Microorganisms. XXIX. 2,5-Dihydroxy-benzoic Acid (Gentisic Acid) a new Product of the Metabolism of Glucose by *Penicillium griseofulvum* Dierckx. Biochem. J. **27**, 628 (1933).

99. RAISTRICK, H. and G. SMITH: Products of *Aspergillus terreus* Thom. Part II. Two new Chlorine-containing Mould Metabolic Products, Geodin and Erdin. Biochem. J. **30**, 1315 (1936).

100. RAMART-LUCAS, P. et VAN COWENBERGH: Effet réel de la cyclisation sur la „couleur" des molécules. Absorption dans l'ultraviolet de l'*o*-méthoxyacétophénone de la β-coumaranone et de γ-chromanone. Bull. soc. chim. (France) **1935**, 1381.

101. REIO, L.: A Method for the Paper-chromatographic Separation and Identification of Phenol Derivatives, Mould Metabolites and Related Compounds of Biochemical Interest using a "Reference System". J. Chromatogr. **1**, 338 (1958).

102. RHODES, A., B. BOOTHROYD, M. P. McGONAGLE and G. A. SOMERFIELD: Biosynthesis of Griseofulvin: the Methylated Benzophenone Intermediates. Biochem. J. **81**, 28 (1961).

103. RHODES, A., M. P. McGONAGLE and G. A. SOMERFIELD: Biosynthesis of Geodin and Asterric Acid. Chem. and Ind. **1962**, 611.

104. RHODES, A., G. A. SOMERFIELD and M. P. McGONAGLE: Biosynthesis of Griseofulvin. Observations on the Incorporation of [^{14}C]-Griseophenone C and [^{36}Cl]-Griseophenones B and A. Biochem. J. **88**, 349 (1963).

105. SCOTT, A. I.: The Oxidation of Substituted 2,4′-Dihydroxybenzophenones by Alkaline Potassium Ferricyanide. Proc. Chem. Soc. (London) **1958**, 195.

106. SIMONART, P., A. WIAUX et H. VERACHTERT: Étude biochimique de *Penicillium griseofulvum* Dierckx. II. Formation d'acides dihydroxybenzoïques. Bull. Soc. Chim. biol. **41**, 541 (1959), and earlier papers.

107. Stephenson, L., T. Walker, W. K. Warburton and G. B. Webb: Griseofulvin Analogues. Part IV. The Preparation and Properties of some Chlorides. J. Chem. Soc. (London) **1962**, 1282.

108. Stickings, C. E. and A. Mahmoodian: Metabolites of *Penicillium frequentans* Westling and their Significance for the Biosynthesis of Sulochrin. Chem. and Ind. **1962**, 1718.

109. Stork, G. and M. Tomasz: A Stereospecific Total Synthesis of Griseofulvin. J. Amer. Chem. Soc. **84**, 310 (1962).

110. — — A New Synthesis of Cyclohexenones: The Double Michael Addition of Vinyl Ethynyl Ketones to Active Methylene Compounds. Application to the Total Synthesis of Griseofulvin. J. Amer. Chem. Soc. **86**, 471 (1964).

111. Taub, D., C. H. Kuo, H. L. Slates and N. L. Wendler: A Total Synthesis of Griseofulvin and its Optical Antipode. Tetrahedron **19**, 1 (1963).

112. Taub, D., C. H. Kuo and N. L. Wendler: Synthesis in the Griseofulvin Series: 7-Fluoro-7-dechloro-griseofulvin, an Active Analogue. Chem. and Ind. **1962**, 557.

113. — — — Synthesis in the Griseofulvin Series: Chloro Analogues and a New Synthesis of Griseofulvin. Chem. and Ind. **1962**, 1617.

114. Taub, D. and N. L. Wendler: Synthesis in the Griseofulvin Series: 6'-Demethylgriseofulvin. Angew. Chem., Int. Ed. **1**, 506 (1962).

115. Thomas, R.: Studies in the Biosynthesis of Fungal Metabolites. 2. The Biosynthesis of Alternariol and its Relation to other Fungal Phenols. Biochem. J. **78**, 748 (1961).

116. Tomomatsu, S. and J. Kitamura: Separation of 3-Chloro-4,6-dimethoxy-salicylic Acid from the Urine of Rabbit administered Griseofulvin. Chem. Pharm. Bull. **8**, 755 (1960).

117. Udagawa, K. and S. Abe: Production of Griseofulvin by some Strains of the Genus *Penicillium*. J. Antibiotics (Tokyo) **14 A**, 215 (1961).

118. Vaněk, Z. and M. Souček: Factors Determining the Biosynthesis of Griseofulvin and Similar Substances. Folia Microbiol. **7**, 262 (1962).

119. Walker, T., W. K. Warburton and G. B. Webb: Griseofulvin Analogues. Part III. Halogen Derivatives of Griseofulvin. J. Chem. Soc. (London) **1962**, 1277.

120. Whalley, W. B.: Some Structural and Biogenetic Relationships in Plant Phenolics. In: W. D. Ollis (Edit.), Recent Developments in the Chemistry of Natural Phenolic Compounds, p. 20. Oxford: Pergamon Press. 1961.

121. Wright, J. M. and J. F. Grove: The Production of Antibiotics in Soil. V. Breakdown of Griseofulvin in Soil. Ann. Appl. Biol. **45**, 36 (1957).

(Received, November 26, 1963.)

The Chemistry of Toxins Isolated from Some Marine Organisms.

By PAUL J. SCHEUER, Honolulu.

With 4 Figures.

Contents.

Acknowledgments. It is a pleasure to acknowledge the valuable assistance on *materia zoologica* by Professor A. H. BANNER and Dr. P. HELFRICH, who also supplied the illustrations, of the Hawaii Marine Laboratory. Previously unpublished research from this Laboratory which is mentioned in the present paper was supported by grants from the U. S. Public Health Service.

I. Introduction.

A major achievement in the long-neglected research on the chemistry of toxic substances of marine origin was the recently accomplished determination of the structure of tetrodotoxin. Completion of this difficult problem in two Japanese and one United States laboratory and announcement of the results at the IUPAC symposium in Kyoto, Japan, marked a significant milestone in this area of natural products chemistry.

Much of the early work in the field dealt with the pharmacology of the toxins, while the chemistry of these substances remained in an exploratory state. These aspects have been ably reviewed in recent years (*12, 27, 32, 39*). The published reviews and monographs contain many leads to interesting problems in this area, where little or no chemical work has been done. No attempt will be made in this chapter to cover that ground again. Instead, emphasis will be placed on chemical research dealing with some marine toxins and carried out during the past several years.

From a chemist's point of view it would be desirable to base the organization of this chapter on structural relationships. Since, however, structures of only a few toxins are known with certainty, the presentation will follow a biological outline. No new work appears to have been reported on toxins derived from marine plants since the publication of SCHWIMMER and SCHWIMMER's monograph (*39*) in 1955. The present review will therefore deal with toxins which have been isolated from marine animals.

II. Toxins Isolated from Chordates.

1. Tetrodotoxin.

The highly toxic nature of the ovaries of various puffer (swell, globe, fugu) fishes had long been known and was recognized as a public health

Fig. 1. Smooth Puffer, *Arothron hispidus* (LINN.). (Length, about 20 cm.)

problem in Japan, where these fishes are an esteemed food. A pure toxin, named spheroidine, was first isolated from the puffer *Sphaeroides rubripes* (TEMMINICK and SCHLEGEL), family Tetraodontidae, by YOKOO (*51*) in 1948 and assigned a molecular formula of $C_4H_7NO_3$. A closely related Hawaiian puffer is illustrated in *Fig. 1*. A corrected formula of $C_{12}H_{17}N_3O_{10}$ was postulated by YOKOO (*52*) in 1952. TSUDA and his group at the University of Tokyo began investigations of the constituents of the puffer fish in 1950 (*44*). In 1952 Tsuda (*45*) initiated research on the chemistry of the toxic principle, which he named tetrodotoxin. A series of papers from his laboratory dealing with the physical properties and the degradation of the toxin culminated in the announcement of the completed structural proof at the IUPAC Symposium on the Chemistry of Natural Products in Kyoto on April 13, 1964. A summary of the salient data follows.

Tetrodotoxin although crystalline has no definite melting point. It begins to darken at ca. 220° and chars without melting at higher temperatures. It is an optically active ($[\alpha]_D^{25}$ — 8.64°, dilute acetic acid) "monoacidic base", pk_a 8.3. Because of its poor solubility characteristics it can be purified only with difficulty and, while analytical data had been published in 1953 (*46*), it was only in 1960 (*47*) that a new molecular formula of $C_{12}H_{19}N_3O_9$ was proposed. This was again revised to $C_{11}H_{17}N_3O_8$ by Hirata and coworkers (*17*) in 1963. More recently, the Tsuda group (*50*) favored $C_{22}H_{32}N_6O_{15}$, the anhydrodimer of the Hirata formula (V, p. 268).

The first important degradation product of tetrodotoxin was obtained by the Tsuda group after hydrolysis in aqueous base. Its structure (I)

(I.) 2-Amino-6-hydroxymethylene-8-hydroxy-quinazoline.

was determined by physical methods and degradation (*42*) and confirmed by synthesis of the 8-methoxy derivative (*43*). Parallel work by the Nagoya group (*15*) led to the same conclusion. A quinazoline degradation product (II) was also formed by acid hydrolysis of the toxin (*16*).

(II.) 2-Amino-6-hydroxy-quinazoline.

Tetrodoic acid, $C_{11}H_{19}N_3O_9$, an amino acid obtained by the Tokyo group from tetrodotoxin by treatment with water was transformed into a crystalline hydrobromide and its structure (III) was proven by X-ray diffraction (*49*). Based on this result Tsuda (*49*) further put forth three possible structures for tetrodotoxin itself, but none of them proved to be correct.

(III.) Tetrodoic acid hydrobromide.

A second degradation product of tetrodotoxin, bromoanhydrotetrodoic lactone hydrobromide, $C_{11}H_{15}N_3O_7Br_2$, was subjected to X-ray analysis (*41*). It was prepared by the Hirata group from tetrodotoxin by treatment with 5% barium hydroxide solution, followed by neutralization to an anhydrotetrodoic acid and hence treatment with bromine water (*19*).

(IV.) Bromoanhydrotetrodoic lactone hydrobromide.

Its structure was shown to be (IV) (*19, 41*). Coupled with this result, the Nagoya group also considered a number of structures for the toxin itself (*17, 19*). A lactone formulation was rejected since the infrared spectrum of the toxin is transparent between 1700 and 1800 cm.$^{-1}$; two ortho-ester type formulas were eliminated because of the incompatible pk_a-value of the toxin and because NMR data did not agree with the assumed conformation of the guanidine-containing ring. A six-membered lactam representation was favored in spite of the lack of corresponding IR absorption.

In a subsequent communication (*18*) Hirata and coworkers no longer favored a lactam structure for the toxin but cited new evidence for the previously rejected ortho-ester formulation (V). A key point in this reversal was the consideration of the pk_a-values in water and in 50% aqueous ethanol. The value obtained in aqueous medium of 8.76

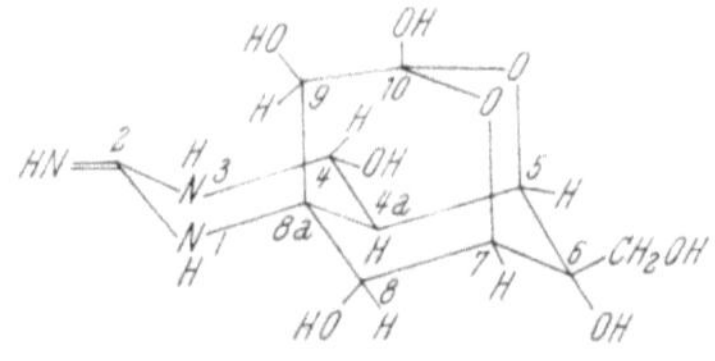

(V.) Tetrodotoxin.

(or 8.3, p. 267) had always been difficult to explain on the basis of a guanidine structure. This had been a strong reason for favoring a lactam structure in spite of absence of lactam absorption in the infrared. When the pk_a of tetrodotoxin was determined in aqueous ethanol, the value was 9.4. This behavior is characteristic of acids rather than bases. The hydroxy group at $C_{(10)}$ in the ortho-ester formula (V) would be sufficiently acidic to account for this. Tetrodotoxin, therefore, does not titrate as a monoacidic base but as a monobasic acid.

R. B. WOODWARD and coworkers were conducting an independent investigation of the structure of tetrodotoxin during the past few years. While that group has not published their results, disclosure by WOODWARD at the IUPAC Symposium showed that they had also arrived at the ortho-ester formulation.

Since tetrodotoxin itself could not be subjected to X-ray analysis and since the key derivatives, the structures of which had been rigorously

(VI.) Tetrodotoxin (crystallin dimer).

proven, resulted from tetrodotoxin by chemical transformation in solution, a possible ambiguity remains regarding the structure of crystalline tetrodotoxin. Two communications by the TSUDA group (*48, 50*) are concerned with this question. Acetylation of tetrodotoxin with acetic anhydride and pyridine furnished a polyacetate, which in turn could be converted by methanolysis into a diacetyl-anhydro derivative. Treatment of this compound with 1% base afforded anhydro-tetrodotoxin. Loss of a molecule of water was believed to have occurred between the $C_{(4)}$- and $C_{(9)}$-hydroxyls of tetrodotoxin. When the anhydro derivative was stirred with aqueous ammonia at room temperature for seven days, a new compound, tetrodaminotoxin, was isolated. The sequence of reactions could be reversed: sodium nitrite and dilute hydrochloric acid first led to the anhydro derivative, then to tetrodotoxin. Tetrodotoxin and tetrodaminotoxin exhibited close similarity in their IR and NMR spectra and in their powder diffraction patterns. Analytical data for tetrodaminotoxin were in good agreement with the dimeric formula $C_{22}H_{33}N_7O_{14}$, but checked poorly with a monomeric formulation of $C_{11}H_{18}N_4O_7$. Since the NMR spectra of tetrodotoxin and of tetrodaminotoxin showed their only significant difference in the signals attributed to the $C_{(4)}$-proton, the structure of tetrodaminotoxin was postulated to be a dimer in which the $C_{(4)}$-hydroxyls of two molecules of (V) are replaced by an imino bridge (VI). Crystalline tetrodotoxin, in turn, would be dimeric with the two halves joined by an oxido bridge.

During 1963, while the Hirata, Tsuda and Woodward groups were approaching the climax in their independent efforts to determine the structure of tetrodotoxin, an interesting development was reported by Mosher (*31*). A similarity was noted, both chemically and pharmacologically, between tetrodotoxin and tarichatoxin, a toxin isolated from the eggs and embryos of the California newt *Taricha torosa**—a biological source totally unrelated to the puffer fish. In a second communication from the Mosher group (*7*) identity of the two toxins was demonstrated. Direct comparison of the corresponding heptaacetates (melting points, mass spectra, infrared spectra, optical rotations and nuclear magnetic resonance spectra), pentaacetates and diacetates proved beyond doubt that tarichatoxin and tetrodotoxin are identical. Mosher's structural investigations were disclosed at the IUPAC Symposium. He also arrived at the ortho-ester structure (V) on the basis of pk_a data in aqueous and non-aqueous media and of NMR data of a new heptaacetate. An excellent, detailed account of the tarichotoxin-tetrodoxin work, up to the time of the IUPAC Symposium, recently was rendered by Mosher and coworkers (*31a*).

The Stanford group, which was working with tarichatoxin, must also be credited with a careful pharmacological study of the toxin: the neurotoxic nature of the compound was clearly established (*31a*).

Discussion among the four groups during the IUPAC Symposium regarding the possible dimeric nature of tetrodotoxin led to the conclusion that tetrodotoxin in solution doubtless acts in conformance with the monomeric structure (V), and that present physical methods are not capable of resolving the remaining ambiguity residing in the nature of crystalline tetrodotoxin.

2. Pahutoxin.

Within the order Plectognathi, to which belongs the family Tetraodontidae or puffers, there is the closely related family of trunk- or

---

* Other species of *Taricha* bearing the identical toxin were found to be *T. torosa sierrae*, and *T. rivularis*. *T. granulosa* was found to produce toxic eggs, but the identity of the toxin remained undetermined (*31a*).

boxfishes, Ostraciidae. A member of this family, *Ostracion lentiginosus* (SCHNEIDER), illustrated in *Fig. 2*, is common in Hawaiian waters. BROCK (*6*) had noted that certain reef fishes died when they were confined with boxfish. He concluded that a toxic secretion may be responsible for this. THOMSON (*40*) succeeded in collecting the toxic secretion, for which he developed a bioassay using brackish water mollies, *Mollienesia*

Fig. 2. Boxfish, *Ostracion lentiginosus* (BLOCH and SCHNEIDER). (Length, about 15 cm.)

lalipinna (LE SEUR). Its toxicity toward warm-blooded animals seems to be slight. BOYLAN (*5*) has crystallized the toxin, which is a colorless highly hygroscopic substance, $[\alpha]_D^{22} + 3°$ (methanol), subject to ready hydrolysis. The toxin has been named pahutoxin since "pahu" is the Hawaiian word for "box". Structure determination is in progress in the writer's laboratory.

3. Ciguatoxin.

In marked contrast to the clearly identified source of tetrodotoxin and of pahutoxin, the biological source and the distribution of a fish

Fig. 3. Red Snapper, *Lutjanus bohar* (FORSKÅL). (Length, about 50 cm.)

poison known as "ciguatera" have long posed a puzzle. The term is of Spanish origin and was first used in the Carribean to describe an illness which was caused by ingestion of a marine snail, *Livona pica*, that was called "cigua" (*23*). At the present time, ciguatera seems to occur largely in the Pacific. According to one source (*12*) as many as three hundred species of tropical reef fishes may bear the toxin. Even if this figure is generous, the substantiated variability of the toxin within narrow geographic areas and with time (*23*) combine to make ciguatera a threatening public health problem in the Pacific.

Isolation, purification, and bioassay procedures have been published (*3, 4, 24, 25*). The red snapper, *Lutjanus bohar* (Forskål), illustrated in *Fig. 3*, is a widely distributed table fish in the Pacific and has been the

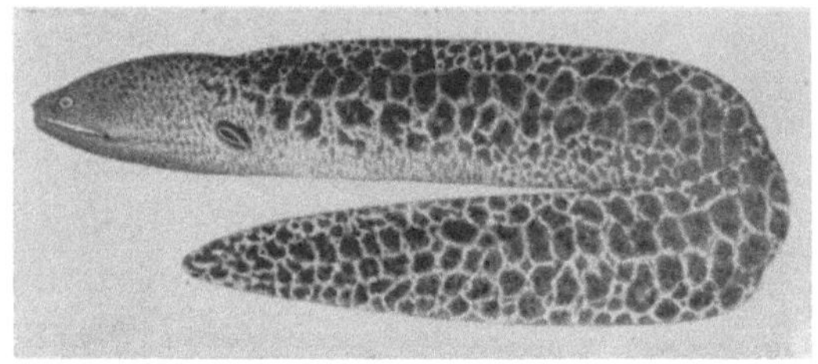

Fig. 4. Moray Eel, *Gymnothorax flavimarginatus* (Rüppel). (Length, about 120 cm.)

source of toxin in most of the research to-date. Decline in toxicity of the snapper from the Line Islands in recent years (*53*) has forced isolation of ciguatoxin from the moray eel, *Gymnothorax javanicus* (Bleeker). A closely related species is illustrated in *Fig. 4*. Fortunately, and contrary to earlier speculation (*12*), it could be demonstrated (*53*) that these toxins are identical.

Ciguatoxin has not been crystallized, but its homogeneity has been ascertained (*53*). Combustion data and spectral behavior indicate that this toxin may be a phosphatidic ester (*53*).

III. Toxins Isolated from Echinoderms.

1. The Holothurins.

The toxicity to fish of certain sea cucumbers, comprising the Class Holothuriodia, has long been known to natives of the Indo-Pacific (*33*). In addition, it has been reported (*14*) that partially purified preparations of the toxic principle(s) exhibit, among others, antitumor activity against Sarcoma-180 and Krebs-2 ascites tumor.

A New York group isolated the toxic principle, holothurin, from the Bahamian sea cucumber *Actinogypa agassizi* (Selenka), where it is concentrated in the so-called Cuvierian glands of the animal. Crystalline material was obtained via its cholesterol adduct and designated holothurin A (*10*). Mosettig and coworkers (*26*) found that cholesterol holothuride was formed in a ratio of 2 : 1 and could readily be decomposed with dimethyl sulfoxide. Regenerated holothurin A was recrystallized from methanol, $[\alpha]_D^{25} - 18.6°$ (water). Suggested composition was $C_{50-52}H_{81-85}O_{25-26}SNa$, and the molecular weight, based on data for sulfur and sodium, was 1155.

Acid hydrolysis of the neutral, non-reducing holothurin A yielded water-insoluble aglycones, sulfuric acid and water-soluble reducing sugars (*11*). The authors further formed the working hypothesis that holothurin A is a mixture of several closely related sulfate ester glycosides, that each glycoside contains a steroid aglycone of 26 to 28 carbon atoms and 4 to 5 oxygen atoms, as well as one molecule each of four sugars, and one molecule of sulfuric acid residue as the sodium salt.

Enzymatic hydrolysis of holothurin A at pH 5.3 served to determine the sequence of sugars: quinovose (glucomethylose, a sugar in which the terminal CH_2OH group of *D*-glucose is replaced by CH_3), 3-O-methyl-glucose, glucose, and xylose. Xylose was found to be attached to the aglycone. The other three sugars were found to be attached to xylose in reverse order: glucose, 3-O-methylglucose, quinovose.

From a different sea cucumber, *Holothuria vagabunda*, YAMANOUCHI (*29*) isolated a holothurin which was toxic to fish and to warm-blooded animals. On acid hydrolysis he obtained a holothurigenin, m. p. 301°' $[\alpha]_D + 14.9°$. A formula of $C_{30}H_{44}O_5$ was suggested. Chemical and physical data were consistent with a structure which embraces a hetero-annular diene, a γ-lactone and three hydroxy groups, which could be acetylated selectively.

2. Star Fish Saponins.

Although no definitive chemical work has been published, it is interesting to note that toxic constituents of the same chemical nature— steroidal—have been isolated from members of the Class Asteroidea belonging to the same phylum, Echinodermata, as the sea cucumbers. HASHIMOTO (*21*) reported isolation of an amorphous, toxic saponin from the starfish *Asterina pectinifera*. The same group (*22*) has in hand a crystalline toxic saponin from the starfish *Asterias amurensis* (LÜTKEN).

IV. Toxins Isolated from Mollusks.

Saxitoxin.

There exists a large body of literature dealing with various aspects of paralytic shellfish poisons. No attempt will be made here to review the work prior to 1960 and for references to earlier work SCHANTZ' review (*35*) should be consulted.

Sporadic outbreaks of poisonings from eating mussels and clams along the Pacific coast of North America have long been known. During the 1920's it could be shown that shellfish became toxic only during times of "red tides", a situation caused by the presence in the ocean of a dinoflagellate *Gonyaulax catenella*. California mussels, *Mytilus californianus*, Alaska butter clams, *Saxidomus giganteus*, and Bay of Fundy scallops, *Pecten grandis*, all have been used for isolation of the powerful toxin. Most of the recent chemical work has been carried out with toxin isolated from the clam which retains the toxin in its siphon. Rapoport (*38*) named the toxic principle saxitoxin.

Since neither saxitoxin, $C_{10}H_{17}N_7O_4$, nor its dihydrochloride have been crystallized, considerable effort has been expended to effect purification. Refinement of these techniques is continuing (*1, 2, 9*). Saxitoxin is optically active, $[\alpha]_D + 130°$, may be titrated as a diacidic base, pk_a 8.1 and 11.5, and is transparent in the ultraviolet (*36, 37*). Noteworthy early findings established that the toxin is labile to base in presence of air, that it may be reduced to a nontoxic dihydro derivative, and that guanidino-propionic acid is isolated upon drastic oxidation with permanganate or periodic acid.

The only major degradation product of saxitoxin to-date was isolated by Rapoport (*38*). Treatment of saxitoxin with phosphorus and hydriodic acid in acetic acid afforded a 57% yield of a weakly basic compound, m. p. 100–102°, $C_8H_{10}N_2O$, containing eight of the original ten carbon atoms of saxitoxin. This degradation product could be hydrogenated to

a tetrahydro-derivative, m. p. 129–131°, $C_8H_{14}N_2O$. Further degradation of the tetrahydro compound established it to be 8-methyl-2-oxo-1,2,4,5,6, 6a,7,8-octahydroprrolo[1,2-c]pyrimidine (VII) which was identical with synthetic (VII). Compound (VII) could be oxidized to 8-methyl-2-oxo-2,4,5,6-tetrahydropyrrolo[1,2-c]pyrimidine (VIII) which in turn was identical with the saxitoxin degradation product, m. p. 100–102°.

No further work has been published to-date on this subject.

V. Toxins Isolated from Annelids.

Nereistoxin.

Japanese rod fishermen who were using as bait the marine worm *Lumbriconereis heteropoda* (Marenz) observed that some insects died when they came in contact with the dead body of the worm. The neuro-toxin responsible for this action was named nereistoxin. It is a faintly yellow crystalline substance, m. p. 178–180°, $C_5H_{11}NS_2$. It has an unpleasant odor and forms stable salts with oxalic or picric acid (*20*).

The key degradation product, N,N-dimethylisopropyl-amine, was obtained when the bisbenzoyl derivative of nereistoxin was treated with Raney nickel. This result coupled with physical data of the toxin led to its structure, 4-N,N-dimethylamino-1,2-dithiolane (IX) (*34*).

VI. Toxins Isolated from Coelenterates.

Palytoxin.

In the course of our investigation of ciguatoxin (p. 271) it was brought to our attention that a toxic seaweed, "limu-make-o-Hana", occurs in a bay near Hana, Hawaii, on the island of Maui. A collection of the material revealed that it was indeed toxic to mice, but that it was a soft coral or sea anemone, probably of the genus *Palythoa*, Family Zoanthidae.

The toxin, which was named palytoxin, could be purified by chromato-graphy (*30*). It is a highly hygroscopic substance and has not been crystallized. It is sensitive to both acid and base. Although nitrogen is present in the molecule, the ratio of nitrogen to carbon appears to be very low.

While the host animal of the toxin, *Palythoa*, is fairly abundant in Hawaiian waters, collections from locations other than the original tide pool off Maui have so far proved to be non-toxic.

VII. Toxins Isolated from Protozoans.

Saxitoxin.

It was mentioned in Chapter IV (p. 273) that the sporadic toxicity of shellfish due to saxitoxin was traced to the blooming of the marine dinoflagellate *Gonyaulax catenella*. Although the circumstantial evidence of the "red tides" was convincing, identity of the toxins from two sources needed to be demonstrated. This was done by PROVASOLI and coworkers (*8*) who in the course of their work succeeded in culturing *G. catenella*.

VIII. Conclusion.

If one reflects that perhaps fewer than a dozen toxic natural products of marine origin are currently under active chemical investigation and that structures of only two such substances have been elucidated, one must readily admit that this is a very small part of natural products chemistry. Contrasted with this must be the facts that the marine environment harbors a greater diversity of animals than are encountered in terrestrial surroundings, and that a large number of these elaborate interesting organic molecules, many of them toxic (*13*). Furthermore, the marine toxins which have been studied are among the most powerful naturally occurring poisons, a point which was recently illuminated by Witkop (*28*) in his paper on the venom of the Colombian arrow poison frog.

Admittedly, the rather formidable difficulties and the expense of collecting and returning to the laboratory large quantities of marine organisms account heavily for the lack of chemical activity in this area. Yet natural products chemists have succeeded in studying the pigments of bird feathers or curare alkaloids, which had presented equally challenging collecting problems. There is reason to believe that the period of neglect in marine natural products chemistry has come to an end: structural work on nereistoxin and on tetrodotoxin was completed within the past two years.

It would be interesting to discuss at this point the relationship of molecular structure to physiological action of these toxins. There is extant a vast body of zoological and pharmacological literature on the subject. Kaiser and Michl (*27*) mention the existence of no fewer than 1,700 references to marine toxins in the Preface of their 1958 monograph. Yet the bulk of toxicity studies was carried out with partially purified material. And even within this severe limitation sizable gaps may be found where no comparable physiological data have been published. A fruitful discussion of these topics must therefore await further study.

References.

1. Bannard, R. A. B. and A. A. Casselman: Clam Poison. II. Purification of Clam Poison Residues by a Heavy-Paper Technique. Canad. J. Chem. **39**, 1879 (1961).

2. — — Clam Poison. III. Paper Electrophoresis of Clam Poison. Canad. J. Chem. **40**, 1649 (1962).

3. Banner, A. H., S. Sasaki, P. Helfrich, C. B. Alender and P. J. Scheuer: Bioassay of Ciguatera Toxin. Nature **189**, 229 (1961).

4. Banner, A. H., P. J. Scheuer, S. Sasaki, P. Helfrich and C. B. Alender: Observations on Ciguatera-Type Toxin in Fish. Ann. New York Acad. Sci. **90**, 770 (1960).

5. Boylan, D. B. and P. J. Scheuer: Unpublished observations.

6. Brock, V. E.: Possible Production of Substances Poisonous to Fishes by the Boxfish. Copeia **3**, 195 (1955).

7. Buchwald, H. D., L. Durham, H. G. Fischer, R. Harada, H. S. Mosher, C. Y. Kao and F. A. Fuhrman: Identity of Tarichatoxin and Tetrodotoxin. Science **143**, 474 (1964).

8. Burke, J. M., J. Marchisotto, J. J. A. McLaughlin and L. Provasoli: Analysis of the Toxin Produced by *Gonyaulax catenella* in Axenic Culture. Ann. New York Acad. Sci. **90**, 837 (1960).

9. CASSELMAN, A. A., R. GREENHALGH, H. H. BROWNELL and R. A. B. BANNARD: Clam Poison. I. The Paper Chromatographic Purification of Clam Poison Dihydrochloride. Canad. J. Chem. **38**, 1277 (1960).

10. CHANLEY, J. D., R. LEDEEN, J. WAX, R. F. NIGRELLI and H. SOBOTKA: Holothurin. I. The Isolation, Properties and Sugar Components of Holothurin A. J. Amer. Chem. Soc. **81**, 5180 (1959).

11. CHANLEY, J. D., J. PERLSTEIN, R. F. NIGRELLI and H. SOBOTKA: Further Studies on the Structure of Holothurin. Ann. New York Acad. Sci. **90**, 902 (1960).

12. COURVILLE, D. A., B. W. HALSTEAD and D. W. HESSEL: Marine Biotoxins: Isolation and Properties. Chem. Rev. **58**, 235 (1958).

13. FOX, D. L.: Perspectives in Marine Biochemistry. Ann. New York Acad. Sci. **90**, 617 (1960).

14. FRIESS, S. L., F. G. STANDAERT, E. R. WHITCOMB, R. F. NIGRELLI, J. D. CHANLEY and H. SOBOTKA: Some Pharmacological Properties of Holothurin A, a Glycosidic Mixture from the Sea Cucumber. Ann. New York Acad. Sci. **90**, 893 (1960).

15. GOTO, T., Y. KISHI and Y. HIRATA: Structure of the C_9-Base, an Alkaline Degradation Product of Tetrodotoxin. Bull. Chem. Soc. Japan **35**, 1045 (1962).

16. — — — Structure of the C_8-Base, an Acid Degradation Product of Tetrodotoxin. Bull. Chem. Soc. Japan **35**, 1244 (1962).

17. GOTO, T., Y. KISHI, S. TAKAHASHI and Y. HIRATA: The Structure of Tetrodotoxin. Tetrahedron Letters **1963**, 2105.

18. — — — — Further Studies on the Structure of Tetrodotoxin. Tetrahedron Letters **1964**, 779.

19. GOTO, T., S. TAKAHASHI, Y. KISHI, Y. HIRATA, Y. TOMIIE and I. NITTA: The Structure and Stereochemistry of Tetrodotoxin. Tetrahedron Letters **1963**, 2115.

20. HASHIMOTO, Y. and T. OKAICHI: Some Chemical Properties of Nereistoxin. Ann. New York Acad. Sci. **90**, 667 (1960).

21. HASHIMOTO, Y. and T. YASUMOTO: Confirmation of Saponin as a Toxic Principle of Starfish. Bull. Japan Soc. Scient. Fisheries **26**, 1132 (1960).

22. — — Personal communication.

23. HELFRICH, P.: Fish Poisoning in the Tropical Pacific. Honolulu: Hawaii Marine Laboratory. 1961.

24. HESSEL, D. W.: Marine Biotoxins. II. The Extraction and Partial Purification of Ciguatera Toxin from *Lutjanus bohar* (Forskål). Toxicol. Appl. Pharmacol. **3**, 574 (1961).

25. HESSEL, D. W., B. W. HALSTEAD and N. H. PECKHAM: Marine Biotoxins. I. Ciguatera Poison: Some Biological and Chemical Aspects. Ann. New York Acad. Sci. **90**, 788 (1960).

26. ISSIDORIDES, C. H., I. KITAGAWA and E. MOSETTIG: Cleavage of Steroidal Digitonides in Dimethyl Sulfoxide. J. Organ. Chem. (USA) **27**, 4693 (1962).

27. KAISER, E. und H. MICHL: Die Biochemie der tierischen Gifte. Wien: F. Deuticke. 1958.

28. MÄRKI, F. and B. WITKOP: The Venom of the Colombian Arrow Poison Frog *Phyllobates bicolor*. Experientia **19**, 329 (1963).

29. MATSUNO, T. and T. YAMANOUCHI: A New Triterpenoid Sapogenin of Animal Origin (Sea Cucumber). Nature **191**, 75 (1961).

30. MOORE, R. E. and P. J. SCHEUER: Unpublished observations.

31. MOSHER, H. S. and M. S. BROWN: Tarichatoxin: Isolation and Purification. Science **140**, 295 (1963).

31a. MOSHER, H. S., F. A. FUHRMAN, H. D. BUCHWALD and H. G. FISCHER: Tarichatoxin-Tetrodotoxin: A Potent Neurotoxin. Science **144**, 1100 (1964).

32. Nigrelli, R. F. (Edit.): Biochemistry and Pharmacology of Compounds Derived from Marine Organisms. Ann. New York Acad. Sci. **90**, 615 (1960).

33. Nigrelli, R. F. and S. Jakowska: Effects of Holothurin, a Steroid Saponin from the Bahamian Sea Cucumber *(Actinopyga agassizi)*, on Various Biological Systems. Ann. New York Acad. Sci. **90**, 884 (1960).

34. Okaichi, T. and Y. Hashimoto: The Structure of Nereistoxin. Agr. Biol. Chem. (Tokyo) **26**, 224 (1962).

35. Schantz, E. J.: Biochemical Studies on Paralytic Shellfish Poisons. Ann. New York Acad. Sci. **90**, 843 (1960).

36. — Some Chemical and Physical Properties of Paralytic Shellfish Poisons Related to Toxicity. J. Med. Pharm. Chem. **4**, 459 (1961).

37. Schantz, E. J., J. D. Mold, W. L. Howard, J. P. Bowden, D. W. Stanger, J. M. Lynch, O. P. Wintersteiner, J. D. Dutcher, D. R. Walters and B. Riegel: Paralytic Shellfish Poison. VIII. Some Chemical and Physical Properties of Purified Clam and Mussel Poisons. Canad. J. Chem. **39**, 2117 (1961).

38. Schuett, W. and H. Rapoport: Saxitoxin, the Paralytic Shellfish Poison. Degradation to a Pyrrolopyrimidine. J. Amer. Chem. Soc. **84**, 2266 (1962).

39. Schwimmer, M. and D. Schwimmer: The Role of Algae and Plankton in Medicine. New York: Grune and Stratton, Inc. 1955.

40. Thomson, D. A.: A Histological Study and Bioassay of the Toxic Stress Secretion of the Boxfish *(Ostracion lentiginosus)*. Thesis, Univ. of Hawaii. 1963.

41. Tomiie, Y., A. Furusaki, K. Kasami, N. Yasuoka, K. Miyake, M. Haisa and I. Nitta: The Crystal and Molecular Structure of Bromoanhydrotetrodoic Lactone Hydrobromide, a Derivative of Tetrodotoxin. Tetrahedron Letters **1963**, 2101.

42. Tsuda, K., S. Ikuma, M. Kawamura, R. Tachikawa, Y. Baba and T. Miyadera: Tetrodotoxin. IV. Structure of the C_9-Base which is Obtained by Treatment of Tetrodotoxin with Alkali. Chem. Pharm. Bull. (Tokyo) **10**, 856 (1962).

43. Tsuda, K., S. Ikuma, M. Kawamura, R. Tachikawa and T. Miyadera: Tetrodotoxin. V. Synthesis of the C_9-Base-Methylether. Chem. Pharm. Bull. (Tokyo) **10**, 865 (1962).

44. Tsuda, K. and M. Kawamura: The Constituents of the Ovaries of Globefish. The Isolation of *meso*-Inositol and Sillitol from the Ovaries. J. Pharm. Soc. Japan **70**, 432 (1950).

45. — — Constituents of the Ovaries of Globefish. VII. Purification of Tetrodotoxin by Chromatography. 2. J. Pharm. Soc. Japan **72**, 711 (1952).

46. — — The Constituents of the Ovaries of Globefish. VIII. Studies on Tetrodotoxin. Chem. Pharm. Bull. (Tokyo) **1**, 112 (1953).

47. Tsuda, K., M. Kawamura and R. Hayatsu: Constituents of the Ovaries of Globefish. XI. Tetrodotoxin. Chem. Pharm. Bull. (Tokyo) **8**, 257 (1960).

48. Tsuda, K., R. Tachikawa, K. Sakai, C. Tamura, O. Amakasu, M. Kawamura and S. Ikuma: On the structure of Tetrodotoxin. Chem. Pharm. Bull. (Tokyo) **12**, 642 (1964).

49. Tsuda, K., C. Tamura, R. Tachikawa, K. Sakai, O. Amakasu, M. Kawamura and S. Ikuma: Constitution and Configuration of Tetrodoic Acid. Chem. Pharm. Bull. (Tokyo) **11**, 1473 (1963).

50. — — — — — — — Constitution and Configuration of Anhydrotetrodotoxin. Chem. Pharm. Bull. (Tokyo) **12**, 634 (1964).

51. Yokoo, A.: A Toxin of the Globefish. Bull. Tokyo Inst. Technol. **13**, 8 (1948) [Chem. Abstr. **44**, 3622 (1950)].

52. — A Toxin of Globefish. Proc. Japan Acad. **28**. 200 (1952).

53. Yoshida, T., A. H. Banner, P. Helfrich, W. R. Hudgins and P. J. Scheuer: Unpublished data.

(Received, June 2, 1964.)

Siderochrome.
(Natürliche Eisen(III)-trihydroxamat-Komplexe.)

Von **W. Keller-Schierlein, V. Prelog** und **H. Zähner**, Zürich.

Mit 3 Abbildungen.

Inhaltsübersicht.

I. Einleitung.

Auf Grund ihrer biologischen Eigenschaften — der antibiotischen und der wachstumsfördernden Wirksamkeit — wurde in den letzten Jahren eine Gruppe von Stoffwechselprodukten aus Kulturen von Mikroorganismen isoliert, die durch ihren Eisengehalt und eine breite Absorptionsbande mit einem Absorptionsmaximum zwischen 420 und 440 mμ charakterisiert sind (*70, 91, 92*). Die chemischen Untersuchungen zeigten, daß es sich durchwegs um Eisen(III)-trihydroxamat-Komplexe handelt. Neben den biologischen Wirkstoffen wurden in Kulturen von Mikroorganismen einzelne Eisen(III)-trihydroxamat-Komplexe gefunden, die in verwendeten Testen keine biologische Wirksamkeit zeigten.

Die ganze Gruppe der natürlichen Eisen(III)-trihydroxamat-Komplexe erhielt den generischen Namen Siderochrome. Diejenigen Siderochrome, welche antibiotische Wirksamkeit zeigen, wurden Sideromycine, die Wachstumsfaktoren Sideramine benannt. In der *Tabelle 1* sind alle bisher isolierten, uns bekannten Siderochrome zusammengestellt.

Tabelle 1. Siderochrome.

Sideramine	Literatur
a) Aus Actinomyceten:	
Ferrioxamine A$_1$, A$_2$, B, C, D$_1$, D$_2$, E, F, G	(*4, 6, 54*)
(Nocardamin = Desferrioxamin E)	(*53, 110*)
b) Aus Pilzen:	
Coprogen	(*44, 88*)
Ferrichrom	(*76*)
Ferrichrysin	(*123*)
Ferricrocin	(*123*)
Ferrirhodin	(*123*)
Ferrirubin	(*123*)
c) Aus Bakterien:	
Terregens-Faktor	(*63, 65*)

Sideromycine	Literatur
Aus Actinomyceten:	
Grisein	(*58, 95*)
Albomycin-Gruppe	(*35, 36*)
Ferrimycine A$_1$, A$_2$ und B	(*6, 7*)
Succinimycin (= Antibiot. 22765)	(*41, 6*)
LA 5352	(*104*)
LA 5937	(*104*)

Siderochrome ohne biologische Aktivität	Literatur
Ferrichrom A	(*33*)

Literaturverzeichnis: SS. 316—322.

Über die erste Verbindung der Siderochrom-Reihe, das Sideromycin Grisein, wurde 1947 von Reynolds, Schatz und Waksman berichtet (*95, 96*). Nahe verwandt oder sogar identisch mit Grisein, welches ein Verbindungsgemisch darstellt, ist das von Gause und Brazhnikova (*36*) 1951 beschriebene Antibioticum Albomycin. 1952 erschienen fast gleichzeitig die Veröffentlichungen über die drei ersten Sideramine: über das Ferrichrom von Neilands (*76*), über das Coprogen von Hesseltine und Mitarb. (*44*) und über den Terregens-Faktor von Lochhead und Mitarb. (*65*). Als Ergebnis der Zusammenarbeit zwischen den Forschungslaboratorien der CIBA Aktiengesellschaft in Basel, des Institutes für spezielle Botanik sowie des Organisch-chemischen Laboratoriums der Eidgen. Techn. Hochschule in Zürich wurde 1960 die Isolierung der Ferrioxamine und der Ferrimycine bekanntgegeben (*4, 6, 7*), wobei der von Zähner, Hütter und Bachmann (*122*) festgestellte Antagonismus zwischen den Sideromycinen und Sideraminen eine wichtige Rolle spielte. Die Konstitution der meisten Ferrioxamine konnte bald darauf aufgeklärt und durch Partial- und Totalsynthesen bestätigt werden. Emery und Neilands (*27, 28, 29, 30*) haben inzwischen wichtige Beiträge zur Konstitutionsbestimmung des Sideramins Ferrichrom und des Siderochroms Ferrichrom A geliefert, welche die konstitutionellen Unterschiede zwischen den Sideraminen aus Actinomyceten und denjenigen aus Pilzen zutage brachten. Keller-Schierlein und Deér (*50*) berichteten 1963 über die Isolierung und Konstitutionsaufklärung mehrerer weiterer interessanter Sideramine aus Pilzen. Aus den Untersuchungen von Mikeš, Turková und Šorm (*71*) über das Albomycin folgt, daß dieses konstitutionell mit den Sideraminen aus Pilzen nahe verwandt ist; die Arbeiten aus dem Organisch-chemischen Laboratorium der Eidgen. Techn. Hochschule zeigten, daß das Ferrimycin A dagegen ein Derivat des Ferrioxamins B darstellt.

Das neuerdings beschriebene Antibioticum Danomycin [H. Tsukiura, M. Okanishi, T. Ohmori, H. Koshiyama, T. Miyaki, H. Kitazima and H. Kawaguchi, J. Antibiotics (Japan) Ser. A, **17**, 39 (1964)] scheint mit Succinimycin verwandt oder sogar mit ihm identisch zu sein (Nachtrag).

Es sei in diesem Zusammenhang noch erwähnt, daß der schon 1913 nachgewiesene Wachstumsfaktor für das *Mycobacterium johnei*, das Mycobactin, dessen Konstitution von Snow (*105, 106*) 1954 aufgeklärt wurde, eine Dihydroxamsäure ist, die einen stabilen Eisen(III)-Komplex bildet. Da es sich nicht um ein Trihydroxamat handelt und da es auch keine antagonistische Wirkung gegenüber Sideromycinen zeigt, zählen wir es vorläufig nicht zu den Siderochromen.

II. Biologie der Sideramine und Sideromycine.

1. Der Nachweis von Sideraminen.

Für den biologischen Nachweis von Sideraminen stehen zwei Gruppen von Methoden zur Verfügung, die einen von Sideramin-heterotrophen

Stämmen ausgehend, die andern auf dem Antagonismus Sideromycine-Sideramine beruhend.

a) Der Nachweis von Sideraminen mit heterotrophen Stämmen: Für den Nachweis kann unter folgenden Sideramin-heterotrophen Stämmen ausgewählt werden:

Pilobolus kleinii van Tieghem und verschiedene weitere Stämme der Gattung *Pilobolus* (45),

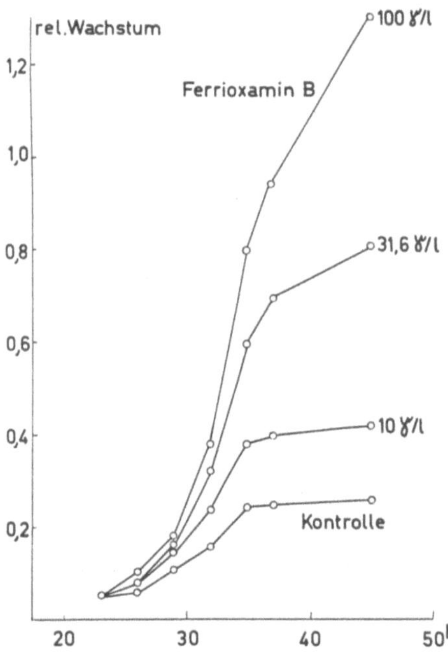

Abb. 1. Die Wirkung von Ferrioxamin B auf *Microbacterium lacticum* ATCC 8181.

Arthrobacter terregens Lochhead et Burton, *Arthrobacter flavescens* Lochhead und verschiedene weitere Stämme der Gattung *Arthrobacter* (*17, 18, 19, 61, 62, 63, 64*).

Microbacterium lacticum Orla-Jensen, Stamm ATCC 8181 (*42*). Sehr gut geeignet ist der letztgenannte Stamm ATCC 8181, da er auf einem chemisch definierten Nährmedium wächst. In der *Abb. 1* ist ein nach der Methode von Demain und Hendlin (*43*) durchgeführter Versuch mit steigenden Mengen von Ferrioxamin B dargestellt (*121*). Die erwähnten heterotrophen Organismen sprechen außer auf Sideramine noch auf Aspergillsäure und in 100—1000fach höheren Dosen auf Hämin an. Die untere Nachweisgrenze für Sideramine im Test mit heterotrophen Mikroorganismen liegt je nach dem Stamm und dem Sideramin zwischen 1 und 100 γ je Liter mikrobieller Kultur.

b) Der Nachweis von Sideraminen mit Hilfe von Sideromycinen: Zwei Versuchsanordnungen erlauben mit geringem Arbeitsaufwand quantitativ Sideramine nachzuweisen:

Antagonismus-Test (*122*). Auf Antibiotica-Testplatten mit *Bacillus subtilis* Cohn emend. Prazmowski oder *Staphylococcus aureus* Rosenbach werden kreuzweise Papierstreifen, die mit Sideromycin- bzw. Sideraminlösung getränkt sind, aufgelegt. Nach der Inkubation ergibt sich das in *Abb. 2* wiedergegebene Bild. Die Nachweisgrenze liegt beim Antagonismus-Test z. B. für Ferrioxamin B bei 0,1—0,3 γ/ml.

Literaturverzeichnis: SS. 316—322.

Plattendiffusions-Test (*121*). Es werden Testplatten hergestellt, wie sie üblicherweise zur Antibioticabestimmung verwendet werden, mit dem einzigen Unterschied, daß zum Agar noch eine genau bestimmte Menge Sideromycin zugegeben wird. Durch das Sideromycin werden die Keime gehemmt, die aus den aufgetragenen Filterrondellen hinaus diffundierenden Sideramine heben die Wirkung des Sideromycins auf, so daß sich die Keime wieder vermehren.

Die entstehenden Wuchszonen können leicht quantitativ ausgewertet werden. Die Empfindlichkeit dieses Testes hängt stark von der zugesetzten Menge an Sideromycin ab. Bei der quantitativen Auswertung von Sideramin-Testen ist zu berücksichtigen, daß die spezifische Aktivität der verschiedenen Sideramine nicht gleich ist *(Tabelle 2)*.

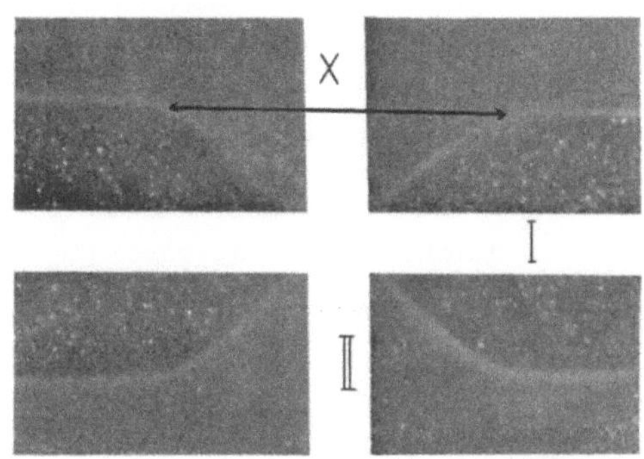

Abb. 2. Antagonismus-Test mit *Staphylococcus aureus*. Streifen I: Ferrimycin 1 mg/ml. Streifen II: Ferrioxamin B 1 mg/ml; X: Enthemmstrecke proportional dem Logarithmus der Ferrioxamin-Konzentration im Streifen II.

Tabelle 2. Relative Aktivität verschiedener Sideramine im Vergleich zu Ferrioxamin B, bestimmt mit dem Antagonismus-Test mit *B. subtilis*.

Ferrioxamin B	100%	Ferrichrom	100%
Ferrioxamin A	60%	Ferrichrysin	100%
Ferrioxamin D_1	10%	Ferricrocin	100%
Ferrioxamin E	1—5%	Ferrirubin	zirka 10%
Ferrioxamin G	10%	Ferrirhodin	zirka 10%
		Coprogen	zirka 1%

2. Der Nachweis von Sideromycinen.

Für den quantitativen Nachweis der Sideromycine ist der klassische Plattendiffusions-Test z. B. mit *Bacillus subtilis* am besten geeignet. Die Zugehörigkeit eines unbekannten Antibioticums zur Sideromycingruppe läßt sich auf zwei Arten prüfen: a) mit Hilfe eines Sideromycin-resistenten Keimes, da alle Sideromycine untereinander Kreuzresistenz aufweisen und b) mit Hilfe des Antagonismus-Testes, da die Sideramine sehr spezifisch nur die Wirkung der Sideromycine aufheben und andere Antibiotica unbeeinflußt bleiben.

3. Das Vorkommen der Sideramine.

Sideramine sind außerordentlich weit verbreitet, wobei der Nachweis einer Sideraminwirkung leicht fällt, die Isolierung der reinen Sideramine aber oft Mühe bereitet.

a) Sideramine aus Actinomyceten: Alle bisher eingehend untersuchten Stämme aus den Gattungen *Streptomyces, Nocardia, Micromonospora* und *Streptosporangium* bilden Ferrioxamine. In den meisten Fällen entsteht Ferrioxamin B als Hauptkomponente, bei einzelnen Stämmen dagegen Ferrioxamin E (*121*).

b) Sideramine aus Pilzen: Die Untersuchung von zahlreichen Stämmen aus der Familie der *Aspergillaceae* (*123*) zeigte, daß auch bei Pilzen die Bildung von Sideraminen sehr häufig, die Mannigfaltigkeit der gefundenen Sideramine aber größer ist als bei den Actinomyceten. In der *Tabelle 3* sind alle Pilzstämme, deren Sideramine eingehend untersucht wurden, zusammengestellt.

Tabelle 3. Rein dargestellte Sideramine aus Pilzen.

Art	Gebildetes Sideramin (Hauptkomponente)	Literatur
Ustilago sphaerogena Burill ex Elis et Everh.	Ferrichrom	(*76*)
Aspergillus niger v. Tieghem	Ferrichrom	(*123*)
Penicillium resticulosum Birkinshaw	Ferrichrom	(*123*)
Aspergillus fumigatus Fresenius	Ferricrocin	(*123*)
A. humicola Chaudhuri et Sachav	Ferricrocin	(*123*)
A. versicolor (Vuill.) Tiraboshi	Ferricrocin + Ferrirhodin	(*123*)
A. nidulans (Eidam) Winter in Rabh.	Ferricrocin + Ferrirhodin	(*123*)
A. melleus Yukawa	Ferrichrysin	(*123*)
A. terreus Thom in Turesson	Ferrichrysin	(*123*)
Penicillium variable Sopp	Ferrirubin	(*123*)
Spicaria sp.	Ferrirubin	(*123*)
Paecilomyces varioti Bainier	Ferrirubin	(*123*)
Penicillium sp.	Coprogen	(*44*)
P. urticae Bainier	Coprogen	(*123*)
P. notatum Westling	Coprogen	(*123*)
P. camemberti Thom	Coprogen	(*123*)
P. chrysogenum Thom	Coprogen	(*123*)
P. sp. aus *Citrinum* series Thom	Coprogen	(*123*)
Neurospora crassa Shear et B. O. Dodge	Coprogen	(*49*)

Außer diesen rein dargestellten Sideraminen wurde noch für zahlreiche Stämme verschiedenster Gattungen, wie *Ustilago, Aspergillus, Penicillium* (*45*), *Neurospora, Saccharomyces* (*17*), *Fusarium* (*66*), *Pythium, Rhizopus, Chaetomium, Glomerella* und *Giberella*, die Bildung von Substanzen, die als Sideramine wirken, nachgewiesen.

c) Sideramine aus Bakterien: Aus echten Bakterien ist bisher außer dem Terregens-Faktor (*20, 63, 64, 65*) kein Sideramin eingehend untersucht worden. Dagegen sind die Berichte zahlreich über den Nachweis von Sideramin-Aktivität in Bakterien (*17, 22, 45, 60, 61, 122*). Die bisher als Sideramin-Bildner genannten Bakterien gehören alle zu den Aerobiern.

Aus *Mycobacterium phlei* Lehmann et Neumann isolierten Francis und Mitarb. (*32*) sowie Snow (*105, 106*) eine den Sideraminen nahestehende Substanz, das Mycobactin. 1961 beschrieb SNOW (*107*) eine mit Mycobactin verwandte Substanz aus *M. tuberculosis* LEHMANN et NEUMANN.

d) Sideramine anderer Herkunft: In verschiedenen Pflanzenextrakten konnten Sideramin-Aktivitäten nachgewiesen werden (*68, 87, 122*), doch sind die Befunde noch spärlich und nicht durch die Isolierung einer Reinsubstanz gesichert. Bei allen Sideramin-heterotrophen Bakterien und auch im Antagonismus-Test zeigt Leber bzw. ein Leberextrakt eine Aktivität (*42, 64, 122*). Bisher ist noch keine Reinsubstanz aus tierischen Geweben isoliert worden.

4. Das Vorkommen der Sideromycine.

Sideromycine konnten bisher nur in Kulturen von Actinomyceten nachgewiesen werden. In der *Tabelle 4* sind die bisher beschriebenen Sideromycin-Bildner zusammengestellt. Nach STAPLEY und ORMOND (*109*) sowie WAKSMAN (*118*) sind Grisein und Albomycin mindestens in der Wirkung identisch, wenn sie nicht überhaupt nur Gemische gleicher Komponenten in verschiedenen Verhältnissen darstellen. HÜTTER (*46*) stellt *Actinomyces subtropicus* KUDRINA et KOCHETKOVA zu *Streptomyces griseus* WAKSMAN et HENRICI; damit gehören alle Grisein-Bildner zu derselben Art *Str. griseus*. Dagegen gehören die fünf bisher beschriebenen Ferrimycin-Bildner drei verschiedenen Species an.

Tabelle 4. Die Produzenten von Sideromycin-Antibiotica.

Stamm-Bezeichnung	Art	Gebildetes Sideromycin	Literatur
G-25	*Streptomyces griseus* WAKS-MAN et HENRICI	Grisein	(*95, 96*)
6 Stämme	*Str. griseus*	Grisein	(*83, 117*)
	Actinomyces subtropicus	Albomycin	(*35, 36, 57*)
IA-1787	Ähnlich *Str. griseus*........	Grisein ähnlich	(*112*)
ETH 9578	*Str. griseoflavus* (KRAINSKY) WAKSMAN et HENRICI ...	Ferrimycine	(*7, 122*)
ETH 15311	*Str. griseoflavus*	Ferrimycine	(*122*)
ETH 14677	*Str. lavendulae* (WAKSMAN et CURTIS) WAKSMAN et HEN-RICI	Ferrimycine	(*122*)
ETH 21510	*Str. lavendulae*	Ferrimycine	(*7, 122*)
ETH 18822	*Str. galilaeus* ETTLINGER et al....................	Ferrimycine	(*7, 122*)
ETH 22083	*Str. aureofaciens* DUGGAR...	Succinimycin	(*122*)
ETH 22765	*Str. aureofaciens*...........	Succinimycin	(*122*)
ETH 22931	*Str. aureofaciens*..........	Succinimycin	(6)
	Str. olivochromogenes (WAKS-MAN) WAKSMAN et HENRICI	Succinimycin	(*41*)
LA 5352	*Str.* sp.	Antibioticum LA 5352	(*104*)
LA 5937	*Str.* sp.	Antibioticum LA 5937	(*104*)

5. Die antibiotische Wirkung der Sideromycine.

Die Schwierigkeiten bei der Isolierung der Sideromycine hatte zur Folge, daß die meisten biologischen Versuche mit Substanzen unbekannter oder nicht genügend definierter Reinheit durchgeführt wurden, was den Vergleich verschiedener Resultate sehr erschwert. Das Grisein- bzw. Albomycingemisch wirkt in vitro und in vivo in sehr geringen Konzentrationen auf gram-positive und gram-negative Bakterien; z. B. schützen 800—1600 Einheiten pro Maus die Tiere vor einer Infektion mit *Staphylococcus aureus* und *Salmonella schottmülleri* (Winslow et al.) Bergey et al. (*96*). Die reinsten Grisein-Präparate enthielten 300000 Einheiten je Milligramm (*58*). Die Wirksamkeit der Ferrimycine und der Succinimycine ist praktisch auf gram-positive Keime beschränkt. Diese Verbindungen gehören zu den gegen Staphylokokken wirksamsten bisher bekannten Antibiotica: eine einmalige Dosis von 0,2 mg/kg Ferrimycin A subcutan verabreicht, schützt 80—100% der Mäuse gegen eine Infektion (*100*). Für Succinimycine liegen die wirksamen Mengen in der gleichen Größenordnung (*41*). Alle Sideromycine sind im Vergleich zur hohen Wirksamkeit sehr gut erträglich.

Ein allen Sideromycinen gemeinsames Merkmal ist der hohe Anteil an primär resistenten Keimen. Die rasche Entstehung von Resistenz gegen Sideromycine wurde bereits 1948 von Reynolds und Waksman beim Grisein beobachtet (*96*) und am Beispiel von *Escherichia coli* (Migula) Castellani et Chalmers eingehend untersucht. Sie fanden einen resistenten Keim auf 10^4—10^5 empfindliche. Garrod und Waterworth (*34*) bestätigen die rasche Resistenzentstehung beim Albomycin. Bachmann und Zähner (*121*) veröffentlichten gleich hohe Resistenzraten für Ferrimycin. Die resistenten Keime zeigen sogenannte Kreuzresistenz, d. h. ein zum Beispiel gegen Grisein resistenter Keim ist auch gegen alle übrigen Sideromycine resistent.

6. Die Beziehungen zwischen Sideraminen und Sideromycinen.

Sideromycine sind kompetitive Antagonisten der Sideramine. Auch sehr hohe Konzentrationen von Sideromycinen lassen sich durch entsprechend hohe Dosen von Sideraminen in ihrer Wirkung aufheben, wobei das Verhältnis Sideromycin zu Sideramin, das z. B. noch eine geringe Wachstumshemmung ergibt, über einen großen Konzentrationsbereich konstant ist.

Die Ferrioxamine einerseits und die Ferrimycine und Succinimycine anderseits sind in chemischer und bei aller Gegensätzlichkeit auch in biologischer Hinsicht näher miteinander verwandt als mit den Sideraminen aus Pilzen und Grisein bzw. Albomycin. Die Ferrimycine und Succinimycine hemmen nur das Wachstum gram-positiver Keime und analog dazu heben die Ferrioxamine die Wirkung der Sideromycine nur bei gram-positiven Keimen auf. Grisein bzw. Albomycine dagegen stehen bei aller Gegensätzlichkeit in enger Beziehung mit den Sideraminen aus Pilzen (Wirkung auf gram-positive und auf gram-negative Bakterien, Gehalt an δ-N-Hydroxyornithin).

Die enge chemische Verwandtschaft zwischen Sideraminen und Sideromycinen äußert sich in mannigfaltigen biologischen Beziehungen zwischen diesen beiden Stoffgruppen:

Nocardamin (*14, 110, 111*), das identisch ist mit Desferrioxamin E (*53*), wirkt auf *Mycobacterium* antibiotisch, im Antagonismus-Test mit *Bacillus subtilis* zeigt es dagegen Sideraminwirkung, ebenso im Test mit dem Sideramin-heterotrophen Stamm *Arthrobacter* JG-9 (*17*). Das Abbauprodukt des δ_2-Albomycins, das ε-Albomycin, wirkt bei 28° als Sideramin, bei 37° als Sideromycin, unter sonst gleichen Bedingungen und auf den gleichen Stamm von *B. subtilis* (*97*). Bei der Zersetzung von Ferrimycinen entsteht ein als Sideramin wirkendes Verbindungsgemisch (*7*).

7. Die Wirkungsweise der Sideramine.

Die weite Verbreitung sideraminartiger Stoffe, das Vorkommen heterotropher Stämme und die Hemmung des bakteriellen Wachstums durch Sideramin-Antagonisten weisen darauf hin, daß die Sideramine lebensnotwendige Substanzen des mikrobiellen Stoffwechsels darstellen. Verschiedene Beobachtungen lassen eine Beteiligung des Eisens an der Sideraminwirkung vermuten:

a) Der Eisen(III)-trihydroxamat-Komplex ist das einzige allen Sideraminen gemeinsame Merkmal.

b) Die außerordentlich hohe Stabilität der Eisen(III)-Komplexe bei kleinen Komplexstabilitäten für andere Metalle.

c) Die noch zu besprechenden Beziehungen zum Hämin-Stoffwechsel (S. 288).

d) Bei Eisenmangel werden durch die Mikroorganismen große Mengen an Desferri-sideraminen in die Nährlösung ausgeschieden, bei genügender Eisenversorgung unterbleibt die Bildung von Desferri-sideraminen.

e) Ein Überschuß an Eisen(III)-Ionen in der Nährlösung senkt den Sideraminbedarf heterotropher Stämme.

NEILANDS (*77*) nimmt an, daß den Sideraminen eine große Bedeutung für die Aufnahme und den Transport des Eisens durch die Zellmembran zukomme. DEMAIN und HENDLIN (*43*) schließen sich dieser Auffassung an, wenn sie von „Iron Transport Compounds" sprechen. Nach den Untersuchungen von BURNHAM (*15*) kann der Sideramin-heterotrophe Stamm *Arthrobacter* JG-9 aber auch freie Eisen(III)-Ionen aufnehmen, diese dann aber nicht in das Hämin einbauen. Die Heterotrophie von *Arthrobacter* JG-9 beruht also primär nicht auf einer Störung in der Eisenaufnahme, sondern auf einer solchen im Eiseneinbau.

Eine Reihe weiterer Beobachtungen sprechen für eine Beteiligung der Sideramine an der Hämin-Synthese:

a) Bei allen bisher untersuchten Sideramin-heterotrophen Mikroorganismen kann Hämin in hohen Konzentrationen mindestens teilweise

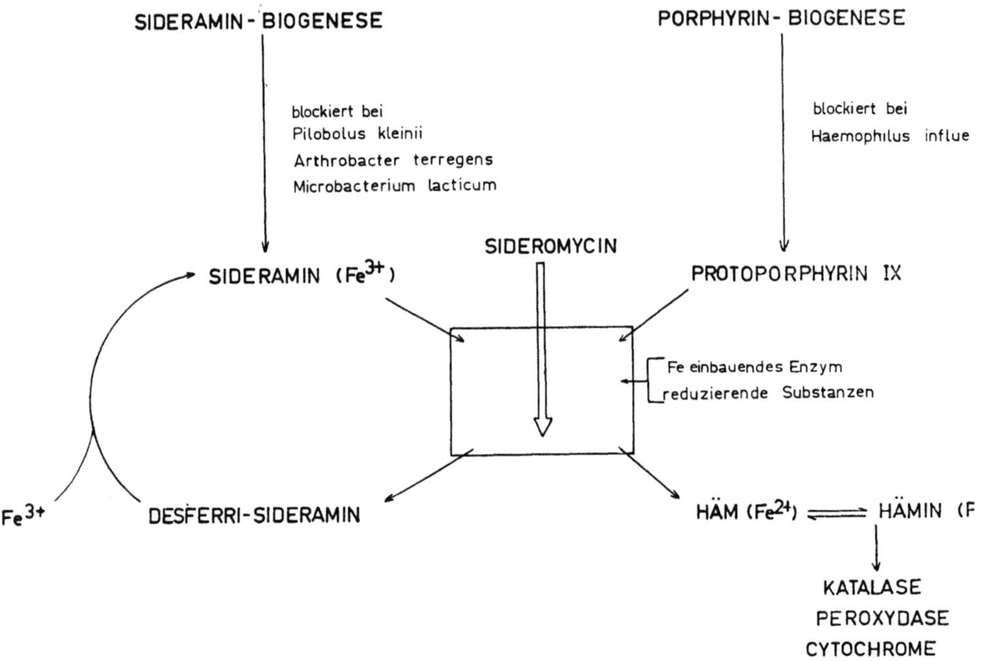

Abb. 3. Hypothese des Wirkungsmechanismus der Sideramine.

die Rolle der Sideramine übernehmen. Protoporphyrin besitzt bei diesen Stämmen keine Wirkung.

Bei *Haemophilus influenzae* (Lehmann et Neumann) Winslow et al., der ebenfalls Hämin heterotroph ist, aber einen Defekt in der Porphyrinsynthese aufweist (*39, 40*), ist Protoporphyrin wirksam, die Sideramine dagegen nicht.

b) Burnham und Neilands (*17*) wiesen nach, daß *Arthrobacter* JG-9 auf Gaben von Ferrichrom mit einem starken Anstieg der Katalase antwortet, noch bevor die Vermehrung der Zellen einsetzt. Die Steigerung der Katalaseaktivität der Zellen läßt sich auch mit Hämin in hohen Dosen erzielen (*15*).

c) Ferrimycin hemmt die durch Ferrichrom hervorgerufene Katalasesteigerung bei *Arthrobacter* JG-9. Die durch Hämin erzielte Steigerung kann mit Ferrimycin nicht beeinflußt werden (*16*).

Literaturverzeichnis: SS. 316—322.

d) Fe⁵⁹ aus Ferrichrom wird in das Häminmolekül eingebaut, sowohl durch intakte Zellen von *Arthrobacter*, wie auch durch zellfreie Extrakte aus *Rhodopseudomonas sphaeroides* VAN NIEL (*15, 16*).

Die Wirkungsweise der Sideramine läßt sich unter Berücksichtigung dieser Beobachtungen in der in *Abb. 3* formulierten Weise darstellen. Grundlage dieser Hypothese ist die Feststellung, daß der Einbau von Eisen in das Protoporphyrin ein enzymatischer Vorgang ist. Verschiedene Forscher haben ein solches Enzym (Iron Incorporating Enzyme, Ferrochelatase, Chelating-Enzyme) nachgewiesen (*37, 59, 67, 72—74, 79, 81, 86, 89, 90*), wenn es bisher auch noch nicht gelungen ist, dieses in reiner Form zu isolieren. Ob das Eisen direkt vom Sideramin an dieses Enzym und von da auf das Protoporphyrin übertragen wird, oder ob noch weitere Stufen dazwischen geschaltet sind, ist eine noch offene Frage. Die Sideromycine hemmen, nach der in Abb. 3 formulierten Hypothese, die Übertragung des Eisens aus den Sideraminen auf die Protoporphyrine.

Neben dem noch ausstehenden Beweis der in Abb. 3 formulierten Wirkungsweise der Sideramine drängen sich zwei weitere Fragen auf:

a) Dienen die Sideramine auch für die andern eisenhaltigen Enzyme als Eisenspender?

b) Ist das Schema der Wirkungsweise in Abb. 3 auf Mikroorganismen beschränkt, und wenn nicht, welches sind die den Sideraminen analogen Verbindungen der höheren Organismen?

III. Isolierung und Charakterisierung der Siderochrome.

Die Siderochrome sind in der Regel gut löslich in Wasser und Methylalkohol, dagegen schlecht löslich bis unlöslich in anderen organischen Lösungsmitteln, wie Aceton, Chloroform, Äther und Kohlenwasserstoffen. Die meisten von ihnen lassen sich mit n-Butylalkohol nicht aus wässerigen Lösungen ausziehen. Als gute Extraktionsmittel wurden dagegen Benzylalkohol und Phenol gefunden, mit denen eine Extraktion aus den Kulturfiltraten möglich ist. Phenol wird dabei mit Vorteil in Gemischen mit Chloroform verwendet. Durch Verdünnen der Extrakte mit Äther (meist zirka 2 Vol.) lassen sich die Siderochrome wieder aus der organischen Phase verdrängen und mit Wasser ausziehen. Durch Eindampfen dieser wässerigen Lösungen erhält man die Verbindungen meistens als braune spröde Pulver, die frei von anorganischen Salzen sind. Dieses Extraktionsverfahren wurde sowohl für die Isolierung von rohen Siderochrom-Gemischen aus den Kulturfiltraten wie auch für die Aufarbeitung der gereinigten Verbindungen aus Fraktionen von Chromatogrammen oder Gegenstromverteilungen verwendet (*4, 48, 50, 123*).

Für die Trennung von Siderochrom-Gemischen sowie für die Reinigung der Verbindungen wurden verschiedene Verfahren angewendet, die in diesem Abschnitt kurz besprochen werden sollen.

1. Craig-Verteilung.

Die Gegenstromverteilung nach Craig hat bei der Reinigung von Siderochromen eine breite Anwendung gefunden. Wegen des stark hydrophilen Charakters dieser Verbindungen mußten als organische Phasen spezielle Lösungsmittel verwendet werden. Phenol-Chloroform-Gemische, die für die einfache Extraktion besonders geeignet waren, erwiesen sich bei der Craig-Verteilung als nicht sehr vorteilhaft, da einerseits zahlreiche Siderochrome bei längerem Verweilen in diesem Lösungsmittel nicht völlig beständig sind, und anderseits das Arbeiten mit größeren Mengen Phenol im Laboratorium recht unangenehm ist. Immerhin wurden phenolhaltige Lösungsmittel bei der Reinigung des Griseins verwendet (58). Als ausgezeichnete Lösungsmittel erwiesen sich Gemische aus Benzylalkohol und n-Butanol. Durch geeignete Wahl des Mischungsverhältnisses und durch Änderungen im Salzgehalt der wässerigen Phase konnten für die meisten Siderochrome günstige Verteilungskoeffizienten erhalten werden.

Als Beispiel sei hier ein Lösungsmittelsystem angegeben, das sich für die Reinigung zahlreicher Sideramine aus Pilzen bewährt hat (123). Benzylalkohol: 1,8 l, n-Butanol: 1,8 l, 0,001 N wässerige Salzsäure: 3 l, gesättigte wässerige NaCl-Lösung: 1,0 l. Stufenzahlen von zirka 100—150 reichten in der Regel aus, um wenigstens die Hauptkomponenten der Sideramingemische rein zu erhalten. In einer Apparatur mit 25 ml Phasenvolumen pro Stufe konnten je nach Löslichkeit der Verbindungen in einem Arbeitsgang bis zu 25 g Rohgemisch eingesetzt werden. Ähnliche Lösungsmittelgemische eigneten sich für die Anreicherung von Ferrimycin A (7) sowie für eine teilweise Auftrennung natürlicher Ferrioxamingemische (4). Bei den Ferrioxaminen liegen die Verteilungskoeffizienten zum Teil recht nahe beisammen, so daß für eine vollständige Auftrennung zahlreiche Überführungen erforderlich sind. Für eine vollständige Abtrennung von Ferrioxamin A aus einem Gemisch mit Ferrioxamin B wurde z. B. über 875 Stufen verteilt (51).

2. Ionenaustauscher-Chromatographie.

Mehrere Siderochrome sind Basen, so z. B. die Ferrimycine und die Ferrioxamine A, B, C und F. Für deren Trennung ist von Bickel und Mitarb. (4) ein Verfahren mittels Ionenaustauschern ausgearbeitet worden.

Die Kolonnen wurden aus Dowex 50 WX 2 (100/200 mesh) in der Ammoniumform bereitet und vor dem Auftragen der Substanzgemische mit dem Eluierungsmittel ins Gleichgewicht gebracht. Die Auftrennung erfolgte durch Gradientelution mit steigenden Konzentrationen von Ammoniumacetatpuffer (pH 4,5—4,7). Besonders leicht ließ sich das amphothere Ferrioxamin G mit dieser Methode isolieren (54). Die Rohisolierung der Ferrimycine erfolgte durch Adsorption an

Amberlite IRC-50 (Na-Form) und Elution mit wässerig-methanolischer Salzsäure, während eine teilweise Trennung der Ferrimycine A_1 und A_2 durch Gradientelution an Dowex 50 (s. oben) erzielt wurde (7). Die Ionenaustauscher-Chromatographie mit Gradientelution diente auch zur Isolierung der reinen δ_2-Komponente aus einem Albomycin-Gemisch (115). Als Ionenaustauscherharz wurde der Kationenaustauscher Zerolyte 225 × 2 verwendet.

3. Gegenstromelektrophorese.

Die basischen Eigenschaften der Ferrimycine wurden ausgenützt für eine Anreicherung durch Gegenstromelektrophorese (7).

An eine mit $^1/_3$ N Essigsäure getränkte, senkrecht stehende, durch Wasser gekühlte Cellulosesäule wurde eine elektrische Spannung angelegt, wobei sich die Kathode oben befand. Die Aufwärtswanderung des basischen Ferrimycins wurde kompensiert durch einen absteigenden Flüssigkeitsstrom, so daß die orangebraune Zone dauernd in der Mitte der Säule blieb. Im Verlauf von 5—6 Tagen durchwanderte das Ferrimycin A eine Flüssigkeitssäule von 4—5 m. Die Methode erwies sich am Anfang der Untersuchungen als sehr wertvoll, wurde aber später zugunsten von technisch einfacheren Verfahren wieder aufgegeben.

4. Verteilungschromatographie.

Diese Methode wurde gelegentlich zur Lösung von Teilproblemen der Siderochromisolierung herangezogen.

An einer Silikagelsäule, die mit Citratpuffer (pH 4,6) imprägniert war, konnte Grisein angereichert werden. Als Eluierungsmittel diente eine Lösung von 14 Vol.-% Phenol in Chloroform (58). Die erste Isolierung von Coprogen erfolgte an einer Säule aus Celite. Die Verteilung wurde mit einem Gemisch aus n-Butanol, Äthylacetat und 0,01 N Salzsäure im Verhältnis 2 : 1 : 1 durchgeführt, wobei das Celite mit der unteren Phase imprägniert wurde, während die obere Phase als Eluierungsmittel diente (88). Neuerdings wurde die Craig-Verteilung für die Reinigung dieses Sideramins vorgezogen (123). Eine Verteilungschromatographie an Cellulosepulver, wobei ein Gemisch von tert.-Butanol, 0,001 N Salzsäure und gesättigte wässerige NaCl-Lösung (2 : 1 : 1) als Fließmittel diente, erlaubte die Abtrennung von reinem Ferrimycin A_2 aus einem Ferrimycin A-Gemisch (7).

5. Charakterisierung der Siderochrome.

Zahlreiche Siderochrome konnten bisher nur in amorpher Form gewonnen werden. Andere Verbindungen der Reihe, die zwar schön kristallisieren, besitzen keine scharfen Schmelzpunkte, sondern wenig charakteristische Zersetzungsintervalle bei relativ hohen Temperaturen. Die IR.-Absorptionsspektren erlauben die Aufteilung der Siderochrome in verschiedene Gruppen. Innerhalb der einzelnen Gruppen besitzen die Verbindungen jedoch kaum unterscheidbare Absorptionskurven. Die klassischen Methoden der Substanzcharakterisierung sind daher von beschränktem Wert.

Hervorragend geeignet für eine Identifizierung ist dagegen die Papierchromatographie, die von BICKEL (4, 6, 7, 123) für die besonderen Verhältnisse in der Siderochrom-Reihe ausgearbeitet worden ist.

Er verwendet im wesentlichen zwei Lösungsmittelsysteme, die sich gegenseitig gut ergänzen. Die vielfach bewährten Gemische aus n-Butanol, Eisessig und Wasser erlauben eine rasche Vorsortierung. In der Regel sind die Flecke aber etwas langgestreckt, worunter die Trennschärfe leidet. Dieser Nachteil fällt dahin bei einem Fließmittel, das speziell für die Charakterisierung der Siderochrome ausgewählt worden ist: tert.-Butanol — 0,004 N Salzsäure — gesättigte wässerige Natriumchloridlösung 2 : 1 : 1. Diese Methode bedarf eines etwas größeren Arbeitsaufwandes, da das Filterpapier vor dem Gebrauch mit einem Gemisch aus Aceton, Wasser und gesättigter wässeriger NaCl-Lösung (6 : 3 : 1) imprägniert werden muß. Die Trennung der Siderochrome ist äußerst gut, aber die Fließgeschwindigkeit sehr klein.

Als Ergänzung zur Papierchromatographie diente die Papierelektrophorese, die besonders bei den Sideromycinen ein gutes Unterscheidungsmittel (6, 7) ist. Ferner ist das Verhalten bei der Craig-Verteilung (S. 290) im allgemeinen gut reproduzierbar. Die Verteilungskoeffizienten bilden daher nützliche Substanz-Charakteristika.

IV. Sideramine aus Actinomyceten (Ferrioxamine).

1. Konstitution.

Die Konstitution der Ferrioxamine folgt hauptsächlich aus den Ergebnissen der elektrometrischen Titrationen und der Hydrolyse der entsprechenden eisenfreien Grundkörper.

Ihrem Verhalten gegenüber Säuren und Basen nach lassen sich die Ferrioxamine in drei Gruppen einteilen: die Ferrioxamine A_1, A_2, B, C und F sind Basen, die Ferrioxamine D_1, D_2 und E sind neutrale Verbindungen, und Ferrioxamin G ist amphoter (4, 53).

Da bei der Hydrolyse der Ferrioxamine, ebenso wie bei derjenigen aller anderen Siderochrome, neben primären Produkten Artefakte entstehen, ist es vorteilhaft, vor der Hydrolyse das Eisen(III)-Ion zu entfernen und die entsprechenden eisenfreien Trihydroxamsäuren zu hydrolysieren. Das Eisen(III)-Ion oxydiert offenbar die primären Hydrolyseprodukte der Siderochrome, die substituierten Hydroxylamine, zu den entsprechenden Nitroso- bzw. Isonitrosoverbindungen, welche in saurer Lösung hydrolytisch das Hydroxylamin abspalten. Dieses läßt sich leicht chromatographisch nachweisen und kolorimetrisch bestimmen. Das durch Reduktion des Eisen(III)-Ions entstandene Eisen(II)-Ion reduziert dann die substituierten Hydroxylamine zu den entsprechenden substituierten Aminen. Die erwähnten Nebenreaktionen, welche zu einer Mannigfaltigkeit von Reaktionsprodukten führen, komplizieren unnötig die Interpretation der Ergebnisse (8). Die Entstehung von Hydroxylamin bei der sauren Hydrolyse von Siderochromen wurde zuerst von Emery und Neilands (27) beim Ferrichrom beobachtet und war insofern von Bedeutung, als sie den ersten Anhaltspunkt für das Vorliegen der Hydroxamatgruppen lieferte.

Literaturverzeichnis: SS. 316—322.

Das Eisen(III)-Ion läßt sich aus Ferrioxaminen entweder durch Ausschütteln aus stark salzsauren Lösungen mit Äther als Eisen(III)-chlorid oder durch Fällung mit 8-Hydroxy-chinolin als unlösliches Oxinat oder mit Alkalihydroxiden als Eisen(III)-hydroxid entfernen, wobei farblose Desferri-ferrioxamine oder abgekürzt Desferrioxamine entstehen. Diese lassen sich leicht mit Eisen(III)-Salzen in gepufferten Lösungen wieder in die ursprünglichen Ferrioxamine überführen.

Die Acylierung von Desferri-ferrioxamin B führt zu O,O′,O″, N-Tetra-acyl-Derivaten, welche durch milde alkalische Hydrolyse, Methanolyse oder Ammonolyse in N-Acyl-Derivate übergehen. Eine Reihe von solchen N-Acyl-Derivaten wurde hergestellt und auf biologische Wirksamkeit geprüft (9).

In *Tabelle 5* sind die Bruttoformeln, die pK*$_{MCS}$-Werte[1] und die Art und die Zahl der Bausteine aufgeführt, aus welchen nach den Ergebnissen der Hydrolyseversuche die bisher näher untersuchten Ferrioxamine aufgebaut sind (8, 14, 51, 52, 53, 54).

Tabelle 5. Bruttoformeln, pK*$_{MCS}$-Werte und Bausteine der Ferri-oxamine.

Ferrioxamin	Bruttoformel	pK*$_{MCS}$[1]	Essigsäure	Bernstein-säure	I[2]	II[2]
A$_1$	$C_{23}H_{41}N_6O_8Fe$	9,89	1	2	2	1
A$_2$	$C_{24}H_{43}N_6O_8Fe$		1	2	1	2
B	$C_{25}H_{45}N_6O_8Fe$	9,74	1	2	3	0
D$_1$	$C_{27}H_{47}N_6O_9Fe$	—	2	2	3	0
D$_2$	$C_{26}H_{43}N_6O_9Fe$	—	0	3	2	1
E	$C_{27}H_{45}N_6O_9Fe$	—	0	3	3	0
G	$C_{27}H_{47}N_6O_{10}Fe$	5,79 und 10,53	0	3	3	0

Die beiden aus Ferrioxaminen erhaltenen Amino-hydroxylamino-alkane, 1-Amino-5-hydroxylamino-pentan (I, S. 295) und 1-Amino-4-hydroxylamino-butan (II), waren nicht bekannt. Ihre Konstitution folgt aus ihren physikalischen und chemischen Eigenschaften, unter welchen die sehr leicht verlaufende Reduktion durch Jodwasserstoffsäure oder katalytische Hydrierung zu den entsprechenden Diamino-alkanen hervorgehoben sei (5, 51).

Der ergiebigste Weg zur Herstellung von Amino-hydroxylamino-alkanen führt, ausgehend von den entsprechenden bekannten Acylamino-alkyl-halogeniden, über die Acylamino-nitro-alkane. Diese werden zur Herstellung der freien Amino-hydroxylamino-alkane entacyliert und dann mit Zinkstaub und Wasser reduziert. Zur Herstellung der für

---

[1] Scheinbare Dissoziationskonstante in 80%igem Methylcellosolve.
[2] Siehe Formeln S. 295.

Synthesen wichtigen Acyl-Derivate werden die Acylamino-nitro-alkane direkt reduziert (*5*). Das zweite Darstellungsverfahren, welches für die Herstellung von 1-Amino-5-hydroxylamino-pentan beschrieben wurde: die Umsetzung von 5-Benzoylamino-pentyl-chlorid mit einem großen Überschuß von Hydroxylamin in Gegenwart von Natriumjodid und Kaliumhydroxid gibt niedrigere Ausbeuten (*14*).

Aus 1-Amino-5-hydroxylamino-pentan entstehen mit acylierenden Reagenzien O,N,N'-Triacyl-Derivate, mit Salicylaldehyd ein Aldimin-N-oxid und mit Schwefelkohlenstoff ein zwitterionisches Dithiocarbamat (*14*).

Zwei Acyl-Derivate des 1-Amino-5-hydroxylamino-pentans konnten als Nebenprodukte der sauren Hydrolyse des Desferrioxamins B erhalten werden. Diese Verbindungen verdanken ihre Entstehung der Tatsache, daß die hydrolytische Spaltung der Hydroxamsäuren rascher verläuft als diejenige der Amide. Aus dem primär entstehenden 1-(Succinylamino)-5-hydroxylamino-pentan (III, S. 295) bildet sich durch intramolekulare Wasserabspaltung das N-(5-Hydroxylamino-pentyl)-succinimid (IV), welches recht beständig gegen saure Hydrolyse ist (*52*).

Die Konstitutionen der Ferrioxamine bzw. ihrer eisenfreien Grundkörper, der Trihydroxamsäuren, lassen sich leicht auf Grund von analytischen Ergebnissen und stereochemischen Überlegungen ableiten. Für den Hauptvertreter der Gruppe, das Desferrioxamin B, $C_{25}H_{48}N_6O_8$, kommen vier Konstitutionsformeln (V bis VIII) in Frage, in welchen die basischen und die sauren Bausteine durch Amid- und Hydroxamsäure-Bindungen so zu einem Fadenmolekül verknüpft sind, daß sich an einem Ende eine freie Amino-Gruppe und am anderen ein Acetyl-Rest befindet. Aus Modellbetrachtungen folgt nun, daß nur in einer von diesen vier Formeln (VIII, S. 296) alle drei Hydroxamsäure-Gruppen durch Ketten getrennt sind, die genügend lang sind, um die Bildung eines stabilen oktaedrischen Eisen(III)-Komplexes zu ermöglichen (*8*). Die so abgeleitete Konstitution (IX) wurde durch die eindeutige Synthese des Desferrioxamins B (s. S. 297) bestätigt (*93*).

Wie aus den analytischen Ergebnissen folgt und durch milde Acetylierung von Ferrioxamin B in Methanol bestätigt werden konnte, handelt es sich beim Ferrioxamin D_1 um das N-Acetylferrioxamin B (*52*).

Das Ferrioxamin G (X) unterscheidet sich auf Grund der analytischen Ergebnisse von dem Ferrioxamin B dadurch, daß es an einem Ende des Moleküls statt des Acetyl-Restes einen Succinyl-Rest trägt, was seinen amphoteren Charakter erklärt (*54*). Auch in diesem Falle wurde die Konstitution durch eine eindeutige Synthese bestätigt (*94*).

Die Konstitution von Ferrioxamin E (XI) ließ sich auf Grund seiner Zusammensetzung, seines thermoelektrisch bestimmten Molekulargewichtes und seines neutralen Charakters ableiten (*53*). Sie konnte durch die Partialsynthese aus Ferrioxamin G mit einem Überschuß an Di-cyclohexylcarbodiimid gestützt werden.

Das Desferrioxamin E ist identisch mit Nocardamin, das 1950 aus den Kulturen eines *Nocardia*-Stammes isoliert wurde (*110, 111*). Die richtige Konstitution des Nocardamins konnte jedoch erst im Zusammen-hang mit den Arbeiten über das Ferrioxamin E aufgeklärt werden (*14, 53*). Das Nocardamin liefert mit Acetanhydrid ein O,O′,O″-Triacetyl-Derivat, das sich zu seiner Charakterisierung eignet.

Das Ferrioxamin A wurde zuerst als eine einheitliche Verbindung angesehen (*4*). Das daraus hergestellte N-Acetyl-Derivat ließ sich jedoch papierchromatographisch und durch die Craig-Verteilung in zwei Kompo-nenten trennen. Beide Acetyl-Derivate waren außerordentlich dem Ferri-oxamin D_1 ähnlich, lieferten jedoch bei der Hydrolyse neben 1-Amino-5-hydroxylamino-pentan sein niedrigeres Homologes, das 1-Amino-4-hydroxylamino-butan. Wie aus den Ergebnissen des hydrolytischen Abbaus folgt, ist das Acetyl-ferrioxamin A_1 aus zwei 1-Amino-5-hydroxyl-amino-pentanen und einem 1-Amino-4-hydroxylamino-butan aufgebaut. Im Acetyl-ferrioxamin A_2 kommen zwei 1-Amino-4-hydroxylamino-butane auf ein 1-Amino-5-hydroxylamino-pentan vor.

Um die Reihenfolge der basischen Bausteine im Ferrioxamin A_1 zu bestimmen, wurden alle drei möglichen Isomeren synthetisch hergestellt und festgestellt, daß die natürliche Verbindung mit demjenigen Isomeren identisch ist, in dem die Hydroxylamino-Gruppe des 1-Amino-4-hydroxyl-amino-butans die Acetyl-Gruppe trägt (XII). Die Reihenfolge der basischen Bausteine im Ferrioxamin A_2 ist nicht bekannt (*51*).

Die Zusammensetzung und der neutrale Charakter des Ferri-oxamins D_2 sprechen dafür, daß es sich um eine Verbindung (XIII) handelt, die analog dem Ferrioxamin E cyclisch aufgebaut ist, in der jedoch ein 1-Amino-5-hydroxylamino-pentan durch 1-Amino-4-hydroxyl-amino-butan ersetzt ist (*51*).

$$H_2N(CH_2)_5NHOH$$

(I.) 1-Amino-5-hydroxylamino-pentan.

$$H_2N(CH_2)_4NHOH$$

(II.) 1-Amino-4-hydroxylamino-butan.

$$HOOC(CH_2)_2CONH(CH_2)_5NHOH$$

(III.) 1-(Succinylamino)-5-hydroxylamino-pentan.

$$\begin{array}{c} CH_2CO \\ | \qquad\qquad\diagdown \\ \qquad\qquad N(CH_2)_5NHOH \\ | \qquad\qquad\diagup \\ CH_2CO \end{array}$$

(IV.) N-(5-Hydroxylamino-pentyl)-succinimid.

$$H_2N(CH_2)_5N\text{—}C(CH_2)_2C\text{—}N(CH_2)_5NHCO(CH_2)_2CONH(CH_2)_5N\text{—}CCH_3$$

with: HO O ⟷ O OH ← ——————————— → HO O

(V.)

$$H_2N(CH_2)_5N\text{—}C(CH_2)_2C\text{—}N(CH_2)_5NHCO(CH_2)_2C\text{—}N(CH_2)_5NHCOCH_3$$

HO O ⟷ O OH ← ——————— → HO OH

(VI.)

$$H_2N(CH_2)_5N\text{—}C(CH_2)_2CONH(CH_2)_5N\text{—}C(CH_2)_2C\text{—}N(CH_2)_5NHCOCH_3$$

HO O ← ——————————— → HO O ⟷ O OH

(VII.)

$$H_2N(CH_2)_5N\text{—}C(CH_2)_2CONH(CH_2)_5N\text{—}C(CH_2)_2CONH(CH_2)_5N\text{—}CCH_3$$

HO O ← ——————— → HO O ← ——————— → HO O

(VIII.) Desferrioxamin B.

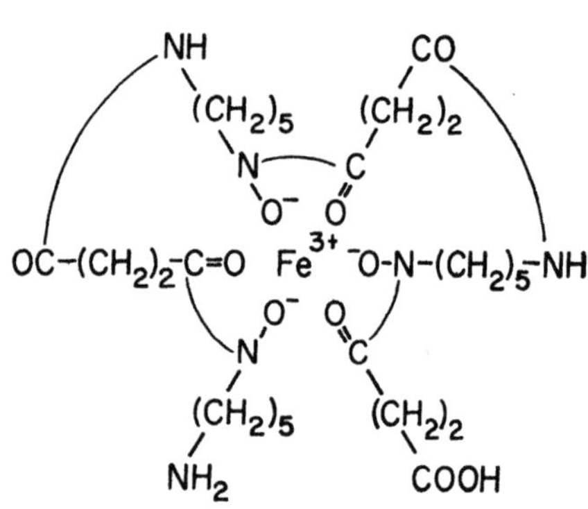

(IX.) Ferrioxamin B.
Ferrioxamin D_1 = N-Acetyl-ferrioxamin B.

(X.) Ferrioxamin G.

(XII.) Ferrioxamin A_1.

(XI, n = 5.) Ferrioxamin E.
(XIII, n = 4.) Ferrioxamin D_2.

Literaturverzeichnis: SS. 316—322.

Die Konstitutionsformeln der Ferrioxamine A_1, B, D_1, D_2, E und G sind ohne Rücksicht auf ihren räumlichen Bau dargestellt. Wie besonders aus der Bestimmung der magnetischen Suszeptibilität des Ferrioxamin B-hydrochlorids (8) folgt, handelt es sich bei den Ferrioxaminen um oktaedrische, ionische Komplexe, von welchen man auf Grund ihrer Konstitution mehrere Diastereomere erwarten kann. Welche von diesen tatsächlich vorliegen und ob es sich bei den isolierten Ferrioxaminen um sterisch einheitliche Komplexe oder um Gemische handelt, ist nicht bekannt. In diesem Zusammenhang sei noch erwähnt, daß das Ferrioxamin B-hydrochlorid im Sichtbaren keine optische Aktivität zeigt, obgleich alle möglichen Diastereomere chiral sind.

2. Synthese.

Für die Synthese von Ferrioxaminen waren besonders folgende Tatsachen von Wichtigkeit (vgl. *Formelübersichten 1* und *2*):

a) Die aus Bernsteinsäure-anhydrid und Hydroxylamino-alkanen leicht erhältlichen N-Succinyl-Derivate (z. B. XIV) gehen unter der Einwirkung von wasserabspaltenden Reagenzien leicht in die entsprechenden 3,6-Dioxo-tetrahydro-1,2-oxazine (z. B. XVI) über. Diese letzteren reagieren unter milden Bedingungen mit primären Aminen unter Bildung der für die Synthese der Ferrioxamine wichtigen Verbindungen mit der Teilstruktur $R'HNCO(CH_2)_2CON(OH)R$ (z. B. XVII).

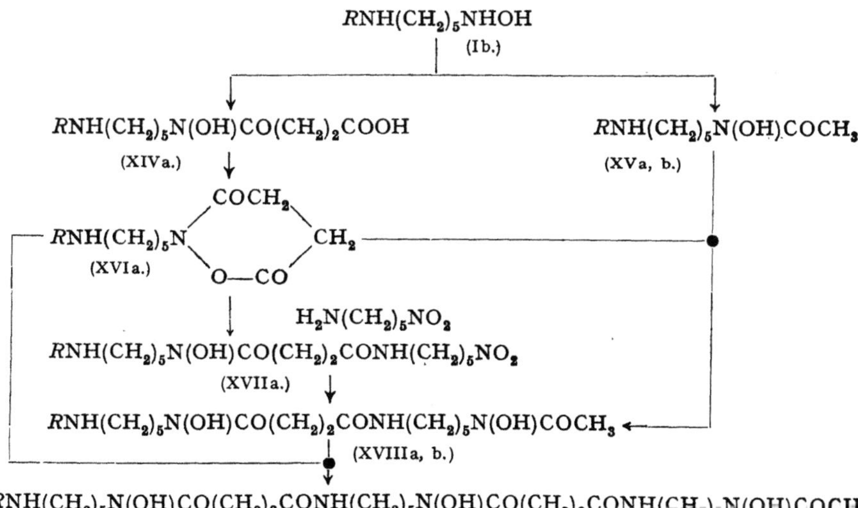

Formelübersicht 1. Synthesen von Ferrioxamin B.
(a: $R = C_6H_5CH_2OCO$, b: $R = H$.)

$$\text{— (XVI a.)} \;\rightarrow\; R\text{NH}(\text{CH}_2)_5\text{N(OH)}\text{CO}(\text{CH}_2)_2\text{COOCH}_3$$

(XXa, b.)

$$R\text{NH}(\text{CH}_2)_5\text{N(OH)}\text{CO}(\text{CH}_2)_2\text{CONH}(\text{CH}_2)_5\text{N(OH)}\text{CO}(\text{CH}_2)_2\text{COOCH}$$

(XXIa, b.)

$$R\text{NH}(\text{CH}_2)_5\text{N(OH)}\text{CO}(\text{CH}_2)_2\text{CONH}(\text{CH}_2)_5\text{N(OH)}\text{CO}(\text{CH}_2)_2\text{CONH}(\text{CH}_2)_5\text{N(OH)}\text{CO}(\text{CH}_2)_2\text{COO}$$

(XXIIa, b.)

(X.) Ferrioxamin G.

Formelübersicht 2. Synthese von Ferrioxamin G.

(a: $R = C_6H_5CH_2OCO$, b: $R = H$.)

b) Die Carbobenzoxy-Gruppe in Verbindungen mit der Teilstruktur $C_6H_5CH_2OCONH(CH_2)_2N(OH)COR$ läßt sich hydrogenolytisch abspalten, ohne daß dabei die Hydroxamsäure-Gruppe zur Amino-Gruppe reduziert wird, wie das bei nicht-acylierten Hydroxylaminen der Fall ist.

c) Die O-Acyl-Gruppen in O-Acyl-hydroxamsäuren $RCONR'(OOCR)$, welche bei der Acylierung von monosubstituierten Hydroxyaminen entstehen, lassen sich durch milde alkalische Hydrolyse oder Methanolyse leicht selektiv entfernen, ohne daß die Hydroxamsäure-Gruppe wesentlich angegriffen wird.

Wie aus den Beispielen in den Formelübersichten (Synthesen von Ferrioxaminen B und G) hervorgeht, lassen sich durch die sinnvolle Ausnützung der selektiven Reaktivitäten die fadenförmigen Desferrioxamine synthetisch herstellen und durch Umsetzung mit Eisen(III)-Salzen in die Ferrioxamine, welche in jeder Hinsicht mit den natürlichen Verbindungen identisch sind, überführen. Auf diese Weise wurden die Konstitutionen der Ferrioxamine B und G voll bestätigt (*93, 94*) und die Konstitution des Ferrioxamins A₁ bestimmt (*51*). Das Herstellungsverfahren eignet sich auch für die Bereitung von zahlreichen möglichen homologen und analogen Hydroxamsäuren.

V. Sideramine und biologisch nicht wirksame Siderochrome aus Pilzen.

Die aus Pilzkulturen isolierten Siderochrome lassen sich auf Grund ihrer spektroskopischen Eigenschaften in zwei Gruppen einteilen. Ferrichrom, Ferrichrysin und Ferricrocin besitzen im sichtbaren Teil des Absorptionsspektrums eine Absorptionsbande bei 425—430 mμ, im UV. ist lediglich eine hohe Endabsorption bei 220 mμ zu erkennen (*50, 123*). Bei Ferrirubin, Ferrirhodin, Coprogen und Ferrichrom A ist das sichtbare Absorptionsmaximum nach 440—450 mμ verschoben, und im UV. tritt eine hohe Absorptionsbande bei zirka 250 mμ auf (*48, 123*). Die Acylreste in den drei ersten Verbindungen sind Acetyle, in den letzteren vier α,β-ungesättigte Carbonsäurereste. Der Aufbau der Sideramine aus Pilzen wurde von EMERY, NEILANDS und Mitarb. (*27, 28, 30*) am Beispiel des Ferrichroms (*76*) und des Ferrichroms A (*33*), in unserem Laboratorium am Beispiel des Ferrichrysins (*123*) und einiger weiterer Verbindungen dieser Reihe mit teilweise verschiedenen Methoden, die sich gegenseitig ergänzen, untersucht. Im nachfolgenden wird daher über Ergebnisse beider Arbeitsgruppen berichtet.

Die Carbonsäure-Bausteine. Ferrichrom, Ferricrocin und Ferrichrysin geben bei der sauren Hydrolyse je 3 Mol Essigsäure. Die Acetylreste geben sich auch durch ein 9 Protonen anzeigendes Singlett bei $\delta = 2,1$ ppm in den NMR.-Spektren der Desferri-Verbindungen zu erkennen (*50, 123*). Die letzteren lassen sich aus den Eisenkomplexen durch Umsetzung mit 8-Hydroxy-chinolin leicht herstellen und geben mit Eisen(III)-Salzen in methanolischer Lösung wieder die ursprünglichen Sideramine.

Aus der Tatsache, daß das Desferri-ferrichrom auch mittels Perjodsäure rasch 3 Mol Essigsäure abspaltet, schlossen EMERY und NEILANDS (*29*), daß die Acetylreste Bestandteile von Hydroxamsäuregruppen seien. Wir konnten diese Annahme auf folgende Weise bestätigen: Die Hydroxamsäurebindungen von Desferri-ferrichrom, Desferri-ferricrocin und Desferri-ferrichrysin (Partialformel XXIII, S. 302) lassen sich mittels verd. Salzsäure leicht hydrolytisch spalten unter Bedingungen, unter denen die Peptidbindungen (s. unten) noch nicht angegriffen werden. Es bilden sich dabei freie Hydroxylaminogruppen, die sich dadurch zu erkennen geben, daß die amorphen Hydrolyseprodukte (XIV) mit Triphenyl-tetrazoliumchlorid eine rote Farbreaktion geben. Die Produkte zeigen im NMR.-Spektrum kein Singlett für die Acetylgruppen bei $\delta = 2,1$ ppm. Mit Eisen(III)-Salzen bilden sich keine braunrot gefärbten Komplexe mehr. Durch Acetylierung mittels Essigsäureanhydrid und Pyridin werden aus den Hydroxylaminen (XXIV) Produkte erhalten, die gemäß den Erfahrungen aus der Ferrioxaminsynthese (*93*) sowie auf Grund des negativen Ausfalls der Eisen(III)-chlorid-Reaktion O,N-Diacetylverbindungen des Typus (XXV, S. 302) darstellen. Die O-Acetylgruppen lassen sich mittels Ammoniak in Methanol selektiv abspalten. Die so erhaltenen Rohprodukte werden direkt in die Eisenkomplexe übergeführt, die durch Craig-Verteilung und Kristallisation gereinigt werden. Die auf diese Weise partialsynthetisch hergestellten Sideramine lassen sich weder durch die physikalischen noch durch die biologischen Eigenschaften von den ursprünglichen unterscheiden.

Die Sideramine Ferrirubin und Ferrirhodin sowie das Ferrichrom A geben bei der Hydrolyse keine Essigsäure; hingegen konnten als Spaltprodukte dieser Verbindungen drei andere Carbonsäuren bzw. deren Derivate nachgewiesen werden. Desferri-ferrichrom A gab bei der

Spaltung mit Perjodsäure eine α,β-ungesättigte Dicarbonsäure, die als *trans*-β-Methylglutaconsäure (XXVI, S. 302) identifiziert wurde (*28, 30*). Das entsprechende Spaltprodukt des Ferrirhodins wurde in Form eines Lactons isoliert und durch Vergleich mit einem aus *D,L*-Mevalonsäure-lacton hergestellten synthetischen Präparat (*23*) als *cis*-5-Hydroxy-3-methyl-penten-(2)-säurelacton (XXVII) identifiziert (*48*). Aus dem Ferrirubin endlich wurde das entsprechende Abbauprodukt als Methyl-ester isoliert. Das NMR.-Spektrum ließ eindeutig auf den *trans*-5-Hydroxy-3-methyl-penten-(2)-säure-methylester (XXVIII) schließen. Ein chemi-scher Beweis dafür, daß sich Ferrirhodin und Ferrirubin nur durch geometrische Isomerie in den Carbonsäureresten unterscheiden, wurde dadurch erbracht, daß beide Sideramine bei der Hydrierung mittels Palladiumkohle das selbe Hexahydro-Derivat lieferten (*48*). Ferrichrom A, Ferrirhodin und Ferrirubin besitzen demnach die Säuren (XXVI), (XXX) bzw. (XXIX) als Bestandteile der Hydroxamatgruppen. Auf Grund des UV.-Absorptionsspektrums steht fest, daß beim Ferrichrom A die zur Doppelbindung konjugierte Carboxylgruppe der *trans*-β-Methyl-glutaconsäure (XXVI) mit dem Hydroxylamin-Stickstoff verbunden ist, während die isolierte Carboxylgruppe in freier Form vorliegt und dem Ferrichrom A den sauren Charakter verleiht. Der gleiche Methyl-ester (XXVIII) wie aus Desferri-ferrirubin konnte auch aus Desferri-coprogen erhalten werden (*49*).

Die Aminosäure-Bausteine. Desferri-ferrichrom gab bei der energischen sauren Hydrolyse im wesentlichen zwei Aminosäuren: Glycin und eine unbekannte Verbindung, die sich als recht unstabil erwies (*30*). Obwohl es nicht gelang, dieses Abbauprodukt in kristalliner Form zu isolieren, konnte seine Konstitution als *L*-δ-N-Hydroxy-ornithin (XXXI) auf-geklärt werden. Bei der Reduktion mittels Jodwasserstoffsäure oder bei der katalytischen Hydrierung entstand daraus *L*-Ornithin. Das Vorliegen einer Hydroxylaminogruppe ging einerseits aus dem Verhalten der Verbindung bei der Papierelektrophorese und den pK-Werten, ander-seits aus der roten Farbreaktion mit Triphenyl-tetrazoliumchlorid hervor. Die pK-Messungen gaben auch Anhaltspunkte dafür, daß das α-Stickstoff-atom als Aminogruppe, das δ-Stickstoffatom als Hydroxylaminogruppe vorliegt. Schließlich zeigte totalsynthetisch hergestelltes racemisches δ-N-Hydroxy-ornithin (*98*) dieselben Farbreaktionen und das gleiche papierelektrophoretische Verhalten wie das Hydrolyseprodukt aus Desferri-ferrichrom, wodurch dessen Konstitution weitgehend gesichert war.

Auf einem anderen Weg wurde beim Ferrichrysin bewiesen, daß die Hydroxylamin-Stickstoffe mit den δ-ständigen Stickstoffatomen der Ornithinreste identisch sind (*50*). Das Reaktionsprodukt (XXIV) der milden sauren Hydrolyse, das neben den drei Hydroxylaminogruppen keine freien Aminogruppen enthält, wurde katalytisch zum Triamin (XXXII) reduziert, das in üblicher Weise mit Sangers Reagens in das N-2,4-Dinitrophenylderivat (XXXIII) übergeführt wurde. Das gereinigte Reaktionsprodukt gab bei der energischen sauren Hydrolyse als einziges 2,4-DNP-Derivat das δ-N-2,4-Dinitrophenyl-*L*-ornithin-hydrochlorid (XXXIV), das für die Identifizierung mit einer Vergleichsprobe in das gut kristallisierende α-N-Benzoyl-δ-N-2,4-dinitrophenyl-*L*-ornithin (XXXV) übergeführt wurde. Freies Ornithin ließ sich im Hydrolysegemisch nicht nachweisen, hingegen waren die übrigen Aminosäuren (Glycin und *L*-Serin, s. unten) in freier Form vorhanden. Aus dem Verlauf der Reaktionen (XXXII → XXXV) geht hervor, daß diejenigen Stickstoffatome, die im Hydrolysat mit den 2,4-Dinitrophenylgruppen markiert sind, aus den Hydroxamatgruppen der Sideramine stammen.

In den Hydrolysaten der Desferri-sideramine aus Pilzen (mit Ausnahme des Coprogens, das eine Sonderstellung einnimmt und am Schluß dieses Abschnittes kurz diskutiert werden soll) ließen sich durch Ionenaustauscher-Chromatographie nach MOORE und STEIN noch eine bis zwei weitere Aminosäuren nachweisen. Die präparative Trennung und Identifizierung gelang am besten mit den schön kristallisierbaren N-2,4-Dinitrophenylderivaten. In allen Hydrolysaten wurde Glycin gefunden, und mit Ausnahme des Ferrichroms gaben alle *L*-Serin (*48, 50*).

Für die quantitative Bestimmung der Aminosäuren eignete sich die Hydrolyse der Desferri-sideramine mittels Chlorwasserstoffsäure nicht, da das unbeständige δ-N-Hydroxy-ornithin teilweise zersetzt wurde. Auch das Serin ließ sich dabei nicht quantitativ erfassen. Gute Resultate wurden dagegen bei der reduktiven Hydrolyse der Sideramine mittels Jodwasserstoffsäure erzielt. Das δ-N-Hydroxy-ornithin wurde dabei vollständig zu Ornithin, das Serin teilweise zu Alanin reduziert. Die Summe der gefundenen Werte für Serin und Alanin entspricht dem Gehalt der Sideramine an Serin. Bei den Sideraminen Ferrichrom (*30*), Ferricrocin (*50*), Ferrichrysin (*50*), Ferrirhodin (*48*) und Ferrirubin (*48*), wie

Tabelle 6. Bausteine der Siderochrome aus Pilzen.

Sideramin	Bruttoformel	δ-N-Hydroxyornithin	Serin	Glycin	Carbonsäuren
Ferrichrom	$C_{27}H_{42}N_9O_{12}Fe$	3	—	3	3 CH_3COOH
Ferricrocin	$C_{28}H_{44}N_9O_{13}Fe$	3	1	2	3 CH_3COOH
Ferrichrysin	$C_{29}H_{46}N_9O_{14}Fe$	3	2	1	3 CH_3COOH
Ferrirhodin	$C_{41}H_{64}N_9O_{17}Fe$	3	2	1	3 (XXX)
Ferrirubin	$C_{41}H_{64}N_9O_{17}Fe$	3	2	1	3 (XXIX)
Ferrichrom A	$C_{41}H_{58}N_9O_{20}Fe$	3	2	1	3 (XXVI)
Coprogen	?	3	—	—	3 (XXIX)

auch beim biologisch unwirksamen Ferrichrom A (*30*), wurden pro Eisenatom drei δ-N-Hydroxy-ornithine als Bausteine nachgewiesen. Der Rest der Moleküle ist immer aus drei Aminosäuren (Serin oder Glycin) aufgebaut, die in den in *Tabelle 6* angegebenen molekularen Verhältnissen vorkommen.

Der Aufbau der Sideraminmoleküle aus den Bausteinen. Außer den in den vorhergehenden Abschnitten erwähnten Abbauprodukten konnten in den Hydrolysaten keine weiteren Verbindungen nachgewiesen werden. Eine Bilanzrechnung ergab, daß sich aus den Summen der in der Tabelle 6 erwähnten Hydrolyseprodukte, nach Abzug von je 9 Molekülen Wasser und 3 Protonen und Hinzufügen eines Eisen(III)-Ions, Bruttoformeln für die Sideramine ergeben, die mit den Elementaranalysen gut übereinstimmen. Es durfte daher angenommen werden, daß die Sideramin-moleküle durch die nachgewiesenen Fragmente vollständig erfaßt werden.

Da alle bekannten Sideramine aus Pilzen mit Ausnahme des Ferrichroms A neutrale Verbindungen sind, müssen die jeweils insgesamt 9 basischen und 9 sauren Gruppen der Bausteine peptid- und hydroxam-

$$CH_3CON(OH) \rceil \qquad HN(OH) \rceil \qquad CH_3CON(OOCCH_3) \rceil$$
$$CH_3CON(OH){-}R \qquad HN(OH){-}R \qquad CH_3CON(OOCCH_3){-}R$$
$$CH_3CON(OH) \rfloor \qquad HN(OH) \rfloor \qquad CH_3CON(OOCCH_3) \rfloor$$

(XXIII.)   (XXIV.)   (XXV.)

(XXVI.)
trans-β-Methylglutaconsäure.

(XXVII.)
cis-5-Hydroxy-3-methyl-penten-(2)-säurelacton.

(XXVIII.) $R = CH_3$. *trans*-5-Hydroxy-3-methyl-penten-(2)-säure-methylester.
(XXIX.) $R = H$. *trans*-5-Hydroxy-3-methylpenten-(2)-säure.

(XXX.)

$$R'NH \rceil$$
$$R'NH{-}R$$
$$R'NH \rfloor$$

$$HONH(CH_2)_3CH(NH_2)COOH$$

(XXXI.) *L*-δ-N-Hydroxy-ornithin.

(XXXII.) $R' = H$.
(XXXIII.) $R' = 2,4\text{-}(NO_2)_2C_6H_3$.

$$NO_2{-}\!\!\bigcirc\!\!{-}NH(CH_2)_3CH(NHR)COOH$$

(XXXIV.) $R = H \cdot HCl$. δ-N-2,4-Dinitrophenyl-*L*-ornithin-hydrochlorid.
(XXXV.) $R = C_6H_5CO{-}$. α-N-Benzoyl-δ-N-2,4-dinitrophenyl-*L*-ornithin.

Literaturverzeichnis: SS. 316—322.

säureartig miteinander verknüpft sein. Die Bildung der drei Hydroxamatgruppen aus den Hydroxylaminogruppen der δ-N-Hydroxy-ornithin-Reste und den Carboxylgruppen der Carbonsäurebausteine ist bereits erwähnt worden. Die sechs Peptidbindungen lassen sich nur unterbringen, wenn die Aminosäurereste in einem cyclischen Hexapeptid angeordnet werden.

Die Reihenfolge der Aminosäuren im Ferrichrom wurde kürzlich von ROGERS, WARREN und NEILANDS (99) abgeklärt. In Anlehnung an Befunde von MIKEŠ, TURKOVÁ und ŠORM (71) über die Aminosäuresequenz im δ_2-Albomycin (S. 310) wurde hypothetisch für Ferrichrom die Sequenz (XXXIX) angenommen. Zum Zwecke der Verknüpfung mit einem synthetischen Polypeptid mit analoger Aminosäurefolge wurde Ferrichrom in Gegenwart von Raney-Nickel hydriert, wobei unter gleichzeitiger Entfernung des Eisens und der N-Hydroxygruppen das N-Triacetyl-cyclohexapeptid (XXXVI, S. 304) gebildet wurde. Die kristallisierte Verbindung erwies sich als identisch mit einem totalsynthetisch gewonnenen Präparat, wodurch die Konstitution (XXXIX, S. 305) für Ferrichrom eindeutig bewiesen war.

Für die drei Siderochrome Ferrirubin, Ferrirhodin und Ferrichrom A konnte gezeigt werden, daß sie die gleiche Aminosäurereihenfolge im Cyclohexapeptid-Ring besitzen wie das Ferrichrysin (48). Während sich die Essigsäurereste aus den Acethydroxamsäuren (Desferri-ferrichrom, Desferri-ferricrocin und Desferri-ferrichrysin) leicht selektiv abspalten ließen (s. oben), zeigten die α,β-ungesättigten Hydroxamsäuren (Desferri-ferrirubin, Desferri-ferrirhodin und Desferri-ferrichrom A) eine erhöhte Beständigkeit gegen den Angriff von Säuren. Ein geeignetes Ausgangsmaterial für die selektive hydrolytische Spaltung der Hydroxamsäurebindungen waren die Hexahydro-Verbindungen.

Ferrirubin ließ sich in Gegenwart von Palladiumkohle leicht in ein Hexahydroderivat umwandeln, welches das gleiche UV.-Absorptionsspektrum besaß wie Ferrichrysin. Das Hydrierungsprodukt ist amorph und bildet wahrscheinlich ein Diastereomerengemisch, obwohl es sich papierchromatographisch wie eine einheitliche Substanz verhält. Das entsprechend hergestellte Hydrierungsprodukt von Ferrirhodin stimmte mit demjenigen von Ferrirubin papierchromatographisch und in der biologischen Aktivität überein (48). Analog ließ sich auch ein Hexahydroderivat des Ferrichroms A bereiten. Das Eisen wurde aus den Hydrierungsprodukten in üblicher Weise mittels 8-Hydroxychinolin entfernt und die Desferri-Verbindungen einer milden Säurehydrolyse unterworfen. Die Hydrolyseprodukte waren amorph und ließen sich nicht leicht reinigen. Die weiteren Umsetzungen zeigten aber, daß die Gemische im wesentlichen aus der Verbindung (XXXVII) bestanden, die mit dem entsprechenden Abbauprodukt (XXXIV) aus Desferri-ferrichrysin identisch sein muß. Die Acetylierung und anschließende selektive Abspaltung der O-Acetylgruppen gab nämlich eine Hydroxamsäure, die mit Eisen(III)-chlorid in den Eisenkomplex übergeführt wurde. Aus dem Reaktionsgemisch ließen sich mittels Craig-Verteilung rotbraune Kristalle isolieren, die in allen drei Fällen von authentischem Ferrichrysin nicht zu unterscheiden waren. Bemerkenswert ist dabei besonders die Umwandlung des biologisch unwirksamen Ferrichroms A in das hochaktive Ferrichrysin.

$$
\begin{array}{ll}
\text{CO—NH} & \text{CO—} \\
\text{CH}_3\text{CONH(CH}_2)_3\text{CH} \quad \text{CH}_2 & \text{HONH(CH}_2)_3\text{CH} \quad A \\
\text{NH} \quad \text{CO} & \text{NH} \\
\quad | \quad\quad | & \quad | \\
\text{CO} \quad \text{NH} & \text{CO} \\
\text{CH}_3\text{CONH(CH}_2)_3\text{CH} \quad \text{CH}_2 & \text{HONH(CH}_2)_3\text{CH} \quad B \\
\text{NH} \quad \text{CO} & \text{NH} \\
\quad | \quad\quad | & \quad | \\
\text{CO} \quad \text{NH} & \text{CO} \\
\text{CH}_3\text{CONH(CH}_2)_3\text{CH} \quad \text{CH}_2 & \text{HONH(CH}_2)_3\text{CH} \quad C \\
\text{NH—CO} & \text{NH—}
\end{array}
$$

(XXXVI.) (XXXVII.)

A, B, C = 2 Ser, 1 Gly.

$$
\text{HOCH}_2\text{CH(NH}_2)\text{CONHCH}_2\text{CONHCH(CH}_2)_3\text{N(OH)COCH}_3
$$
$$
|
$$
$$
\text{COOH}
$$

(XXXVIII.) α-N-(*L*-Seryl-glycyl)-δ-(N-acetyl-N-hydroxy)-*L*-ornithin.

$$
\begin{array}{l}
\text{H}_3\text{C} \quad \text{H} \\
\quad | \quad\quad | \\
\text{HOCH}_2\text{CH}_2\text{C}=\text{CCON(OH)(CH}_2)_3\text{CHCO}X \\
\quad\quad\quad\quad\quad\quad\quad\quad\quad\quad\quad \text{NH} \\
\text{H}_3\text{C} \quad \text{H} \quad\quad\quad\quad\quad | \\
\quad | \quad\quad | \quad\quad\quad\quad\quad\quad \text{CO} \\
\text{HOCH}_2\text{CH}_2\text{C}=\text{CCON(OH)(CH}_2)_3\text{CH} \\
\quad\quad\quad\quad\quad\quad\quad\quad\quad\quad\quad \text{NH} \\
\text{H}_3\text{C} \quad \text{H} \quad\quad\quad\quad\quad | \\
\quad | \quad\quad | \quad\quad\quad\quad\quad\quad \text{CO} \\
\text{HOCH}_2\text{CH}_2\text{C}=\text{CCON(OH)(CH}_2)_3\text{CH} \\
\quad\quad\quad\quad\quad\quad\quad\quad\quad\quad\quad \text{NHCOCH}_3
\end{array}
$$

(XLV.) Desferri-coprogen (vorläufiger Vorschlag).

Für Ferrichrysin und die vom gleichen Grundgerüst ableitbaren Verbindungen Ferrirubin, Ferrirhodin und Ferrichrom A muß eine analoge Aminosäuresequenz erwartet werden wie beim Ferrichrom, was durch Beobachtungen bei Partialhydrolysen bestätigt wurde (99). Nach dem mikrobiologischen Abbau von Ferrichrom A mit Hilfe eines Bakterienstammes, der sich auf Ferrichrom-Verbindungen als einziger Kohlenstoffquelle vermehren kann, wurde ein Tripeptid erhalten, das gemäß dem weiteren Abbau (Endgruppenbestimmung nach Sanger bzw. Edman) α-N-(*L*-Seryl-glycyl)-δ-(N-acetyl-N-hydroxy)-*L*-ornithin (XXXVIII) sein

Literaturverzeichnis: SS. 316—322.

muß, während nach der milden sauren Hydrolyse von Desferri-ferri-chrom A eine Fraktion gefaßt wurde, die *L*-Seryl-*L*-serin enthielt. Diese beiden Spaltprodukte sind nur mit der Aminosäuresequenz (XLIV) für Ferrichrom A verträglich. Für Ferrichrysin und seine Abkömmlinge stehen somit die Formeln (XLI) bis (XLIV) fest.

Als Hydrolyseprodukte des neutralen Coprogens wurden bisher nur das δ-N-Hydroxy-ornithin (XXXI) und die *trans*-5-Hydroxy-3-methyl-penten-(2)-säure (XXIX) sowie 1 Mol Essigsäure nachgewiesen. Insbesondere konnte die Anwesenheit anderer Aminosäurebausteine ausgeschlossen werden. Die Elementaranalysen und das NMR.-Spektrum des Desferri-coprogens zeigen, daß keine größeren weiteren Bausteine vorhanden sind. Aus dem NMR.-Spektrum der Desferriverbindung drängt sich die Vermutung auf, daß eine Tripeptidkette, gebildet aus drei δ-N-Acyl-δ-N-hydroxy-ornithin-Resten, vorliegt, die am Aminoende durch eine Acetylgruppe geschützt ist. Da sich Coprogen bei der

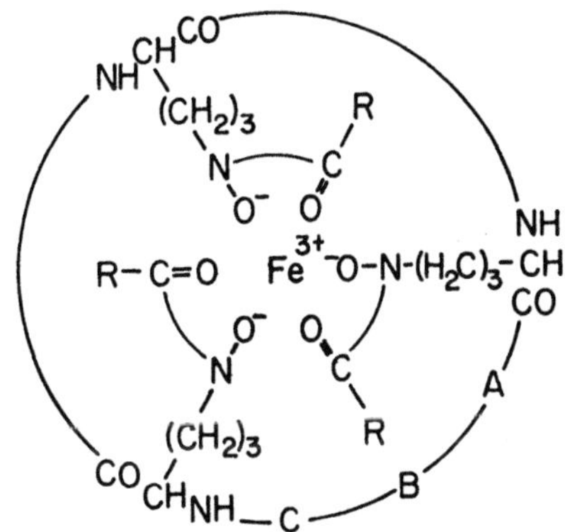

(XXXIX.)	$R = CH_3$	A = B = C = Gly	Ferrichrom
(XL.)	$R = CH_3$	A, B, C = 2 Gly, 1 Ser	Ferricrocin
(XLI.)	$R = CH_3$	A = B = Ser, C = Gly	Ferrichrysin
(XLII.)	$R =$ (H₃C, HOCH₂—H₂C)C=C(, H)	A = B = Ser, C = Gly	Ferrirubin
(XLIII.)	$R =$ (H₃C, HOCH₂—H₂C)C=C(H,)	A = B = Ser, C = Gly	Ferrirhodin
(XLIV.)	$R =$ (H₃C, HOOC—H₂C)C=C(, H)	A = B = Ser, C = Gly	Ferrichrom A

Papierelektrophorese wie eine neutrale Verbindung verhält, kann die Carboxylgruppe am C-Ende der Tripeptidkette nicht in freier Form vorliegen. Ein Hydrolyseprodukt, das dem Rest X (Formel XLV) entstammen würde, konnte bisher nicht gefaßt werden. Auch die NMR.-Spektren von Desferri-coprogen gaben bisher keinen Aufschluß über die Konstitution des Restes X. Dem Desferri-coprogen ordnen wir daher vorläufig die Konstitutionsformel (XLV, S. 304) zu (*49*).

VI. Sideromycine.

Von den Sideromycinen wurden bisher das Ferrimycin A_1 und das δ_2-Albomycin sowie einige seiner Umwandlungsprodukte eingehender untersucht. Über das Succinimycin ist nur soviel bekannt, daß es bei der Hydrolyse Bernsteinsäure und 1-Amino-5-hydroxylamino-pentan liefert (*41*).

1. Konstitution des Ferrimycins A_1.

Aus dem Ferrimycin-Gemisch wurden bisher eine Hauptkomponente A_1 und zwei Nebenkomponenten, A_2 und B, durch Verteilungschromatographie an Cellulose bzw. Craig-Verteilung und anschließende Chromatographie am Ionenaustauscher bzw. Gegenstromelektrophorese abgetrennt. Die Nebenkomponente B wurde nicht näher untersucht. Die Ferrimycine A_1 und A_2 sind in ihrer Zusammensetzung und in ihren physikalisch-chemischen Eigenschaften (UV.- und IR.-Absorptionsspektren sowie pK*$_{MCS}$-Werten) außerordentlich ähnlich; sie unterscheiden sich durch ihr papierchromatographisches und papierelektrophoretisches Verhalten und können dadurch identifiziert werden (*7*).

Das Ferrimycin A_1, welches allein genauer chemisch bearbeitet wurde, ist eine braune zweisäurige Base, deren Dihydrochlorid nach Elementaranalyse und auf Grund von Abbauergebnissen die Zusammensetzung $C_{41}H_{68}N_{10}O_{14}Fe \cdot 2\,HCl$ besitzt (pK*$_{MCS}$ 4,11, 7,92). Es ist chemisch unstabil und geht sehr leicht unter verschiedensten Bedingungen in antibiotisch unwirksame Produkte über. Trotzdem läßt sich daraus durch Fällung mit 8-Hydroxy-chinolin das Desferri-ferrimycin A_1 bereiten, aus dem man mit Eisen(III)-Salzen das Ferrimycin A_1 zurückerhalten kann, welches in chemischer und biologischer Hinsicht von dem natürlichen Antibioticum nicht unterscheidbar ist. Das farblose Desferri-ferrimycin A_1 wurde als Dihydrochlorid $C_{41}H_{68}N_{10}O_{14} \cdot 2\,HCl$ erfaßt und untersucht (pK*$_{MCS}$ 4,06, 7,79). Das UV.- und sichtbare Absorptionsspektrum des Ferrimycins A_1 (λ_{max} 229, 319 und 430 mμ) unterscheidet sich von demjenigen der Desferri-Verbindung (λ_{max} 210, 233 und 322 mμ) hauptsächlich durch die für die Eisen(III)-trihydroxamat-Komplexe typische Bande. Die Bande bei 320 mμ in beiden Verbindungen weist auf die Anwesenheit eines aromatischen Chromophors hin. In den IR.-

Absorptionsspektren der beiden Verbindungen liegen OH- und NH-Banden im $3\text{-}\mu$-Gebiet und mehrere CO-Banden im $6\text{-}\mu$-Gebiet vor. Von den letzteren ist besonders eine scharfe Bande bei 1720 bzw. 1715 cm^{-1} auffallend. Im NMR.-Spektrum des Desferri-ferrimycins A$_1$, welches in D$_2$O aufgenommen wurde, sind unter anderem besonders drei Singlette erkennbar, welche Methyl-Gruppen zugeordnet werden konnten: je einer CH$_3$C-, CH$_3$CO- bzw. CH$_3$O-Gruppe. Diese zwei letzteren Gruppen

$$C_{41}H_{68}N_{10}O_{14} \cdot 2\,HCl$$

(XLVI.)

$\downarrow$ N HCl, 98°

$$C_{21}H_{34}N_6O_7 \cdot 2\,HCl + (III.) + (IV.) + CH_3COOH$$

(XLVII.)

$\downarrow$ N HCl, 115°

$$C_{16}H_{21}N_3O_8 \cdot 3\,HCl + (I.) + NH_3$$

(XLVIII.)

$\downarrow$ 6-N HCl, 115° $\qquad\qquad$ $\downarrow$ CH$_2$N$_2$, Ac_2O + Py

$$C_{23}H_{29}N_3O_{11}$$

(L.) O,O′-Diacetyl-N-acetyl-dimethylester.

(XLIX.)

(LI.) Ferrimycin A$_1$.

Formelübersicht 3. Abbau des Ferrimycins A$_1$.

konnten auch analytisch nachgewiesen werden. Es sind weiter im NMR.-Spektrum drei aromatische Protonen erkennbar. Das Desferri-ferrimycin A_1 ist optisch aktiv: $[\alpha]_D = -25°$ (in abs. Alkohol).

Die Konstitution eines großen Teiles des Ferrimycin A_1-Moleküls ließ sich aus den Ergebnissen der Hydrolyse, welche in *Formelübersicht 3* (XLVI—L) zusammengefaßt sind, und aus den Eigenschaften der Hydrolyseprodukte ableiten. Es folgt daraus, daß es sich um ein substituiertes 5-Amino-3-hydroxy-benzoyl-ferrioxamin B handelt (LI) und es ist demnach nicht verwunderlich, daß das Ferrimycin A_1 leicht in Verbindungen mit Wuchsstoffeigenschaften übergeht. Der bisher nicht aufgeklärte Teil des Moleküls, der am aromatischen Stickstoff hängt, scheint für die antibiotische Wirkung wesentlich zu sein, denn schon geringe Änderungen in diesem Teil verwandeln das Antibioticum in einen Wuchsstoff. Beim Stehen mit einer N-Natriumacetat-Lösung geht das Ferrimycin A_1 in ein Gemisch von Verbindungen mit Sideramin-Eigenschaften über, in denen die im Ferrimycin A_1 nachgewiesene Methoxy-Gruppe fehlt.

2. Konstitution des δ_2-Albomycins.

Das Albomycin wurde als rotes amorphes Pulver mit einem Eisengehalt von 4,16% beschrieben (*35, 36*). Die Absorptionsmaxima bei 265 und 420 mμ wie auch das antibakterielle Wirkungsspektrum stimmten mit denen des Griseins überein, einer Verbindung, die mehrere Jahre früher entdeckt und angereichert worden war (*58, 95*). Ein direkter Vergleich von Grisein und Albomycin wurde erst 1957 durchgeführt (*109, 118*) und ergab, daß beide Präparate Gemische mehrerer Verbindungen waren. Die Komponenten schienen im wesentlichen dieselben zu sein, doch unterscheiden sich Albomycin und Grisein wesentlich durch den verschiedenen Anteil der einzelnen Komponenten. Nachdem weiter gezeigt worden war, daß von den Bestandteilen des Albomycingemisches die ziemlich unstabile δ_2-Komponente das eigentliche, vom Mikroorganismus produzierte Antibioticum ist, während die übrigen Komponenten seine Umwandlungsprodukte sind (*115*), war es wahrscheinlich, daß Grisein und Albomycin miteinander identisch sind. Das Grisein enthielt lediglich infolge der komplizierteren und langwierigeren Reinigungsmethoden größere Anteile an Umwandlungsprodukten. Diese Vermutung wird bestärkt durch den Befund von Stapley und Ormond (*109*), daß relativ rohes Grisein eine dem Albomycin ähnlichere Zusammensetzung aufweist als ein hochgereinigtes Produkt.

Die papierchromatographische Übereinstimmung der Komponenten des Griseins und des Albomycins konnte später von Bickel und Mitarb. (*6*) bestätigt werden. Die gleichen Komponenten enthielt auch das grisein-ähnliche Antibioticum 1787 von Thrum (*112*).

Literaturverzeichnis: SS. 316—322.

Tiefere Einblicke in die Konstitution des Albomycins waren erst möglich, als es gelang, die δ_2-Komponente in reiner Form zu isolieren (*11—13, 101, 113, 115*). Es ergab sich dabei überraschenderweise, daß das Albomycin, trotz seiner Herkunft aus Actinomyceten, zu den Sideraminen aus Pilzen chemisch in naher Beziehung steht.

Eine gesicherte Bruttoformel für δ_2-Albomycin läßt sich bis heute nicht angeben. Mit den neuesten analytischen und Abbauergebnissen steht am besten die Formel $C_{39}H_{62}N_{12}O_{20}SFe$ im Einklang (*56*).

Bei der energischen sauren Hydrolyse von reinem δ_2-Albomycin erhält man als einzige ninhydrin-positive Spaltstücke *L*-Serin und *L*-Ornithin (*113*). Wenn an Stelle von Albomycin die Desferriverbindung hydrolysiert wird, bildet sich rasch Serin, dagegen tritt Ornithin erst nach längerer Zeit (zirka 3 Tagen) in größerer Menge auf, während zuerst eine andere Aminosäure gebildet wird, die als L-δ-N-Hydroxy-ornithin (XXXI, S. 302) erkannt wurde. Von beiden Aminosäuren sind je 3 Mol pro Eisenatom vorhanden. Als weitere einfache Bausteine konnten 3 Mol Essigsäure gefaßt werden (*69, 71*). Dem δ_2-Albomycin liegen demnach teilweise dieselben Bausteine zugrunde wie mehreren Sideraminen aus Pilzen (S. 301). Als weiteres Produkt der sauren Hydrolyse wurde eine Pyrimidinbase, das 3-Methyluracil (LII) isoliert. Das Chromophor des Desferri-δ_2-albomycins, insbesondere auch dessen Änderung unter dem Einfluß von pH-Verschiebungen, entspricht aber nicht demjenigen des 3-Methyluracils, sondern ist besser zu erklären durch die Anwesenheit eines Methylcytosin-Bausteines. Tatsächlich ließ sich nach der alkalischen Hydrolyse eine Verbindung isolieren, deren Eigenschaften denjenigen von synthetischem 4-N-Methylcytosin (LIII) entsprachen. Das 3-Methyl-uracil muß demnach unter den Bedingungen der sauren Hydrolyse aus einem Cytosinderivat entstanden sein. Nach neuesten Befunden (*116*) ist aber auch das 4-N-Methylcytosin nicht ein unmittelbares Spalt-produkt des δ_2-Albomycins, sondern bildet sich durch eine Umlagerung aus dem 3-Methylcytosin (LIV; $R = H$). Da solche Umlagerungen an Modellverbindungen nur beobachtet werden können, wenn das Stickstoff-atom an $C_{(4)}$ des 3-Methylcytosins acyliert ist (LIV; $R = R'$-CO), muß auch im δ_2-Albomycin eine in Stellung $4'$ acylierte 3-Methylcytosin-gruppierung angenommen werden (vgl. LXII), worauf auch ein Vergleich der UV.-Absorptionsspektren von δ_2-Albomycin und seinen Abbau-produkten mit denjenigen von Modellverbindungen hindeutet. Die Natur dieses Acylrestes konnte bisher noch nicht abgeklärt werden. Turková und Mitarb. (*116*) nehmen an, daß es sich um eine Acetylgruppe oder eine Acetoacetylgruppe handeln könnte.

Über die Natur des im Albomycin nachgewiesenen Schwefelatoms liegen erst wenige Befunde vor. Seine Formulierung als SO_2-Gruppe zwischen dem Hydroxylsauerstoff des Serins und dem N-Atom 1 der

Pyrimidinbase gründet sich vor allem darauf, daß zwischen der Summe aller bekannten Bausteine (abzüglich einer entsprechenden Anzahl Wassermolekülen) und der aus den Analysen abgeleiteten Bruttoformel noch eine Differenz von SO_2 bestand. Zuverlässiger als beim Albomycin selbst ist dieser indirekte Nachweis bei einigen S-haltigen Produkten der Partialhydrolyse (116). Nachträglich konnte in Totalhydrolysaten von Albomycin-Derivaten 1 Mol Schwefelsäure als Bariumsulfat nachgewiesen werden.

Da im Albomycin sämtliche Amino- und Carboxylgruppen der Aminosäurereste peptidisch gebunden sind, muß ein Cyclopolypeptidring angenommen werden. Die Aminosäuresequenz im Polypeptidring ließ sich durch partielle Hydrolyse des Desferri-δ_2-albomycins nicht aufklären, da die unstabilen Hydroxylaminogruppen zu unübersichtlichen Nebenreaktionen Anlaß gaben. Hingegen gelang es, die Hydroxamsäuregruppen durch Oxydation mittels Perameisensäure zu spalten, wobei aus den δ-N-Hydroxy-ornithinresten Glutaminsäurereste entstanden.

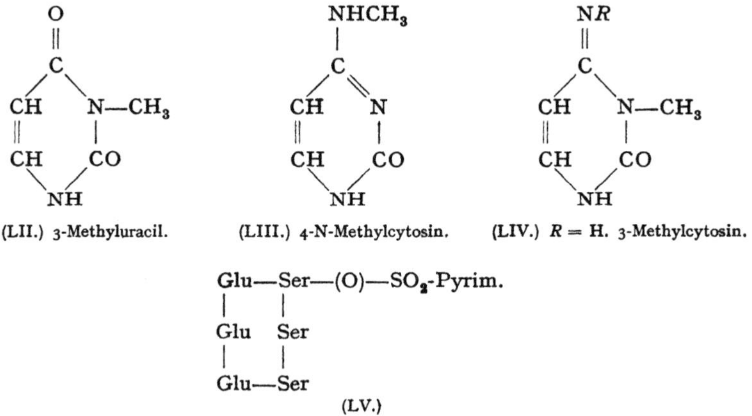

(LII.) 3-Methyluracil.   (LIII.) 4-N-Methylcytosin.   (LIV.) R = H. 3-Methylcytosin.

Das Cyclohexapeptid (LV) konnte darauf durch partielle Hydrolyse mit Chlorwasserstoffsäure in mehrere Bruchstücke gespalten werden (114). Durch Bestimmung der Aminosäurezusammensetzung der sechs hauptsächlichsten Peptidbruchstücke und Amino-Endgruppenbestimmung nach Sanger konnte genügend Information für eine vollständige Bestimmung der Aminosäure-Reihenfolge erhalten werden. Einige der Bruchstücke enthielten noch die Pyrimidinbase, so daß auch die Lage dieser Gruppe feststeht.

Die nachgewiesenen Bruchstücke waren:

Ser-(Ser, Glu)	(LVI.)	Glu-Glu-Glu	(LIX.)
Ser-(Ser, Ser, Glu)	(LVII.)	Glu-Glu	(LX.)
Glu-Ser-(O)-SO_2Pyrim.	(LVIII.)	Glu-[Glu, Ser-(O)-SO_2-Pyrim.]	(LXI.)

Literaturverzeichnis: SS. 316—322.

Diese Befunde erlaubten die Zuordnung der Partialstruktur (LV) für das Glutaminsäure-peptid und der Partialformel für das Desferri-δ_2-albomycin. Das δ_2-Albomycin besitzt demnach die Partialstruktur (LXII), in der nur noch der Acylrest im Pyrimidinteil unsicher ist.

(LXII) = (XXXIX, S. 305) mit folgenden Resten R, A, B und C:

$R = CH_3$

$A = $ Acyl—NH=

$B = C = $ Ser

VII. Andere Hydroxamsäuren aus Mikroorganismen.

Verbindungen mit Hydroxamsäuregruppen scheinen außerhalb der Reihe der Siderochrome in der lebenden Natur nicht häufig zu sein. Immerhin sind aus Mikroorganismen einige Verbindungen isoliert worden, die diese Gruppe besitzen [vgl. die zusammenfassende Darstellung (70)]. Von diesen dürfte das Mycobactin am ehesten mit den Sideraminen im Zusammenhang stehen. Es ist nicht ausgeschlossen, daß es bei den säurefesten Organismen die Rolle der Sideramine als Eisendonoren bei der Haemsynthese übernimmt.

Mit Hilfe eines Mycobactin-heterotrophen Organismus, *Mycobacterium johnei*, als Testorganismus wurde das Mycobactin als eisenfreie Verbindung aus Kulturen von *M. phlei* isoliert (*32*). Es ist eine optisch aktive schwache Säure der Bruttoformel $C_{47}H_{75}N_5O_{10}$ und bildet leicht einen purpurroten Komplex mit Eisen(III)-Ionen.

(LXIII.) Mycobactin.

Die von Snow (*105*, *106*, *108*) abgeleitete Konstitution der eisenfreien Verbindung ist in (LXIII) wiedergegeben. Die Hydroxylamin-Stickstoffe der Hydroxamsäuregruppen gehören zu ε-N-Hydroxylysinresten, die zu den δ-N-Hydroxy-ornithinresten der Sideramine aus Pilzen homolog sind. Mycobactin enthält nur zwei Hydroxamsäuregruppen. Das dritte eisenbindende Zentrum wird durch ein phenolisches Hydroxyl in Verbindung mit dem heterocyclischen Sauerstoffatom gebildet, so daß Mycobactin wie die Desferri-sideramine mit Eisen(III)-Ion einen stabilen 1 : 1-Komplex bilden kann. Die lange Fettsäurekette verleiht dem Mycobactin einen stark lipophilen Charakter. Eine mycobactin-ähnliche Verbindung wurde kürzlich als Eisenkomplex aus *Mycobacterium tuberculosis* isoliert (*107*). Sie ist ebenfalls ein Wuchsstoff für *M. johnei*.

Die Aspergillsäure, ein Stoffwechselprodukt von *Aspergillus flavus*, wurde in erster Linie im Hinblick auf ihre antibakterielle Wirkung isoliert und von mehreren Arbeitsgruppen eingehend untersucht (*24—26, 80*). Die Bestimmung ihrer Konstitution (LXIV) beruht in erster Linie auf der Umwandlung in ein Diketopiperazin und dessen Hydrolyse zu *D,L*-Leucin und *D,L*-Isoleucin. Drei Aspergillsäuremoleküle bilden mit einem Eisen(III)-Ion einen stabilen Komplex. In den Kulturen von *A. flavus* wird die Aspergillsäure oft von der Hydroxy-aspergillsäure (LXV) mit ähnlichem Aufbau begleitet (*26*).

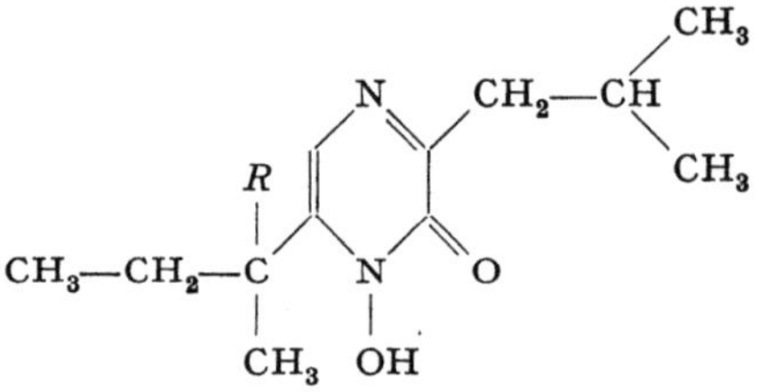

(LXIV.) *R* = H. Aspergillsäure.
(LXV.) *R* = OH. Hydroxy-aspergillsäure.

Mit der Aspergillsäure verwandt ist das Pulcherrimin, ein eisenhaltiges Pigment aus der Hefe *Candida pulcherrima* (*55*). Die farblose Desferriverbindung, Pulcherriminsäure, besitzt nach Cook und Slater (*21*) die Konstitution (LXVI). Dies geht einerseits aus der Überführung in das Diketopiperazin des *D,L*-Leucins, anderseits aus dem IR.-Absorptionsspektrum hervor, das dem der Aspergillsäure ähnlich ist. Erst kürzlich ist diese Konstitution durch Totalsynthese bestätigt worden (*82*).

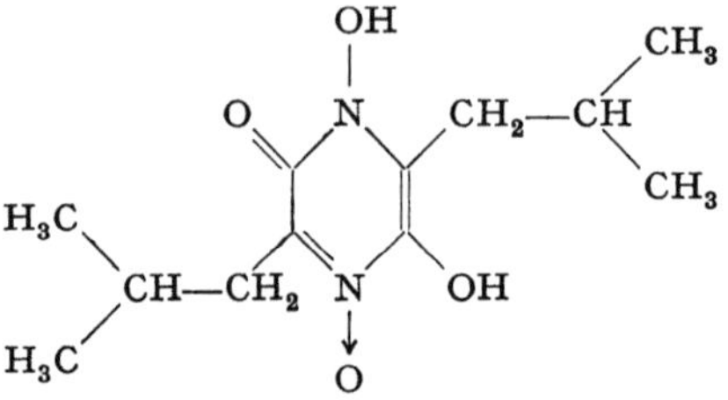

(LXVI.) Pulcherriminsäure.

Literaturverzeichnis: SS. 316—322.

Dank der Hydroxamsäuregruppe und dem Oxid-Sauerstoff am zweiten Stickstoffatom vermag die Pulcherriminsäure 2 Äquivalente Eisen zu binden, was zu einer starken Vernetzung des Komplexes führt und die Schwerlöslichkeit des Pigments erklärt.

Ebenfalls von einem Diketopiperazin leitet sich das Mycelianamid ab, das im Mycel von *Penicillium griseofulvum* aufgefunden wurde (*85*). Die im wesentlichen von BIRCH und Mitarb. (*10*) abgeleitete Strukturformel ist kürzlich auf Grund von NMR.-Spektren im Sinne der Formel (LXVII) modifiziert worden (*3*).

(LXVII.) Mycelianamid.

Einem vor wenigen Jahren aus einer Actinomyceten-Kultur isolierten Antibioticum, dem Actinonin (*38*), ist kürzlich die Konstitution (LXVIII) einer Hydroxamsäure zugeschrieben worden (*84*).

(LXVIII.) Actinonin.

Als letzte Verbindung sei das Hadacidin genannt. Dieses wurde wegen seiner tumorhemmenden Wirkung aus Kulturen von *Penicillium frequentans* isoliert (*47*). Aus den Hydrolyseergebnissen wurde die Konstitutionsformel (LXIX) abgeleitet und durch Totalsynthese bewiesen.

$$OCH-N-CH_2-COOH$$
$$|$$
$$OH$$

(LXIX.) Hadacidin.

VIII. Desferri-siderochrome als Komplexbildner.

1. Komplexstabilitäten.

Das Komplexbildungsvermögen der Hydroxamsäuren für Eisen(III)-Ionen ist schon lange bekannt und ist vielfach in der analytischen Chemie ausgenützt worden. Hingegen ist die Stabilität der Komplexe erst in neuester Zeit von Schwarzenbach und Mitarb. gemessen worden (*1, 2, 103*). Die Komplexbildung verläuft stufenweise und folgt für Acethydroxamsäure (HA) den Gleichungen (1) bis (3).

$$Fe^{3+} + HA \rightleftharpoons FeA^{2+} + H^+ \qquad (1)$$

$$FeA^{2+} + HA \rightleftharpoons FeA_2^+ + H^+ \qquad (2)$$

$$FeA_2^+ + HA \rightleftharpoons FeA_3 + H^+ \qquad (3)$$

$$Fe^{3+} + 3\,HA \rightleftharpoons FeA_3 + 3\,H^+ \qquad (4)$$

Diesen drei Gleichungen entsprechen die drei Gleichgewichtskonstanten:

$$K_1 = \frac{[FeA^{2+}] \cdot [H^+]}{[Fe^{3+}] \cdot [HA]} \qquad K_2 = \frac{[FeA_2^+] \cdot [H^+]}{[FeA^{2+}] \cdot [HA]} \qquad K_3 = \frac{[FeA_3] \cdot [H^+]}{[FeA_2^+] \cdot [HA]}$$

Für den gesamten Reaktionsverlauf [Gleichung (4)] gilt dann:

$$\beta_3 = K_1 \cdot K_2 \cdot K_3 = \frac{[FeA_3] \cdot [H^+]^3}{[Fe^{3+}] \cdot [HA]^3}$$

Bei den Sideraminen konnte die Bildung der ersten Stufe $Fe(H_2Sid)^{2+}$ nicht beobachtet werden. Dagegen ließen sich die Bildungskonstanten für die zweite und dritte Stufe nach verschiedenen Methoden messen:

$$Fe^{3+} + H_3Sid \rightleftharpoons Fe(HSid)^+ + 2\,H^+; \; K_2 \qquad (5)$$

$$Fe^{3+} + H_3Sid \rightleftharpoons FeSid + 3\,H^+; \; K_3 \qquad (6)$$

Der Komplex $Fe(HSid)^+$ ist unterhalb pH = 2 nachweisbar und macht sich durch die violette Farbe bemerkbar. Im Falle des Ferrioxamins B sind bei pH 0,94 die beiden Teilchen $Fe(HSid)^+$ und FeSid in gleicher Konzentration vorhanden. Bei der weiteren Acidifierung der Lösung zerfallen die Komplexe direkt in die Teilchen Fe^{3+} und H_3Sid. Der braunrote Komplex FeSid ist zwischen pH 2 und 10 beständig. Oberhalb pH 10 beginnt die Hydrolyse und Abscheidung von Eisen(III)-hydroxyd.

Mit zweiwertigen Ionen bilden sich in der Regel die Komplexe $M(H_2Sid)^+$ und M(HSid). Nur beim zweiwertigen Kupfer wurde die Bildung eines bimetallischen Teilchens Cu_2Sid^+ mit $\log K = 22,4$ beobachtet.

Die wichtigsten Komplexstabilitäten sind in den *Tabellen 7* und *8* zusammengestellt, wobei wegen der besseren Übersichtlichkeit nur die Konstanten für die in neutraler Lösung stabilen Komplexe aufgenommen wurden. Es ergibt sich daraus, daß die Komplexe der einfachen Hydroxamsäuren mit Eisen(III)-Ionen eine außerordentlich hohe Stabilität besitzen, welche diejenige des Eisenkomplexes von EDTA (Äthylendiamin-tetraessigsäure) wesentlich übertrifft. Durch die Ringbildung wird bei den Sideraminen mit hexadentaten Liganden die Komplexstabilität infolge eines positiven Chelateffektes noch erhöht (s. Tabelle 8). Der Chelateffekt ist am höchsten beim Ferrioxamin E, während er bei den Sideraminen aus Pilzen (Ferrichrom und Ferrichrysin) relativ klein ist.

Tabelle 7. Bildungskonstanten der Komplexe von Acethydroxamsäure, Desferri-ferrioxamin B und EDTA mit verschiedenen 2- und 3-wertigen Metallionen.

Kation	Acethydroxamsäure		Desferri-ferrioxamin B		EDTA
	$\log \beta_2$	$\log \beta_3$	$\log K_2$	$\log K_3$	$\log K$
Ca^{2+}	2,4		zirka 2,6		10,6
Cd^{2+}	7,8		5,6		—
Fe^{2+}	8,5		7,2		
Co^{2+}	8,9		7,4		16,1
Ni^{2+}	9,3		7,7		
Zn^{2+}	9,6		7,9		16,1
Cu^{2+}	—		13,5	[22,4]*	18,3
La^{3+}		11,9	10,9		
Yb^{3+}		16,5	16,0		
Al^{3+}		21,5			
Fe^{3+}		28,33		30,6	25,1

* Für das bimetallische Teilchen Cu_2Sid^+.

Tabelle 8. Bildungskonstanten von Komplexen dreiwertiger Metalle mit Desferri-sideraminen (MSid) im Vergleich mit denen von Acethydroxamsäure (MA_3).

Ligand	La^{3+}		Yb^{3+}		Fe^{3+}	
	$\log K$	Ch.*	$\log K$	Ch.	$\log K$	Ch.
3 Acethydroxamsäuren	11,9	—	16,5	—	28,3	—
Desferri-ferrioxamin B.....	10,9	— 1,0	16,0	— 0,5	30,6	+ 2,3
Desferri-ferrioxamin D_1	—	—	—	—	30,8	+ 2,5
Desferri-ferrioxamin E.....	—	—	—	—	32,5	+ 4,2
Desferri-ferrichrom	—	—	—	—	29,1	+ 0,8
Desferri-ferrichrysin	—	—	—	—	30,0	+ 1,7

* Ch. = Chelateffekt.

Die Stabilitäten der Hydroxamsäurekomplexe mit anderen drei- und zweiwertigen Metallionen fällt gegenüber der Bindungsfähigkeit für dreiwertiges Eisen stark ab. Durch einen negativen Chelateffekt bei allen Ionen außer Fe^{3+} wird zudem bei den Sideraminen eine weitere Begünstigung des letzteren bewirkt. Diese starke Bevorzugung des Eisen(III)-Ions gegenüber anderen Ionen dürfte sowohl für die biologische Wirkung der Sideramine im Eisen-Stoffwechsel als auch für die medizinische Anwendung des Desferrioxamins B von Bedeutung sein (s. den nachfolgenden Abschnitt).

2. Die Anwendung von Desferrioxamin B in der Humanmedizin.

Schon längere Zeit wurde versucht, die beim Menschen vorkommenden pathologischen Eisenablagerungen mit Komplexbildnern zu behandeln. Verwendet wurden unter anderem: 2,3-Dimercapto-1-propanol (BAL), Äthylendiamintetraessigsäure (EDTA) und Diäthylentriaminpentaessigsäure (DTPA) (*31*), doch haben diese Komplexbildner mangels genügender Spezifität der Komplexbildung und zu hoher Toxizität nicht befriedigt.

Das starke Bindungsvermögen des Desferrioxamins B für Eisen(III)-Ionen bei schwachem Bindungsvermögen für andere Metallionen gestattet die Verwendung dieses Stoffes, um aus dem menschlichen Körper pathologisch gespeichertes Eisen zu entfernen. Verabreicht wird intramuskulär oder intravenös das Methansulfonat des Desferrioxamins B (*9*). Bei täglichen Gaben von 500—1000 mg sind über eine längere Zeitspanne Eisenausscheidungen von im Mittel 15—30 mg täglich und mit Spitzen bis zu 80 mg erreichbar. Der gesunde Mensch scheidet normalerweise unter 1 mg täglich aus. Unter dem Einfluß von Desferrioxamin B steigt die Ausscheidung beim gesunden Menschen auf nur 1—3 mg. Bei Patienten mit starken Eisendepots erfolgt eine starke Ausscheidung; je größer die Depots, um so größer sind in der Regel die pro Tag ausgeschiedenen Eisenmengen während der Behandlung.

Nach den bisherigen Veröffentlichungen liegen für folgende Erkrankungen positive Befunde in bezug auf die Eisenausscheidung mit Desferrioxamin B vor: primäre Hämochromatose, sekundäre Hämochromatose bei Leberzirrhose, sekundäre Hämochromatosen bzw. Hämosiderosen bei siderocrestischer Anämie, aplastischer Anämie, hämolytischer Anämie, Thalassämie, Blackfan-Diamond-Anämie, Porphyria cutanea tarda (*75, 102, 119, 120*).

Eine negative Beeinflussung des Hämoglobingehaltes unter der Desferrioxamin B-Behandlung wurde bisher nie beobachtet, im Gegenteil wiesen verschiedene Prüfer auf einen Anstieg des Hämoglobins hin. Auffällig ist auch die von Wöhler (*120*) festgestellte Besserung des Porphyrinstoffwechsels bei der akuten Porphyrie und der Porphyria cutanea tarda. Ob diese Effekte mit der für Mikroorganismen postulierten Wirkungsweise der Sideramine zusammenhängen, oder ob diese Wirkung durch Entlastung der Eisendepots zustande kommt, läßt sich zur Zeit noch nicht entscheiden.

Literaturverzeichnis.

1. Anderegg, G., F. L'Eplattenier und G. Schwarzenbach: Hydroxamatkomplexe. II. Die Anwendung der pH-Methode. Helv. Chim. Acta **46**, 1400 (1963).

2. — — — Hydroxamatkomplexe, III. Eisen(III)-Austausch zwischen Sideraminen und Komplexonen. Diskussion der Bildungskonstanten der Hydroxamatkomplexe. Helv. Chim. Acta **46**, 1409 (1963).

3. Bates, R. B., J. H. Schauble and M. Souček: The $C_{10}H_{17}$ Side Chain in Mycelianamide. The Stereochemistry of Bergamottin and Umbelliprenin. Tetrahedron Letters **1963**, 1683.

4. BICKEL, H., R. BOSSHARDT, E. GÄUMANN, P. REUSSER, E. VISCHER, W. VOSER, A. WETTSTEIN und H. ZÄHNER: Stoffwechselprodukte von Actinomyceten, 26. Mitt. Über die Isolierung und Charakterisierung der Ferrioxamine A—F, neuer Wuchsstoffe der Sideramin-Gruppe. Helv. Chim. Acta **43**, 2118 (1960).

5. BICKEL, H., B. FECHTIG, G. E. HALL, W. KELLER-SCHIERLEIN, V. PRELOG und E. VISCHER: Stoffwechselprodukte von Actinomyceten, 24. Mitt. Über die Isolierung und Synthese des 1-Amino-5-hydroxylamino-pentans, eines wesentlichen Hydrolyseproduktes der Ferrioxamine und der Ferrimycine. Helv. Chim. Acta **43**, 901 (1960).

6. BICKEL, H., E. GÄUMANN, W. KELLER-SCHIERLEIN, V. PRELOG, E. VISCHER, A. WETTSTEIN und H. ZÄHNER: Über eisenhaltige Wachstumsfaktoren, die Sideramine, und ihre Antagonisten, die eisenhaltigen Antibiotica Sideromycine. Experientia **16**, 129 (1960).

7. BICKEL, H., E. GÄUMANN, G. NUSSBERGER, P. REUSSER, E. VISCHER, W. VOSER, A. WETTSTEIN und H. ZÄHNER: Stoffwechselprodukte von Actinomyceten, 25. Mitt. Über die Isolierung und Charakterisierung der Ferrimycine A_1 und A_2, neuer Antibiotica der Sideromycin-Gruppe. Helv. Chim. Acta **43**, 2105 (1960).

8. BICKEL, H., G. E. HALL, W. KELLER-SCHIERLEIN, V. PRELOG, E. VISCHER und A. WETTSTEIN: Stoffwechselprodukte von Actinomyceten, 27. Mitt. Über die Konstitution von Ferrioxamin B. Helv. Chim. Acta **43**, 2129 (1960).

9. BICKEL, H., H. KEBERLE und E. VISCHER: Stoffwechselprodukte von Mikroorganismen, 43. Mitt. Zur Kenntnis von Desferrioxamin B. Helv. Chim. Acta **46**, 1385 (1963).

10. BIRCH, A. J., R. A. MASSY-WESTROPP and R. W. RICKARDS: Studies in Relation to Biosynthesis. Part VIII. The Structure of Mycelianamide. J. Chem. Soc. (London) **1956**, 3717.

11. BRAZHNIKOVA, M. G., I. N. KOVSHAROVA, N. N. LOMAKINA and L. I. MURAVIEVA: Certain Regularities Observed in the Adsorption and Desorption of Albomycin upon Permutite and Kation Exchange Resin CDB-3. Antibiotiki **3**, No. 6, 29 (1958).

12. BRAZHNIKOVA, M. G., N. N. LOMAKINA and L. I. MURAVIEVA: Albomycin, seine Eigenschaften und chemische Natur. Doklady Akad. Nauk (USSR) **99**, 827 (1954).

13. — — — The Production of a Highly Active Preparation of Albomycin. Antibiotiki **4**, No. 2, 24 (1959).

14. BROWN, R. F. C., G. BÜCHI, W. KELLER-SCHIERLEIN, V. PRELOG und J. RENZ: Über die Konstitution des Nocardamins. Helv. Chim. Acta **43**, 1868 (1960).

15. BURNHAM, B. F.: Bacterial Iron Metabolism. Investigations on the Mechanism of Ferrichrome Function. Arch. Biochem. Biophys. **97**, 329 (1962).

16. — Investigation on the Action of the Iron-Containing Growth Factors, Sideramines, and Iron-Containing Antibiotics, Sideromycins (in print).

17. BURNHAM, B. F. and J. B. NEILANDS: Studies on the Metabolic Function of the Ferrichrome Compounds. J. Biol. Chem. **236**, 554 (1961).

18. BURTON, M. O.: Characteristics of Bacteria Requiring the Terregens Factor. Canad. J. Microbiol. **3**, 107 (1957).

19. BURTON, M. O. and A. G. LOCHHEAD: Nutritional Requirements of *Arthrobacter terregens*. Canad. J. Bot. **31**, 145 (1953).

20. BURTON, M. O., F. J. SOWDEN and A. G. LOCHHEAD: Studies on the Isolation of the Terregens Factor. Canad. J. Biochem. Physiol. **32**, 400 (1954).

21. COOK, A. H. and C. A. SLATER: The Structure of Pulcherrimin. J. Chem. Soc. (London) **1956**, 4133.

22. Cook, F. D. and A. G. Lochhead: Growth Factor Relationships of Soil Microorganisms as Affected by Proximity to the Plant Root. Canad. J. Microbiol. 5, 323 (1959).

23. Cornforth, J. W., R. H. Cornforth, G. Popják and I. Y. Gore: Studies on the Biosynthesis of Cholesterol, 5. Biosynthesis of Squalene from D,L-3-Hydroxy-3-methyl-[2-^{14}C]pentano-5-lactone. Biochem. J. 69, 146 (1958).

24. Dutcher, J. D.: Aspergillic Acid: An Antibiotic Substance Produced by Aspergillus flavus. I. General Properties; Formation of Desoxyaspergillic Acid; Structural Conclusions. J. Biol. Chem. 171, 321 (1947).

25. — Aspergillic Acid: An Antibiotic Substance Produced by Aspergillus flavus. II. Bromination Reactions and Reduction with Sodium and Alcohol. J. Biol. Chem. 171, 341 (1947).

26. — Aspergillic Acid: An Antibiotic Substance Produced by Aspergillus flavus. III. The Structure of Hydroxyaspergillic Acid. J. Biol. Chem. 232, 785 (1958).

27. Emery, T. and J. B. Neilands: The Iron-Binding Centre of Ferrichrome Compounds. Nature 184, 1632 (1959).

28. — — Contribution to the Structure of the Ferrichrome Compounds: Characterization of the Acyl Moieties of the Hydroxamate Functions. J. Amer. Chem. Soc. 82, 3658 (1960).

29. — — Periodate Oxidation of Hydroxylamine Derivatives. Products, Scope and Application. J. Amer. Chem. Soc. 82, 4903 (1960).

30. — — Structure of the Ferrichrome Compounds. J. Amer. Chem. Soc. 83, 1626 (1961).

31. Fahey, L. J., C. E. Rath, J. V. Princiotti, I. B. Brick and M. Rubin: Evaluation of Trisodium Calcium Diethylenetriaminepentaacetate in Iron Storage Disease. J. Lab. clin. Med. 57, 436 (1961).

32. Francis, J., H. M. Macturk, S. Madinaveitia and G. A. Snow: Mycobactin, a Growth Factor for Mycobacterium johnei, 1. Isolation from Mycobacterium phlei. Biochem. J. 55, 596 (1953).

33. Garibaldi, J. A. and J. B. Neilands: Isolation and Properties of Ferrichrome A. J. Amer. Chem. Soc. 77, 2429 (1955).

34. Garrod, L. P. and P. M. Waterworth: Behaviour in vitro of some New Antistaphylococcal Antibiotics. Albomycin. Brit. Med. J. 1956, 61.

35. Gause, G. F.: Recent Studies on Albomycin, A New Antibiotic. Brit. Med. J. 1955, 1177.

36. Gause, G. F. und M. G. Brazhnikova: Die Wirkung von Albomycin gegen Bakterien. Nov. Med. (Moskau) 23, 3 (1951).

37. Goldberg, A.: The Enzymic Formation of Haem by the Incorporation of Iron into Protoporphyrin; Importance of Ascorbic Acid, Ergothioneine and Glutathione. Brit. J. Haematol. 5, 150 (1959).

38. Gordon, J. J., B. K. Kelly and G. A. Miller: Actinonin: An Antibiotic Substance produced by an Actinomycete. Nature 195, 701 (1962).

39. Granick, S. and H. Gilder: The Structure, Function and Inhibitory Action of Porphyrins. Science 101, 540 (1945).

40. — — The Porphyrin Requirements of Haemophilus influenzae and Some Functions of the Vinyl and Propionic Acid Side Chain of Heme. J. gen. Physiol. 30, 1 (1946/47).

41. Haskell, T. H., R. H. Bunge, J. C. French and Q. R. Bartz: Succinimycin, A New Iron-Containing Antibiotic. J. Antibiotics (Japan) Ser. A, 16, 67 (1963).

42. Hendlin, D. and A. L. Demain: An Absolute Requirement for "Iron Transport Factors" by Microbacterium lacticum 8181. Nature 184, 1894 (1959).

43. HENDLIN, D. and A. L. DEMAIN: "Iron Transport" Compounds as Growth Stimulators for *Microbacterium* sp. J. gen. Microbiol. **21**, 72 (1959).

44. HESSELTINE, C. W., C. PIDACKS, A. R. WHITEHILL, N. BOHONOS, B. L. HUTCHINGS and J. H. WILLIAMS: Coprogen, a New Growth Factor for Coprophilic Fungi. J. Amer. Chem. Soc. **74**, 1362 (1952).

45. HESSELTINE, C. W., A. R. WHITEHILL, C. PIDACKS, M. T. HAGEN, N. BOHONOS, B. L. HUTCHINGS and J. H. WILLIAMS: Coprogen, a New Growth Factor Present in Dung, Required by *Pilobolus* Species. Mycologia **45**, 7 (1953).

46. HÜTTER, R.: Zur Systematik der Actinomyceten, 10. Mitt. Streptomyceten mit *griseus* Luftmycel. Giorn. Microbiol. (im Druck) (1964).

47. KACZKA, E. A., C. O. GITTERMAN, E. L. DULANEY and K. FOLKERS: Hadacidin, a New Growth-Inhibitory Substance in Human Tumor Systems. Biochemistry **1**, 340 (1962).

48. KELLER-SCHIERLEIN, W.: Stoffwechselprodukte von Mikroorganismen, 45. Mitt. Über die Konstitution von Ferrirubin, Ferrirhodin und Ferrichrom A. Helv. Chim. Acta **46**, 1920 (1963).

49. — unveröffentlichte Arbeiten.

50. KELLER-SCHIERLEIN, W. und A. DEÉR: Stoffwechselprodukte von Mikroorganismen, 44. Mitt. Zur Konstitution von Ferrichrysin und Ferricrocin. Helv. Chim. Acta **46**, 1907 (1963).

51. KELLER-SCHIERLEIN, W., P. MERTENS, V. PRELOG und A. WALSER: Stoffwechselprodukte von Mikroorganismen, 48. Mitt. Die Ferrioxamine A_1, A_2 und D_2. Helv. Chim. Acta **48** (1965) (in Vorbereitung).

52. KELLER-SCHIERLEIN, W. und V. PRELOG: Stoffwechselprodukte von Actinomyceten, 29. Mitt. Die Konstitution des Ferrioxamins D_1. Helv. Chim. Acta **44**, 709 (1961).

53. — — Stoffwechselprodukte von Actinomyceten, 30. Mitt. Über das Ferrioxamin E; ein Beitrag zur Konstitution des Nocardamins. Helv. Chim. Acta **44**, 1981 (1961).

54. — — Stoffwechselprodukte von Actinomyceten, 34. Mitt. Ferrioxamin G. Helv. Chim. Acta **45**, 590 (1962).

55. KLUYVER, A. J., J. P. VAN DER WALT and A. J. VAN TRIET: Pulcherrimin, the Pigment of *Candida pulcherrima*. Proc. Nat. Acad. Sci. (USA) **39**, 583 (1953).

56. KRYSIN, E. P. und N. A. PODDUBNAYA: Chemische Untersuchung der Struktur des Antibioticums Albomycin. IV. Bestimmung der Aminosäurezusammensetzung und Umwandlungen der Albomycin-Fraktionen. Zhurn. Obshchei Khimii **33**, 1370 (1963).

57. KUDRINA, E. S. and G. V. KOCHETKOVA: On the Taxonomic Position of the Albomycin Producing Organism. Antibiotiki **3**, No. 1, 63 (1958).

58. KUEHL, F. A., M. N. BISHOP, L. CHAIET and K. FOLKERS: Isolation and Some Chemical Properties of Grisein. J. Amer. Chem. Soc. **73**, 1770 (1951).

59. LABBE, R. F.: An Enzyme which Catalyzes the Insertion of Iron into Protoporphyrin. Biochim. Biophys. Acta **31**, 589 (1959).

60. LOCHHEAD, A. G.: Qualitative Studies of Soil Microorganisms. XV. Capability of the Predominant Bacterial Flora for Synthesis of Various Growth Factors. Soil Sci. **84**, 395 (1957).

61. — Two New Species of Arthrobacter Requiring Respectively Vitamin B_{12} and the Terregens Factor. Arch. Mikrobiol. **31**, 163 (1958).

62. — Soil Bacteria and Growth-Promoting Substances. Bact. Rev. **22**, 145 (1958).

63. LOCHHEAD, A. G. and M. O. BURTON: An Essential Bacterial Growth Factor Produced by Microbial Synthesis. Canad. J. Bot. **31**, 7 (1953).

64. — — A Bacterial Growth Factor Produced by a Soil Organism. Atti VI° Congr. Internaz. Microbiol., Roma, Vol. I, Sez. I., 298 (1953).

65. LOCHHEAD, A. G., M. O. BURTON and R. H. THEXTON: A Bacterial Growth Factor Synthesized by a Soil Bacterium. Nature **170**, 282 (1952).

66. LOCHHEAD, A. G. and F. D. COOK: Microbial Growth Factors in Relation to Resistance of Flax Varieties to Fusarium Wilt. Canad. J. Bot. **39**, 7 (1961).

67. LOCHHEAD, A. G., S. KRAMER and A. GOLDBERG: Quantitative Measurement of the Iron Incorporating Enzyme in Relation to Marrow Cells and Liver Tissue in the Rabbit. Brit. J. Haematol. **9**, 39 (1963).

68. LYR, H.: Zur Kenntnis der Ernährungsphysiologie der Gattung *Pilobolus*. Arch. Mikrobiol. **19**, 402 (1953).

69. MIKEŠ, O. and J. TURKOVÁ: Chemical Composition of the Antibiotic Albomycin, II. The Blocking of Complexing Groups Binding Iron. Collect. Czech. Chem. Commun. **27**, 581 (1962).

70. — — Hydroxamáty a jejich železité komplexy — nový typ přírodnich látek (Hydroxamate und ihre Eisenkomplexe, ein neuer Typus von Naturstoffen). Chem. Listy **58**, 65 (1964).

71. MIKEŠ, O., J. TURKOVÁ and F. ŠORM: Chemical Composition of the Antibiotic Albomycin, V. Complexing Centre, Ultraviolet Chromophors of Albomycin and their Linkage to the Peptide Structure. Collect. Czech. Chem. Commun. **28**, 1747 (1963).

72. MINAKAMI, S.: Biosynthesis of Heme and Hemeproteins in Tissue Cells. Iron Incorporation into Heme by Preparations from Rat Liver. J. Biochemistry (Tokyo) **45**, 833 (1958).

73. MINAKAMI, S., Y. KAGAWA, Y. SUGITA, Y. YONEYAMA and H. YOSHIKAWA: On the Mechanism of Hemoglobin Formation: Iron-Inserting Enzyme in Duck Erythrocytes. Biochim. Biophys. Acta **35**, 569 (1959).

74. MINAKAMI, S., Y. YONEYAMA and H. YOSHIKAWA: On the Biosynthesis of Heme and Hemoproteins in Liver Cell. Biochim. Biophys. Acta **28**, 447 (1958).

75. MÖSCHLIN, S.: Erfahrungen mit Desferrioxamin bei pathologischen Eisenablagerungen. Schweiz. med. Wschr. **92**, 1295 (1962).

76. NEILANDS, J. B.: A Crystalline Organo-Iron Pigment from a Rust Fungus (*Ustilago sphaerogena*). J. Amer. Chem. Soc. **74**, 4846 (1952).

77. — Some Aspects of Microbial Iron Metabolism. Bact. Rev. **21**, 101 (1957).

78. — Biochemistry of the Ferrichrome Compounds. In: Essays in Coordination Chemistry, Experientia Suppl. IX, p. 222. Basel: Birkhäuser. 1964.

79. NEVÉ, R. A.: The Enzymic Incorporation of Iron into Protoporphyrin. In: Haematin Enzymes, a Symposium of the International Union of Biochemistry, Vol. I, p. 207. Oxford: Pergamon Press. 1961.

80. NEWBOLD, G. T., W. SHARP and F. S. SPRING: Aspergillic Acid. Part III. The Synthesis of Racemic Deoxyaspergillic Acid. J. Chem. Soc. (London) **1951**, 2679 und frühere Arbeiten.

81. NISHIDA, G. and R. F. LABBE: Heme Biosynthesis. On the Incorporation of Iron into Protoporphyrin. Biochim. Biophys. Acta **31**, 519 (1959).

82. OHTA, A.: Synthese von Pulcherrimin und Pulcherriminsäure. Chem. and Pharm. Bull. (Japan) **12**, 125 (1964).

83. OKAMI, Y.: Studies on the Characteristic of Antibiotic Streptomyces. III. Characteristics of Grisein Producing Strains. J. Antibiotics (Japan) **3**, 93 (1950).

84. OLLIS, W. D., A. J. EAST, J. J. GORDON and I. O. SUTHERLAND: The Constitution of Actinonin. In: Chemistry of Microbial Products. Reprint of Symposium held on April 24—25, 1964, in Tokyo (I. A. M. Symposia on Microbiology, No. 6), p. 204.

85. OXFORD, A. E. and H. RAISTRICK: Studies in the Biochemistry of Micro-organisms. 76. Mycelianamide, $C_{22}H_{28}O_5N_2$, a Metabolic Product of *Penicillium griseo-fulvum* Dierckx, Part 1. Preparation, Properties and Breakdown Products. Biochem. J. **42**, 323 (1948).

86. OYAMA, H., Y. SUGITA, Y. YONEYAMA and H. YOSHIKAYA: Stoichiometry of Heme Synthesis by Partially Purified Enzyme Preparation from Duck Erythrocytes. Biochim. Biophys. Acta **47**, 413 (1961).

87. PAGE, R. M.: The Effect of Nutrition on Growth and Sporulation of *Pilobolus*. Amer. J. Bot. **39**, 731 (1952).

88. PIDACKS, C., A. R. WHITEHILL, L. M. PRUESS, C. W. HESSELTINE, B. L. HUTCHINGS, N. BOHONOS and J. H. WILLIAMS: Coprogen, the Isolation of a New Growth Factor Required by *Pilobolus* Species. J. Amer. Chem. Soc. **75**, 6064 (1953).

89. PORRA, R. J. and O. T. G. JONES: Studies on Ferrochelatase, 1. Assay and Properties of Ferrochelatase from a Pig Liver Mitochondrial Extract. Biochem. J. **87**, 181 (1963).

90. — — Studies on Ferrochelatase, 2. An Investigation of the Role of Ferrochelatase in the Biosynthesis of Various Haem Prosthetic Groups. Biochem. J. **87**, 186 (1963).

91. PRELOG, V.: Iron-containing Compounds in Micro-organisms. In: Sympos. Iron Metabolism, Aix-en-Provence. Heidelberg: Springer-Verlag. 1963.

92. — Iron Containing Antibiotics and Microbic Growth Factors. Pure Appl. Chem. **6**, 327 (1963).

93. PRELOG, V. und A. WALSER: Stoffwechselprodukte von Actinomyceten, 36. Mitt. Über die Synthese der Ferrioxamine B und D_1. Helv. Chim. Acta **45**, 631 (1962).

94. — — Stoffwechselprodukte von Actinomyceten, 38. Mitt. Die Synthese des Ferrioxamins G. Helv. Chim. Acta **45**, 1732 (1962).

95. REYNOLDS, D. M., A. SCHATZ and S. A. WAKSMAN: Grisein, a New Antibiotic Produced by a Strain of *Streptomyces griseus*. Proc. Soc. exp. Biol. Med. **64**, 50 (1947).

96. REYNOLDS, D. M. and S. A. WAKSMAN: Grisein, an Antibiotic Produced by Certain Strains of *Streptomyces griseus*. J. Bacteriol. **55**, 739 (1948).

97. RIČICOVÁ, A.: Antagonism of Ferrichrome Towards the Main Component of the Antibiotic Albomycin. Collect. Czech. Chem. Commun. **28**, 1761 (1963).

98. ROGERS, S. and J. B. NEILANDS: The α-Amino-ω-hydroxylamino Acids. Biochemistry **2**, 6 (1963).

99. ROGERS, S. J., R. A. J. WARREN and J. B. NEILANDS: Amino-Acid Sequences within the Ferrichrome Cyclic Hexapeptides. Nature **200**, 167 (1963).

100. SACKMANN, W., P. REUSSER, L. NEIPP, F. KRADOLFER and F. GROSS: Ferrimycin A, a New Iron-Containing Antibiotic. Antibiot. and Chemother. **12**, 34 (1962).

101. SAMSONOV, G. V., L. V. DIMITRENKO, A. G. SIROTA, A. D. GURYUNKOVA, I. G. MOROZOVA, S. F. KLIKH and M. P. SHESTERIKOVA: The Purification of Albomycin by Means of Chromatography upon Sulphokationites. Antibiotiki **3**, No. 2, 90 (1958).

102. SCHAPIRA, G. and J. C. DREYFUS (Edit.): Symposium on Iron Metabolism, Aix-en-Provence, 1963. Heidelberg: Springer-Verlag. 1963.

103. Schwarzenbach, G. und K. Schwarzenbach: Hydroxamatkomplexe. I. Die Stabilität der Eisen(III)-Komplexe einfacher Hydroxamsäuren und des Ferrioxamins B. Helv. Chim. Acta **46**, 1390 (1963).

104. Sensi, P. and M. T. Timbal: Isolation of Two Antibiotics of the Grisein and Albomycin Group. Antibiot. and Chemother. **9**, 160 (1958).

105. Snow, G. A.: Mycobactin. A Growth Factor for *Mycobacterium johnei*. Part II. Degradation and Identification of Fragments. J. Chem. Soc. (London) **1954**, 2588.

106. — Mycobactin. A Growth Factor for *Mycobacterium johnei*. Part III. Degradation and Tentative Structure. J. Chem. Soc. (London) **1954**, 4080.

107. — An Iron-Containing Growth Factor from *Mycobacterium tuberculosis*. Biochem. J. **81**, 4 P (1961).

108. — Microbial Individuality and Drug Design. Manufact. Chemist **1963**, 160.

109. Stapley, E. O. and R. E. Ormond: Similarity of Albomycin and Grisein. Science **125**, 587 (1957).

110. Stoll, A., A. Brack und J. Renz: Nocardamin, ein neues Antibioticum aus einer Nocardia-Art. Schweiz. Z. Path. Bakteriol. **14**, 225 (1951).

111. Stoll, A., J. Renz und A. Brack: Beiträge zur Konstitutionsaufklärung des Nocardamins. Helv. Chim. Acta **34**, 862 (1951).

112. Thrum, H.: Eine neue Methode zur Isolierung der Antibiotika vom Grisein-Typ. Naturwiss. **44**, 561 (1957).

113. Turková, J., O. Mikeš and F. Šorm: Chemical Composition of the Antibiotic Albomycin. III. Some Degradation Products of Albomycin. Collect. Czech. Chem. Commun. **27**, 591 (1962).

114. — — — Chemical Composition of the Antibiotic Albomycin. VI. Determination of the Structure of the Peptide Moiety of the Antibiotic Albomycin. Collect. Czech. Chem. Commun. **29**, 280 (1964).

115. — — — Isolation of the Biologically Active Component Albomycin in Pure Form and its Thermal Degradation. Antibiotiki **7**, 878 (1962).

116. — — — The Complex Forming Centrum and the Pyrimidine Moiety of the Albomycin Molecule. Vortrag am Antibiotica-Kongreß, Prag, 1964. Herrn Prof. Šorm danken wir für die Überlassung des Manuskriptes zu diesem Vortrag.

117. Umezawa, H., S. Hayano and Y. Ogata: Studies on an Antibiotic Substance of *Streptomyces griseus*, Grisein. J. Antibiotics (Japan) **2 B**, 104 (1949).

118. Waksman, S. A.: Penalty of Isolationism. Science **125**, 585 (1957).

119. Wöhler, F.: Die Therapie der Hämochromatose. Med. Klin. **57**, 1370 (1962).

120. — Neue Therapieergebnisse mit Desferrioxamin bei Hämochromatosen. III. Intern. Kongr. Chemotherapie, Stuttgart 1963, Abstr. 189.

121. Zähner, H., E. Bachmann, R. Hütter und J. Nüesch: Sideramine, eisenhaltige Wachstumsfaktoren aus Mikroorganismen. Path. Microbiol. **25**, 708 (1962).

122. Zähner, H., R. Hütter und E. Bachmann: Zur Kenntnis der Sideromycinwirkung. Arch. Mikrobiol. **36**, 325 (1960).

123. Zähner, H., W. Keller-Schierlein, R. Hütter, K. Hess-Leisinger und A. Deér: Stoffwechselprodukte von Mikroorganismen, 40. Mitt. Sideramine aus Aspergillaceen. Arch. Mikrobiol. **45**, 119 (1963).

(Eingelaufen am 20. Juli 1964.)

Sachverzeichnis. Index of Subjects. Index des Matières.

Manzsche Buchdruckerei, Wien IX.

Fortschritte der Chemie organischer Naturstoffe. Progress in the Chemistry of Organic Natural Products. Progrès dans la chimie des substances organiques naturelles. Herausgegeben von **L. Zechmeister,** California Institute of Technology, Pasadena, California, U. S. A.

Springer-Verlag / Wien · New York

Bisher erschienen:

Erster Band: Mit 41 Abbildungen im Text. VI, 371 Seiten. Gr.-8⁰. 1938.
Ganzleinen S 348.—, DM 72.25, sfr. 74.—, $ 17.20

Zweiter Band: Mit 24 Abbildungen im Text. VII, 366 Seiten. Gr.-8⁰. 1939.
Ganzleinen S 348.—, DM 72.25, sfr. 74.—, $ 17.20

Dritter Band: Mit 10 Abbildungen im Text. VI, 252 Seiten. Gr.-8⁰. 1939.
Ganzleinen S 264.—, DM 55.45, sfr. 56.80, $ 13.20

Vierter Band: Mit 47 Abbildungen im Text. VIII, 499 Seiten. Gr.-8⁰. 1945.
Ganzleinen S 474.—, DM 99.10, sfr. 101.50, $ 23.60

Fünfter Band: Mit 34 Abbildungen. VIII, 417 Seiten. Gr.-8⁰. 1948.
Ganzleinen S 305.—, DM 50.40, sfr. 52.20, $ 12.—

Sechster Band: Mit 32 Abbildungen. VIII, 392 Seiten. Gr.-8⁰. 1950.
Ganzleinen S 338.—, DM 55.80, sfr. 57.80, $ 13.30

Siebenter Band: Mit 12 Abbildungen. VII, 330 Seiten. Gr.-8⁰. 1950.
Ganzleinen S 325.—, DM 53.70, sfr. 55.50, $ 12.80

Achter Band: Mit 47 Abbildungen. XI, 400 Seiten. Gr.-8⁰. 1951.
Ganzleinen S 427.—, DM 70.50, sfr. 72.20, $ 16.80

Neunter Band: Mit 20 Abbildungen. XI, 535 Seiten. Gr.-8⁰. 1952.
Ganzleinen S 498.—, DM 82.50, sfr. 84.50, $ 19.60

Zehnter Band: Mit 19 Abbildungen. IX, 529 Seiten. Gr.-8⁰. 1953.
Ganzleinen S 498.—, DM 83.—, sfr. 85.—, $ 19.80

Elfter Band: Mit 67 Abbildungen. VIII, 457 Seiten. Gr.-8⁰. 1954.
Ganzleinen S 448.—, DM 74.80, sfr. 77.40, $ 18.—

Zwölfter Band: Mit 15 Abbildungen. X, 550 Seiten. Gr.-8⁰. 1955.
Ganzleinen S 497.—, DM 82.80, sfr. 85.10, $ 19.80

Dreizehnter Band: Mit 48 Abbildungen. XII, 624 Seiten. Gr.-8⁰. 1956.
Ganzleinen S 645.—, DM 107.50, sfr. 110.10, $ 25.60

Vierzehnter Band: Mit 38 Abbildungen. VIII, 377 Seiten. Gr.-8⁰. 1957.
Ganzleinen S 450.—, DM 75.—, sfr. 76.80, $ 17.85

Fünfzehnter Band: Mit 81 Abbildungen. VI, 244 Seiten. Gr.-8⁰. 1958.
Ganzleinen S 246.—, DM 41.—, sfr. 42.—, $ 9.75

Weitere Bände siehe nächste Seite!

Fortsetzung von vorhergehender Seite

Sechzehnter Band: Mit 27 Abbildungen. VI, 226 Seiten. Gr.-8°. 1958.
Ganzleinen S 240.—, DM 40.—, sfr. 41.—, $ 9.50

Siebzehnter Band: Mit 57 Abbildungen. X, 515 Seiten. Gr.-8°. 1959.
Ganzleinen S 498.60, DM 83.10, sfr. 85.10, $ 19.80

Achtzehnter Band: Mit 65 Abbildungen. X, 600 Seiten. Gr.-8°. 1960.
Ganzleinen S 618.—, DM 103.—, sfr. 105.50, $ 24.50

Über den Inhalt der Bände gibt der Verlag bereitwilligst Auskunft.

Neunzehnter Band: Mit 16 Abbildungen. VIII, 420 Seiten. Gr.-8°. 1961.
Ganzleinen S 490.—, DM 78.—, sfr. 83.90, $ 19.50

Inhalt: **Šorm, F.** Medium-ring Terpenes. — **Nozoe, T., and S. Itô.** Recent Advances in the Chemistry of Azulenes and Natural Hydroazulenes. — **Crombie, L., and M. Elliott.** Chemistry of Natural Pyrethrins. — **Barton, D. H. R., and G. A. Morrison.** Conformational Analysis of Steroids and Related Natural Products. — **Van Tamelen, E. E.** Biogenetic-type Synthesis of Natural Products. — **Schlubach, H. H.** Der Kohlenhydratstoffwechsel im Roggen und Weizen. — **Courtois, J. É., et A. Lino.** Les phosphatases des végétaux supérieurs: répartition et action.

Zwanzigster Band: Mit 33 Abbildungen. XIII, 509 Seiten. Gr.-8°. 1962.
Ganzleinen S 604.—, DM 96.—, sfr. 103.20, $ 24.—

Inhalt: **Birkinshaw, J. H., and C. E. Stickings.** Nitrogen-containing Metabolites of Fungi. — **Freudenberg, K.** Forschungen am Lignin. — **Schindler, O.** Die Ubichinone (Coenzyme Q). — **Mors, W. B., M. Taveira Magalhães and O. R. Gottlieb.** Naturally Occurring Aromatic Derivatives of Monocyclic α-Pyrones. — **Harborne, J. B.** Anthocyanins and their Sugar Components. — **Baschang, G.** Aminozucker, Synthesen und Vorkommen in Naturstoffen. — **Wiesner, K.** Structure and Stereochemistry of the Lycopodium Alkaloids. — **Narayanan, C. R.** Newer Developments in the Field of Veratrum Alkaloids. — **Vinograd, J., and J. E. Hearst.** Equilibrium Sedimentation of Macromolecules and Viruses in a Density Gradient. — **Horowitz, N. H., and S. L. Miller.** Current Theories on the Origin of Life.

Einundzwanzigster Band: Mit 14 Abbildungen. VII, 362 Seiten. Gr.-8°. 1963.
Ganzleinen S 479.—, DM 76.—, sfr. 81.70, $ 19.—

Inhalt: **Bonner, J.** The Biosynthesis of Rubber. — **Oroshnik, W., and A. D. Mebane.** The Polyene Antifungal Antibiotics. — **Muxfeldt, H., und R. Bangert.** Die Chemie der Tetracycline. — **Brockmann, H.** Anthracyclinone und Anthracycline (Rhodomycinone, Pyrromycinone und ihre Glykoside). — **Jaenicke, L., und C. Kutzbach.** Folsäure und Folat-Enzyme. — **Crombie, L.** Chemistry of the Natural Rotenoids.

Generalregister / Cumulative Index / Index Général. Bände I—XX. 1938—1962. XVI, 369 Seiten. Gr.-8°. 1964.
Ganzleinen S 378.—, DM 60.—, sfr. 64.50, $ 15.—

Subskribenten auf die „Fortschritte der Chemie organischer Naturstoffe" erhalten die Bände zu einem um 10% ermäßigten Vorzugspreis.

Zu beziehen durch Ihre Buchhandlung

If you have any concerns about our products,
you can contact us on
ProductSafety@springernature.com

In case Publisher is established outside the EU,
the EU authorized representative is:
Springer Nature Customer Service Center GmbH
Europaplatz 3, 69115 Heidelberg, Germany

Printed by Libri Plureos GmbH
in Hamburg, Germany